高职高专机电系列教材

Mastercam 项目式实训教程
(微课版)

黄爱华　　陈　莛　李幸呈　主　编

夏源渊　文　颖　罗志良　副主编

清华大学出版社
北京

内 容 简 介

本教材以"项目驱动、能力递进"为核心理念，基于 Mastercam 2025 版进行编写，包含 26 个典型案例(如链轮、印章、马鞍曲面、吹风机外壳零件等)，涵盖二维绘图、三维建模、2D 铣削加工、3D 铣削加工等内容，系统地讲解从基础建模到复杂加工的全流程。全书以企业真实案例为载体，结合教学需要进行优化，辅以微课视频资源、电子教案(PPT)及大量练习题，可帮助读者快速掌握软件操作技能与工程实践能力。

本书可作为高等职业院校及应用型本科院校机械类专业的教材，也可作为工程技术人员的培训用书。

图书在版编目(CIP)数据

Mastercam 项目式实训教程：微课版 / 黄爱华，陈莛，李幸呈主编.
北京 ：清华大学出版社, 2025. 7. --(高职高专机电系列教材).
ISBN 978-7-302-69563-9

Ⅰ. TG659-39

中国国家版本馆 CIP 数据核字第 20257283ER 号

责任编辑：张 瑜
装帧设计：李 坤
责任校对：李玉萍
责任印制：刘 菲
出版发行：清华大学出版社
      网 址：https://www.tup.com.cn, https://www.wqxuetang.com
      地 址：北京清华大学学研大厦 A 座   邮 编：100084
      社 总 机：010-83470000   邮 购：010-62786544
      投稿与读者服务：010-62776969, c-service@tup.tsinghua.edu.cn
      质量反馈：010-62772015, zhiliang@tup.tsinghua.edu.cn
      课件下载：https://www.tup.com.cn, 010-62791865
印 装 者：北京鑫海金澳胶印有限公司
经 销：全国新华书店
开 本：185mm×260mm   印 张：20   字 数：484 千字
版 次：2025 年 7 月第 1 版   印 次：2025 年 7 月第 1 次印刷
定 价：59.00 元

产品编号：108637-01

推　荐　序

在数字化浪潮席卷全球制造业的今天，掌握高效、精准的数控编程与加工技术已成为智能制造产业人才的必备技能。Mastercam 作为全球领先的 CAD/CAM 解决方案，凭借其强大的功能与用户友好的设计，始终是制造业数字化转型的重要工具。而如何让新一代技术人才快速掌握这一工具的核心精髓，并将其转化为解决实际问题的能力，正是本书的价值所在。

作为深耕 Mastercam 教学与研究二十余年的资深专家，黄爱华老师不仅对软件功能有着庖丁解牛般的深刻理解，更是秉持着"以学生为中心、以产业需求为导向"的教育理念。翻开本书目录，便能感受到其匠心独运，既遵循认知规律，又契合"做中学"的职业教育精髓。尤为可贵的是，书中将动态加工等革命性工艺与"刀具碰撞验证""实体模拟"等要点深度融合，让学生在掌握软件操作的同时，同步构建起工程思维中的效率意识、安全意识与质量意识。

本书的"微课版"特色更是一大亮点。配套视频凝聚了作者团队二十余载教学智慧，通过抖"包袱"加深了学生对刀具参数设置的理解，展现了 Mastercam 上手快的优点。那些精益求精的细节调整(如毛坯余量概念的具象化说明、刀具编号的逻辑性区分)无不体现出教育者对学生认知痛点的深切体察。更难能可贵的是，视频中针对新版软件特性的及时更新(如 2023 版自动运算功能)，既保持了教材的前沿性，也为校企协同育人搭建了桥梁。

在审阅书稿的过程中，我们欣喜地发现，字里行间流淌着作者对 Mastercam 的深厚情感。这种情感不是简单的工具依赖，而是源于对制造业智能化转型的深刻认同——当书中强调"通过实体模拟减少零件报废风险"时，我们看到的不仅是对软件功能的娴熟运用，更是对产业可持续发展的人文关怀。这种将技术理性与工程伦理融会贯通的特质，使得本书超越了普通操作手册的局限，成为培养"工匠精神"的鲜活载体。

值此教材付梓之际，我谨向作者团队致以诚挚敬意！你们用二十年如一日的坚守，将无形的软件转化为有温度的教学成果；用无数个日夜的雕琢，在细节处诠释"精益求精"的真谛。我们坚信，这本凝聚理论与实践、技术与情怀的教材，必将助力更多青年学子在数字化制造的星辰大海中扬帆起航，为中国智造培养出更多既懂工艺，又精操作的新时代"数字工匠"。

黄昌秀

CEO(首席执行官)

马斯康(浙江)信息技术有限公司

2025 年 5 月

前　言

随着制造业数字化转型的加速，计算机辅助设计与制造(CAD/CAM)技术已成为现代工业发展的核心驱动力。Mastercam 作为全球领先的 CAM 软件，凭借其强大的功能、灵活的操作和广泛的行业应用，始终走在智能制造技术的前沿。本书以 Mastercam 2025 为基础，以"项目引领、任务驱动"为核心理念，旨在帮助读者从零基础快速掌握软件操作技能，同时培养解决实际工程问题的综合能力。

本书的编写背景与特色如下。

1. 立足行业需求

教材内容紧扣《中国制造 2025》对高技能人才的要求，以企业真实生产案例为载体，涵盖二维绘图、三维建模、2D 铣削加工、3D 铣削加工等项目，确保学习内容与岗位需求无缝对接。

2. 项目式学习设计

全书设置五大项目模块，包含 26 个典型任务，遵循任务描述→任务实施→知识链接的递进式结构。每个任务均以学习目标—操作演示—知识总结的逻辑展开，帮助读者在仿真环境中积累工程经验。

3. 立体化教学资源

配套高清微课视频(扫码即学)、三维模型文件、配套习题等一体化资源体系，满足线上线下混合式教学需求。

4. 课程思政融入

本书在案例设计中融入的"创新思维""团队协作""质量意识"与"工匠精神"有助于培养德技并修的高素质技术人才。例如，在复杂零件项目编程时需要高度的专注力与耐心去面对问题、解决问题，这种面对挑战坚持不懈、持之以恒的精神正是工匠精神所倡导的。

本书由江西工业工程职业技术学院的黄爱华、陈莛，马斯康信息技术有限公司李幸呈担任主编，江西工业工程职业技术学院夏源渊、文颖、罗志良担任副主编，新余学院的杨国军担任主审。参与编写的人员还有江西工业工程职业技术学院的刘春雷、孙桂爱、邵文娟，以及萍乡技师学院的彭泉华等。

感谢 Mastercam 中国技术团队提供的软件与技术支持，同时感谢一线教师与企业工程师在内容审校中提出的宝贵建议。限于编者水平，书中难免存在疏漏，恳请读者通过出版社反馈意见，我们将持续优化内容。

编　者

目　　录

项目 1　初识 Mastercam 软件

Mastercam 是一款 CAD/CAM 软件，它集二维绘图、三维实体、曲面设计、数控编程、刀具路径模拟及机床仿真等功能于一身，可以使用户在产品设计、工程图绘制、多种坐标系统的加工操作(包括镗铣、车削、切割等)以及木雕、浮雕等加工操作中获得良好的效果。同时，系统支持多种常见 CAD/CAM 数据格式，包括 IGES、STL、AutoCAD (DWG)、STEP、CATIA、Pro-E 等，具有良好的兼容性。Mastercam 自诞生以来，因其基于 PC 平台，支持中文环境，价位适中而被广泛应用于众多企业中。

Mastercam 2025 版(以下简称 Mastercam)是目前较新的版本，该版本比以前的版本增加或增强了许多功能。本项目将通过具体案例，详细介绍 Mastercam 的工作界面、基本绘图工具、图层管理、选择方式、文件管理等功能。

任务 1.1　绘制底座图形

1.1.1　任务描述

本次任务要求绘制图 1.1 所示的底座图形，该图形主要由圆和矩形组成，通过本次任务学习，使绘图者达到以下主要目标。

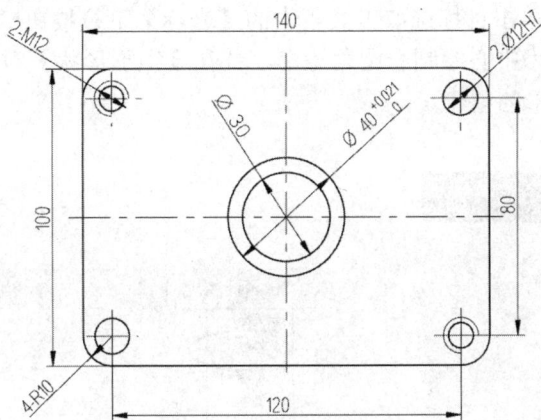

图 1.1　底座图形

1. 知识目标

- 了解 Mastercam 软件的启动。
- 了解 Mastercam 的工作界面。
- 了解 Mastercam 的基本绘图功能。
- 了解保存文件等文件管理功能。

2．能力目标

- 能够正确启动软件并及时保存文件。
- 能够利用直线、矩形、圆弧命令绘制简单的二维图形。

3．素质目标

- 通过学习 Mastercam 2025 软件，鼓励绘图者了解国际上计算机辅助设计与制造技术的发展动态和应用前景，培养具有国际视野的高素质人才。
- 通过学习 Mastercam 2025 软件，让绘图者认识到机械设计与制造软件更新迭代很快，要养成终身学习的良好习惯。

1.1.2　底座图形的绘制

1．启动 Mastercam 2025 软件

在计算机中安装好 Mastercam 2025 软件后，可通过双击桌面上的 图标启动 Mastercam 软件，也可以选择【开始】|【程序】| Mastercam 2025 | Mastercam 2025 命令启动 Mastercam 软件。

2．绘制矩形

(1) 在工作界面中切换到【线框】选项卡，单击【形状】组中的【矩形】下拉按钮 ，选中【圆角矩形】按钮 。

(2) 系统弹出【矩形形状】对话框，其中的参数设置如图 1.2 所示。为中心选择一个位置，如图 1.3 所示，单击目标选取工具条中的【光标】下拉按钮 ，单击【原点】按钮 ，在绘图区以原点为中心绘制一圆角矩形，并在【矩形形状】对话框上方单击【确认】按钮 ，完成圆角矩形的创建。

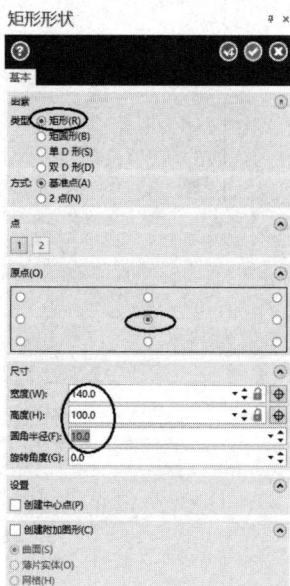

图 1.2　【矩形形状】对话框　　　　　图 1.3　单击【原点】按钮

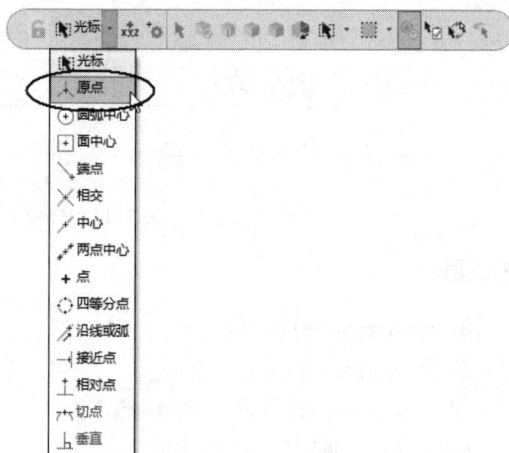

(3) 单击【形状】组中的【矩形】按钮□。

(4) 系统弹出【矩形】对话框,其中的参数设置如图 1.4 所示。在绘图区捕捉原点为矩形中心放置点,如图 1.5 所示,并在【矩形】对话框上方单击【确认】按钮◎,完成矩形的创建。

图 1.4 【矩形】对话框

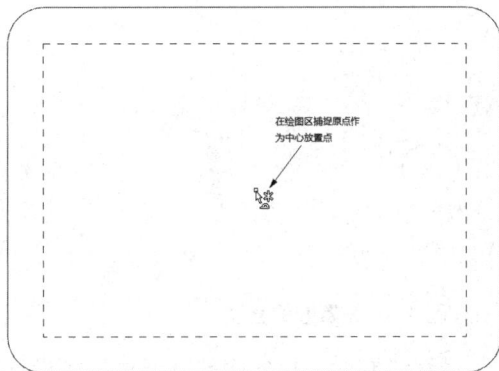

图 1.5 捕捉原点

3. 绘制两个大圆

(1) 切换到【线框】选项卡,在【圆弧】组中单击【圆心点画圆】按钮⊙,系统弹出【圆心点画圆】对话框,在该对话框中设置【直径】为 40,如图 1.6(a)所示,并在绘图区捕捉原点为圆心放置点,单击【确定并创建新操作】按钮◎。

(2) 绘制另一个圆。在绘图区捕捉原点为圆心放置点,在【圆心点画圆】对话框中设置【直径】为 30,如图 1.6(b)所示,单击对话框中的【确定】按钮◎。绘制的两个大圆如图 1.7 所示。

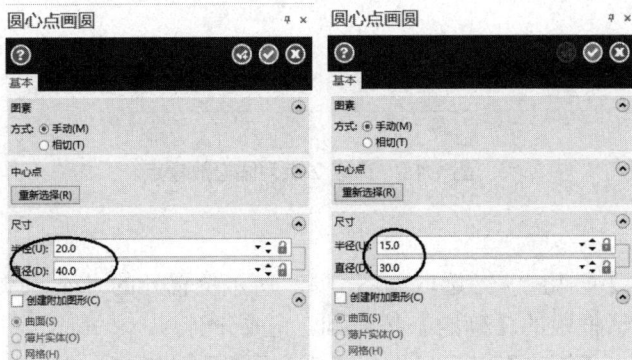

(a) 第一个圆参数设置 (b) 第二个圆参数设置

图 1.6 【圆心点画圆】对话框

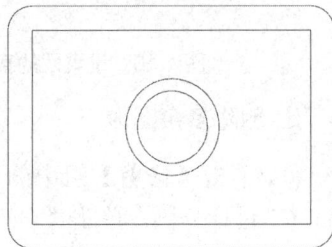

图 1.7 绘制两个大圆

4. 绘制小圆

(1) 单击【圆心点画圆】按钮⊙,系统弹出【圆心点画圆】对话框,在该对话框中设置【直径】为 12,并单击【锁住】按钮🔒,如图 1.8 所示,并在绘图区捕捉小矩形的 4 个角点 P1、P2、P3、P4 为圆心放置点,如图 1.9 所示。单击【确定并创建新操作】按钮，完成 4 个直径为 12 的圆的绘制。

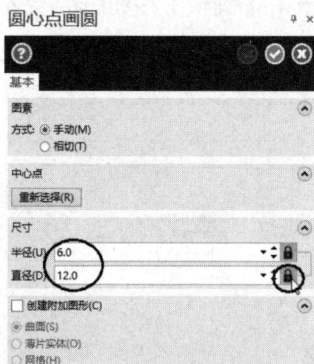

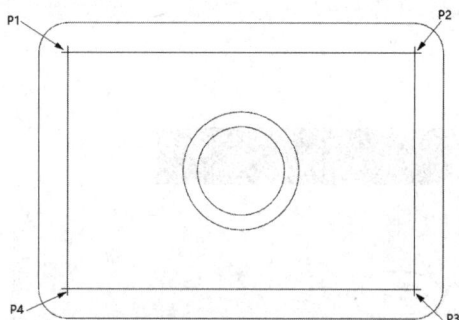

图 1.8 设置圆的直径   图 1.9 选取 4 点为圆心设置点

(2) 继续绘制两个螺纹底孔。通过机械设计手册可查到 M12 螺纹底孔直径为 10.3,在【圆心点画圆】对话框中设置【直径】为 10.3,如图 1.10 所示,在绘图区捕捉圆心点 P5、P6 为圆心放置点。单击【确定】按钮，完成两个直径为 10.3 的圆的绘制,如图 1.11 所示。

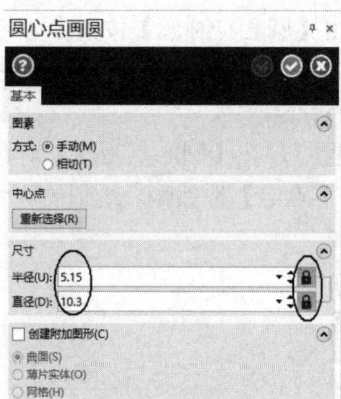

图 1.10 设置圆的直径   图 1.11 选取 2 点为圆心放置点

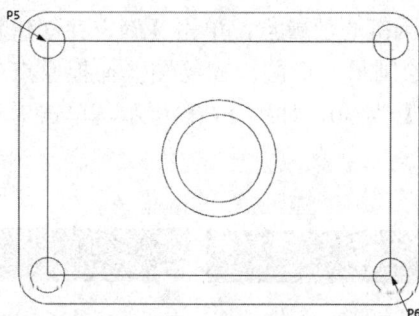

5. 删除多余图形

(1) 单击【修剪】组中的【分割】按钮。选取如图 1.12 所示位置处的 1/4 圆弧 C1、C2 进行分割,单击【分割】对话框中的【确定】按钮，完成分割。

(2) 切换到【主页】选项卡,单击【删除】工具栏中的【删除图素】按钮✗ (或按 F5 键),在绘图区选取小矩形,如图 1.13 所示,单击【结束选择】按钮 完成删除。最终完成底座图形的绘制,如图 1.14 所示。

6. 保存文件

单击快速访问工具栏中的【保存】按钮，在弹出的【另存为】对话框中输入文件名"底座"。如图 1.15 所示,单击【保存】按钮，完成底座文件的保存。

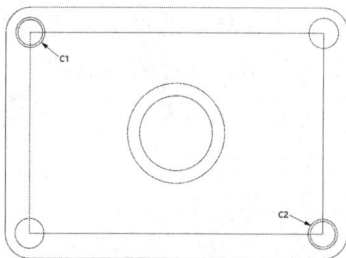

图 1.12　分割 1/4 小圆弧　　　图 1.13　删除辅助矩形　　　图 1.14　底座图形

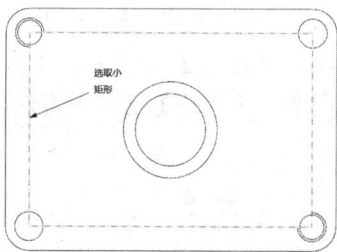

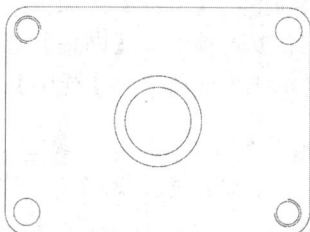

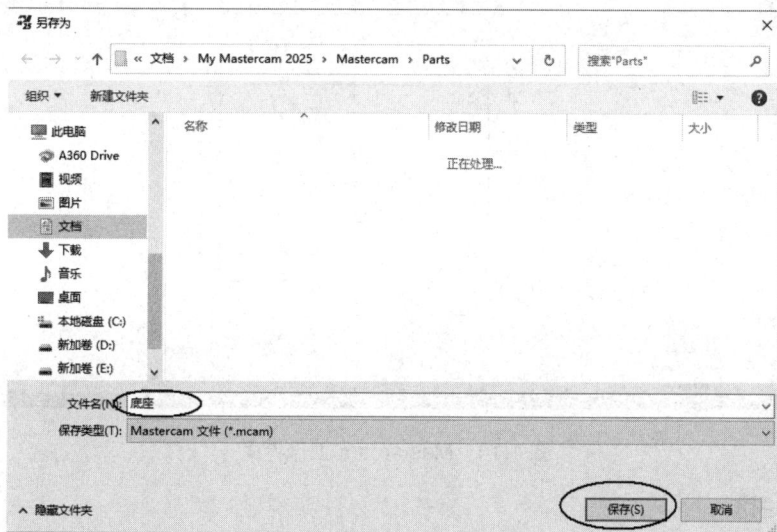

图 1.15　保存底座文件

1.1.3　知识链接：Mastercam 2025 工作界面

认识界面是掌握软件操作的第一步，只有对界面比较了解才能熟练地掌握软件的操作。

在启动 Mastercam 软件后，出现如图 1.16 所示的工作界面。该工作界面可分为标题栏、功能选项卡区、工具栏区、目标选取工具条、快速选取工具条、绘图区、状态栏、操作管理器、立方体图形视图控制器等。

1. 标题栏及快速访问工具栏

Mastercam 工作界面的顶部是标题栏，标题栏显示了软件的名称、当前所使用的模块、当前所打开文件的路径及文件名称；在标题栏的右侧是标准 Windows 应用程序的 3 个控制按钮：【最小化窗口】按钮、【还原窗口】按钮和【关闭应用程序】按钮，在标题栏的左侧是快速访问工具栏，包含【新建】按钮、【保存】按钮、【打开】按钮、【打印】按钮、【另存为】按钮、【撤销】按钮和【重做】按钮。

2. 功能选项卡区

标题栏下面是功能选项卡区，包含 Mastercam 系统的所有命令功能，依次为【文件】

选项卡、【主页】选项卡、【线框】选项卡、【曲面】选项卡、【实体】选项卡、【模型
准备】选项卡、【网格】选项卡、【标注】选项卡、【转换】选项卡、【浮雕】选项卡、
【机床】选项卡、【视图】选项卡、【刀路】选项卡等。

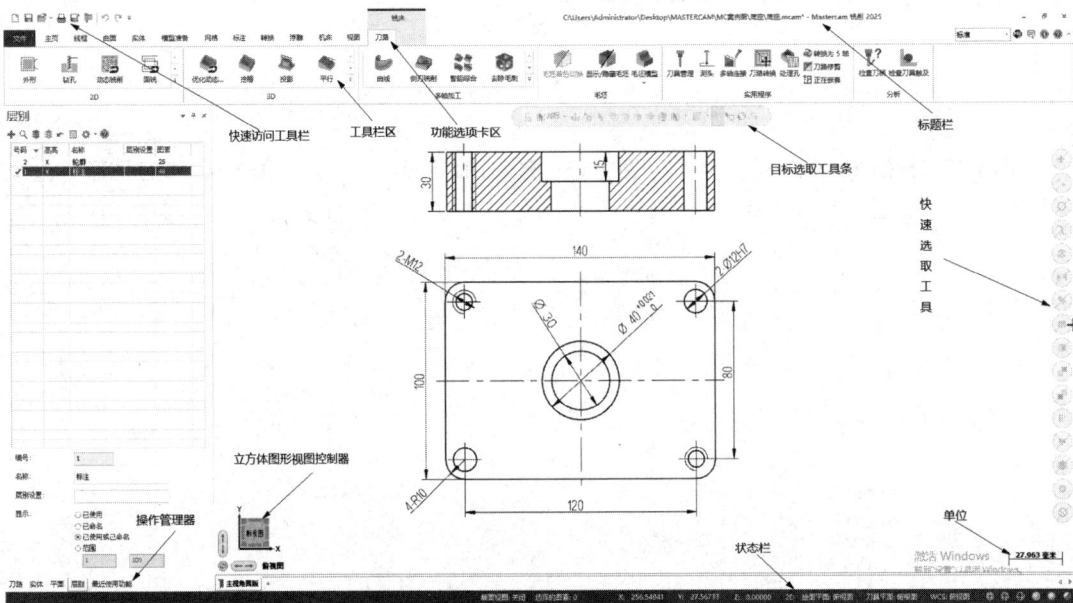

图 1.16　Mastercam 工作界面

3. 工具栏区

功能选项卡区下面是工具栏区，如图 1.17 所示，工具栏区是对某一选中功能选项卡中
的所有命令的图标表示，只需把鼠标指针停留在工具栏中的某个按钮上，即可显示相应的
功能提示。

图 1.17　工具栏区

用户可以在工具栏区单击鼠标右键，在弹出的快捷菜单中选择【自定义功能区】命
令，打开【选项】对话框，在该对话框中可以增加或减少工具栏区中的图标，如图 1.18
所示。

4. 目标选取工具条

目标选取工具条悬浮在绘图区，通过它可以快速选取目标，如图 1.19 所示，详细的
使用方法将在后面的章节中介绍。

5. 快速选取工具条

快速选取工具条位于绘图区的右侧，它可以提供各种过滤功能，方便用户快速提
取目标进行操作，如图 1.20 所示，详细的使用方法将在后面的章节中介绍。

(a) 选择【自定义功能区】命令　　　　(b)【选项】对话框

图 1.18　自定义功能区的设置

图 1.19　目标选取工具条

图 1.20　快速选取工具条

6. 绘图区及坐标系

在 Mastercam 工作界面中，最大的区域是绘图区。绘图区就像手工绘图时使用的空白图纸，所有的绘图操作都将在上面完成；绘图区是没有边界的，可以把它想象成一张无限大的空白图纸，因此无论多大的图形都可以绘制并显示。绘图区的左下角显示了 Mastercam 系统的当前视图坐标系。

在绘图区内右击，将弹出如图 1.21 所示的快捷菜单。利用快捷菜单中的命令，用户可以快速地进行一些视图显示、缩放和分析等常用的操作。

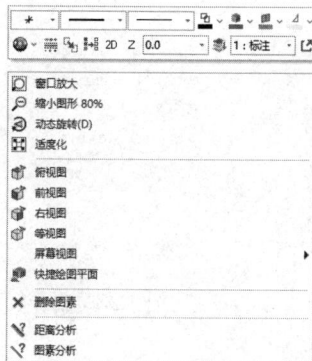

图 1.21　绘图区快捷菜单

7. 状态栏及单位

在绘图区下方是状态栏，选择状态栏中的选项可以进行相应的状态设置，如设置当前的绘图平面、刀具平面、WCS、2D/3D 的绘图模式以及当前光标坐标值等；在状态栏的上方反映了当前的尺寸单位是毫米，采用的是公制绘图，如图 1.22 所示。

33.975 毫米
公制

状态栏：截图视图 关闭　选取的图素 0　　X: 176.17256　Y: -170.28609　Z: 0.00000　3D　绘图平面: 俯视图　刀具平面: 俯视图　WCS: 俯视图

图 1.22　状态栏及单位

8. 操作管理器

Mastercam 系统将【刀路】、【实体】、【平面】、【层别】、【最近使用功能】集中在一起，并显示在主界面上，形成了一个操作管理器，如图 1.23 所示。操作管理器会记录大部分操作，用户可以对其中的大部分操作重新进行编辑定义。

9. 立方体图形视图控制器

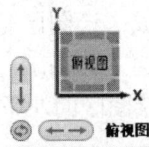

使用如图 1.24 所示的立方体图形视图控制器，用户可以直观地查看图形，并对绘图区中的图形进行放大、缩小等功能操作。

图 1.23　操作管理器　　　　图 1.24　立方体图形视图控制器

任务 1.2　绘制印章图形

1.2.1　任务描述

本次任务要求绘制图 1.25 所示的印章图形，该图形主要由文字和椭圆组成，文字的具体参数如表 1.1 所示。通过本次任务学习，培养绘图者达到以下主要目标。

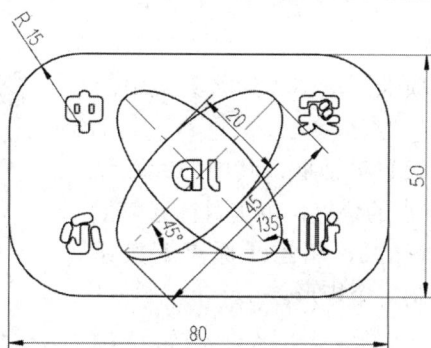

图 1.25　印章图形

表 1.1　文字参数设置

字　体	文　字	字　高	方　向	定　位
华文彩云	JD	7	水平	(-4.5,-3.5)
华文彩云	实	10	水平	(-35,8)
华文彩云	训	10	水平	(-35,-16.5)
华文彩云	中	10	水平	(22,8)
华文彩云	心	10	水平	(22,-16.5)

1. 知识目标

- 了解 Mastercam 的新建文件功能。
- 了解 Mastercam 的图层管理功能。
- 了解 Mastercam 的椭圆、文字等命令功能。
- 了解 Mastercam 的镜像功能。
- 了解 Mastercam 的图形选择功能

2. 能力目标

- 能够利用矩形、椭圆、文字、镜像命令绘制简单的二维图形。
- 能够利用图层对图形进行组织与管理。
- 能够利用图形选择功能快速选取所需要的图形，提高绘图效率。

3. 素质目标

- 通过图层管理、图形选择，让绘图者能对图形进行有序分类和归纳，有助于培养绘图者的逻辑思维能力，能够清晰地理解事物的内在联系和规律。
- 通过对 Mastercam 软件的学习，培养绘图者勇于探索新知识、掌握新技能的能力。

1.2.2　印章图形的绘制

1. 新建文件

单击快速访问工具栏中的【新建】按钮，系统将开启一个新的文件。

2. 绘制圆角矩形

(1) 切换到【线框】选项卡，单击【形状】组中的【圆角矩形】按钮 ▭。

(2) 系统弹出【矩形形状】对话框，其中的参数设置如图 1.26 所示。选择基准点的位置，单击目标选取工具条中的【光标】下拉按钮 ，单击【原点】按钮 ，在绘图区原点位置处绘制一个矩形。

3. 绘制两椭圆

(1) 单击【矩形】下拉按钮，选中【椭圆】按钮 ○。

(2) 系统弹出【椭圆】对话框，其中的参数设置如图 1.27(a)所示。在绘图区捕捉原点为椭圆中心放置点，单击【椭圆】对话框上方的【确定并创建新操作】按钮 ，完成 45°椭圆的绘制。

(3) 同理，设置另一个椭圆参数，如图 1.27(b)所示，在绘图区捕捉原点为椭圆中心放置点，再单击对话框中的【确定】按钮 ，完成 135°椭圆的绘制，结果如图 1.28 所示。

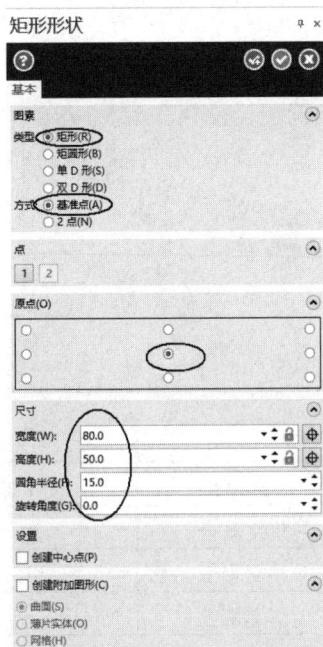

图 1.26 【矩形形状】对话框

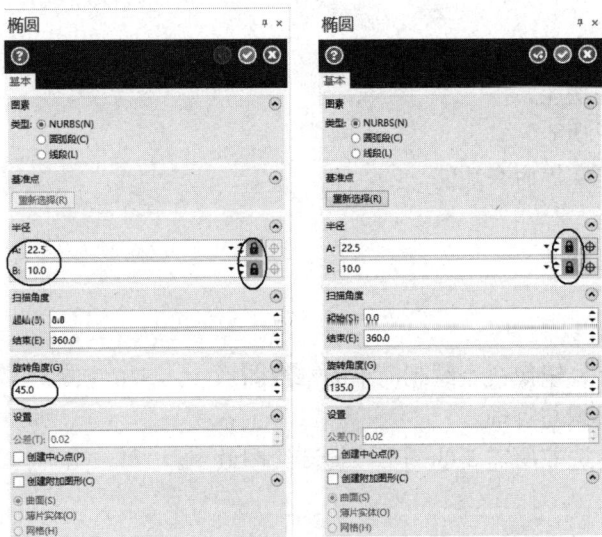

(a) 第一个椭圆参数设置 (b) 第二个椭圆参数设置

图 1.27 【椭圆】对话框参数设置

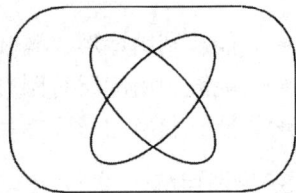

图 1.28 绘制两椭圆

4. 新建图层

(1) 在操作管理器中单击【层别】标签，系统会切换到如图 1.29 所示的【层别】选项卡。

(2) 单击【层别】选项卡中的【添加新层别】按钮 ＋，系统自动将 2 号图层变成当前图层，如图 1.30 所示。

图 1.29　【层别】对话框

图 1.30　新建 2 号图层

5. 创建文字

(1) 切换到【线框】选项卡，单击【形状】组中的【文字】按钮$\overset{A}{\text{文字}}$。

(2) 系统弹出【创建文字】对话框，如图 1.31 所示。单击 True Type 按钮，弹出【字体】对话框，在【字体】列表框中选择【华文彩云】选项，如图 1.32 所示，单击【确定】按钮。

💡 **注意：**　如果 Windows 系统字体中没有华文彩云字体，可从网上下载华文彩云字体，再复制、粘贴到 C:\Windows\Fonts 文件夹里。

图 1.31　【创建文字】对话框

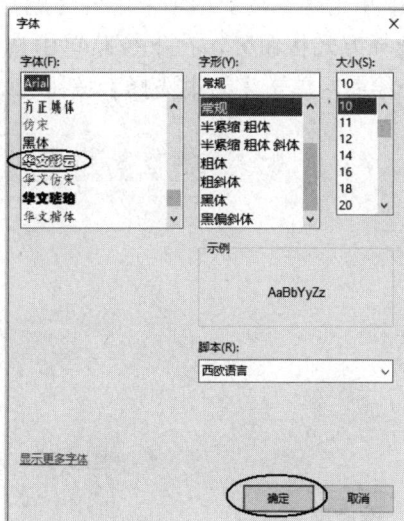

图 1.32　【字体】对话框

(3) 在【对齐】选项组中选中【水平】单选按钮，在【字母】文本框中输入"JD"。在【尺寸】选项组中设置【高度】为 7，具体设置如图 1.33 所示。

(4) 在绘图区任意拾取一点放置文字，然后在【创建文字】对话框中单击【重新选择】按钮，在键盘上输入定位基准点坐标(-4.5，-3.5)，再单击【应用】按钮◎(注意坐标输入法为英文)。

(5) 用同样的方法创建文字"实""训""中""心"4 个文字，具体参数按照表 1.1 所示进行设置，结果如图 1.34 所示。(注意创建文字输入法为中文，坐标输入法为英文，要及时更换)

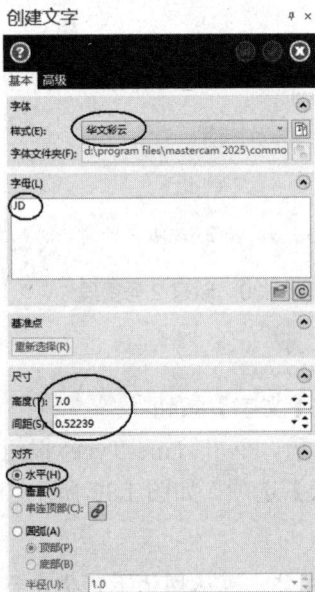

图 1.33　设置文字参数

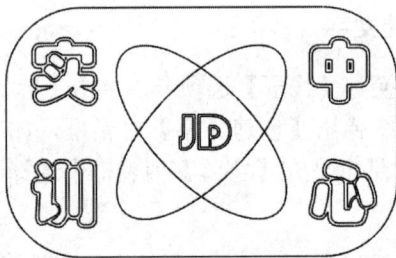

图 1.34　创建文字

(6) 单击【主页】选项卡中的【删除】按钮×，如图 1.35 所示，在目标选取工具条中单击选择方式按钮，在下拉菜单中选择【串连】命令，拾取如图 1.36(a)所示的多余图素，在绘图区单击【结束选择】按钮进行删除，结果如图 1.36(b)所示。

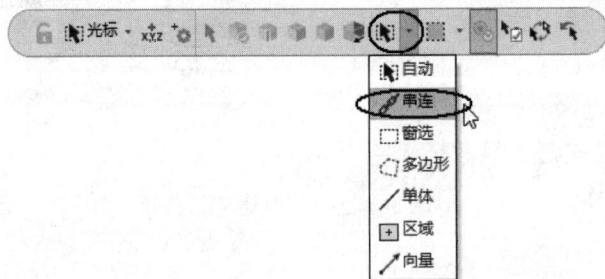

图 1.35　设置【串连】选择方式

6. 镜像文字

(1) 切换到【转换】选项卡，单击【镜像】按钮。

(2) 在绘图区窗选所有图素，单击【结束选择】按钮，在弹出的【镜像】对话框中设置参数，如图 1.37(a)所示，再单击【确定】按钮◎，结果如图 1.37(b)所示。

(a) 拾取多余图素　　　　　　　　(b) 删除结果

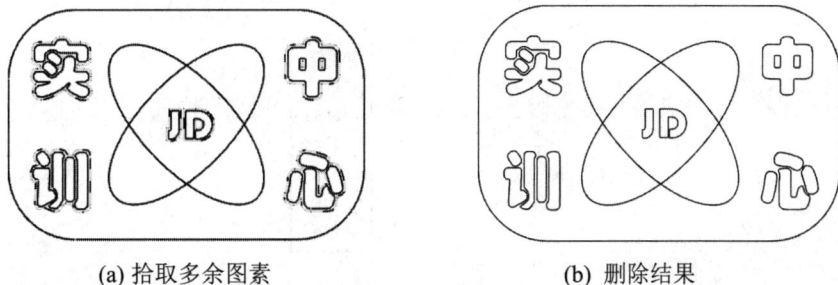

图 1.36　文字图形

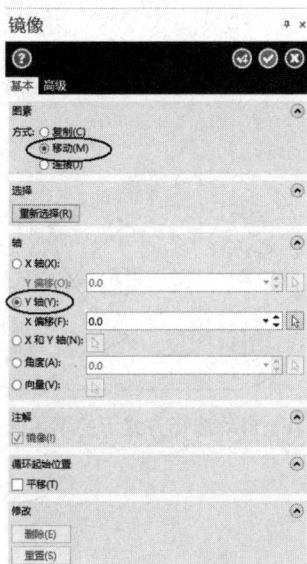

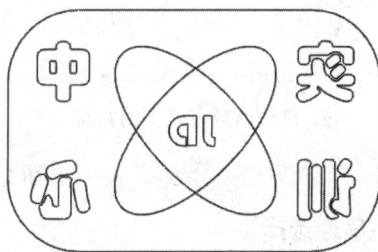

(a)【镜像】对话框　　　　　　　　(b) 文字镜像处理

图 1.37　对文字进行镜像处理

7. 保存文件

单击快速访问工具栏中的【保存】按钮，在弹出的【另存为】对话框中输入文件名"印章"，单击【保存】按钮 保存(S) 完成印章文件的保存。

1.2.3　知识链接：图形的选择方式

在图形的设计过程中，要对图形进行编辑、删除等操作，就需要选择几何对象，然后才能进行下一步工作。随着工作的增加，绘图区中的图形会越来越多，有的相互叠加，有的距离很小，要想从中选中需要的图形变得非常困难。只有熟练掌握 Mastercam 提供的强大的选择方式，才能准确、快速地进行操作。

在目标选取工具条中单击选择方式右侧的下拉按钮，系统会弹出如图 1.38 所示的下拉菜单，其中包括【自动】、【串连】、【窗选】、【多边形】、【单体】、【区域】、【向量】7 个类型，其中【自动】、【串连】、【窗选】是对象选择中使用最为频繁的选择方式，【自动】是系统默认的选择方式。

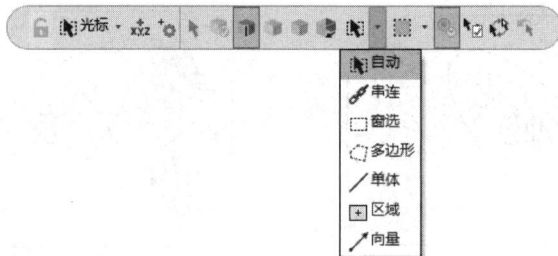

图 1.38　选择方式下拉菜单

1. 自动选择

自动选择是默认的选择方式，在自动选择模式下，系统支持两种选择方式，窗选或单体选择，如图 1.39 所示。

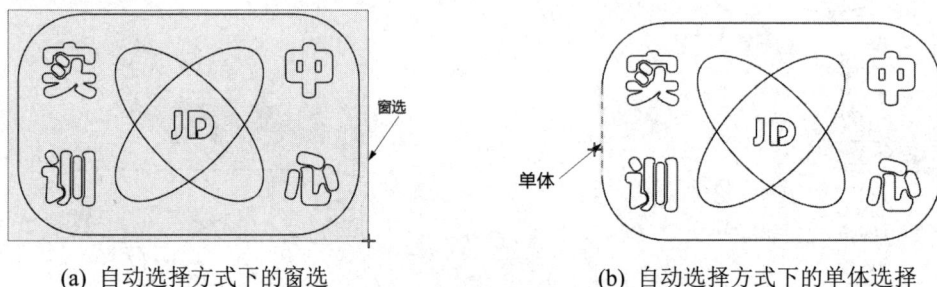

(a) 自动选择方式下的窗选　　　　　　　(b) 自动选择方式下的单体选择

图 1.39　自动选择方式

2. 串连选择

串连选择是通过选择线条链中的任意一个图素就可以将整个线条链选中，如图 1.40 所示。启动串连选择通常有以下两种方式。

(1) 从选择方式下拉菜单中选择【串连】命令。

(2) 按住键盘上的 Shift 键可实现串连选择图素。

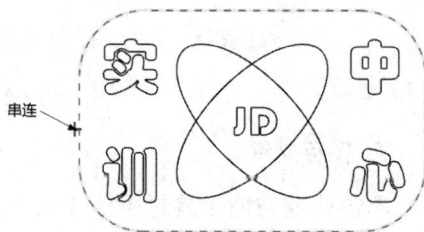

图 1.40　串连选择方式

3. 窗选

窗选可以直接在绘图区中框选图形，其操作方式与自动选择中的窗选相同。

在选择方式的右边有一个区域选择方式，它决定了被选图形与选择框的位置关系。在目标选取工具条中单击区域选择方式右侧的下拉箭头按钮，打开如图 1.41 所示的下拉菜单，采用图 1.42(a)所示的窗选方式选择图形，处在不同区域选择方式下选择的结果会各不相同。

(1)【范围内】：完全处于窗选框范围内的图形被选择，如图 1.42(b)所示。

(2)【范围外】：完全处于窗选框范围外的图形被选择，如图 1.42(c)所示。

(3)【内+相交】：完全处于窗选框范围内的图形和与窗选框相交的图形被选择，如图 1.42(d)所示。

（4）【外+相交】：完全处于窗选框范围外的图形和与窗选框相交的图形被选择，如图 1.42(e)所示。

（5）【交点】：只有与窗选框相交的图形被选择，如图 1.42(f)所示。

图 1.41　区域选择方式列表框

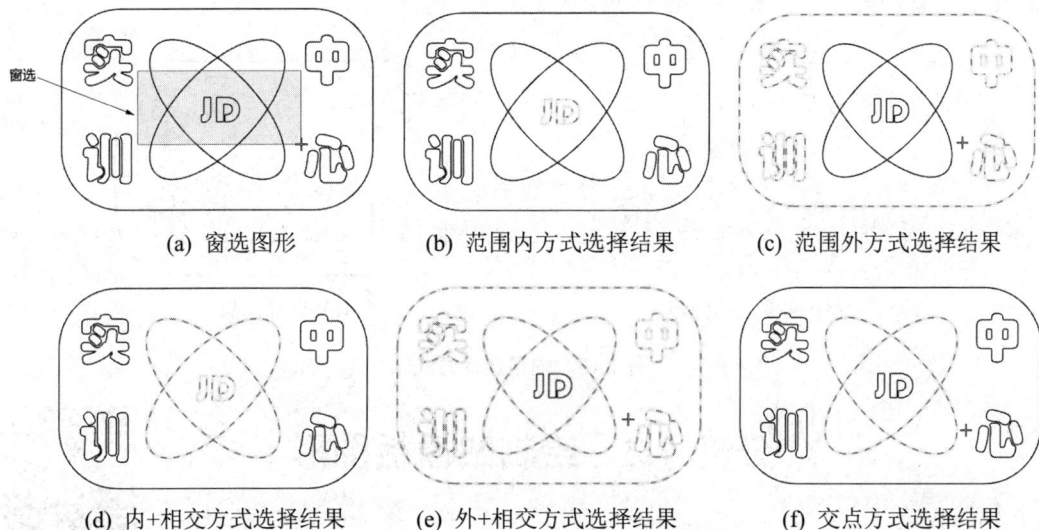

(a) 窗选图形　　　　　(b) 范围内方式选择结果　　　　　(c) 范围外方式选择结果

(d) 内+相交方式选择结果　　(e) 外+相交方式选择结果　　(f) 交点方式选择结果

图 1.42　不同区域范围设置对窗选结果的影响

系统默认的方式为【范围内】。值得注意的是，区域范围设置对自动、窗选、多边形等选择结果都有影响。

4. 多边形选择

多边形选择同窗选非常相似，它是通过绘制一个多边形来决定选择哪些图形，如图 1.43 所示。

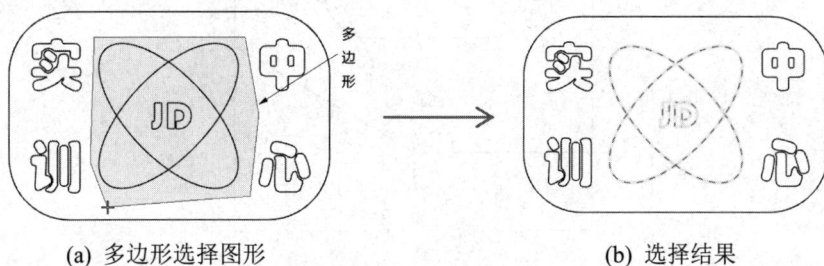

(a) 多边形选择图形　　　　　　　　　　(b) 选择结果

图 1.43　多边形选择方式

5. 单体

单体选择是指可以直接在绘图区中选择单个图素，操作方式与自动选择中的单选相同。

6. 区域选择

区域选择是指通过单击封闭区域内的一点来选择对象，如图 1.44 所示区域内所有相连的图形都被选取。

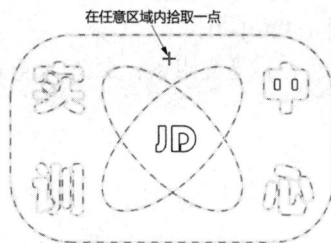

图 1.44　区域选择方式

7. 向量选择

向量选择方式是通过在绘图区内绘制多条连续的线段来选择对象，凡是与所绘制的线段相交的图素即被选中，如图 1.45 所示。

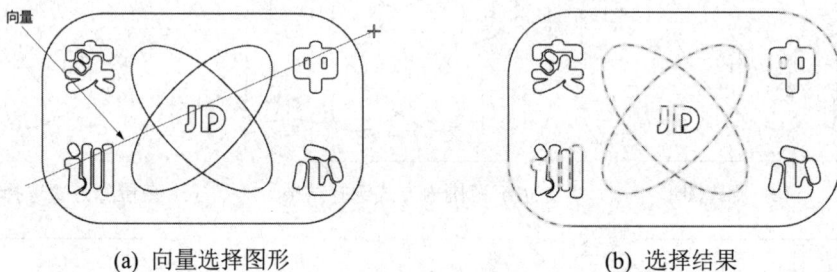

(a) 向量选择图形

(b) 选择结果

图 1.45　向量选择方式

任务 1.3　绘制凹槽板图形

1.3.1　任务描述

本次任务要求绘制如图 1.46 所示的凹槽板图形，该图形主要由简单图形和尺寸标注组成，通过本次任务的学习，培养绘图者达到以下主要目标。

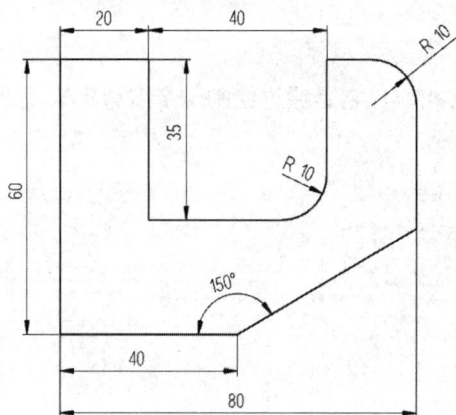

图 1.46　凹槽板图形

1. 知识目标

● 进一步了解 Mastercam 直线、圆角矩形、倒圆角等命令功能。
● 了解 Mastercam 直线、圆弧、角度等尺寸标注功能。
● 了解 Mastercam 尺寸标注自定义选项设置。

2. 能力目标

● 能够利用直线、矩形、圆弧命令快速绘制简单的二维图形文件。
● 能够利用尺寸标注自定义选项设置符合制图规范的尺寸标注。

3. 素质目标

● 通过对圆角矩形命令的学习,让绘图者知道无论是程序设计,还是机械设计都要考虑用户的使用场景和习惯,确保它的易用性和实用性,培养绘图者换位思考的职业素养。
● 通过尺寸标注,让绘图者认识到复查绘制零件的尺寸,可以确保设计产品符合技术要求,避免因错误的尺寸产生废品,培养绘图者耐心细致的职业素养。

1.3.2　凹槽板图形的绘制

1. 新建文件

单击快速访问工具栏中的【新建】按钮🗋,系统将开启一个新的文件。

2. 绘制两个矩形

(1) 切换到【线框】选项卡,单击【形状】组中的【矩形】按钮▢,系统弹出【矩形】对话框,并提示为第一个角选择一个位置,单击目标选取工具条中的【光标】下拉按钮,再单击【原点】按钮⤓,然后在绘图区的右上角任意位置拾取一点。如图 1.47 所示,在【矩形】对话框的【宽度】下拉列表框中输入"80",【高度】下拉列表框中输入"60"(系统会根据参数值自动调整矩形的大小),然后单击【确定】按钮◉。

(2) 单击【形状】组中的【圆角矩形】按钮▢,在弹出的【矩形形状】对话框中设置矩形参数,如图 1.48 所示,选择基准点为上边线中点。捕捉矩形上边线中点 P1,单击【确定】按钮◉,结果如图 1.49 所示。

3. 分割直线

单击【修剪】组中的【分割】按钮✖分割,打开【分割】对话框。选取如图 1.50 所示位置处进行分割,最后单击【确定】按钮◉完成分割。

4. 倒圆角

(1) 单击【修剪】组中的【图素倒圆角】按钮⌐,即可打开【图素倒圆角】对话框,在其中设置参数,如图 1.51 所示。选取倒圆角图素 L1,再选取另一个图素 L2(见图 1.52),单击【应用】按钮◉。

(2) 选取倒圆角图素 L3,再选取另一个图素 L4(见图 1.52),单击【确定】按钮◉。

图 1.47 【矩形】对话框

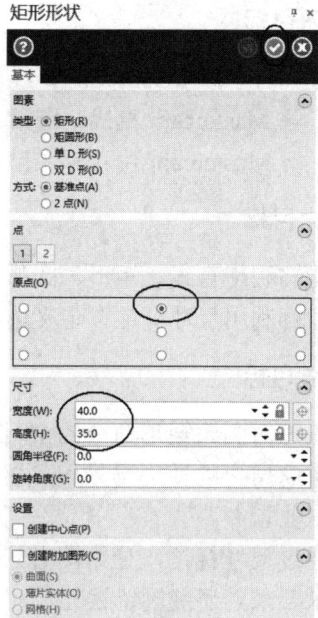

图 1.48 【矩形形状】对话框

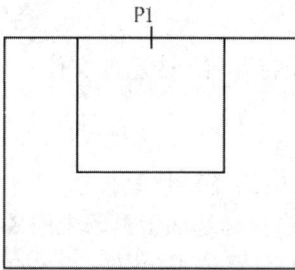

图 1.49 绘制两矩形

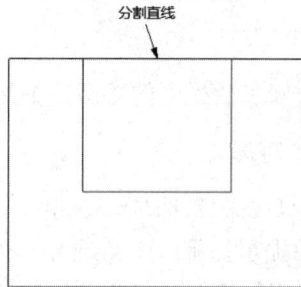

图 1.50 分割多余的直线

图 1.51 【图素倒圆角】对话框

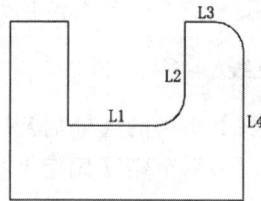

图 1.52 倒圆角

5. 绘制斜线

单击【线框】选项卡中的【线端点】按钮 ✏，弹出【线端点】对话框，指定第一个端点时，捕捉直线 L1 的中点 P1(见图 1.53)，指定第二个端点时，在绘图区的适当位置拾取一点 P2，在【线端点】对话框中设置参数，如图 1.54 所示。最后单击【确定】按钮✅。

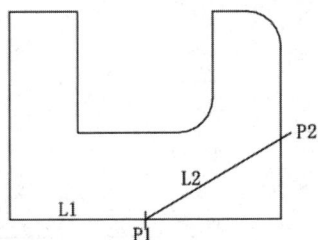

图 1.53 绘制一条斜线

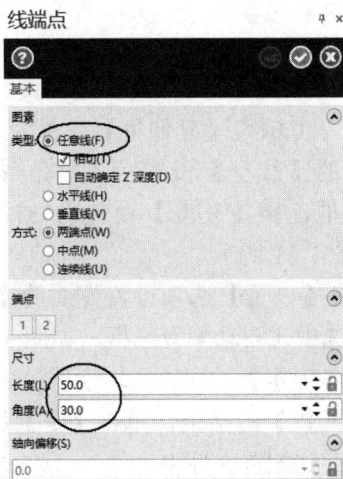

图 1.54 【线端点】对话框

6. 分割三条直线

(1) 单击【修剪】组中的【分割】按钮✕分割。

(2) 如图 1.55 所示，在绘图区选取直线 L1、L2 和 L3 要裁剪的部分，单击【确定】按钮✅，结果如图 1.56 所示。

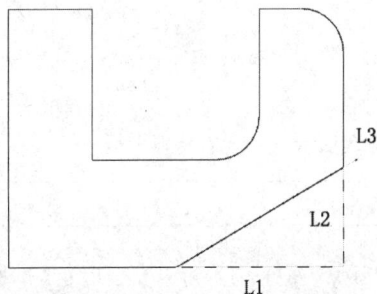

图 1.55 选取图形进行裁剪

图 1.56 对图形进行修整后的效果

7. 设置层别

在工作界面左侧切换到操作管理器的【层别】选项卡，在【编号】文本框中输入"2"，并在键盘上按 Enter 键确认(或是单击【添加新层别】按钮➕)，即可设置当前层为第 2 层，将 2 号层的名称改为"尺寸标注"，如图 1.57 所示。

8. 设置尺寸标注参数

(1) 单击【标注】选项卡中的【尺寸标注设置】按钮（见图 1.58），系统弹出【自定义选项】对话框。

(2) 在【尺寸属性】选项设置界面中，选中【线性】单选按钮，将【小数位数】设置为 0；再选中【角度】单选按钮，将【小数位数】设置为 0，如图 1.59 所示。

(3) 在【尺寸标注文本(旧版)】选项设置界面中,将【文字高度】设置为 3,【长宽比】设置为 0.75,【字体】设置为 OLF SimpleSansCJKOC,如图 1.60 所示。

(4) 在【引导线/延伸线】选项设置界面中,将【间隙】设置为 0.01,【延伸量】设置为 1.5,将【箭头】选项组中的【线型】设置为【三角形】,并选中【填充】复选框,将【高度】设置为 3,【宽度】设置为 0.99,如图 1.61 所示。

(5) 在【设置】选项设置界面的【基线增量】选项组中取消选中【自动】复选框,如图 1.62 所示。设置完成后单击【确定】按钮 ✓ 。系统弹出如图 1.63 所示的【系统配置】对话框,单击【是】按钮 是(Y) ,将本次设置保存到配置文件中。

图 1.57　【层别】选项卡

9. 标注尺寸

单击【标注】选项卡中的【快速标注】按钮 (见图 1.64),系统弹出【尺寸标注】对话框,如图 1.65 所示。将【方式】设置为【自动】,在绘图区选取相应图素进行标注,结果如图 1.66 所示。

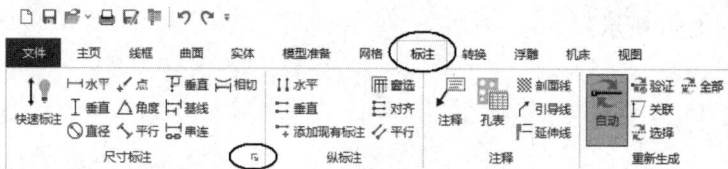

图 1.58　【标注】选项卡

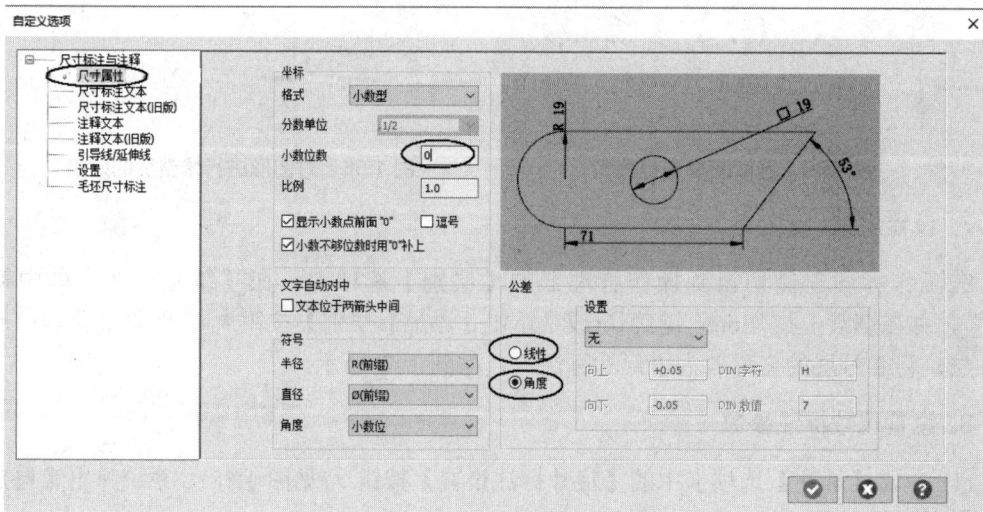

图 1.59　【尺寸属性】选项设置界面

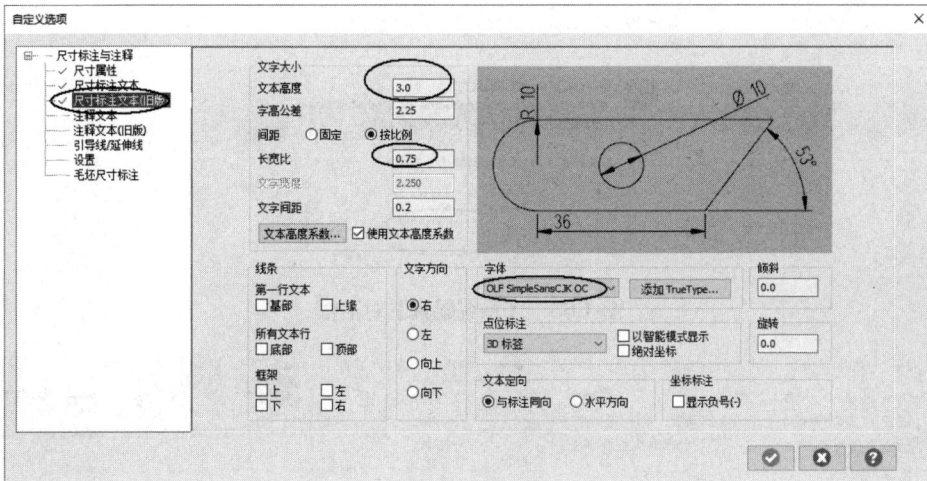

图 1.60 【尺寸标注文本(旧版)】选项设置界面

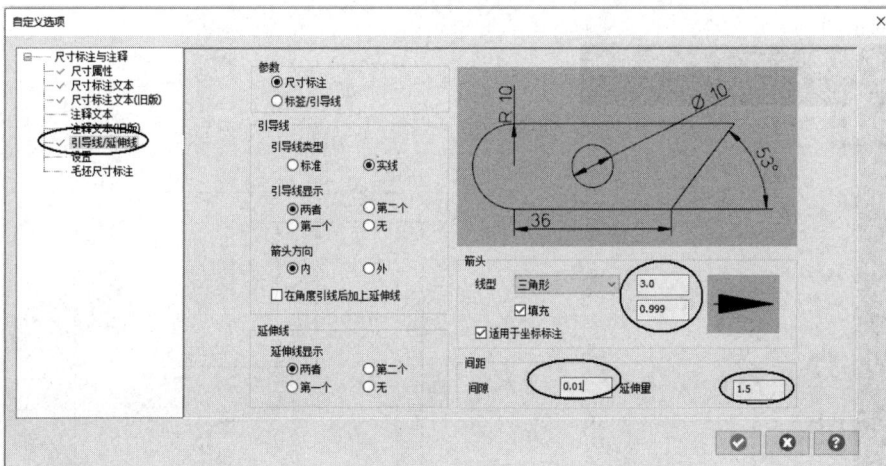

图 1.61 【引导线/延伸线】选项设置界面

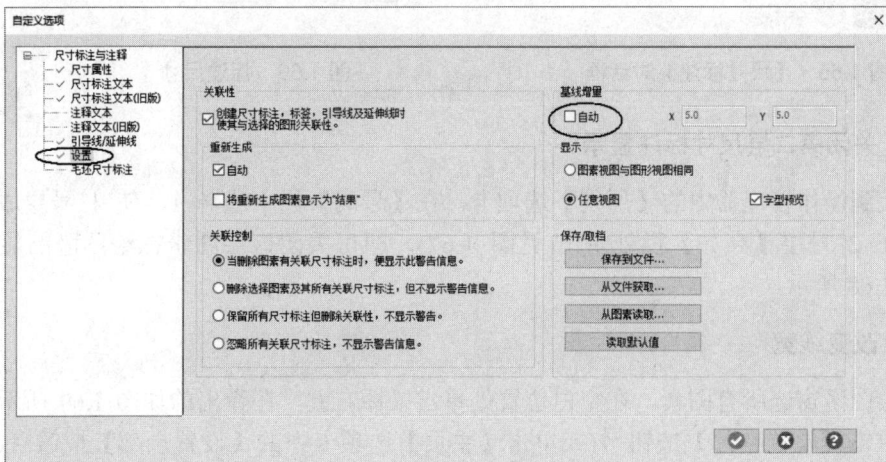

图 1.62 【设置】选项设置界面

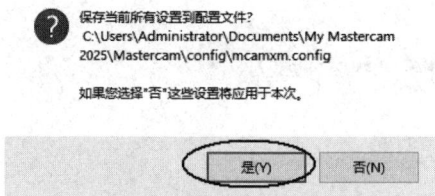

图 1.63 【系统配置】对话框

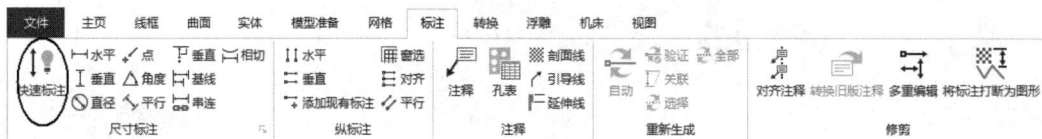

图 1.64 【标注】选项卡

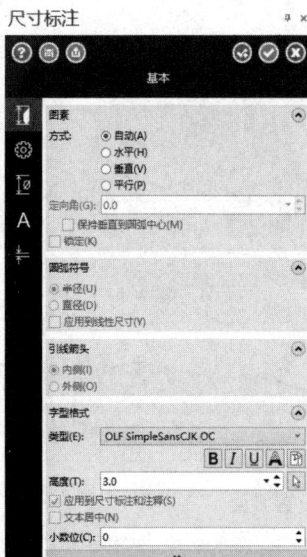

图 1.65 【尺寸标注】对话框

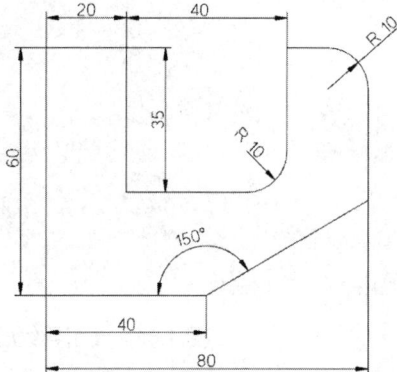

图 1.66 标注尺寸

10. 关闭第二层尺寸标注显示

切换到操作管理器中的【层别】选项卡,在【号码】栏中选择 1,使 1 号层成为当前层,并在 2 号层【高亮】栏处单击(见图 1.67),即可关闭该层图素在绘图区的显示,结果如图 1.68 所示。

11. 改变线宽

在绘图区窗选所有图素,在空白位置处单击鼠标右键,在弹出的如图 1.69 所示浮动工具栏中单击【设置全部】按钮 ≣(或单击【主页】选项卡中的【设置全部】按钮 ≣)。系统弹出【属性】对话框,选中【线宽】复选框,并单击其右侧下拉按钮,选择第二种线宽(见图 1.70),即可将所有线加宽,结果如图 1.71 所示。

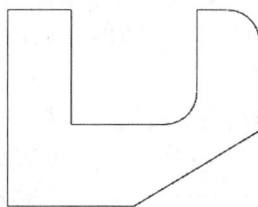

图 1.67　【层别】选项卡　　　　　　　　图 1.68　关闭尺寸标注后的图形

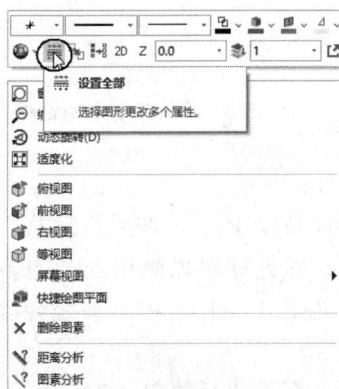

图 1.69　浮动工具栏　　　　图 1.70　【属性】对话框　　　图 1.71　线型加宽后的图形

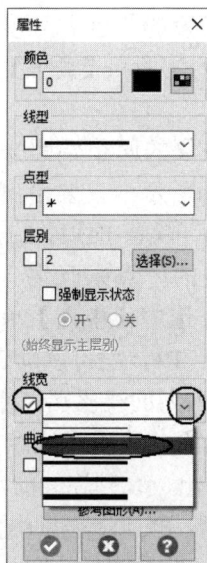

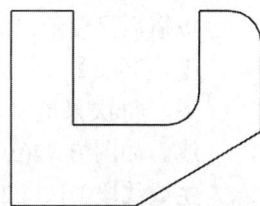

12. 保存文件

单击快速访问工具栏中的【保存】按钮 🖫，在弹出的【另存为】对话框中输入文件名"凹槽板"，单击【保存】按钮 保存(S)，完成凹槽板图形文件的保存。

1.3.3　知识链接：常见绘图功能

Mastercam 有完整的二维绘图功能，大部分二维绘图命令都集中在功能区的【线框】选项卡中，如图 1.72 所示。下面对一些常用功能进行介绍。

图 1.72　【线框】选项卡

1．直线的绘制

Mastercam 提供了多种绘制直线的方式，包括绘制连续线、平行线、垂直正交线、近距线、平分线、通过点相切线和法线等，在【线框】选项卡中可找到这些绘制直线的工具。下面仅介绍常见直线的绘制方法。

1) 线端点

单击【线端点】按钮，系统会弹出如图 1.73 所示的【线端点】对话框，用户可以根据需要绘制各种类型的线段，如任意线、水平线、垂直线、切线等。下面介绍各种类型的线段绘制方法。

(1) 任意线。任意线的绘制方式有三种：【两端点】、【中点】、【连续线】。线段的长度和角度由【尺寸】选项组中的【长度】下拉列表框和【角度】下拉列表框中的数值决定。

图 1.73　【线端点】对话框

- 【两端点】：通过给出线段的两个端点来产生一条线段。如图 1.74(a)所示，只要给出线段的两个端点 P1、P2，就可以画出线段 L1。

- 【中点】：通过给出线段的中点来产生一条线段。如图 1.74(b)所示，选中【中点】单选按钮后只要给出线段的中点 P1，就可以画出线段 L1。

- 【连续线】：通过给出一系列的线段端点来产生相连的多段线。在系统默认情况下，每次只能画一条直线段。选中【连续线】单选按钮就可以画出连续的多段线。如图 1.74(c)所示，给出一系列连续的点 P1、P2、P3、P4、P5，系统会自动生成线段 L1、L2、L3、L4，按 Esc 键则退出画线。

- 【相切】：可产生与圆弧、曲线或者两圆弧相切的一条线段。如图 1.74(d)所示，线段 L1 是经过圆外一点 P1 且与圆弧相切的一条切线，线段 L2 是具有固定角度且与圆相切的一条切线。如图 1.74(e)所示，线段 L1 是与两圆弧相切的一条切线。

- 【自动确定 Z 深度】：此选项仅适用于 3D 模式，在连续线方式下，新的端点将保留之前第一个端点的自动抓点 Z 位置深度，直到选择另一个自动抓点位置为止。

(2) 水平线：通过选取两点或中点并输入 Y 轴方向的轴向偏移值绘制水平线段。如图 1.74(f)所示，P1、P2 点只确定水平线两端点的 X 轴坐标，Y 坐标由【轴向偏移】下拉列表框中的数值确定。

(3) 【垂直线】：通过选取两点或中点并输入 X 轴方向的轴向偏移值便可绘制出垂直线段。如图 1.74(g)所示，P1、P2 点只确定垂直线两端点的 Y 轴坐标，X 坐标由【轴向偏移】下拉列表框中的数值确定。

(4) 【尺寸】：通过给出长度、角度数值来产生一段极坐标线段。如图 1.74(h)所示，在绘制线段 L1 时，先指定一位置点 P1，然后在【长度】下拉列表框和【角度】下拉列表框中输入相应的数值即可。

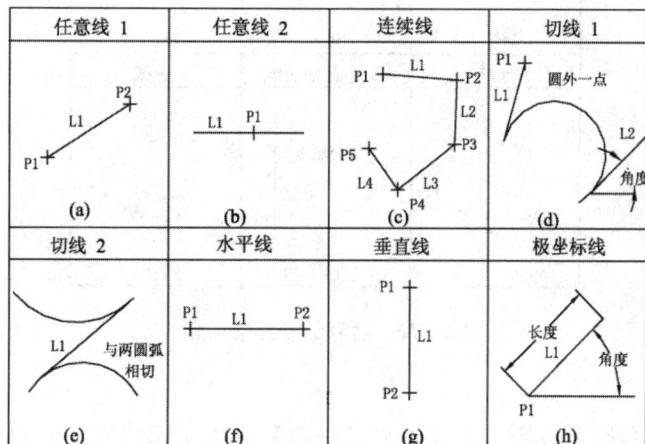

任意线 1	任意线 2	连续线	切线 1
(a)	(b)	(c)	(d)
切线 2	水平线	垂直线	极坐标线
(e)	(f)	(g)	(h)

图 1.74　线端点画法示意

2) 平行线

产生与一条参考线平行的线段。如图 1.75(a)所示，线段 L1 是一条与已知直线平行的线段。

3) 垂直正交线

产生与圆弧或者线段相垂直的一条线段。如图 1.75(b)所示，线段 L1 是经过圆外一点且延长线通过圆心的法线；线段 L2 是经过直线外一点且与直线相垂直的法线。

4) 近距线

产生两个图素之间的最短线。如图 1.75(c)所示，线段 L1 是圆弧与直线间距离最短的直线。

5) 平分线

产生一条相交直线的角平分线段。如图 1.75(d)所示，线段 L1 为相交直线的角平分线。

6) 通过点相切线

产生过圆弧上一点且与圆弧相切的一条线段。如图 1.75(e)所示，线段 L1 经过圆弧上一点 P1 并且与已知圆弧相切。

7) 法线

产生一条垂直于现有曲面或面的线段。如图 1.75(f)所示，线段 L1 经过曲面上一点 P1 并垂直于曲面。

2. 圆与圆弧的绘制

Mastercam 提供了多种绘制圆、圆弧的方式，包括给定圆心+点、极坐标圆弧、三点画圆、两点画弧、三点画弧、极坐标画弧和创建切弧等。在【线框】选项卡中可以找到【圆弧】工具组，即可绘制各种类型的圆和圆弧。

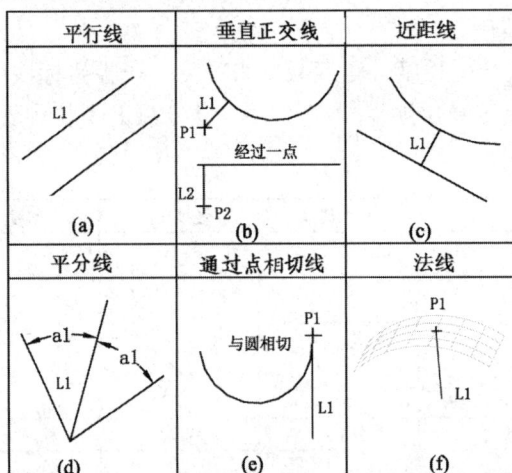

图 1.75　各种线型画法示意

1) 圆的绘制

单击【圆心点画圆】按钮⊙和【边界点画圆】按钮⟳可以实现圆的绘制。

(1) 圆心点画圆。

该命令是最常用的画圆方法，单击【圆心点画圆】按钮⊙，系统会弹出如图 1.76(a)所示的【圆心点画圆】对话框。通过该对话框中参数的设置可以实现以下几种画圆方式。

- 点边界圆：在【方式】选项组中选中【手动】单选按钮，利用给定的圆心点和边界点来绘制圆，如图 1.77(a)所示。
- 点相切圆：在【方式】选项组中选中【相切】单选按钮，系统会利用给定的圆心点和选定的圆弧来绘制与之相切的圆弧，如图 1.77(b)所示。
- 点半径圆：在【半径】下拉列表框中输入半径值，系统会利用给定的圆心点和半径值来绘制圆，如图 1.77(c)所示。当需要绘制多个相同半径值的圆时，可以单击旁边的开锁状态按钮🔓使之变成闭锁状态🔒，这样就可以连续绘制多个相同半径值的圆而不用重新输入半径值。
- 点直径圆：在【直径】下拉列表框中输入直径值，系统会利用给定的圆心点和直径值来绘制圆，如图 1.77(d)所示。

(2) 边界点画圆。

单击【边界点画圆】按钮⟳，系统会弹出如图 1.76(b)所示的【边界点画圆】对话框。

- 两点：利用给定直径上的两个端点来绘制一个圆，如图 1.77(e)所示，圆的直径由两端点的距离决定。
- 两点相切：利用选定的两个圆弧来绘制一个与之相切的圆，如图 1.77(f)所示。切圆的大小由【半径】或【直径】下拉列表框中的数值决定。
- 三点：利用给定的三个不共线的点来产生一个圆，如图 1.77(g)所示。
- 三点相切：利用选定的三个圆弧来绘制一个与之相切的圆，如图 1.77(h)所示。

2) 圆弧的绘制

圆弧的绘制功能简要说明如下。

(a)【圆心点画圆】对话框　　　　　　(b)【边界点画圆】对话框

图 1.76　画圆对话框

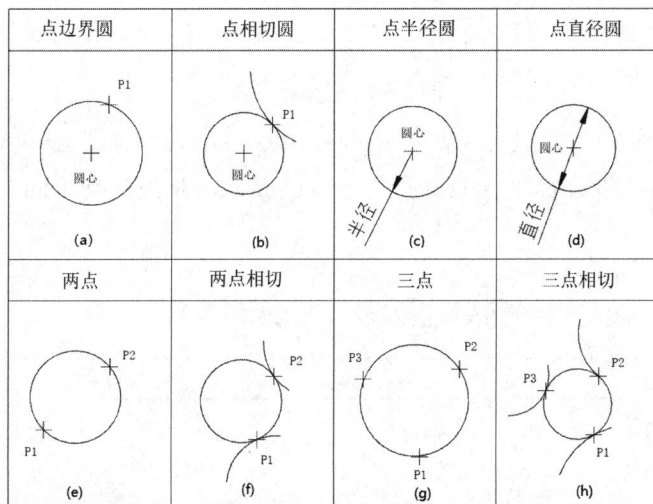

点边界圆	点相切圆	点半径圆	点直径圆
(a)	(b)	(c)	(d)
两点	两点相切	三点	三点相切
(e)	(f)	(g)	(h)

图 1.77　各种圆的画法示意

(1) 极坐标圆弧。

用极坐标方式定义各点坐标来产生一个圆弧，绘制方法有两种：极坐标画弧和极坐标点画弧。

● 极坐标画弧：先确定圆弧圆心，再确定圆弧的半径/直径和圆弧起始角度的绘制方法。单击【极坐标画弧】按钮 ，系统会弹出如图 1.78(a)所示的【极坐标画弧】对话框。如图 1.79(a)所示，通过指定中心点，输入半径或直径、起始角度和终止角度即可产生一个圆弧，反转圆弧可改变圆弧的方向。当使用相切方式时，给定圆心和切点位置，而圆心到切点的距离就确定了圆弧的半径值，所以就不用设定半径尺寸值，只要给出终止角度即可，如图 1.79(b)所示。

● 极坐标点画弧：先确定圆弧圆周上的点，再来确定圆弧的半径/直径和圆弧起始角度的绘制方法。单击【极坐标点画弧】按钮 ，弹出如图 1.78(b)所示的【极坐标端点】对话框，通过给出圆弧起点、半径/直径值、起始角度和终止角度即可产生一个圆弧，如图 1.79(c)所示。也可通过给出圆弧终点、圆弧半径/直径值、起始角度和终止角度产生一个圆弧，如图 1.79(d)所示。

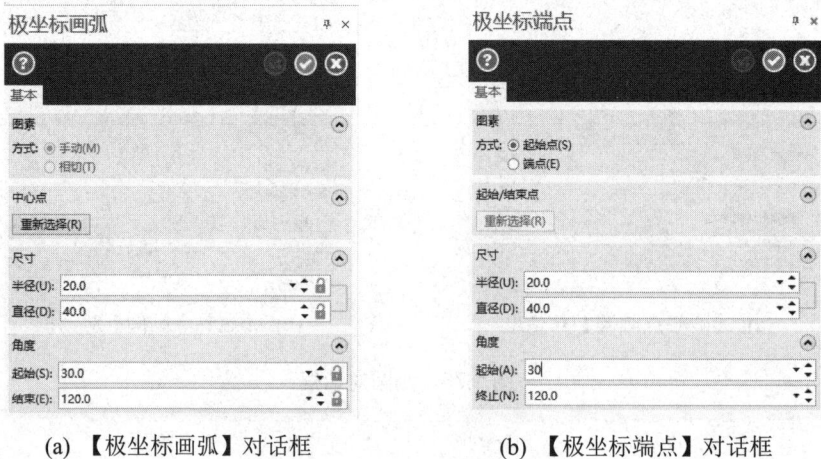

极坐标画弧	极坐标端点

(a) 【极坐标画弧】对话框   (b) 【极坐标端点】对话框

图 1.78　极坐标画弧

(2) 两点画弧。

通过给出两端点和圆弧半径/直径产生一个圆弧，这是最为常用的绘制圆弧命令，如图 1.79(e)所示。

(3) 三点画弧。

通过三个已知点来产生一个圆弧，如图 1.79(f)所示。

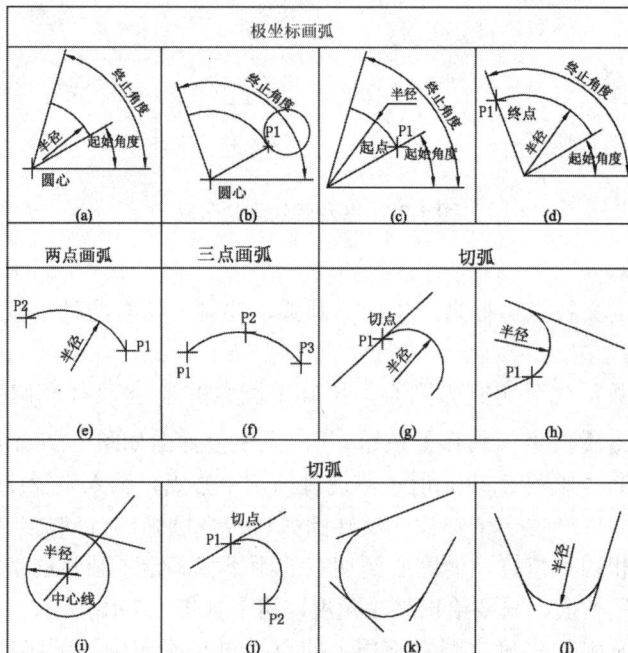

图 1.79　各种圆弧画法示意

(4) 切弧。

与一个或者多个图素相切来产生一个圆弧。单击【切弧】按钮 ↘，弹出如图 1.80 所示的【切弧】对话框，它的绘制方法有 7 种，分别如下。

图 1.80 【切弧】对话框

- 单一图素切弧：产生一条与单一图素(直线、圆弧、曲线)相切于一点的 180°圆弧，如图 1.79(g)所示。
- 单点画弧：产生一个与图素相切并经过一个给定点的圆弧，如图 1.79(h)所示。
- 圆弧中心线：产生一个圆心在指定直线上且与另一直线相切的圆，如图 1.79(i)所示。
- 动态切弧：产生一个与图素相切的圆弧且圆弧的形状由鼠标动态确定，如图 1.79(j)所示。
- 三图素切弧：产生一个与三个图素(直线、圆弧、曲线)相切的圆弧，如图 1.79(k)所示。
- 三物体切圆：产生一个与三个图素(直线、圆弧、曲线)相切的圆。
- 两图素切弧：产生一个与两个图素(直线、圆弧、曲线)相切的圆弧，如图 1.79(l)所示。

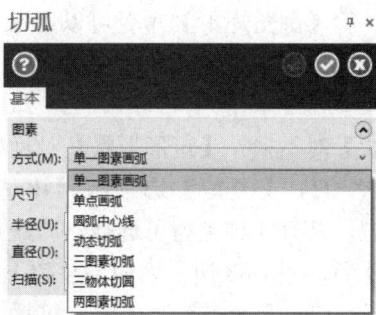

3. 矩形及圆角矩形的绘制

1) 矩形

矩形由 4 条相互垂直的具有一定长度的线段构成。它的绘制方法非常灵活，在绘图过程中，常常利用矩形来构造辅助线，矩形功能利用得好，会给绘图带来很多方便。

矩形可以通过指定对角线两个端点的位置确定；也可以通过指定矩形的宽度和高度，然后指定矩形的左下角点或中心点的位置来确定。在【线框】选项卡中单击【矩形】按钮 □，即可打开如图 1.81 所示的【矩形】对话框。【矩形】对话框中各参数的含义如下。

图 1.81 【矩形】对话框

- 【编辑第一角点】按钮 ①：用于重新确定已经绘制矩形的第一角点的位置。
- 【编辑第二角点】按钮 ②：用于重新确定已经绘制矩形的第二角点的位置。
- 【宽度】下拉列表框：设置矩形的宽度。
- 【高度】下拉列表框：设置矩形的高度。
- 【矩形中心点】复选框：设置基准点为中心点。在绘图区指定一个点作为矩形的中心点。如果取消选中此复选框，系统会以矩形左下角点为基准点。
- 【曲面】复选框：生成的矩形是一个矩形曲面。
- 【薄片实体】复选框：生成的矩形是一个矩形薄片实体。
- 【网格】复选框：生成的矩形是一个矩形网格。

2) 圆角矩形

【圆角矩形】命令可以用来绘制各种类型的矩形。在【线框】选项卡中单击【矩形】下拉按钮，然后单击【圆角矩形】按钮 ▭，即可打开如图 1.82 所示的【矩形形状】对话框。【矩形形状】对话框中各选项的含义如下。

(1)【类型】选项组。该选项组用于设置矩形的类型，共有 4 种类型可选，即矩形、矩圆形、单 D 形、双 D 形，图 1.83 所示为相同参数下不同类型的矩形形状。

(2)【方式】选项组。包括【基准点】和【2 点】两个单选按钮。

- 【基准点】单选按钮：采用基准点法绘制矩形。通过给定矩形的一个基准点，以及矩形的宽度、高度来绘制矩形。

- 【2 点】单选按钮：通过指定两角点的方式来绘制矩形。用户可以通过给定左上角点和右下角点来绘制，也可以通过给定左下角点和右上角点来绘制。

(3)【点】选项组。该选项组用于设置矩形基准点的位置，Mastercam 提供了 9 种位置基准点，用户可以根据需要进行选择。

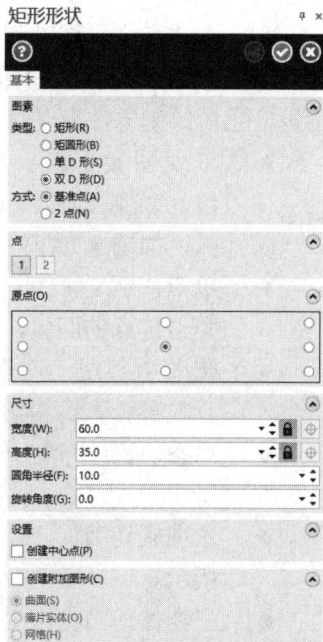

图 1.82　【矩形形状】对话框

- 【编辑第一角点】按钮 1：当采用基准点方式绘制矩形时，用于重新确定已经绘制的矩形基准点位置。当采用两点方式绘制矩形时，用于重新确定已经绘制矩形的第一角点的位置。

- 【编辑第二角点】按钮 2：当采用两点方式绘制矩形时，用于重新确定已经绘制矩形的第二角点的位置。

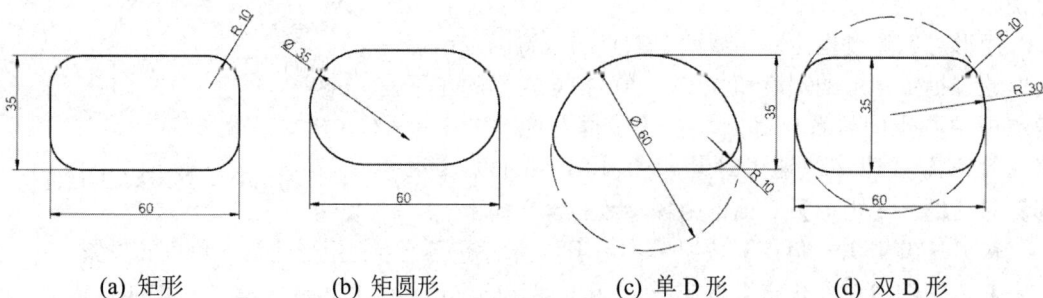

(a) 矩形　　(b) 矩圆形　　(c) 单 D 形　　(d) 双 D 形

图 1.83　相同参数下不同类型的矩形形状

(4)【尺寸】选项组。

- 【宽度】下拉列表框：用于设置矩形宽度值。单击右侧的选取按钮 ⊕，则可以重新选定位置来确定矩形的宽度。

- 【高度】下拉列表框：用于设置矩形高度值。单击右侧的选取按钮 ⊕，则可以重新选定位置来确定矩形的高度。

- 【圆角半径】下拉列表框：用于设置矩形 4 个角的圆角半径值。

● 【旋转角度】下拉列表框：用于设置矩形绕基准点旋转的角度值。

(5) 【设置】选项组。

● 【创建中心点】复选框：选中此复选框，则在
生成矩形的同时产生一个中心点。

● 【创建附加图形】复选框：选中此复选框，则
可以选择生成曲面、薄片实体、网格等图形。

4．多边形的绘制

多边形是指由 3 条或 3 条以上等长的线段组成的封
闭图形，使用【多边形】命令可以绘制 3～360 条边的正
多边形。单击【多边形】按钮◯，系统会弹出如图 1.84
所示的【多边形】对话框。【多边形】对话框中的参数
说明如下。

● 【边数】微调框：指定多边形的边数。

● 【半径】下拉列表框：指定多边形内切圆或外
接圆的半径。

● 【外圆】和【圆角】单选按钮：这两个单选按
钮用于设置半径选项中输入的半径是多边形外

图 1.84　【多边形】对话框

切于圆的半径还是内接于圆的半径。当选中【外圆】单选按钮时，是指多边形外
切于圆的半径，如图 1.85(a)所示，绘制的是六边形外切于圆，圆的半径为 35；当
选中【圆角】单选按钮时，是指多边形内接于圆的半径，如图 1.85(b)所示，绘制
的是六边形内接于圆，圆的半径为 35，且旋转角度为 30°，倒圆角半径为 5。

● 【角落圆角】微调框：用于设置多边形所有顶角的圆角半径值。

● 【旋转角度】微调框：用于设置多边形的旋转角度值。

● 【创建中心点】复选框：选中此复选框，则在生成多边形的同时产生一个中心点。

5．曲线的绘制

在 Mastercam 中绘制的曲线有两种形式，即参数式 Spline 曲线和 NURBS 曲线。
NURBS 是 Non-Uniform Rational B-Spline 的缩写。一般 NURBS 曲线比参数式 Spline 曲线
要光滑且易于编辑。

切换到【线框】选项卡，单击【手动画曲线】下拉按钮，打开如图 1.86 所示的绘制
曲线下拉菜单，选择相应的命令，即可绘制所需的曲线。Mastercam 提供了 5 种曲线生成
方式。

1) 手动画曲线

选择【手动画曲线】命令，然后用鼠标在绘图区选取各个节点位置，在最后一点上双
击，或者按 Enter 键；在单击【确定】按钮◯之前，曲线端点(起始点和结束点)的切线方
向可以进行编辑。如图 1.87 所示，系统为起始点和结束点提供了 5 种切线方向选择。

● 【任意点】：系统默认的选项。

● 【三点】：曲线的前 3 个点所构成的部分用圆弧线代替。曲线起始点的切线方向
即为圆弧的切线方向。

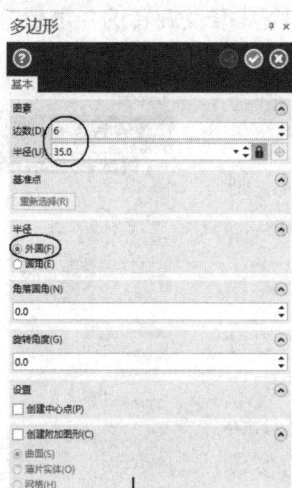

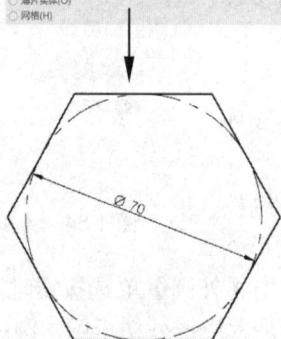

(a) 外圆(外切于圆)　　　　　　(b) 圆角(内接于圆)

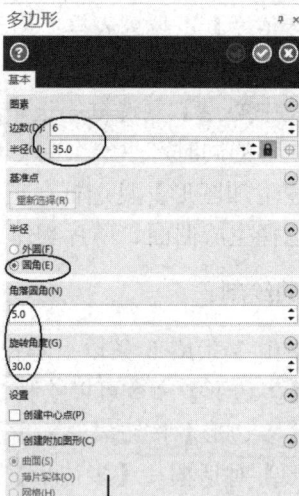

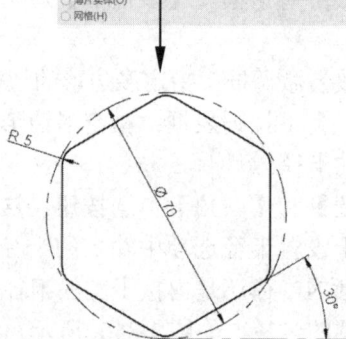

图 1.85　两种多边形的画法

图 1.86　绘制曲线工具条　　　　　　图 1.87　5 种切线方向

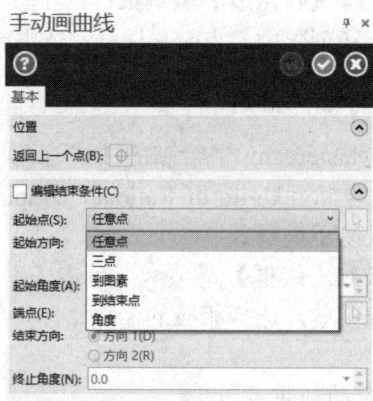

- 【到图素】：选取已经存在的图素，将其选取点的切线方向作为曲线指定端点处的切线方向。
- 【到结束点】：选取某图素端点的切线方向作为曲线指定端点的切线方向。
- 【角度】：设置曲线端点的切线角度值。

2) 曲线熔接

使用【曲线熔接】命令可以绘制一条与两图素上选取点相切的曲线，选取的图素可以是直线、曲线或圆弧。

3) 转成单一曲线

【转成单一曲线】命令能将一系列首尾相连的图素如圆弧、直线、曲线等转换成单一样条曲线。

4) 自动生成曲线

选择【自动生成曲线】命令，用鼠标在绘图区选取第一个、第二个以及最后一个点，系统即自动将存在的所有点拟合成一条曲线。

5) 转为 NURBS 曲线

执行该命令可将直线、圆弧、曲线和曲面等转换为 NURBS 曲线。

提 高 练 习

1. 绘制如图 1.88 所示的图形。

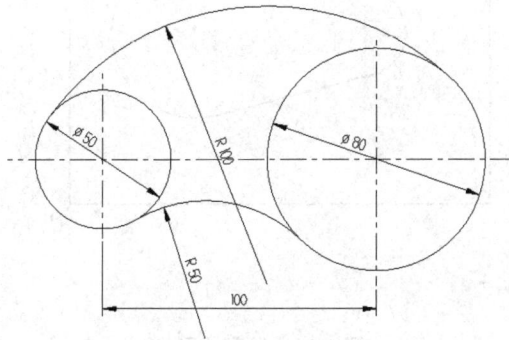

图 1.88　绘制图形(1)

2. 绘制如图 1.89 所示的图形。

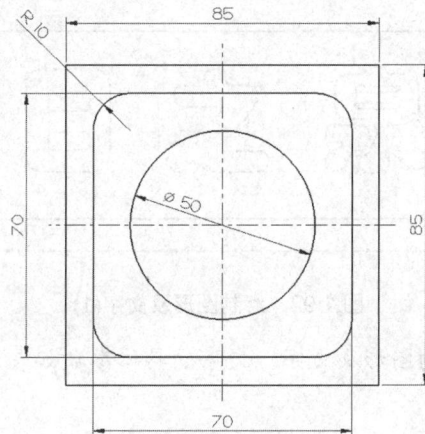

图 1.89　绘制图形(2)

3. 绘制如图 1.90 所示的图形并标注尺寸。

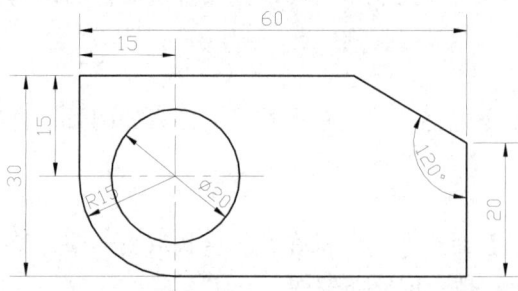

图 1.90　绘制图形(3)

4. 绘制如图 1.91 所示的图形并标注尺寸。

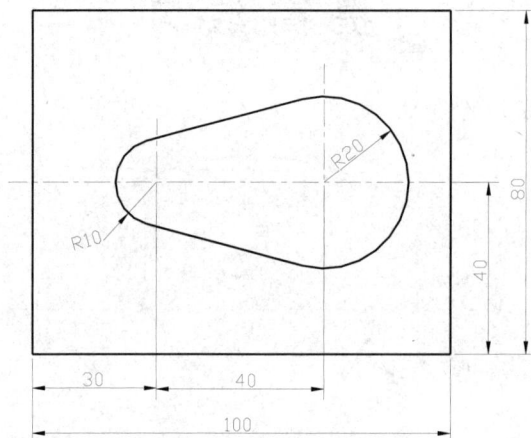

图 1.91　绘制图形(4)

5. 绘制如图 1.92 所示的图形及文字(其中文字高为 30mm，字体为华文彩云，文字经过镜像操作处理)。

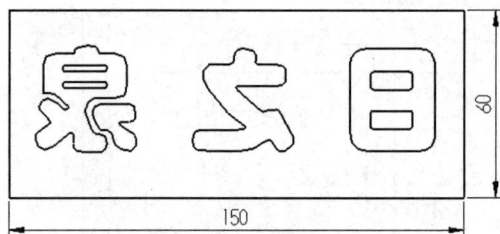

图 1.92　绘制图形及文字(1)

6. 绘制如图 1.93 所示的图形及文字。文字的具体参数如表 1.2 所示。

表 1.2　文字参数设置

字　体	文　字	字　高	间　距	方　向	定　位	半　径
OLF	Mastercam	10	2	圆弧底部	圆心(0, 0)	37.5
OLF	2025	10	4	圆弧顶部	圆心(0, 0)	37.5
仿宋	欢迎你们	10	2	水平	(−28.5, 0)	
仿宋	CNC	10	2	圆弧顶部	圆心(0, 0)	22
仿宋	WELCOME	10	2	圆弧底部	圆心(0, 0)	22

7. 试用曲线功能绘制如图 1.94 所示的图形。

图 1.93　绘制图形及文字(2)

图 1.94　绘制狼头图形

项目2　二维造型设计

Mastercam 的 CAM(辅助加工功能)是利用已有图形进行编程的，所以在产生数控程序之前应将零件的图形绘制出来。本项目主要介绍二维图形的绘制、编辑与转换指令。二维图形的编辑与转换指令主要包括删除、修剪延伸、平移、旋转、镜像、补正、阵列等。二维图形的绘制、编辑与转换是绘制三维线型构架、曲面和实体的重要前提。

任务 2.1　绘制链轮图形

2.1.1　任务描述

本次任务要求绘制图 2.1 所示的链轮图形，该图形主要由 17 个相同的轮齿组成，通过本次任务的学习，培养绘图者达到以下主要目标。

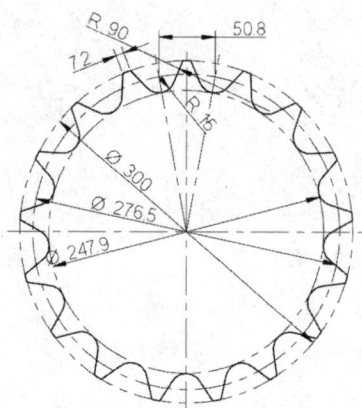

图 2.1　链轮图形

1. 知识目标

- 进一步了解圆、切弧等绘图命令功能。
- 了解偏移、镜像、旋转等图形编辑功能。
- 了解常见系统配置参数的设置。

2. 能力目标

- 能够熟练利用绘图命令、图形编辑功能绘制中等复杂的二维图形。
- 能够深入理解旋转阵列命令实现快速绘图。
- 能够利用系统配置功能设置合理公差，实现快速高效绘图。

3. 素质目标

- 在绘制链轮图形时，学会分析图形的如周期性重复、对称性等，在识别出图形规律后，能运用逻辑思维能力，选择合适的命令和参数进行绘图，从而培养绘图者的思辨能力。

- 在绘制链轮图形时，当 17 个轮齿不能串连时，要能从系统配置上去解决问题，从而培养绘图者的全局观。

2.1.2　链轮图形的绘制

1. 新建文件

单击快速访问工具栏中的【新建】按钮，系统将开启一个新的文件。

2. 绘制三个大圆

(1) 切换到【线框】选项卡，单击【圆弧】组中的【圆心点画圆】按钮。系统弹出【圆心点画圆】对话框，单击目标选取工具条中【光标】下拉按钮，再单击【原点】按钮，确定圆心位置，在【圆心点画圆】对话框中输入半径"150"(或直径"300")，单击【确定并创建新操作】按钮。

(2) 继续用同样的方法绘制另外两个直径分别为"276.5"、"247.9"的圆，绘制的图形如图 2.2 所示。

3. 绘制两条直线

单击【绘线】组中的【线端点】按钮，系统弹出【线端点】对话框，如图 2.3 所示。在【类型】选项组中选中【任意线】单选按钮，设置【方式】为【中点】；在绘图区大致水平位置处选取 P1、垂直位置处选取 P2 两点(见图 2.4)，最后单击【线端点】对话框中的【确定】按钮。

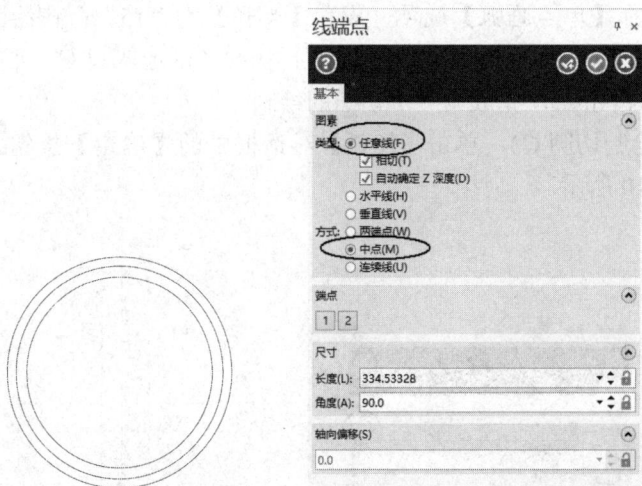

图 2.2　绘制三个大圆　　　图 2.3　【线端点】对话框　　　图 2.4　绘制直线

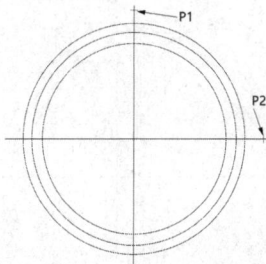

4. 偏移直线

(1) 单击【修剪】组中的【偏移图素】按钮，系统弹出【偏移图素】对话框，如图 2.5

所示。设置【方式】为【复制】；设置 【距离】为"50.8/2"；设置【方向】为【双向】，在绘图区选择直线 LI(见图 2.6)进行双向偏移复制，单击【确定并创建新操作】按钮。

(2) 用同样的方法对直线 LI 进行距离为"7.2/2"的双向偏移复制，然后单击【偏移图素】对话框中的【确定】按钮。绘制的图形如图 2.7 所示。

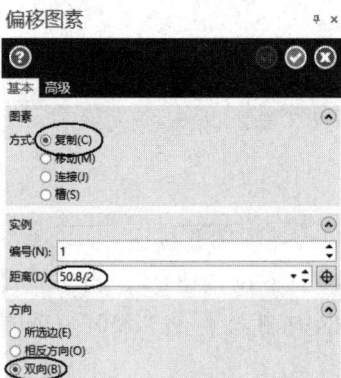

图 2.5 【偏移图素】对话框   图 2.6 选择直线   图 2.7 偏移直线

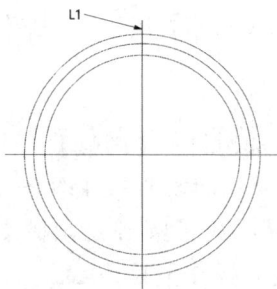

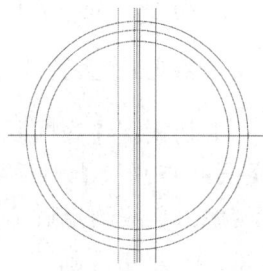

5. 绘制两条辅助直线

单击【绘线】组中的【线端点】按钮/，系统弹出【线端点】对话框。在绘图区捕捉交点 P1、P2，交点 P1、P3(见图 2.8)绘制两条辅助线，然后单击【确定】按钮。

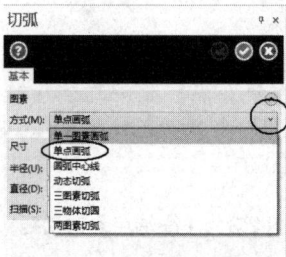

6. 绘制两个 R15 切圆

(1) 单击【圆弧】组中的【切弧】按钮，系统弹出【切弧】对话框，如图 2.9 所示。在【方式】下拉列表框中选择【单点画弧】选项，设置【半径】为"15"；在绘图区选择一个将要与其相切的圆 C1(见图 2.10)，指定经过点 P1，再在绘图区选取圆 C2 进行确认。单击【确定并创建新操作】按钮，完成第一个切圆的绘制。

(2) 用同样的方法在绘图区绘制切圆 C3，单击【切弧】对话框中的【确定】按钮，完成第二个切圆的绘制，如图 2.10 所示。

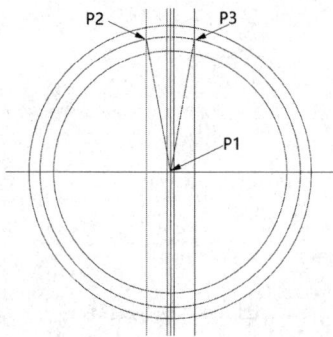

图 2.8 绘制两条辅助线   图 2.9 【切弧】对话框   图 2.10 绘制两个切圆

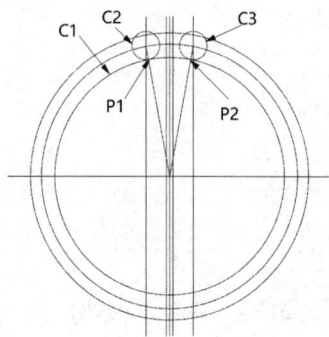

7. 绘制两个 R90 切弧

(1) 单击【圆弧】组中的【切弧】按钮 ↘切弧，系统弹出【切弧】对话框。在【方式】下拉列表框中选择【单点画弧】选项，设置【半径】为"90"；在绘图区选择一个将要与其相切的图素小圆 C1(见图 2.11)，指定经过点 P1，再在绘图区选取凸圆弧 C2 进行确认。单击【应用】按钮 ✓，完成第一个切弧的绘制。

(2) 用同样的方法在绘图区绘制另一个切弧，然后单击【切弧】对话框中的【确定】按钮 ✓，完成第二个切弧的绘制，如图 2.12 所示。

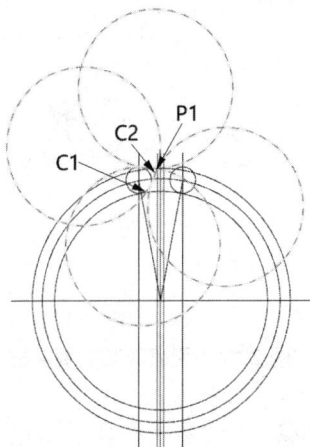

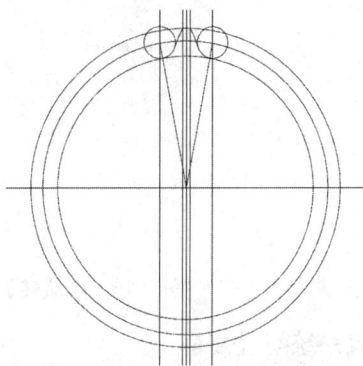

图 2.11　绘制切弧　　　　　　　　图 2.12　完成两个切弧的绘制

8. 对图形进行修剪

(1) 单击【主页】选项卡中的【删除】按钮 ×，拾取如图 2.13(a)所示的多余图素，在绘图区单击【结束选择】按钮 结束选择 进行删除，结果如图 2.13(b)所示。

(2) 切换到【线框】选项卡，单击【修剪】组中的【分割】按钮 ✕分割。选取图素进行分割，然后单击【确定】按钮 ✓，完成分割，如图 2.14 所示

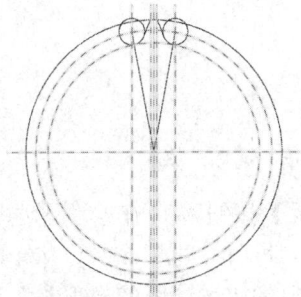

(a)　拾取多余的图素　　　　　　(b)　删除完成

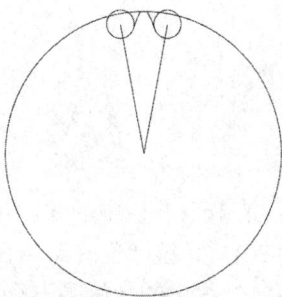

图 2.13　删除多余图素　　　　　　　　图 2.14　完成分割

9. 用旋转命令绘制其他 16 个轮齿

切换到【转换】选项卡，单击【旋转】按钮 ↻，系统弹出【旋转】对话框，在绘图区

窗选轮齿(见图 2.15)，按键盘上的 Enter 键确定。在【旋转】对话框中设置如图 2.16 所示的参数，系统默认的旋转中心在原点，单击【确定】按钮，结果如图 2.17 所示。

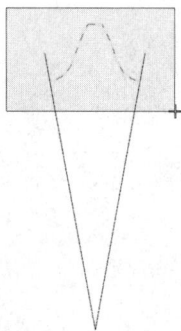

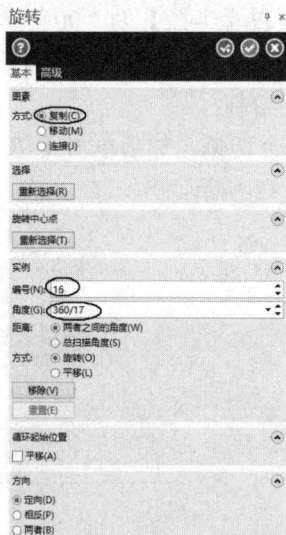

图 2.15　窗选轮齿　　　　图 2.16　【旋转】对话框　　　　图 2.17　用旋转功能复制的 16 个轮齿

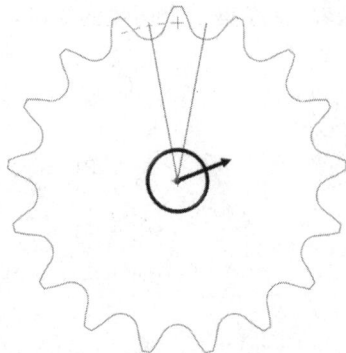

10. 设置系统配置公差

(1) 在绘图区的空白区单击鼠标右键，系统弹出浮动工具栏，单击如图 2.18 所示工具栏中的【窗口放大】按钮，在绘图区选取窗选交点位置处并放大，如图 2.19 所示。

图 2.18　浮动工具栏　　　　　　　　图 2.19　窗选并放大

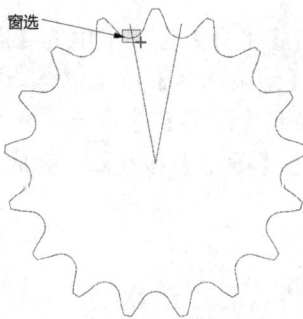

(2) 切换到【主页】选项卡，单击工具栏中的【距离分析】按钮，在绘图区选取端点 P1、P2 进行距离分析(见图 2.20)，系统弹出【距离分析】对话框(见图 2.21)，得出 2D 距离为"0.006"。(注：由于 360/17 得出的数值是一个除不尽的小数，系统根据参数设置进行截断处理，这样会造成 17 个轮齿之间不相连，有 0.006mm 间隙。)

(3) 切换到【文件】选项卡，如图 2.22 所示，选择【配置】命令，打开【系统配置】对话框，选择左侧列表框中的【公差】选项，设置【串连公差】为"0.0065"。单击【确定】按钮，在弹出的【系统配置】对话框中单击【否】按钮(见图 2.23)，将本次的【串连公差】设置仅用于链轮文件。

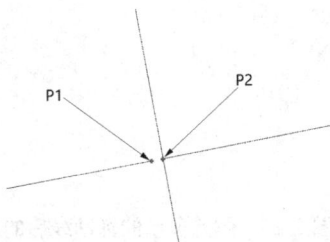

图 2.20 选取点进行距离分析

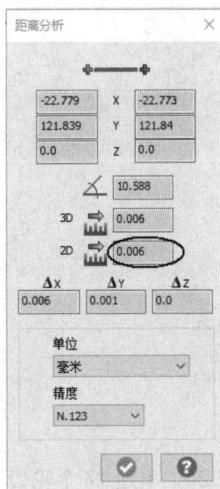

图 2.21 【距离分析】对话框

图 2.22 选择【配置】命令

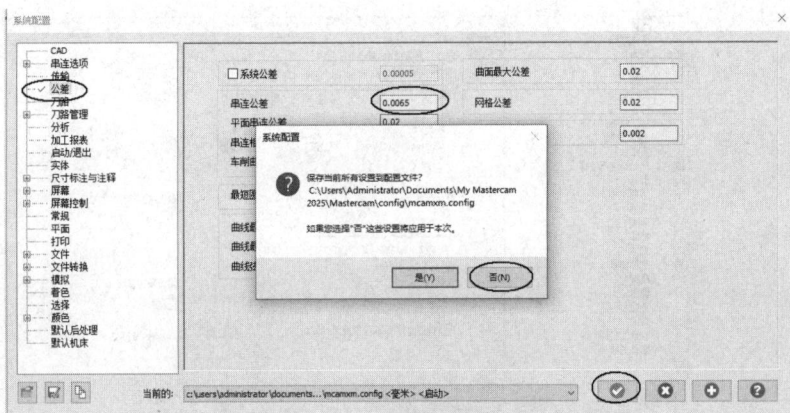

图 2.23 【系统配置】对话框

(4) 按住键盘上的 Shift 键，选择链轮中的任意一个图素就可以将整个线条链串连选中，如图 2.24 所示。

(5) 单击【主页】选项卡中的【删除】按钮✕，拾取多余图素进行删除，结果如图 2.25 所示。

11. 保存文件

单击快速访问工具栏中的【保存】按钮💾，在弹出的【另存为】对话框中输入文件名"链轮"，单击【保存】按钮 保存(S) ，完成链轮文件的保存。

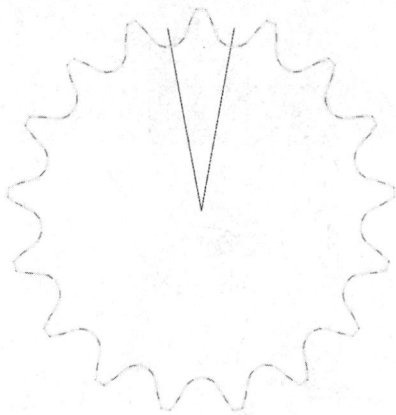

<table>
<tr><td>图 2.24　串连 17 个轮齿</td><td>图 2.25　删除多余的辅助线后的效果</td></tr>
</table>

2.1.3　知识链接：常见系统设置

Mastercam 软件本身有一个内定的系统配置参数，用户可以根据自己的需要和实际情况来更改某些参数，以满足实际使用的需要。要设置系统参数，可执行【文件】|【配置】命令，系统打开如图 2.26 所示的【系统配置】对话框，选择左侧列表框中的选项进行相应的设置即可。

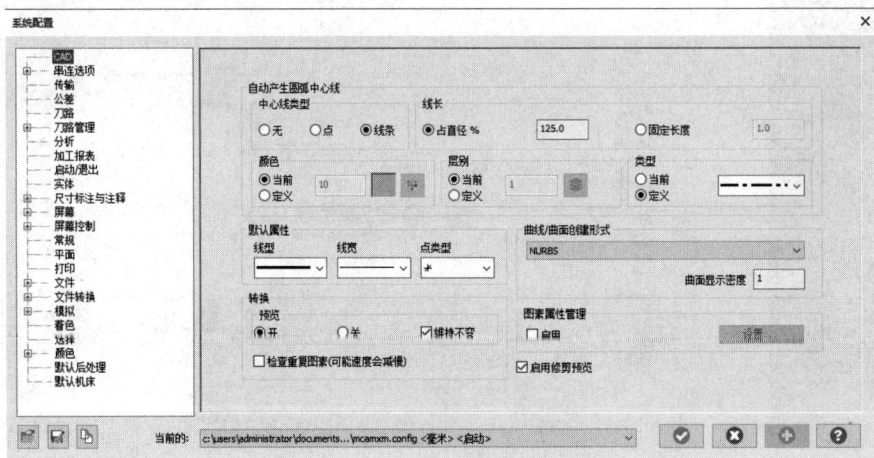

图 2.26　【系统配置】对话框

1. CAD 设置

在【系统配置】对话框中，选择左侧列表框中的 CAD 选项，可设置系统 CAD 参数，如图 2.27 所示，在【中心线类型】选项组中，选中【线条】单选按钮，则在绘图区绘制圆弧，如图 2.28 所示，都会产生中心线。建议保持系统默认设置。

2. 公差设置

在【系统配置】对话框中，选择左侧列表框中的【公差】选项，可设置系统的公差参数，如图 2.29 所示。

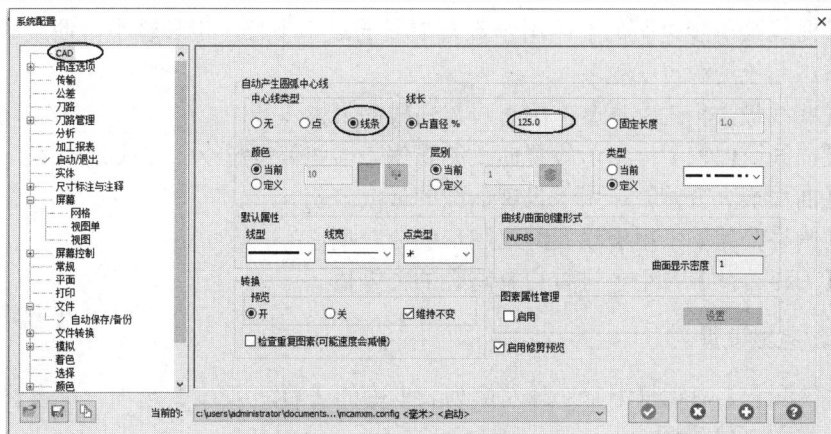

图 2.27 CAD 参数设置

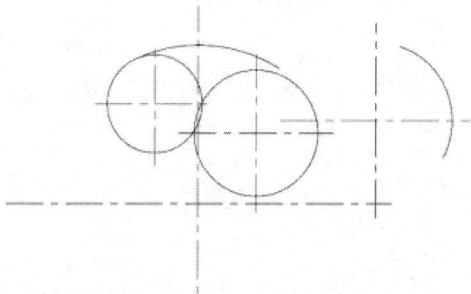

图 2.28 带中心线的圆弧

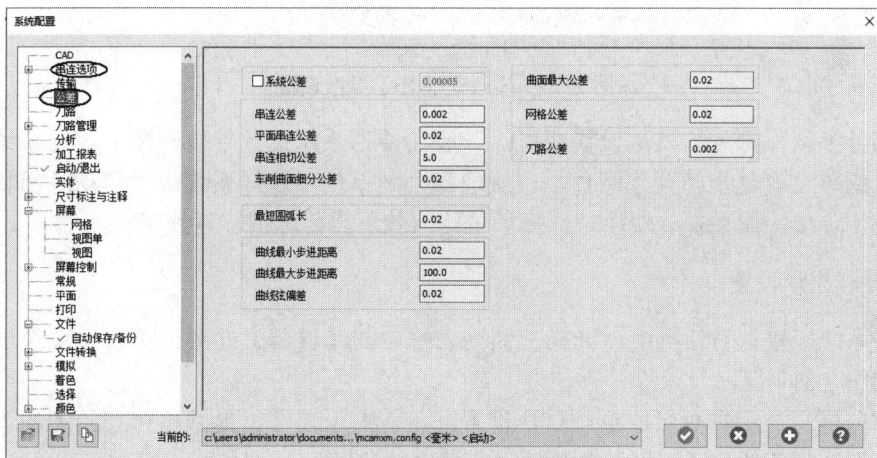

图 2.29 【公差】参数设置

- 【系统公差】：用于设置系统的公差值，公差值越小，误差越小，但系统运行越慢。
- 【串连公差】：用于设置串连几何图形的公差值。
- 【平面串连公差】：用于设置平面串连几何图形的公差值。
- 【串连相切公差】：用于设置串连相切图形时的最大公差值。
- 【最短圆弧长】：用于设置所能创建的最小圆弧长度。

- 【曲线最小步进距离】：用于设置曲线的最小步长，步长越小，曲线越光滑，但占用系统资源也就越多。
- 【曲线最大步进距离】：用于设置曲线的最大步长。
- 【曲线弦偏差】：用于设置曲线的弦偏差，弦偏差越小，曲线越光滑。
- 【曲面最大公差】：用于设置曲面的最大公差。
- 【网格公差】：用于设置网格图形的公差值。
- 【刀路公差】：用于设置刀具路径的公差值。

3. 启动/退出设置

在【系统配置】对话框中，选择左侧列表框中的【启动/退出】选项，可设置系统启动/退出参数，如图 2.30 所示。

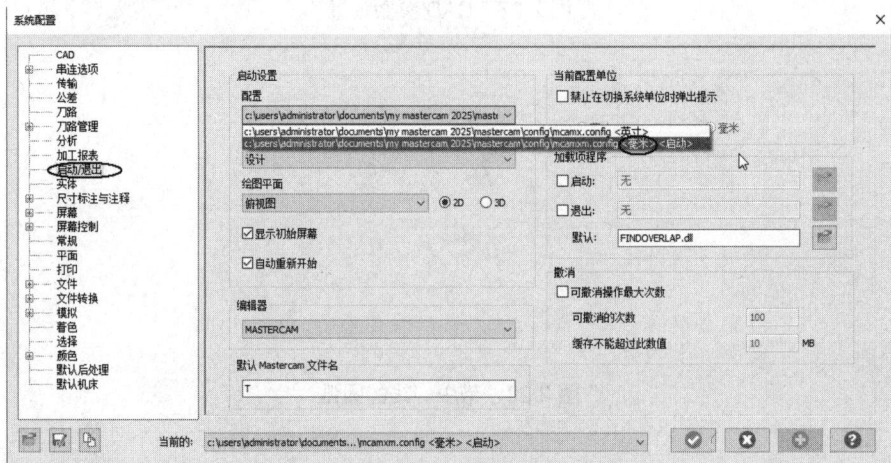

图 2.30　【启动/退出】参数设置

大部分参数保持系统默认设置即可，一般需要为系统设置单位。用于设定系统启动时自动调入的单位有毫米和英寸两种，一般选择公制单位，这样系统每次启动时都将进入毫米单位设计环境，如果安装软件时选择了单位，就不需要再进行设置了。

4. 屏幕显示设置

在【系统配置】对话框中，选择左侧列表框中的【屏幕】选项，可设置系统屏幕显示参数，如图 2.31 所示。

大部分屏幕显示参数保持系统默认设置即可，对于习惯借助网格进行绘图的用户可以在【屏幕】选项下选择【网格】参数，进行相应的设置。

- 【间距】：此选项组用来设置网格 X、Y 方向的间距。
- 【原点】：此选项组用来设置网格的原点坐标。
- 【抓取时】：此选项组用来设置捕捉选项，选中【接近】单选按钮时，当光标与网格间的距离小于捕捉距离时将启动捕捉功能；选中【始终提示】单选按钮时，无论光标与网格之间的距离为多少，总是启动网格捕捉功能。
- 【大小】：此文本框可以设置网格显示区域的大小。

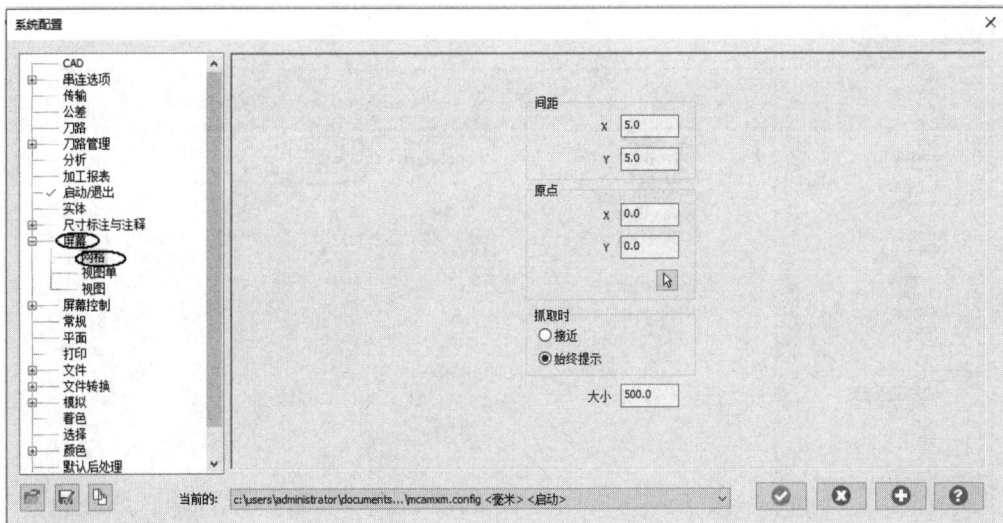

图 2.31　【屏幕】参数设置

5. 颜色设置

在【系统配置】对话框中，选择左侧列表框中的【颜色】选项，可设置系统颜色方面的参数，如图 2.32 所示。

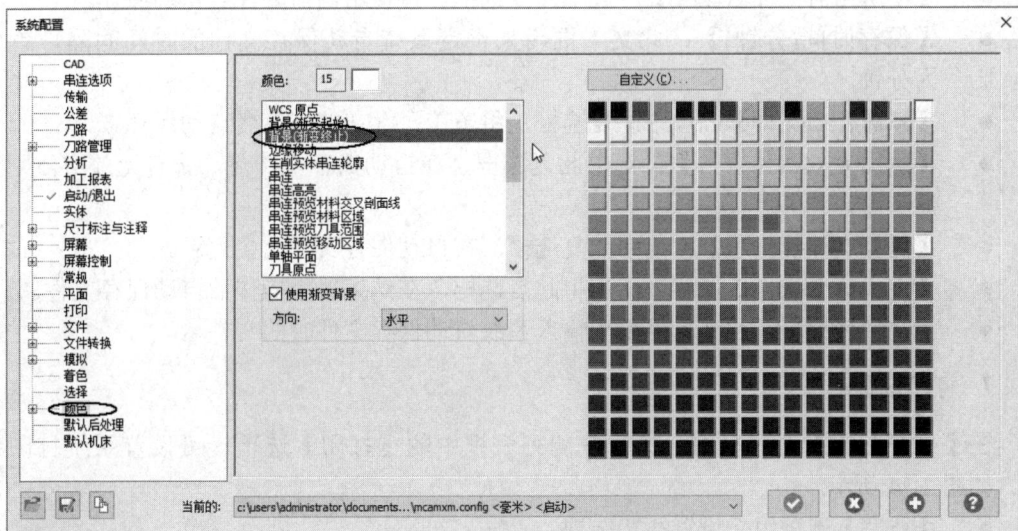

图 2.32　【颜色】参数设置

大部分颜色参数保持系统默认设置即可，对于有绘图区背景颜色喜好的用户，可以设置绘图区背景颜色。

6. 文件管理设置

在【系统配置】对话框中，选择左侧列表框中的【文件】选项，可设置文件管理参数，如图 2.33 所示。

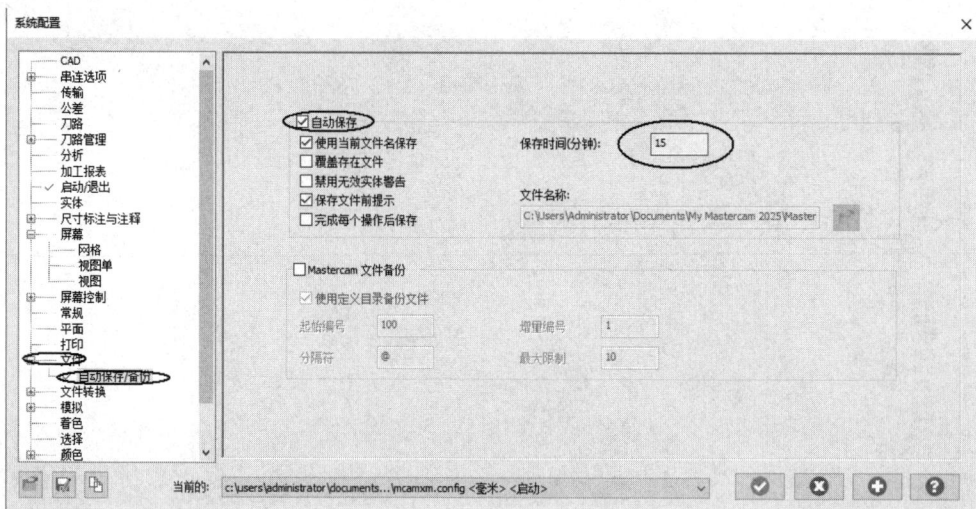

图 2.33 【文件】参数设置

大部分文件管理参数保持系统默认设置即可，建议用户选择【文件】选项下的【自动保存/备份】参数。

- 【自动保存】：选中此复选框，将启动系统自动保存功能。
- 【使用当前文件名保存】：选中此复选框，将使用当前文件名自动保存。
- 【保存时间(分钟)】：此文本框用来设定系统自动保存文件的时间间隔，单位为分钟。
- 【覆盖存在文件】：选中此复选框，将覆盖已存在的文件名自动保存。
- 【禁用无效实体警告】：选中此复选框，在自动保存文件前，若有无效实体则会提示警告。
- 【保存文件前提示】：选中此复选框，在自动保存文件前会提示。
- 【完成每个操作后保存】：选中此复选框，在结束每个操作后自动保存文件。
- 【文件名称】：此文本框用于输入系统自动保存文件时的文件名。

7. 打印设置

在【系统配置】对话框中，选择左侧列表框中的【打印】选项，可设置系统打印参数，如图 2.34 所示。

- 【线宽】选项组：设置线宽选项。
  - ◆ 【使用图素】：选中此单选按钮，系统以几何图形本身的线宽进行打印。
  - ◆ 【统一线宽】：选中此单选按钮，用户可以在后面的文本框中输入所需的打印线宽度。
  - ◆ 【颜色与线宽对应如下】：选中此单选按钮，可以在列表框中对几何图形的颜色进行线宽设置，这样在打印时以颜色来区分线型的打印宽度。
- 【打印选项】选项组：设置打印选项。
  - ◆ 【颜色】：选中此复选框，系统可以进行彩色打印。
  - ◆ 【名称/日期】：选中此复选框，系统在打印时可以将文件名称和日期打印在图纸上。

◆　【屏幕信息】：选中此复选框，系统在打印时可以将屏幕信息打印在图纸上。

● 【虚线缩放比例】：调节虚线在打印时与全图的比例值，使之打印出来清晰可见。

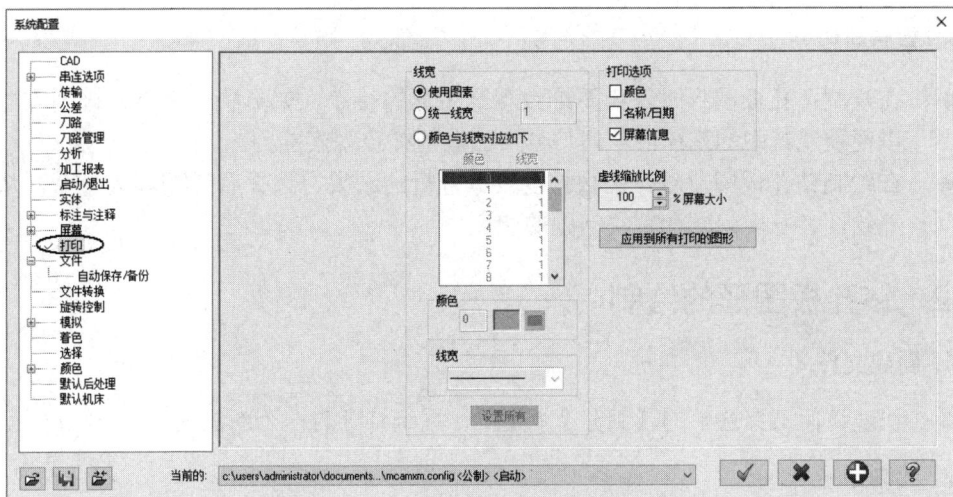

图 2.34　【打印】参数设置

任务 2.2　绘制钻孔板图形

2.2.1　任务描述

本次任务要求绘制图 2.35 所示的钻孔板图形，该图形主要由规律排布的图形和倒角组成，通过本次任务的学习，培养学生达到以下主要目标。

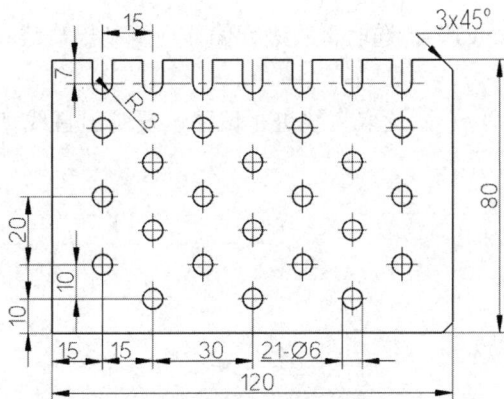

图 2.35　钻孔板图形

1. 知识目标

● 了解 Mastercam 倒角、分割等修剪命令功能。

● 了解 Mastercam 平移、直角阵列等转换功能。

2. 能力目标

- 能够熟练利用绘图命令、图形编辑功能绘制中等复杂的二维图形文件。
- 能够深入理解平移、直角阵列命令实现快速绘图。

3. 素质目标

- 在绘制钻孔板图形时，需要细致观察图形的特点，如形状、大小、排列方式等，以便发现其中的规律，从而培养绘图者的细致观察能力。
- 在绘制钻孔板图形时，能根据观察、分析的结果，选择合适的阵列命令，从而培养绘图者发现问题和解决问题的能力。

2.2.2　钻孔板图形的绘制

1. 新建文件

单击快速访问工具栏中的【新建】按钮，系统将开启一个新的文件。

2. 绘制矩形

(1) 切换到【线框】选项卡，单击【形状】组中的【矩形】按钮□。

(2) 系统弹出【矩形】对话框，在【宽度】文本框中输入"120"，【高度】文本框中输入"80"，单击目标选取工具条中的【光标】下拉按钮，再单击【原点】按钮，然后单击【确定】按钮。绘制的矩形如图 2.36 所示。

3. 偏移 5 条辅助线

(1) 单击【修剪】组中的【偏移图素】按钮，系统弹出【偏移图素】对话框，设置【距离】为"10"，在绘图区选取直线进行偏移，复制出直线 L1、L2，单击【确定并创建新操作】按钮。

(2) 设置【距离】为"15"，选取直线进行偏移，复制出直线 L3、L4，单击【确定并创建新操作】按钮。

(3) 设置【距离】为"7"，选取直线进行偏移，复制出直线 L5，单击【确定】按钮。绘制的图形如图 2.37 所示。

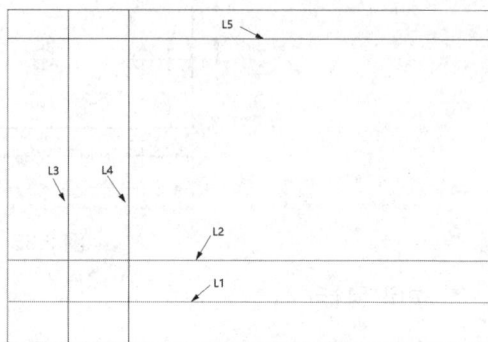

图 2.36　绘制矩形　　　　图 2.37　绘制 5 条辅助线

4. 绘制三个小圆

切换到【线框】选项卡，单击【圆弧】组中的【圆心点画圆】按钮 ⊕圆心点画圆，系统弹出【圆心点画圆】对话框。在该对话框中输入直径"6"，并单击锁住按钮 🔒，在绘图区捕捉交点，绘制 C1、C2、C3 三个小圆，单击【确定】按钮 ✅。绘制的图形如图 2.38 所示。

5. 绘制两条切线

(1) 单击【线框】选项卡中的【线端点】按钮 ╱，弹出【线端点】对话框。指定第一个端点时，捕捉交点 P1(见图 2.39)，指定第二个端点时，在绘图区的适当位置拾取一点 P2，绘制直线 L1，单击【确定并创建新操作】按钮 🔄。

(2) 单击【线框】选项卡中的【线端点】按钮 ╱，弹出【线端点】对话框。指定第一个端点时，捕捉交点 P3(见图 2.39)，指定第二个端点时，在绘图区的适当位置拾取一点 P4，绘制直线 L2，单击【确定】按钮 ✅。

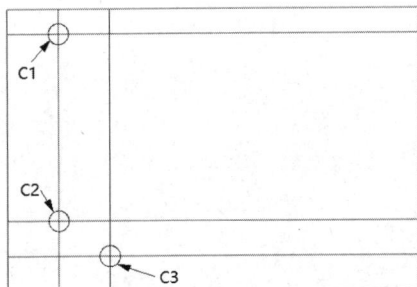

图 2.38　绘制三个小圆

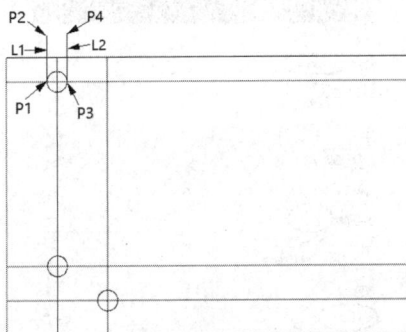

图 2.39　绘制两条切线

6. 分割三条直线

单击【修剪】工具栏中的【分割】按钮 ✂分割。选取四个图素进行分割，分割后的结果如图 2.40 所示。

7. 用平移命令绘制其他 6 个凹槽

切换到【转换】选项卡，单击【平移】按钮 ↗，系统弹出【平移】对话框。在绘图区窗选凹槽(见图 2.41)，按键盘上的 Enter 键结束选择。在【平移】对话框中设置如图 2.42 所示的参数，单击【确定】按钮 ✅，结果如图 2.43 所示。

8. 分割直线

切换到【线框】选项卡，单击【修剪】组中的【分割】按钮 ✂分割。选取图素进行分割，分割后的结果如图 2.44 所示。

9. 用直角阵列命令绘制其他多个小圆

切换到【转换】选项卡，单击【布局】组中的【直角阵列】按钮 ⊞，系统弹出【直角阵列】对话框，在绘图区窗选两个小圆(见图 2.45)，按键盘上的 Enter 键结束选择。在【直角阵列】对话框中设置如图 2.46 所示的参数，单击【确定】按钮，结果如图 2.47 所示。

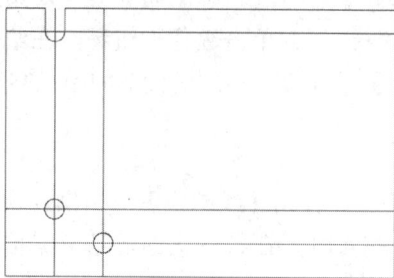

图 2.40　分割图形

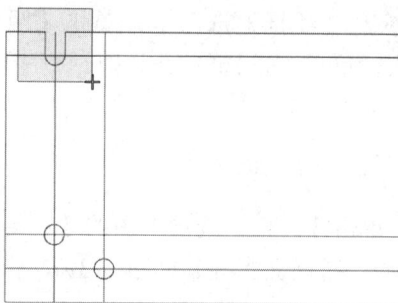

图 2.41　窗选图形平移

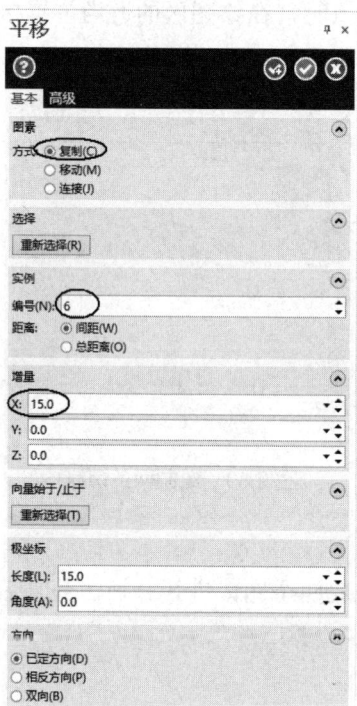

图 2.42　【平移】对话框

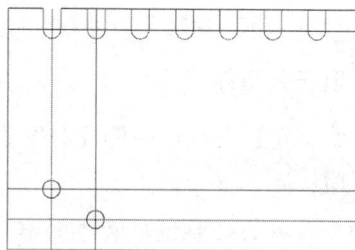

图 2.43　平移复制 6 个凹槽

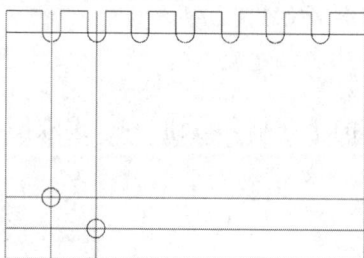

图 2.44　分割多余线段后的效果

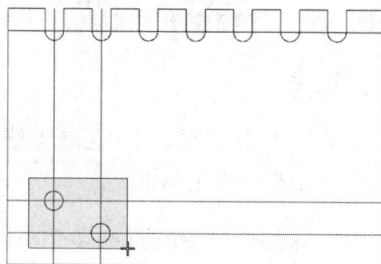

图 2.45　窗选两个小圆

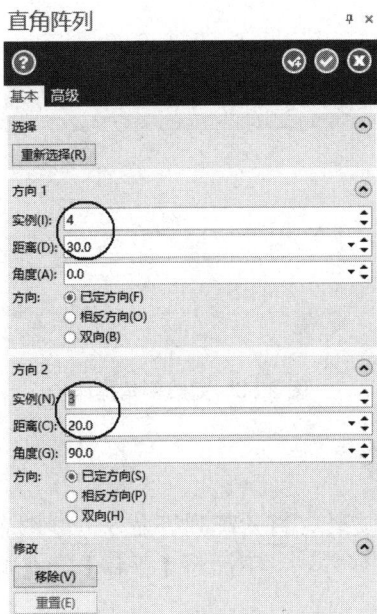

图 2.46　【直角阵列】对话框

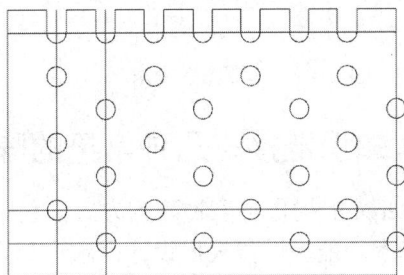

图 2.47　复制多个小圆

10. 对图形进行修剪

单击【主页】选项卡中的【删除】按钮×，拾取如图 2.48(a)所示的多余图素，在绘图区单击【结束选择】按钮结束选择进行删除，结果如图 2.48(b)所示。

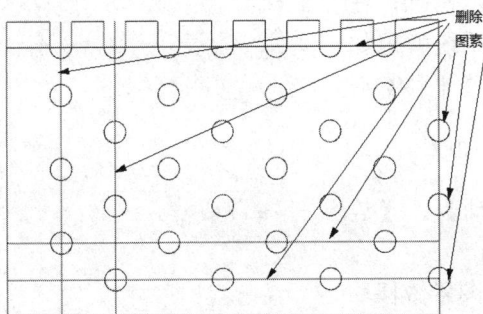

(a)　选取多余图素

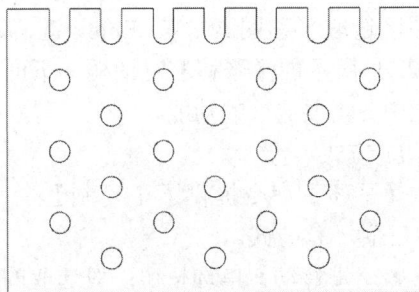

(b)　删除完成

图 2.48　删除多余图素

11. 倒角

(1) 切换到【线框】选项卡，单击【修剪】组中的【倒角】按钮，即可打开【倒角】对话框，在设置【距离 1】为"3"。选取倒角图素 L1，再选取另一个图素 L2(见图 2.49)，单击【应用】按钮。

(2) 选取倒角图素 L3，再选取另一个图素 L4(见图 2.49)，单击【确定】按钮完成倒角操作，结果如图 2.50 所示。

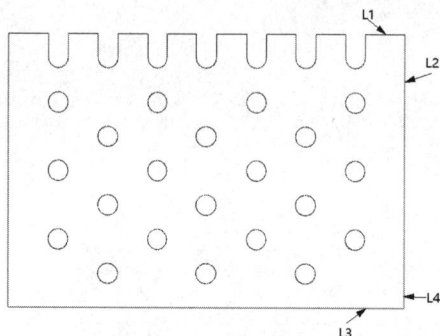

图 2.49　选取图素倒角

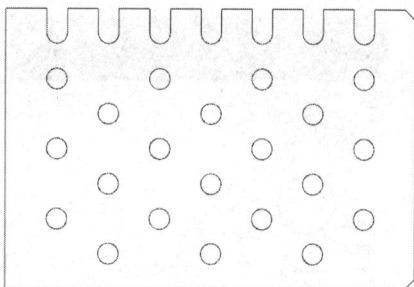

图 2.50　完成倒角操作

2.2.3　知识链接：几种常见的阵列命令

Mastercam 提供了多种阵列方式，包括平移、旋转、直角阵列等命令。绘图者需要熟悉这些基本功能，以便根据设计需求选择合适的阵列方式，下面对【平移】、【旋转】、【直角阵列】等常见的阵列命令进行介绍。

1. 平移

【平移】命令是将选择的几何图素在同一平面内进行移动、复制、连接到新的位置，而不改变图素的大小、方向或形状。

切换到【转换】选项卡，单击【位置】组中的【平移】按钮，出现选择要平移的图素的提示信息，在绘图区选取平移图素，按 Enter 键确定。系统弹出如图 2.51 所示的【平移】对话框。下面介绍【平移】对话框中各主要选项的功能。

1) 方式

【平移】命令提供了【复制】、【移动】、【连接】三种平移方式。

- 【移动】单选按钮：对选取的几何图素做移动处理，但在原地不保留该图素，如图 2.52(a)所示。
- 【复制】单选按钮：对选取的几何图素做移动处理，同时原地保留该图素，如图 2.52(b)所示。

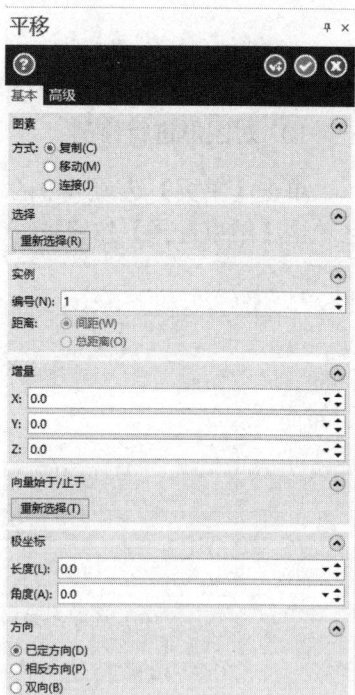

图 2.51　【平移】对话框

- 【连接】单选按钮：用直线连接新生成的几何图素与原图素，如图 2.52(c)所示。

2) 选择

单击【重新选择】按钮，可以增加或移除要平移的图素。

3) 实例

- 【编号】微调框：填写新生成几何图素的数量(不包含原图素)。

- 【间距】单选按钮：设置的距离值为单次平移距离。如图 2.53(a)所示，设置两点间的距离为 60，平移次数为 2 次。
- 【总距离】单选按钮：设置的距离值为平移次数的总距离。如图 2.53(b)所示，设置的整体距离为 60，平移次数为 2 次。

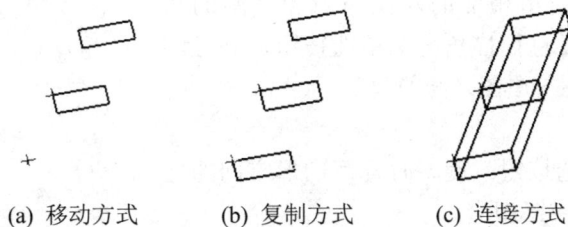

(a) 移动方式　　　(b) 复制方式　　　(c) 连接方式

图 2.52　三种平移处理方式

(a) 设置单次平移距离　　　　　(b) 设置整体平移距离

图 2.53　两种距离方式

4) 增量
- X 下拉列表框：按输入的距离值对图素在 X 轴方向进行平移。
- Y 下拉列表框：按输入的距离值对图素在 Y 轴方向进行平移。
- Z 下拉列表框：按输入的距离值对图素在 Z 轴方向进行平移。

5) 向量始于/止于
单击【重新选择】按钮，按选择的两点间的距离及方向对图素进行平移。

6) 极坐标
- 【长度】下拉列表框：按给定的长度值对图素进行平移。
- 【角度】下拉列表框：按给定的角度值对图素进行平移。

7) 方向
- 【已定方向】单选按钮：按绘图区预览的方向平移。
- 【相反方向】单选按钮：按绘图区预览相反的方向平移。
- 【双向】单选按钮：可实现两边同时平移(平移复制的数量翻倍)。

2. 旋转

【旋转】命令用于将选择的几何图素绕指定的基点旋转一定的角度。

切换到【转换】选项卡，单击【位置】组中的【旋转】按钮，系统弹出如图 2.54 所示的【旋转】对话框，下面介绍该对话框中的各主要选项。

1) 旋转中心点
单击【重新选择】按钮，然后在绘图区选取一点作为旋转中心点。

2) 实例

- 【编号】微调框：填写新生成几何图素的数量。
- 【角度】下拉列表框：在此可以输入旋转的角度。当选中【两者之间的角度】单选按钮时，其旋转角度是指相邻的新图与原图之间的角度；当选中【总扫描角度】单选按钮，则指的是最后的新图与原图之间的角度。

3) 方式

- 【旋转】单选按钮：旋转时几何图形方向随之旋转，如图 2.55(a)所示。
- 【平移】单选按钮：旋转时几何图形方向保持不变，如图 2.55(b)所示。
- 【移除】按钮：如果需要移除某个或多个旋转产生的新图形，只需单击此按钮，然后在绘图区选取要移除的新图形，如图 2.56(a)所示，按 Enter 键确定即可移除，如图 2.56(b)所示。
- 【重置】按钮：如果需要恢复被移除的新图形，则单击此按钮即可恢复，如图 2.56(c)所示。

图 2.54　【旋转】对话框

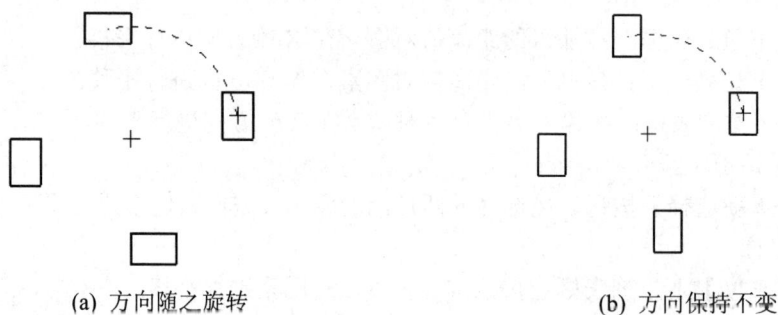

(a) 方向随之旋转　　　　　　(b) 方向保持不变

图 2.55　两种旋转方式

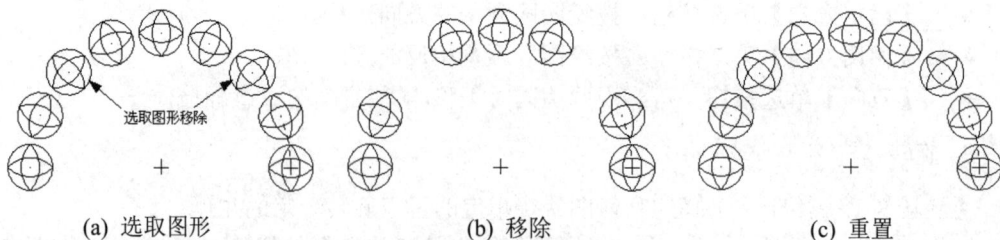

(a) 选取图形　　　　(b) 移除　　　　(c) 重置

图 2.56　移除/重置

4) 循环起始位置

选中【平移】复选框，修改封闭圆弧的起始点，如果取消选中该复选框，即使在圆旋转时，起始点仍在同一位置。

3. 直角阵列

【直角阵列】命令可以将选中的图素沿着两个方向进行平移并复制。

切换到【转换】选项卡，单击【布局】组中的【直角阵列】按钮，在绘图区选取圆作为阵列图素，按 Enter 键确定。在如图 2.57 所示的【直角阵列】对话框中设置参数。阵列出来的图形如图 2.58 所示。

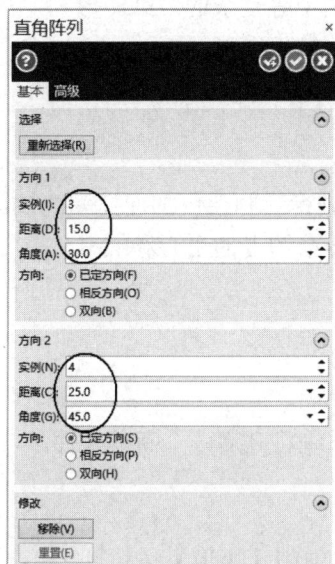

图 2.57　【直角阵列】对话框

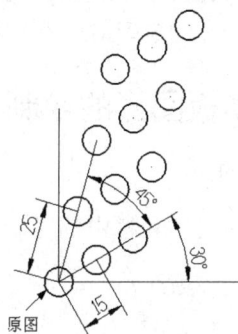

图 2.58　直角阵列图形

任务 2.3　绘制凹模板图形

2.3.1　任务描述

本次任务要求绘制图 2.59 所示的凹模板图形，该图形主要由矩圆形和倒角、倒圆图形组成，通过本次任务的学习，培养学生达到以下主要目标。

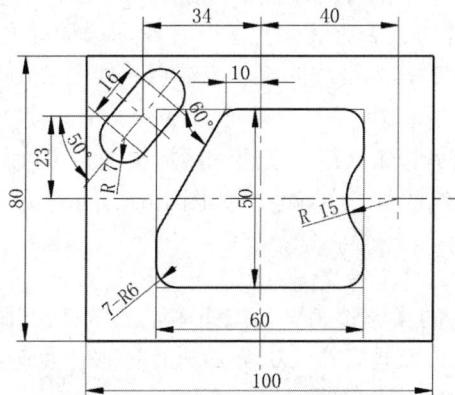

图 2.59　凹模板图形

1. 知识目标

● 进一步了解矩形、圆角矩形、圆等绘图功能。

● 进一步了解倒角、倒圆等图形修剪功能。

2. 能力目标

● 能够熟练利用绘图、图形编辑等功能绘制中等复杂的二维图形。

● 能够熟练使用圆角矩形命令快速绘制一些特殊图形。

● 能够熟练使用倒角、倒圆对图形进行修剪,实现快速绘图。

3. 素质目标

对于一些特殊的形状,使用特定的绘图命令进行绘制会更加便捷和高效。但掌握这些特殊命令需要一定的学习时间和实践,有助于培养绘图者的耐心和细心。

2.3.2 凹模板图形的绘制

1. 新建文件

单击快速访问工具栏中的【新建】按钮□,系统将开启一个新的文件。

2. 绘制两个矩形

(1) 切换到【线框】选项卡,单击【形状】组中的【矩形】按钮□。

(2) 系统弹出【矩形】对话框,设置【宽度】为 100,矩形【高度】为 80,选中【矩形中心点】复选框,设置矩形中心点为基准点,单击目标选取工具条中的【光标】下拉按钮█光标,单击【原点】按钮⊥,在绘图区原点位置处绘制一个矩形,单击【确定并创建新操作】按钮◉。

(3) 设置【宽度】为 60,【高度】为 50,在绘图区捕捉原点为基准点,单击【确定】按钮◉完成矩形操作,绘制的矩形如图 2.60 所示。

3. 绘制两条直线

(1) 单击【线框】选项卡中的【线端点】按钮╱,在弹出的【线端点】对话框中设置【类型】为【任意线】,【方式】为【中点】,在绘图区捕捉原点 P1 为直线的第一个端点,在适当位置拾取一点 P2 作为直线的第二个端点,如图 2.61 所示。单击【确定并创建新操作】按钮◉。

(2) 用同样的方法绘制另一条直线,在绘图区捕捉原点 P1 为直线的第一个端点,在适当位置拾取一点 P3 作为直线的第二个端点,如图 2.61 所示。单击【确定】按钮◉。

4. 偏移四条辅助线

(1) 单击【修剪】组中的【偏移图素】按钮▤,系统弹出【偏移图素】对话框。设置【距离】为 43,在绘图区选取垂直线 L0 向右进行偏移,复制出直线 L1,如图 2.62 所示,单击【确定并创建新操作】按钮◉。

(2) 设置【距离】为 10,选取直线 L0 往左进行偏移,复制出直线 L2,如图 2.62 所示，单击【确定并创建新操作】按钮 ⊙。

(3) 设置【距离】为 34，选取直线 L0 向左进行偏移，复制出直线 L3，如图 2.62 所示，单击【确定并创建新操作】按钮 ⊙。

(4) 设置【距离】为 23，选取水平直线 L 向上进行偏移，复制出直线 L4，如图 2.62 所示，单击【确定】按钮 ⊘。

图 2.60　绘制矩形

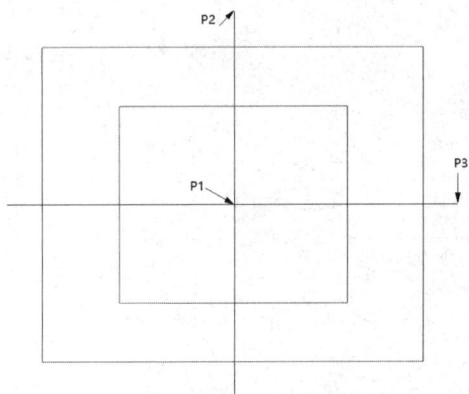

图 2.61　绘制两条直线

5. 绘制圆

在【圆弧】工具栏中单击【圆心点画圆】按钮 ⊙，系统弹出【圆心点画圆】对话框，在该对话框中设置【半径】为 15，并在绘图区捕捉交点为圆心放置点，然后单击【确定】按钮 ⊘。绘制的圆如图 2.63 所示。

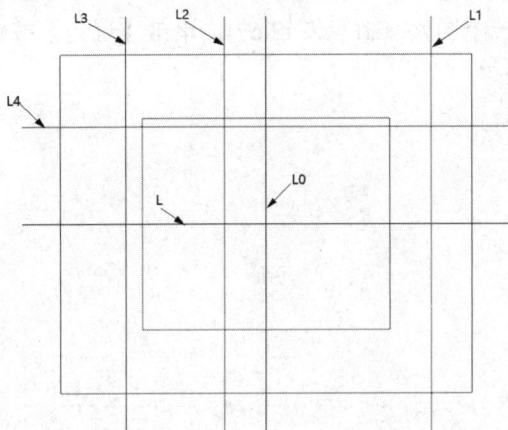

图 2.62　绘制辅助线

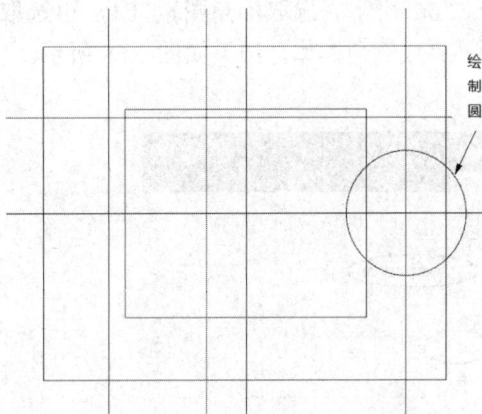

图 2.63　绘制圆

6. 绘制矩圆形

(1) 单击【形状】组中的【矩形】下拉按钮 ⌄，在弹出的下拉菜单中选择【圆角矩形】命令。

(2) 系统打开【矩形形状】对话框，其中的参数设置如图 2.64 所示。选取一交点为矩圆形中心放置位置，单击【确定】按钮，完成矩圆形的创建，如图 2.65 所示。

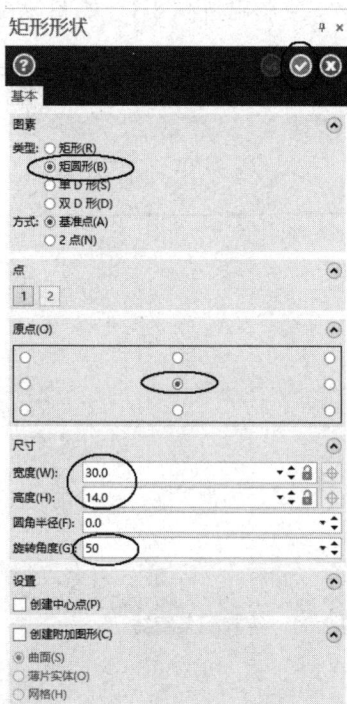

图 2.64 【矩形形状】对话框

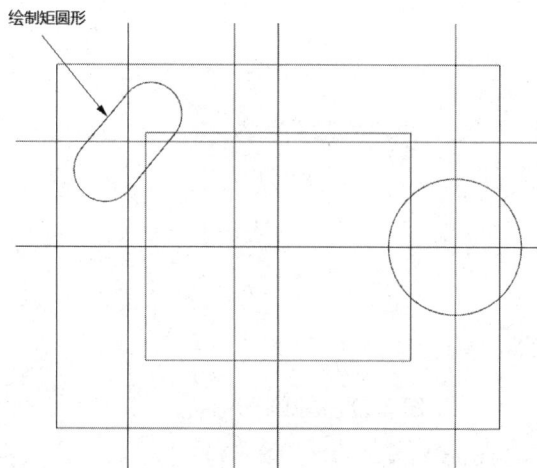

图 2.65 绘制矩圆形

7. 倒角

单击【修剪】组的【倒角】按钮，即可打开【倒角】对话框，在其中设置参数，如图 2.66 所示。选取倒角图素 L1，再选取另一个图素 L2(见图 2.67)，单击【确定】按钮，完成倒角操作，结果如图 2.68 所示。

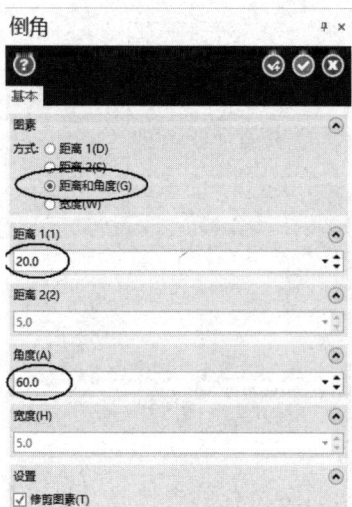

图 2.66 【倒角】对话框

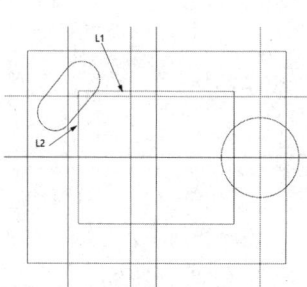

图 2.67 选取倒角图素

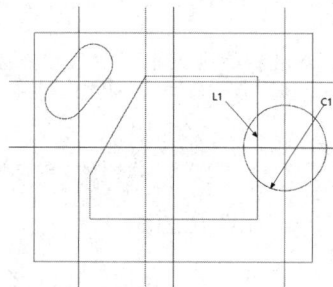

图 2.68 完成倒角

8. 分割直线和圆

单击【修剪】组中的【分割】按钮✖分割。选取图 2.68 所示的直线 L1 和圆 C1 进行分割，分割后的结果如图 2.69 所示。

9. 串连倒圆角

单击【修剪】组中的【图素倒圆角】下拉按钮，在弹出的下拉菜单中选择【串连倒圆角】命令，即可打开【串连倒圆角】对话框，同时打开如图 2.70 所示的【线框串连】对话框，在该对话框中设置【选择方式】为【串连】，在绘图区任意选取多边形的一条边(见图 2.71)进行串连倒圆角，单击【确定】按钮✅。再在【串连倒圆角】对话框中设置倒圆角半径为"6"，完成 7 处倒圆角操作，结果如图 2.72 所示。

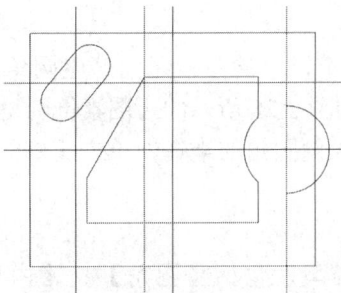

图 2.70 【线框串连】对话框

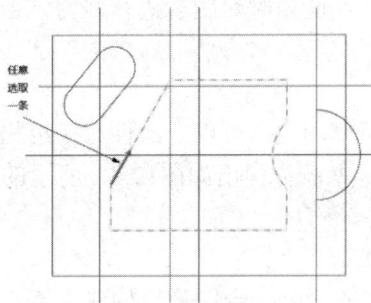

图 2.69 图素分割完成

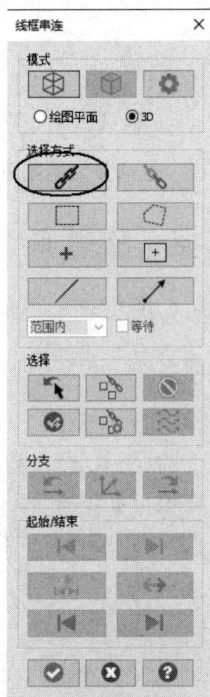

图 2.71 串连选取图形

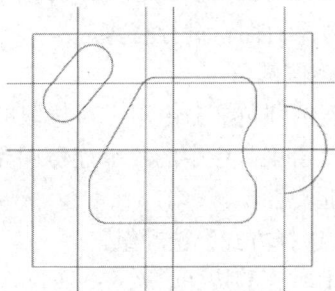

图 2.72 完成倒圆角

10. 删除多余的图素

切换到【主页】选项卡，单击【删除】组中的【删除图素】按钮✖。在绘图区选取多余的图素，如图 2.73 所示，单击【结束选择】按钮 ⊶⊶⊶ 完成删除。最终完成凹模板图形的绘制，如图 2.74 所示。

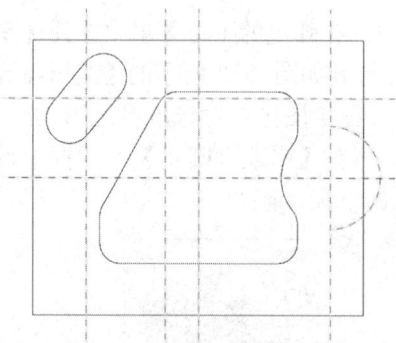

图 2.73　选取多余的图素　　　　图 2.74　完成凹模板图形的绘制

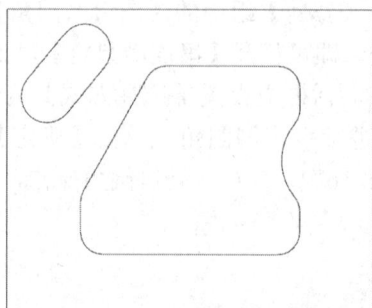

2.3.3　知识链接：倒圆角、倒角命令

下面介绍倒圆角、倒角命令。

1. 倒圆角

1) 图素倒圆角

【图素倒圆角】命令主要用于让两个或者两个以上的图素之间产生圆角。单击【修剪】组中的【图素倒圆角】按钮 ⌒，系统会弹出如图 2.75 所示的【图素倒圆角】对话框。选取两个图素，然后在【半径】下拉列表框中输入倒圆角的半径，单击【确定】按钮◉，即可倒出所需圆角。

下面简单介绍倒圆角的参数。

- 【方式】选项组：用于设置倒圆角的类型，包括【圆角】、【内切】、【全圆】、【间隙】和【单切】5 种类型。
- 【半径】下拉列表框：用来设置倒圆角的半径。
- 【修剪图素】复选框：若选中此复选框，倒圆角时对图素进行修剪，否则倒圆角时不对图素进行修剪。

2) 串连倒圆角

【串连倒圆角】命令用于对选取的一组图素链倒圆角，可以一次性对多组相连的图素倒圆角。单击工具栏中的【串连倒圆角】按钮 ✐，系统会弹出如图 2.76 所示的【线框串连】对话框。

(1) 【选择方式】选项组。

- 【串连】按钮 ✐⊶⊶ ：通过选择线条链中的任意一个图素以构建串连。选择图形第一个图素的位置，决定图形的开始位置和串连方向。对于单一的封闭或开放图形，只要单击靠近端点的图素，则整个图形即被串连起来，串连方向开始于离选择位置较近的端点指向另一个端点，如图 2.77(a)所示。如果线条链的某一个交点是由 3 个或 3 个以上的线条相交而成，即所谓的分支点(见图 2.77(b))，选取图素开始于 P1 点处，串连在 P2 点处停止，需要选取直线 L1 或 L2 来完成串连。

图 2.75　【图素倒圆角】对话框

图 2.76　【线框串连】对话框

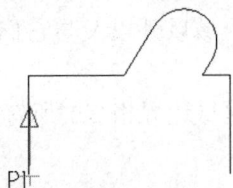

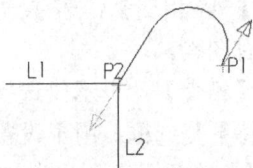

(a) 整个图形串连　　　　　　　　(b) 需要选择分支图素

图 2.77　串连图素

- 【部分串连】按钮：根据图形串连时的特点，可以将图形分为 3 类。第一类是单一的封闭图形，第一个和最后一个图素是相连接的，如图 2.78(a)所示；第二类是单一的开放图形，第一个和最后一个图素并不相连，且没有分支点，如图 2.78(b)所示；第三类是带有分支点的图形，所谓分支点是指三个以上图素相交于一点，如图 2.78(c)所示。当用户只需选取封闭图形、开放图形的一部分图素，或是选取带分支点的图形时则可以使用部分串连方式。使用部分串连时应先选中起始图素，再选择终止图素，若中间有分支，需指明串连方向。
- 【窗口】按钮：使用鼠标框选封闭范围内的图素即可构成串连图素，该方式一次可以选择多个串连。系统通过矩形窗口的第一个角点来设置串连方向，起点应靠近图素的端点。

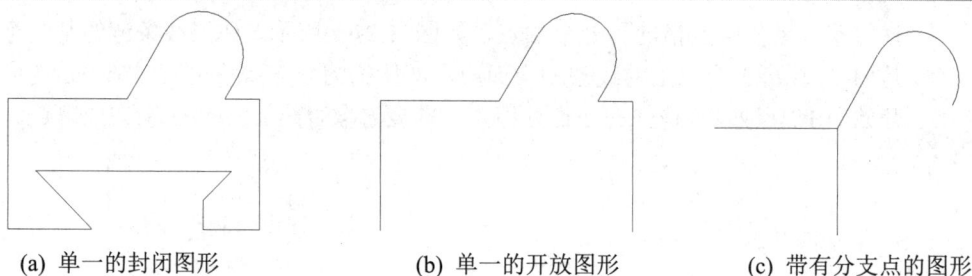

(a) 单一的封闭图形　　　　　(b) 单一的开放图形　　　　(c) 带有分支点的图形

图 2.78　图形的分类

- 【多边形】按钮 ⬡：该方式与窗口串连选择方式类似，是用一个多边形来选择串连。
- 【单点】按钮 ＋：用于选择点作为构成串连的图素。
- 【区域】按钮 ⊡：在边界区域内单击一点，可以自动选取区域边界内的图素作为串连图素。
- 【单体】按钮 ╱：用于选择单一图素作为串连图素。
- 【向量】按钮 ╱：使用该方式选取参照时，与矢量围栏相交的图素将被选中，构成串连。
- 【区域范围】下拉列表框 范围内 ∨：用于设置窗口、多边形、区域选择范围，它有 5 种选项。
    - 【范围内】：表示选择窗口、多边形、区域内的所有图素。
    - 【范围外】：表示选择窗口、多边形、区域外的所有图素。
    - 【内+相交】：表示选择窗口、多边形、区域内以及与它们边界相交的所有图素。
    - 【外+相交】：表示选择窗口、多边形、区域以外以及与它们边界相交的所有图素。
    - 【相交】：表示仅选择与窗口、多边形、区域边界相交的所有图素。
- 【等待】复选框：用于设置是否续接。

(2) 【选择】选项组。

- 【选择上一次】按钮 ↖：用于选择上一次操作时选取的串连图素。
- 【结束串连】按钮 ◉：用于结束一个串连图素。
- 【串连特征】按钮 ▱：用于定义串连特征。
- 【串连特征选项】按钮 ▱：用于设置串连特征选项参数。
- 【撤销选取】按钮 ⊘：用于撤销当前的串连选择。
- 【撤销所有】按钮 ✳：用于撤销所有串连选择。

(3) 【分支】选项组。

- 【上一个】按钮 ↰：用于将结束点回退到上一个交点。
- 【调整】按钮 ↙：用于切换选取方向和分支方向。
- 【下一个】按钮 ↱：用于将结束点按选取方向前进到下一个交点。

以图 2.79(a)作为原始图形，如果单击【上一个】按钮 ↰，串连选取的结束点就会回退到上一个交点，如图 2.79(b)所示；如果单击【调整】按钮 ↙，就会将分支方向和选取方向进行切换，如图 2.79(c)所示；如果单击【下一个】按钮 ⬒ ，就会将串连选取的结束点按选取方向前进到下一个交点，如图 2.79(d)所示。

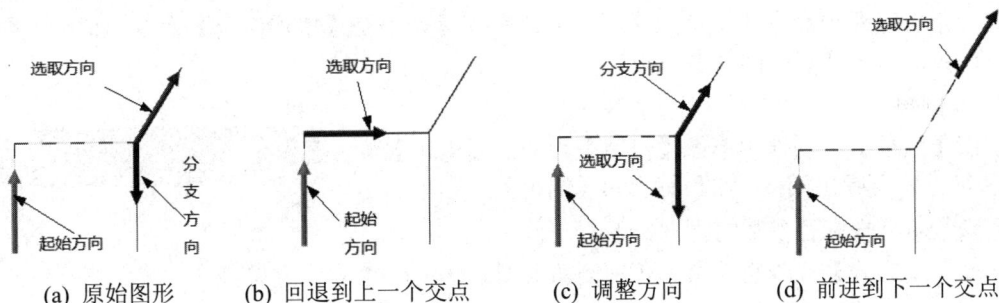

(a) 原始图形　　(b) 回退到上一个交点　　(c) 调整方向　　(d) 前进到下一个交点

图 2.79　分支点选取

(4)【起始/结束】选项组。

- 【起始点向后】按钮 ⏮ ：用于将起始点向后移动一个交点。
- 【起始点向前】按钮 ⏭ ：用于将起始点向前移动一个交点。
- 【动态】按钮 ↔ ：用于将起始点或结束点移动到选取的位置点。
- 【反向】按钮 ↔ ：用于更改串连方向。
- 【结束点向后】按钮 ⏮ ：用于将结束点往后移动一个交点。
- 【结束点向前】按钮 ⏭ ：用于将结束点往前移动一个交点。

当图素选取完成后，系统会弹出如图 2.80 所示的【串连倒圆角】对话框，该对话框仅在【图素倒圆角】对话框中参数的基础上增加了【圆角】选项组，该选项组主要用于选择性地倒圆角。下面以图 2.81(a)为例，来学习【圆角】选项组中各参数的含义。

- 【全部】单选按钮：选取的一组图素链全部倒圆角，如图 2.81(b)所示。
- 【顺时针】单选按钮：仅对图素链中顺时针串连方向倒圆角，如图 2.81(c)所示。
- 【逆时针】单选按钮：仅对图素链中逆时针串连方向倒圆角，如图 2.81(d)所示。

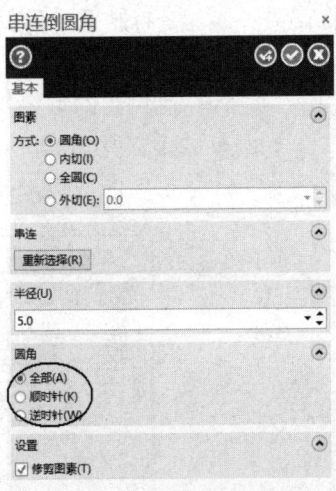

图 2.80　【串连倒圆角】对话框

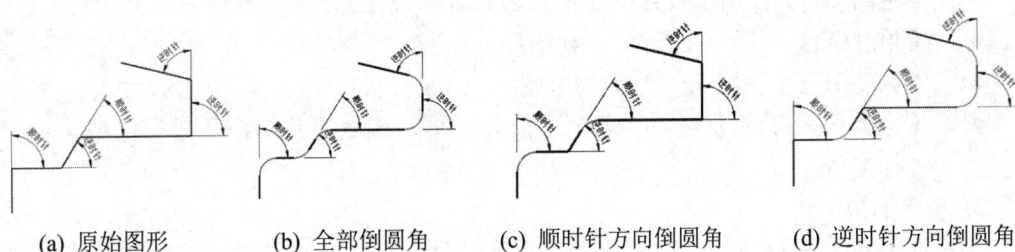

(a) 原始图形　　(b) 全部倒圆角　　(c) 顺时针方向倒圆角　　(d) 逆时针方向倒圆角

图 2.81　选择性倒圆角

2. 倒角

【倒角】命令主要用于在两个或者两个以上的图素之间产生斜角。倒角与倒圆角方法相似，它也有两个命令：一个是【倒角】命令，另一个是【串连倒角】命令。前者是创建单个倒角，后者是同时创建多个倒角。

1) 倒角

在【线框】选项卡中单击【修剪】组中的【倒角】按钮，即可弹出如图 2.82 所示的【倒角】对话框。【倒角】对话框中各参数的含义如下。

- 【方式】选项组提供了 4 种倒角类型。
  - 【距离 1(D)】：只能倒出 45°的倒角，倒角的大小用【距离 1(1)】下拉列表框中的数值控制，如图 2.83(a)所示。
  - 【距离 2(S)】：可以通过【距离 1(1)】和【距离 2(2)】下拉列表框中的数值来控制倒角形状与大小，如图 2.83(b)所示。
  - 【距离和角度(G)】：可以通过【距离 1(1)】下拉列表框设置倒角距离值，再在【角度(A)】下拉列表框中设置夹角值控制倒角的形状与大小，如图 2.83(c)所示。
  - 【宽度(W)】：只能倒出 45°的倒角，倒角边的宽度由【宽度(H)】下拉列表框中的数值来控制，如图 2.83(d)所示。

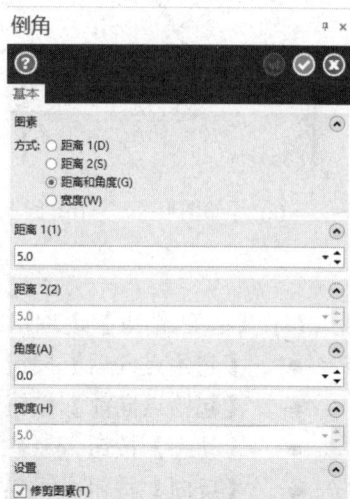

图 2.82 【倒角】对话框

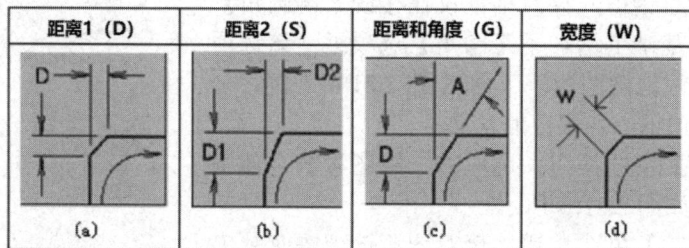

图 2.83 倒角类型

- 【距离 1(1)】：用于设置倒角距离 1 的值。
- 【距离 2(2)】：用于设置倒角距离 2 的值。
- 【角度(A)】：用于设置倒角角度值。
- 【宽度(H)】：用于设置倒角宽度值。
- 【修剪图素(T)】复选框：若选中此复选框，倒角时将对图素进行修剪，否则不进行修剪。

2) 串连倒角

【串连倒角】命令用于对选取的一组图素链倒角，可以一次性对多组相连的图素倒角。单击工具栏中的【串连倒角】按钮，系统在弹出【线框串连】对话框的同时也会打开如图 2.84 所示的【串连倒角】对话框。串连倒角只有两种倒角方式：一种是【距离(D)】，另一种是【宽度(W)】。也就是说，采用串连倒角只能倒出 45°的斜角。

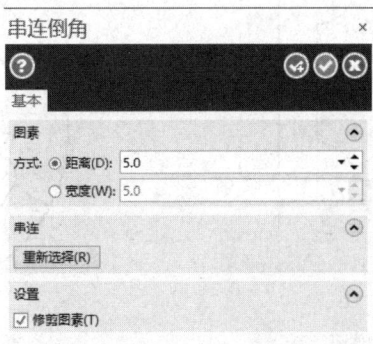

图 2.84　【串连倒角】对话框

提 高 练 习

1. 绘制如图 2.85 所示的图形。

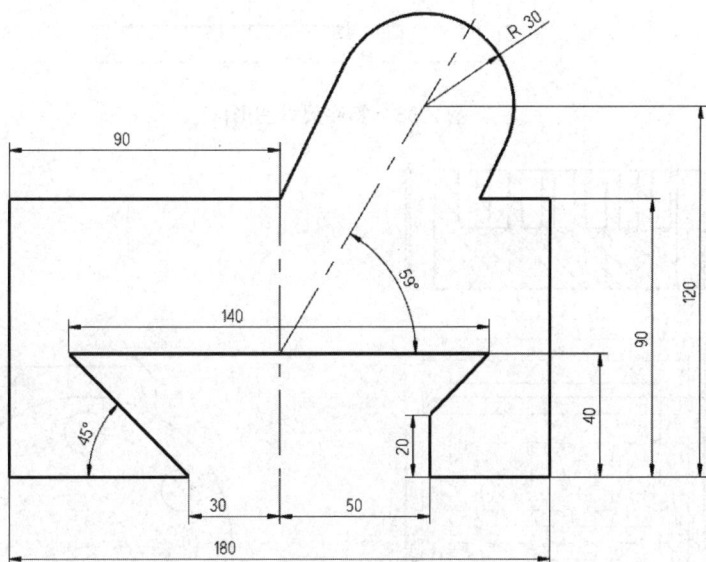

图 2.85　零件尺寸图形(1)

2. 绘制如图 2.86 所示的图形。
3. 绘制如图 2.87 所示的图形。
4. 绘制如图 2.88 所示的图形。
5. 绘制如图 2.89 所示的图形。
6. 绘制如图 2.90 所示的图形。

图 2.86 零件尺寸图形(2)

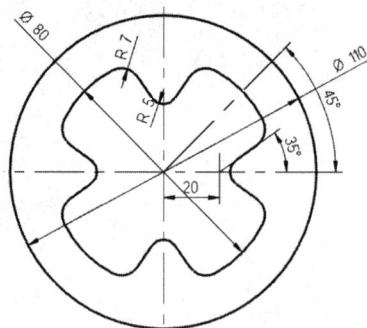

图 2.87 零件尺寸图形(3)

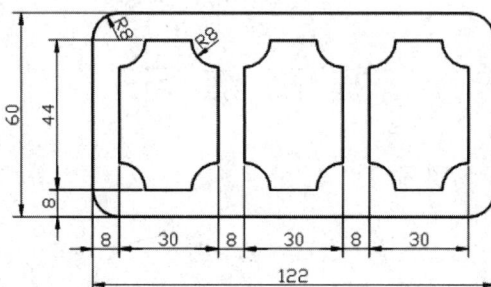

图 2.88 零件尺寸图形(4)

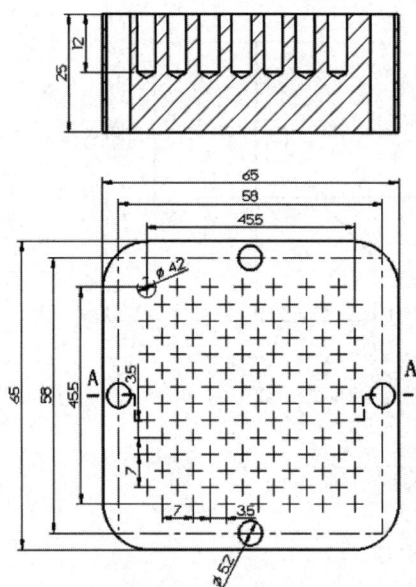

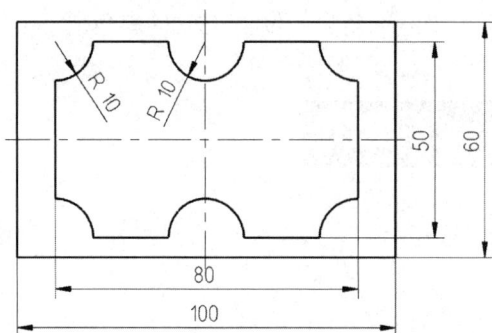

图 2.89 零件尺寸图形(5)

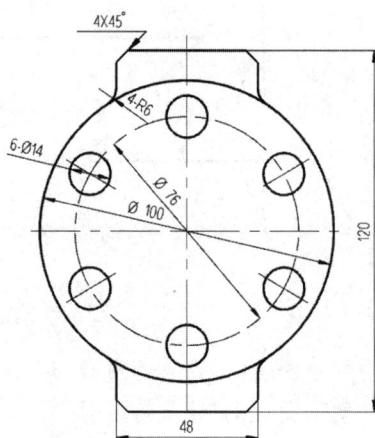

图 2.90 零件尺寸图形(6)

7. 绘制如图 2.91 所示的图形。

8. 绘制如图 2.92 所示的图形。

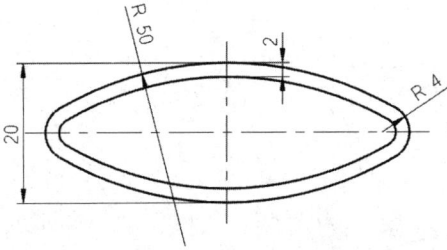

图 2.91 零件尺寸图形(7)

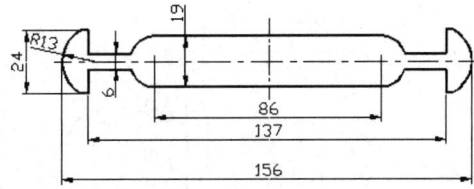

图 2.92 零件尺寸图形(8)

9. 绘制如图 2.93 所示的图形。

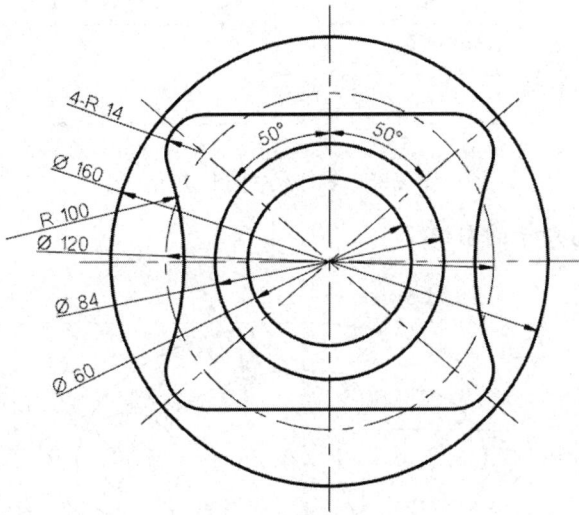

图 2.93 零件尺寸图形(9)

10. 绘制如图 2.94 所示的图形。

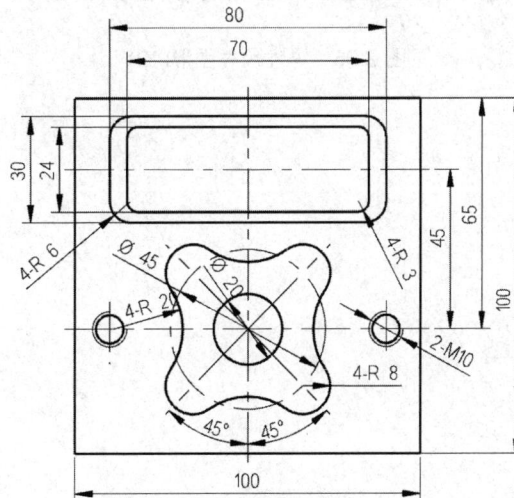

图 2.94 零件尺寸图形(10)

11. 绘制如图 2.95 所示的图形。

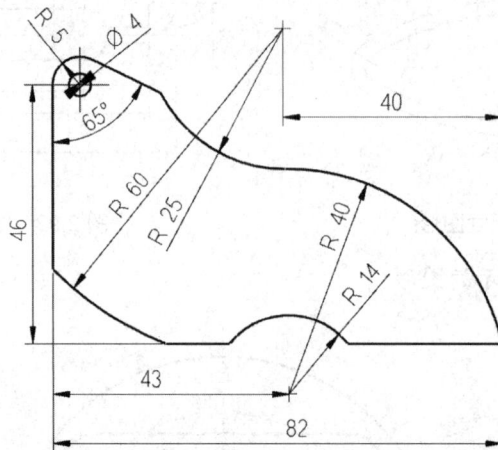

图 2.95   零件尺寸图形(11)

12. 绘制如图 2.96 所示的图形。

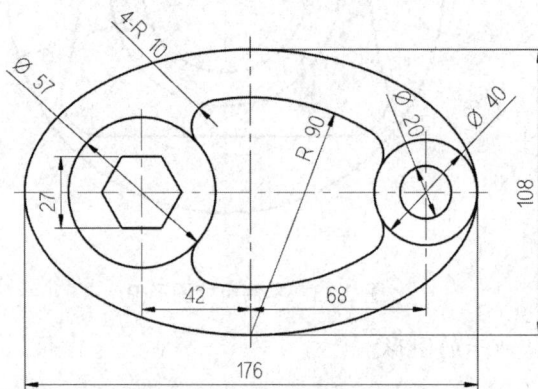

图 2.96   零件尺寸图形(12)

项目3　2D 铣削加工

Mastercam 是计算机辅助设计与制造软件。计算机辅助制造是根据工件的几何图形及设置的切削加工数据生成刀具路径。在前面已经介绍了生成几何图形的方法，本项目将介绍有关刀具路径的生成方法。Mastercam 提供了三类刀具路径，即二维刀具路径、三维刀具路径和多轴加工刀具路径。

二维刀具路径是加工刀具路径中最简单的一种，它是通过控制两个独立的运动轴产生插补运动而完成的。Mastercam 中的加工刀具路径实际上是用于数控机床加工的，是刀具相对工件的运动轨迹和加工切削用量(切削速度、进给量和切削深度)的组合，因此加工刀具路径是一个广义的概念，不仅是指刀具的运动轨迹，而且还包含加工刀具类型、切削用量选择、切削液的使用、工件材料的选择、加工工艺方法选择以及数控加工中特有的坐标系设定等，所有这些都反映在经加工刀具路径转化而成的数控加工代码中。因此，若想产生一个满意的加工刀具路径，需要掌握数控系统功能、数控加工工艺、切削原理等方面的知识。Mastercam 提供了很多便利的工具，可以帮助我们充分应用上述知识，生成合理的加工刀具路径。

在 Mastercam 中，二维刀具路径包括外形铣削(即轮廓铣削)、钻孔、动态铣削、面铣、挖槽等操作。其中，外形铣削、钻孔、动态铣削、面铣、挖槽和雕刻等加工功能在二维加工应用中最为广泛，而动态外形、剥铣、区域清除、全圆周铣削等在许多参数设置方面与上述方法相同，因此不再详细讨论。

任务 3.1　加工凹模板

3.1.1　任务描述

本次任务要求加工如图 3.1 所示的凹模板，其中，图 3.1(a)所示为 100mm×80mm×20.5mm 的长方体毛坯材料，材质为铝合金。该图形主要由两个型腔组成，在任务的实施过程中，不仅需要对零件进行数控加工工艺分析，还需使用 Mastercam 软件完成凹模板上表面和型腔的加工，产生如图 3.1(b)所示的零件，加工的零件图如图 3.1(c)所示。通过本次任务的学习，培养学生达到以下主要目标。

1. 知识目标

- 了解 Mastercam 软件数控编程的一般步骤。
- 初步了解面铣、动态铣削、外形铣削等加工策略中各参数的含义。
- 了解如何通过实体仿真操作对刀具路径进行验证。
- 了解利用刀具路径进行后处理生成 G 代码。

2. 能力目标

- 能够设置长方体零件毛坯，并选择合适的加工刀具。

- 能够初步学会分析加工对象、划分加工区域和规划加工路线。
- 能够初步使用面铣、动态铣削、外形铣削加工策略完成零件自动编程加工。
- 能够利用实体仿真操作对刀具路径进行验证。

3. 素质目标

- 培养学习者逐步养成勤于思考，善于观察的好习惯。
- 培养学习者的问题探究精神，增强其分析与解决问题的能力。

(a) 长方体毛坯材料   (b) 加工的零件

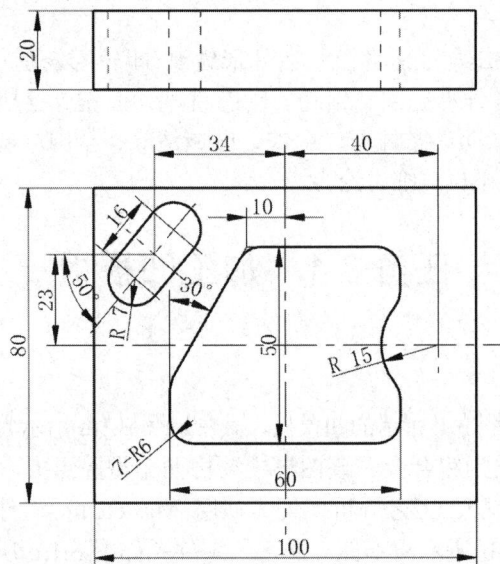

(c) 加工的零件图

图 3.1 凹模板零件加工图形

3.1.2 凹模板零件加工

1. 制定加工工序表

凹模板零件加工的工步、加工策略、刀具名称、主轴转速、进给速率和余量如表 3.1 所示。

表 3.1   凹模板加工工序表

序　号	工步内容	加工策略	刀具名称	主轴转速 (r/min)	进给速率 (mm/min)	余量
1	加工凹模板上表面	面铣	φ20 平铣刀	2800	2000	0
2	粗加工两个凹槽	动态铣削	φ10 平铣刀	4000	2000	0.3
3	精加工两个凹槽	外形铣削	φ10 平铣刀	4600	1000	0

2. 设置绘图平面和刀具平面

设置绘图平面和刀具平面均为俯视图。

3. 绘制零件图形

绘制如图 3.1(c)所示的零件图形(尺寸标注、中心线、主视图可不绘制)。

4. 选择机床

在【机床】选项卡中单击【铣床】按钮,在弹出的下拉菜单中选择【默认】命令,如图 3.2 所示。

图 3.2   选择机床

5. 设置工件毛坯材料

(1) 在如图 3.3(a)所示操作管理器的【刀路】选项卡中展开【属性】选项,再选择【毛坯设置】选项。

(2) 系统弹出如图 3.3(b)所示的【机床群组设置】对话框,在【毛坯设置】选项设置界面中,单击【创建立方体毛坯】按钮 ⬢。如图 3.4 所示,在绘图区窗选所有图形(或按住键盘上的 Ctrl+A 快捷键),单击【结束选择】按钮 ⬭结束选择。在【毛坯设置】选项设置界面中设置参数,如图 3.5 所示,单击【确定】按钮 ✔。(注:将毛坯平面提高 0.5mm,是为面铣留下加工量)

6. 加工凹模板上表面

(1) 切换到【刀路】选项卡,在 2D 组中单击【面铣】按钮。

(2) 系统弹出【线框串连】对话框,在绘图区选择如图 3.6 所示的矩形,单击对话框中的【确定】按钮 ✔,结束加工范围的选取。

(3) 系统弹出如图 3.7 所示的【2D 刀路-平面铣削】对话框,选择【刀具】选项,单击【选择刀库刀具】按钮 🗒(或在刀具列表框的空白位置处单击鼠标右键,在弹出的快捷菜单中选择【选择刀库刀具】命令),系统弹出如图 3.8 所示的【选择刀具】对话框,单击

【刀具过滤】按钮 刀具过滤(F)... ，系统弹出如图 3.9 所示的【刀具过滤列表设置】对话框，单击【无】按钮，再在【刀具类型】列表框中选择【平底刀】选项，单击【确定】按钮 ✓。

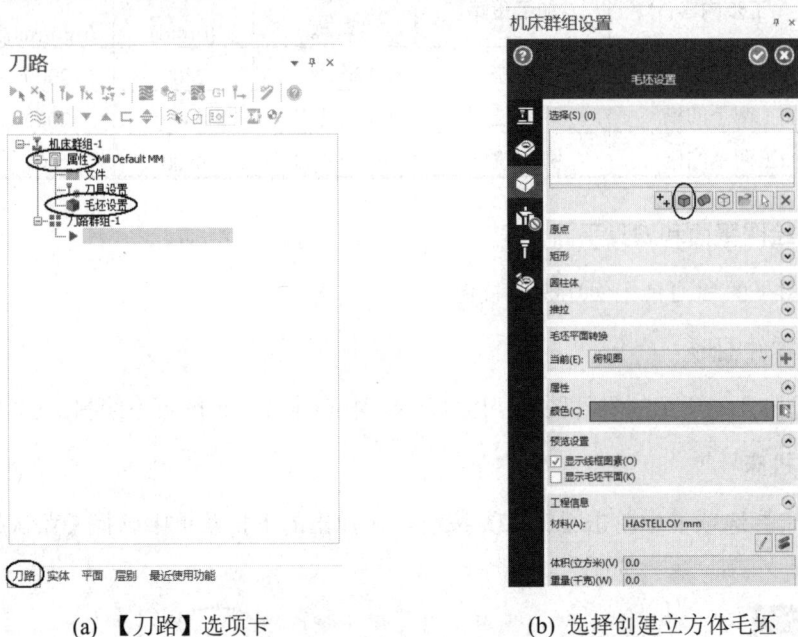

(a) 【刀路】选项卡   (b) 选择创建立方体毛坯

图 3.3　毛坯设置

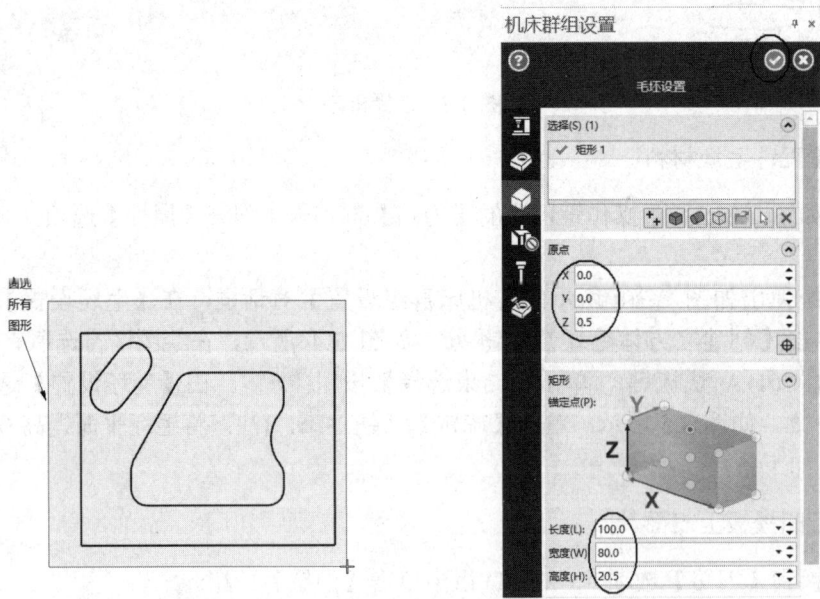

图 3.4　选择所有图素　　　　　图 3.5　设置长方体毛坯参数

(4) 通过【选择刀具】对话框选择 φ20 平铣刀，如图 3.10 所示，单击【确定】按钮 ✓。

(5) 返回【2D 刀路-平面铣削】对话框，设置刀具参数，如图 3.11 所示，将【进给速率】设置为 2000，【主轴转速】设置为 2800，【下刀速率】设置为 1000。

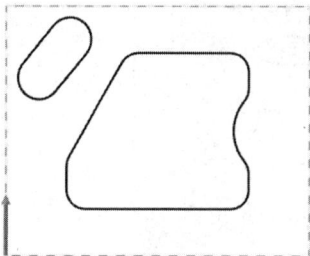

图 3.6　选取加工范围

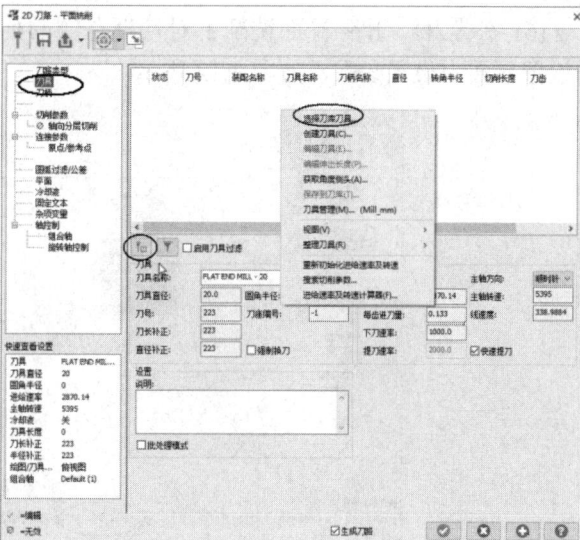

图 3.7　【2D 刀路-平面铣削】对话框

图 3.8　【选择刀具】对话框

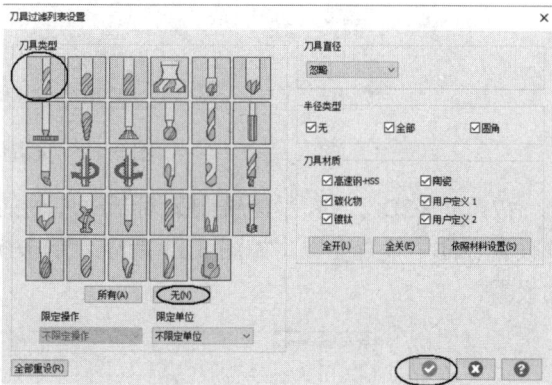

图 3.9　【刀具过滤列表设置】对话框

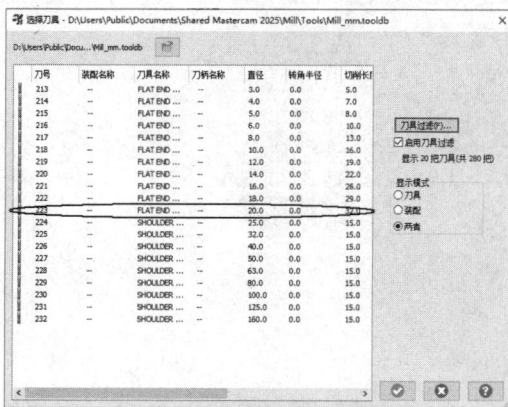

图 3.10　选择 ϕ20 的平刀

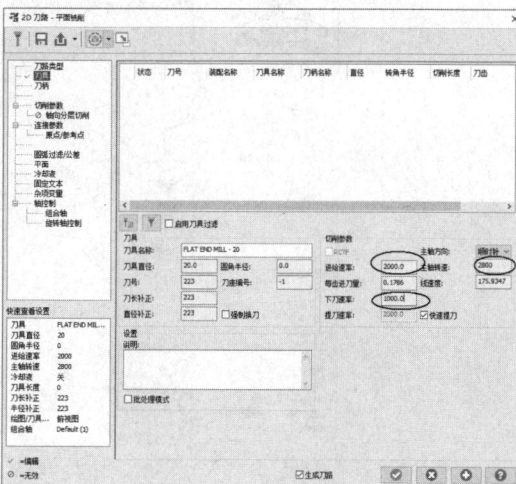

图 3.11　设置刀具参数

(6) 在【2D 刀路-平面铣削】对话框左侧的列表框中选择【切削参数】选项，在其选项设置界面中设置参数，如图 3.12 所示。

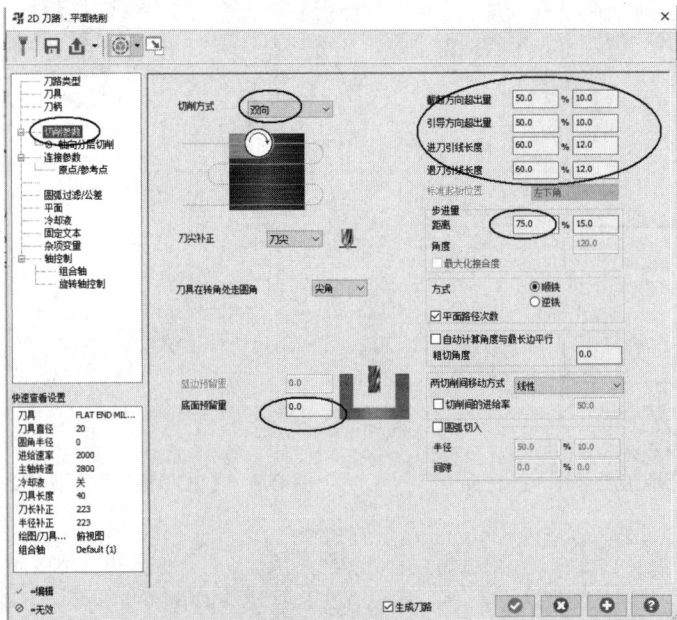

图 3.12 设置切削参数

(7) 在【2D 刀路-平面铣削】对话框左侧的列表框中选择【连接参数】选项，在其选项设置界面中设置参数，如图 3.13 所示，单击【确定】按钮，完成平面铣削所有参数的设置。

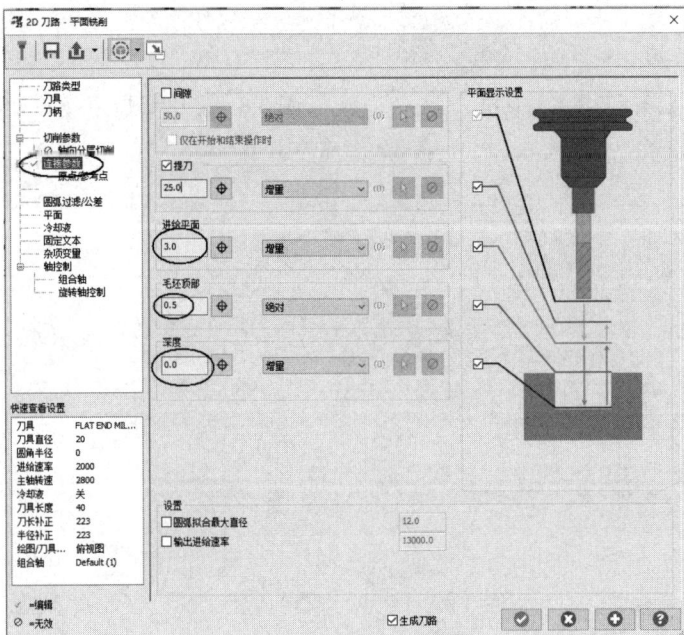

图 3.13 设置连接参数

7. 粗加工两个凹槽

(1) 切换到【刀路】选项卡，在 2D 组中单击【动态铣削】按钮。

(2) 系统弹出如图 3.14 所示的【串连选项】对话框，单击【加工范围】选项组中的【选取】按钮，弹出【线框串连】对话框，在绘图区选择如图 3.15 所示的两个图形，单击【确定】按钮，结束加工范围的选取。

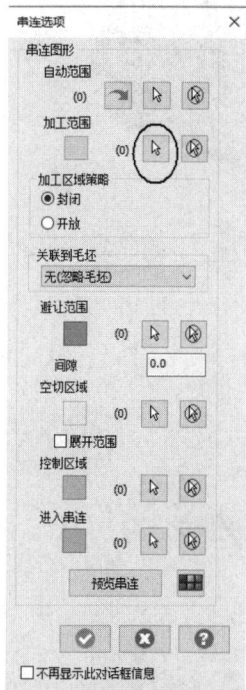

图 3.14　【串连选项】对话框

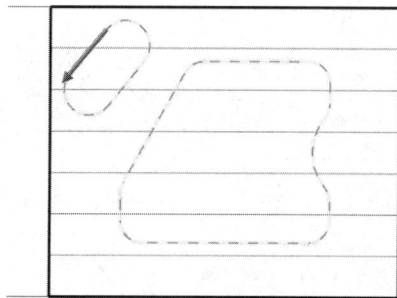

图 3.15　选取加工范围

(3) 系统弹出【2D 高速刀路-动态铣削】对话框，选择【刀具】选项，单击【选择刀库刀具】按钮，弹出【选择刀具】对话框，选择 ϕ10 平铣刀，设置【进给速率】为 2000、【主轴转速】为 4000、【下刀速率】为 1000。

(4) 在【切削参数】选项设置界面中设置切削参数，设置【距离】为 70%，【壁边预留量】为 0.3，如图 3.16 所示。

(5) 在【轴向分层切削】选项设置界面中，设置【最大粗切步进量】为 2，如图 3.17 所示。

(6) 在【连接参数】选项设置界面中，设置【提刀】为 20，【进给平面】为 3，【毛坯顶部】为 0，【深度】为-20，【数量】为 1，其他参数采用默认设置，单击【确定】按钮，如图 3.18 所示。

(7) 在【圆弧过滤/公差】选项设置界面中的参数设置如图 3.19 所示。单击【确定】按钮，完成动态铣削所有参数的设置。

8. 精加工两个凹槽

(1) 切换到【刀路】选项卡，在 2D 组中单击【外形】按钮。

（2）系统弹出【串连选项】对话框，在绘图区逆时针选取两个凹槽图形，如图 3.20 所示，单击【确定】按钮 ，结束加工范围的选取。

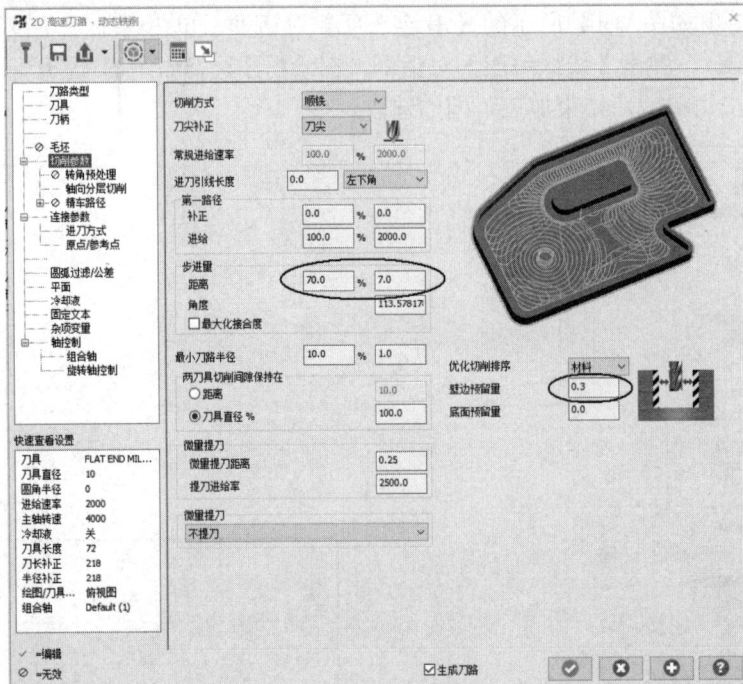

图 3.16 设置切削参数

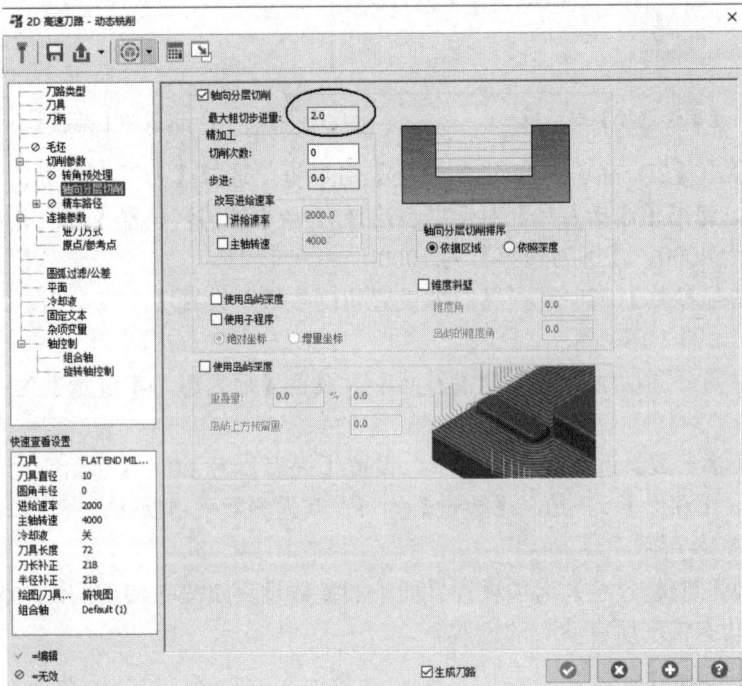

图 3.17 设置轴向分层切削

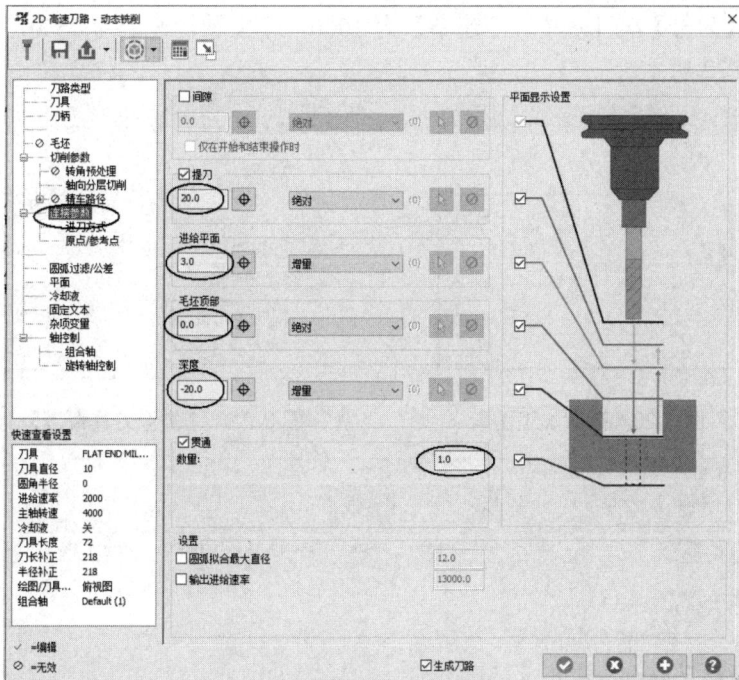

图 3.18　设置连接参数

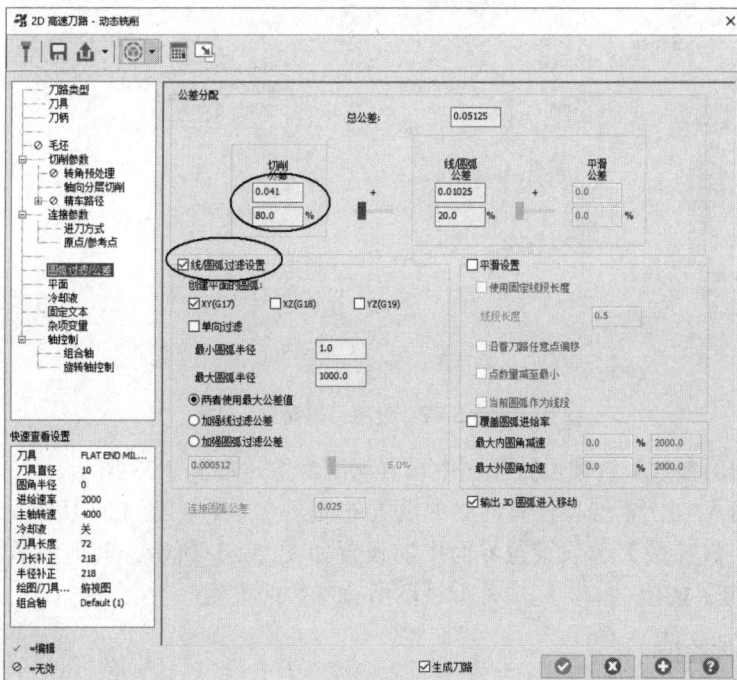

图 3.19　设置圆弧过滤/公差参数

(3) 系统弹出【2D 刀路-外形铣削】对话框，选择【刀具】选项，单击【选择刀库刀具】按钮，系统弹出【选择刀具】对话框，选择 $\phi 10$ 平铣刀，弹出【类似刀具警告】对话框，选中【是】单选按钮，单击【确定】按钮 ，如图 3.21 所示，新建一把 $\phi 10$ 精加工刀具，设置【刀号】为 1，【进给速率】为 1000，【主轴转速】为 4600，【下刀速率】为 500，如图 3.22 所示。

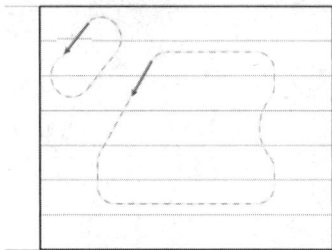

图 3.20　选取加工图素　　　　图 3.21　【类似刀具警告】对话框

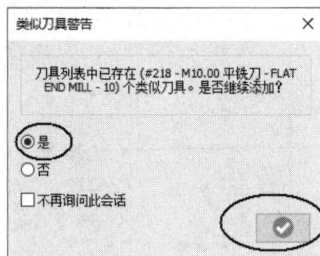

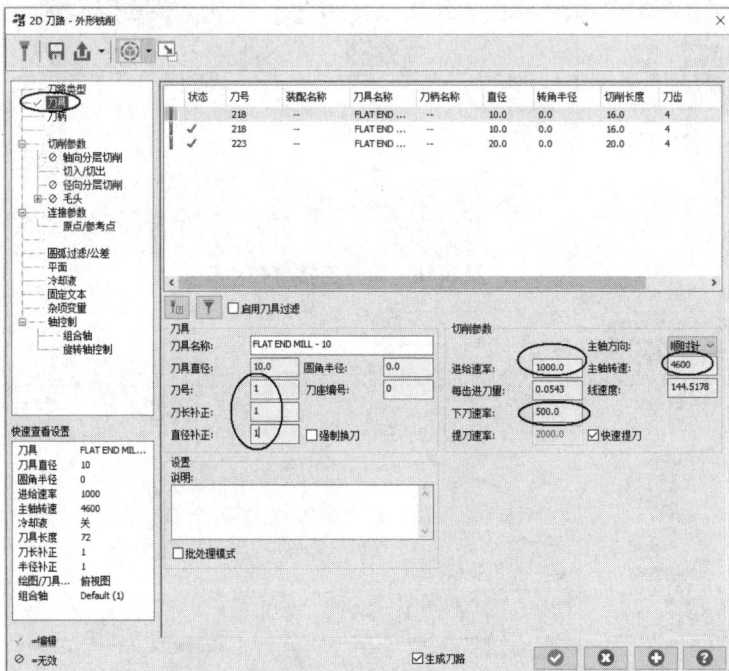

图 3.22　设置刀具参数

(4) 在【切削参数】选项设置界面中设置切削参数，如图 3.23 所示。

(5) 在【切入/切出】选项设置界面中设置进/退刀参数，如图 3.24 所示。

(6) 在【连接参数】选项设置界面中的设置如图 3.25 所示。其他参数按系统默认设置，单击【确定】按钮，完成外形铣削所有参数的设置。

9. 进行实体验证

(1) 在【刀路】选项卡中单击【选择所有的操作】按钮(见图 3.26)，系统会将【1-平面铣】、【2-2D 高速刀路(2D 动态铣削)】和【3-外形铣削(2D)】选项全部选中。

(2) 单击【实体加工模拟】按钮(见图 3.26)，系统弹出如图 3.27 所示的【实体仿真】上下文选项卡。

（3）单击【播放】按钮▶，系统自动模拟加工过程，加工结果见图 3.1(b)。单击【关闭】按钮×，结束模拟加工。

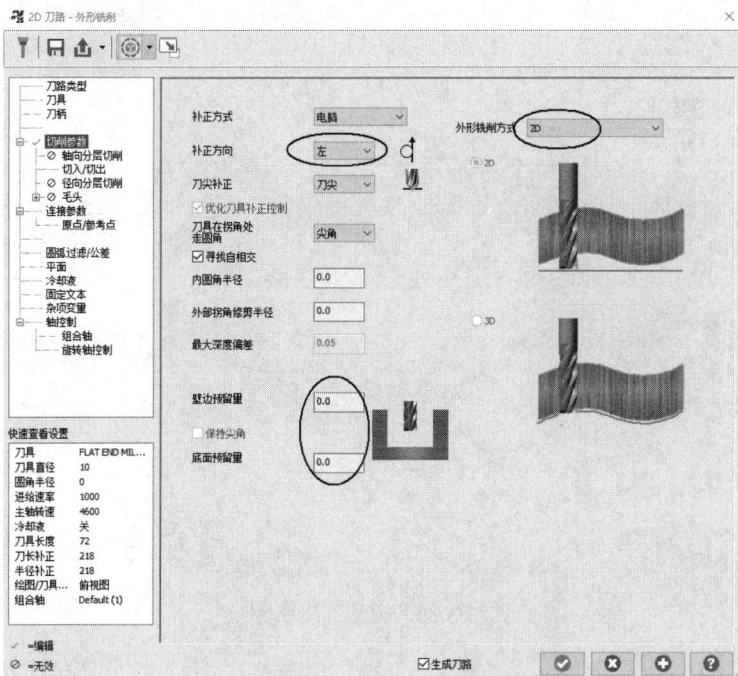

图 3.23　设置切削参数

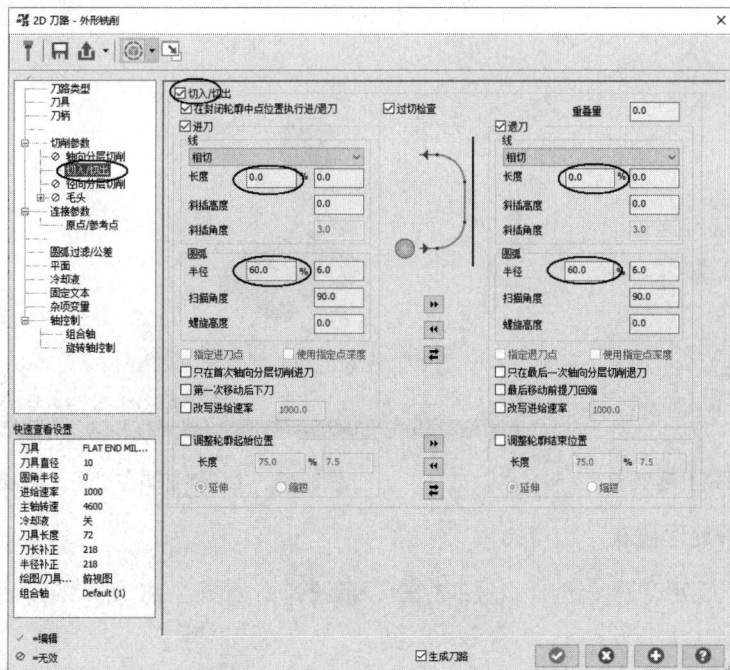

图 3.24　设置切入/切出参数

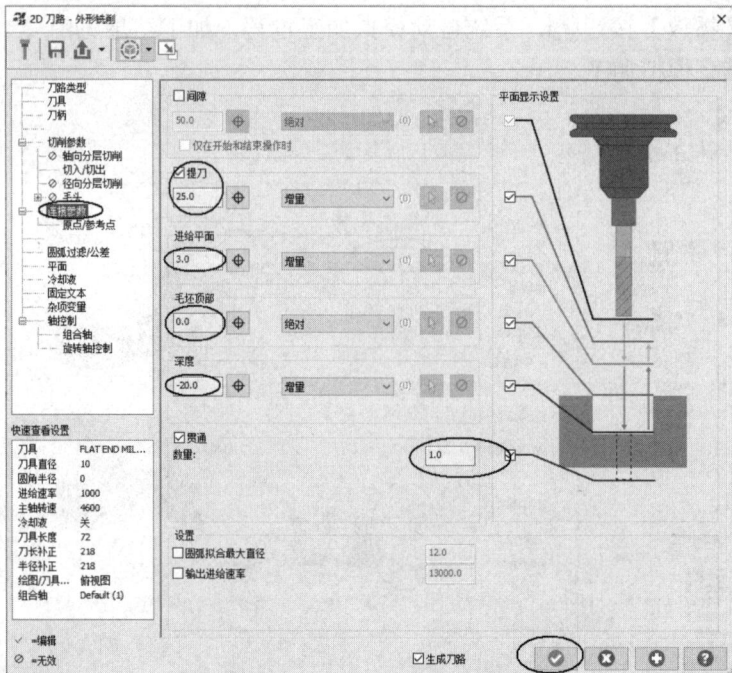

图 3.25　设置连接参数

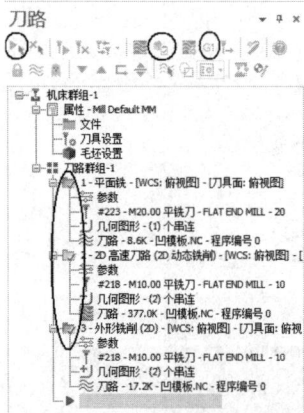

图 3.26　【刀路】选项卡

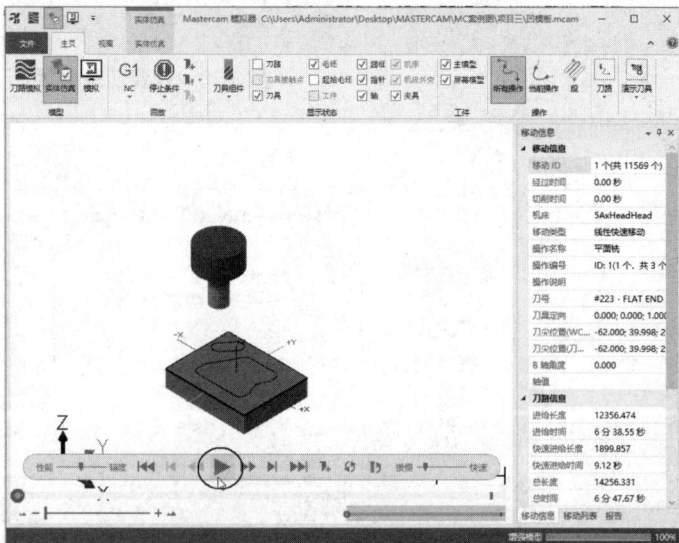

图 3.27　【实体仿真】上下文选项卡

10. 执行后处理程式

(1) 单击【后处理】按钮 G1 (见图 3.26)，系统弹出如图 3.28 所示的【后处理程序】对话框，单击【确定】按钮 ✓，

(2) 系统弹出如图 3.29 所示的【另存为】对话框，设置要保存 NC 文档的地址和文件名。系统默认的保存地址为 C:\Users\Administrator\Documents\My Mastercam 2025\Mastercam\Mill\NC 文件夹，设置【文件名】为 "O1"，单击【保存】按钮。

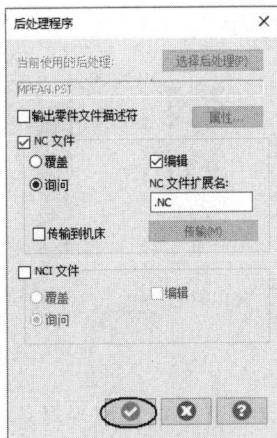

图 3.28　【后处理程序】对话框　　　　　　图 3.29　【另存为】对话框

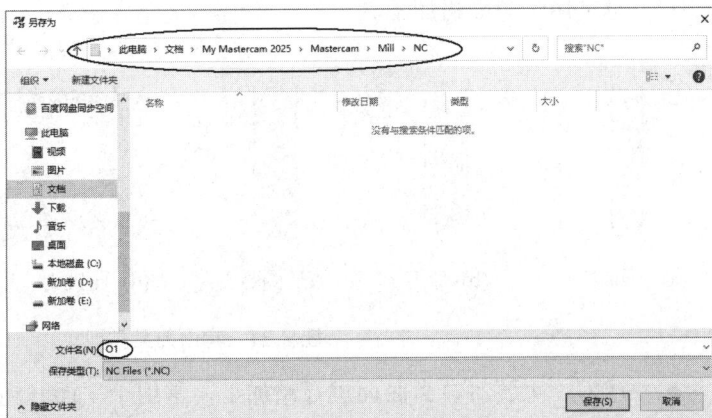

11. 生成 NC 文件

系统自动弹出 Mastercam 2025 Code Expert 编辑器，生成 NC 文件的部分内容如图 3.30 所示。

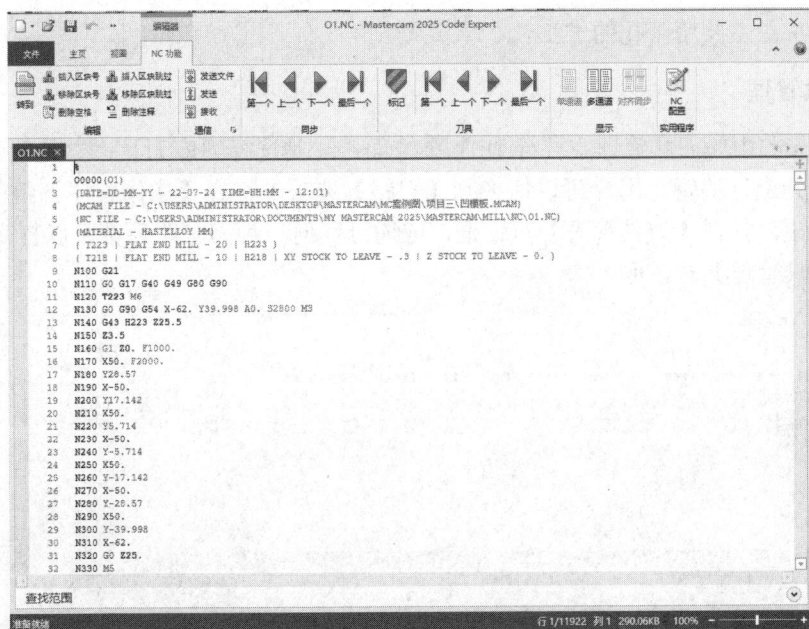

图 3.30　NC 文件的部分内容

3.1.3　知识链接：二维刀具路径基本操作

1. 刀具类型

在数控铣削加工中常用到如图 3.31 所示的刀具，主要有平铣刀、球刀、圆鼻刀、面铣刀、中心钻和钻头等。

● 平铣刀：主要用于底部为平面的工件加工，由于其有效切削面积大，受力平稳，也常用于曲面粗加工。

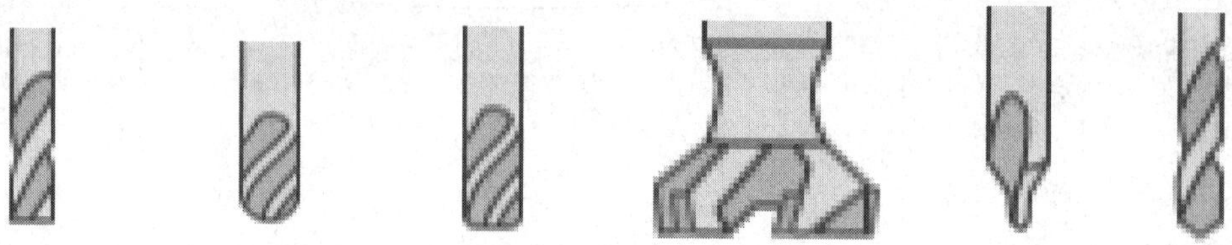

(a) 平铣刀　　(b) 球刀　　(c) 圆鼻刀　　(d) 面铣刀　　(e) 中心钻　　(f) 钻头

图 3.31　常用刀具类型

- 球刀：主要对自由曲面进行精加工，常用于平面开粗时粗糙度大、受力不好、效率低的情况。
- 圆鼻刀：对较平坦的大型自由曲面进行粗加工，或对底部平坦但在转角处有过渡圆角的零件进行粗、精加工。
- 面铣刀：主要用于较大平面的加工。
- 中心钻：用于孔加工的预制精确定位，引导钻头进行孔加工，以实现降低误差的目的。
- 钻头：主要用于孔的加工。

2. 刀具管理

Mastercam 中的刀具管理主要分为 3 个方面：一是选择刀库刀具；二是创建刀具；三是对已有刀具进行编辑。用户可以切换到【刀路】选项卡，在【实用程序】组中单击【刀具管理】按钮，打开【刀具管理】对话框，或通过任何一种刀具路径都可以打开如图 3.32 所示的【刀具管理】对话框。

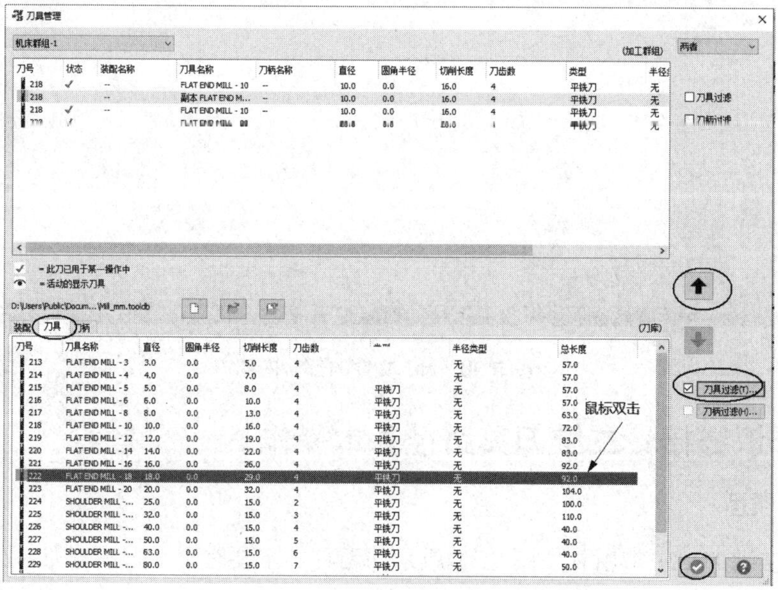

图 3.32　【刀具管理】对话框

1) 从刀具库中选择刀具

用户可以从刀具库中选择一把刀具直接添加到当前刀具列表中。【刀具管理】对话框的铣床刀具库栏中列出的是刀具库中的刀具，如图 3.32 所示，在刀具列表中选择一把刀具，双击选中的刀具或单击 ↑ 按钮，即可将该刀具添加到刀具列表中。

2) 创建刀具

在【刀具管理】对话框的【机床群组-1】栏中单击鼠标右键，系统将弹出如图 3.33 所示的快捷菜单。用户可以根据需要创建一把刀具并存储在刀具库中，在快捷菜单中选择【创建刀具】命令，系统将弹出如图 3.34 所示的【定义刀具】对话框。

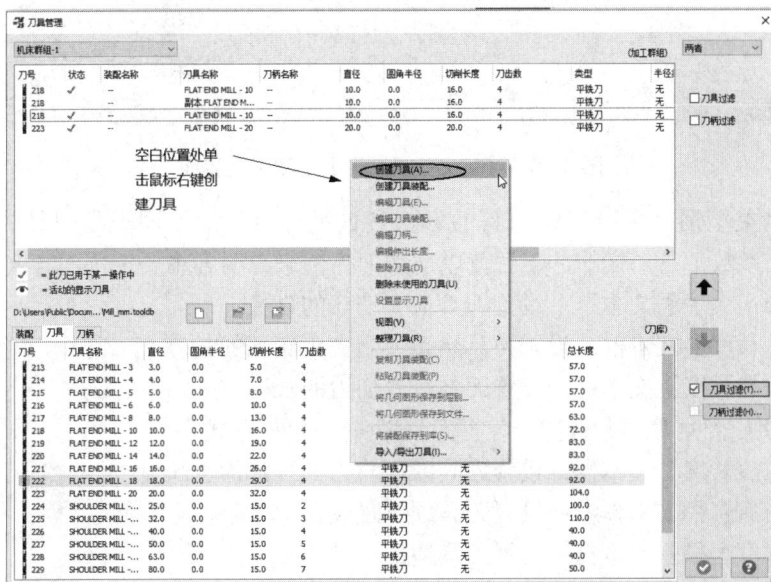

图 3.33　刀具管理快捷菜单

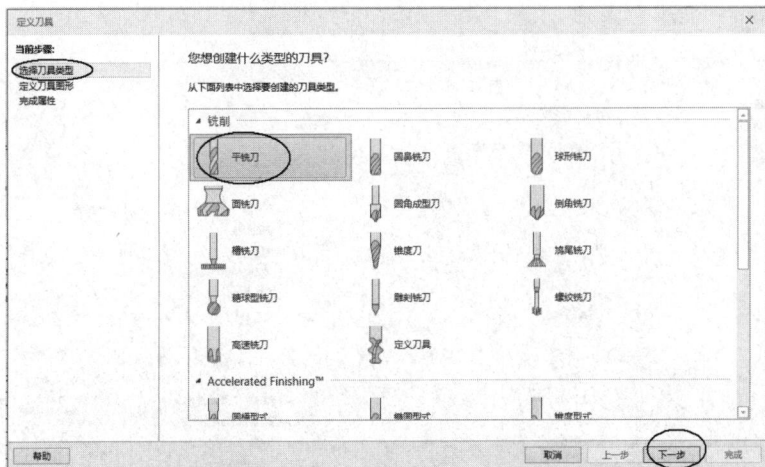

图 3.34　【定义刀具】对话框

选择需要的刀具类型，如选择【平铣刀】选项，再单击【下一步】按钮，系统将打开如图 3.35 所示的【定义刀具图形】选项设置界面。

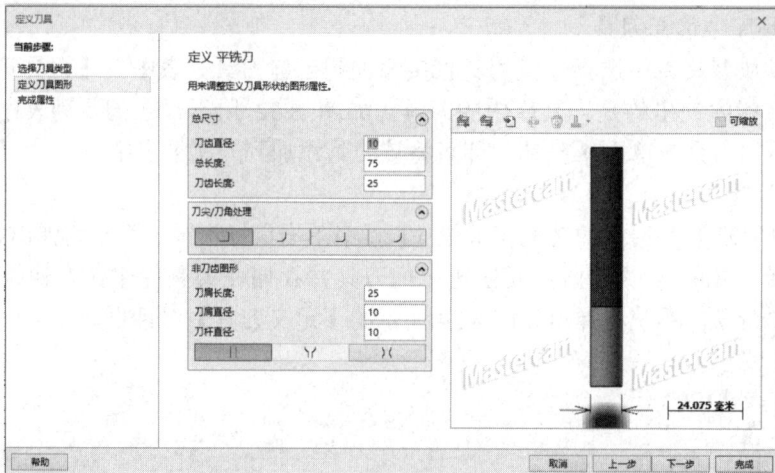

图 3.35 　【定义刀具图形】选项设置界面

选择刀具类型后，需要对该刀具的形状参数进行设置。不同类型刀具的内容有所不同，但其主要参数都是一样的。下面就以平铣刀为例来说明各主要选项的含义。

- 【刀齿直径】文本框：设置刀具最大切口的直径。
- 【总长度】文本框：设置刀具从刀尖到夹头底端的长度。
- 【刀齿长度】文本框：设置刀具有效切刃的长度。
- 【刀尖/刀角处理】选项：设置刀具刀尖/刀角的形式。
- 【刀肩长度】文本框：设置刀具刀刃与刀具颈部的总长度。
- 【刀肩直径】文本框：设置刀具颈部直径。
- 【刀杆直径】文本框：设置刀具柄部直径。

设置完刀具形状参数后，单击【下一步】按钮，其他参数可以在打开的如图 3.36 所示的【完成属性】选项设置界面中进行设置。该选项设置界面主要用来设置刀具在加工时的参数、属性和加工类型等。

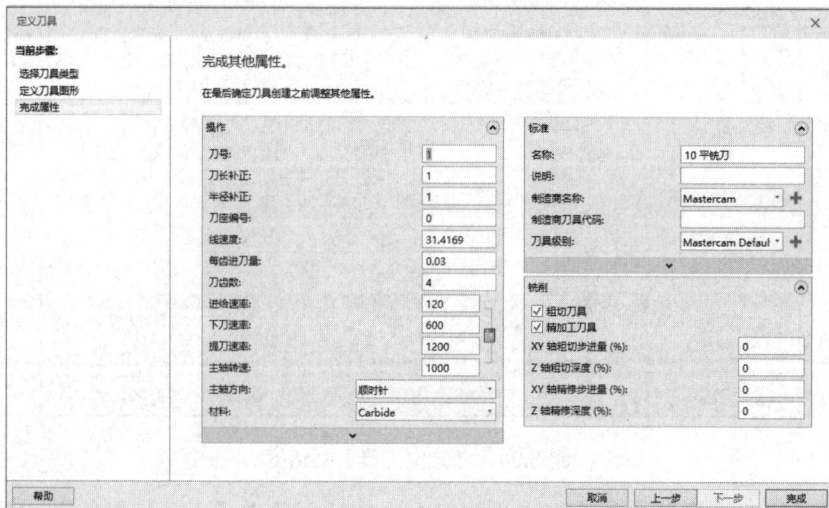

图 3.36 　【完成属性】选项设置界面

【操作】栏中主要选项的含义如下。

- 【刀号】文本框：系统自动按创建的顺序给出刀具编号。用户也可以自己设置编号。
- 【刀长补正】文本框：设置刀具轴向补正的刀具号。
- 【半径补正】文本框：设置半径补正的刀具号。
- 【刀座编号】文本框：设置刀具使用的主轴头编号。常应用在多主轴或多个主轴头的机床上。设置为 "–1" 表示不使用刀座编号参数。
- 【线速度】文本框：设置刀尖相对于工件表面的切削速度，单位为 m/min。
- 【每齿进刀量】文本框：设置刀具旋转一个齿间角时在进给方向上去除材料的量。
- 【刀齿数】文本框：设置刀具刀齿数，单位为 mm/r。
- 【进给速率】文本框：设置刀具在进给方向上相对工件的移动位移，单位为 mm/min。
- 【下刀速率】文本框：设置刀具在垂直进给方向上相对工件的移动位移，单位为 mm/min。
- 【提刀速率】文本框：设置刀具在垂直抬刀方向上相对工件的移动位移，单位为 mm/min。
- 【主轴转速】文本框：设置刀具主轴转速，单位为 r/min。
- 【主轴方向】下拉列表框：设置刀具旋转方向。
- 【材料】下拉列表框：设置刀具材料。

【标准】栏中主要选项的含义如下。

- 【名称】文本框：设置刀具型号名称。
- 【说明】文本框：为刀具独特性添加备注。
- 【制造商名称】下拉列表框：刀具的生产厂家名称。
- 【制造商刀具代码】文本框：刀具出厂编号。
- 【刀具级别】下拉列表框：设置刀具等级。

【铣削】栏中主要选项的含义如下。

- 【粗切刀具】复选框：选中该复选框时，刀具可以用于粗加工。
- 【精加工刀具】复选框：选中该复选框时，刀具可以用于精加工。当粗切、精修两者都选中时，在精加工和粗加工中都可以使用。
- 【XY 轴粗切步进量(%)】文本框：在粗加工时，设置每次铣削加工在垂直刀具方向的进刀量。该参数设定进刀量与刀具直径百分比。
- 【Z 轴粗切深度(%)】文本框：在粗加工时，设置每次铣削加工在沿刀具方向的进刀量。
- 【XY 轴精修步进量(%)】文本框：在精加工时，设置每次铣削加工在垂直刀具方向的进刀量。
- 【Z 轴精修深度(%)】文本框：在精加工时，设置每次铣削加工在沿刀具方向的进刀量。

3) 对已有刀具进行修正

用户可以对已选定的刀具进行编辑修正。选中已有的刀具并右击，在弹出的快捷菜单中选择【编辑刀具】命令，系统弹出【编辑刀具】对话框，用户可以重新设置该刀具的参数。

3. 毛坯设置

毛坯设置包括设置毛坯的形状、大小、原点和材料等。在如图 3.37 所示的【刀路】选项卡中展开【属性】选项，选择【毛坯设置】选项，即可进行毛坯设置，系统弹出【机床群组设置】对话框，其【毛坯设置】选项设置界面如图 3.38 所示。进行毛坯设置时，各部分的参数含义如下。

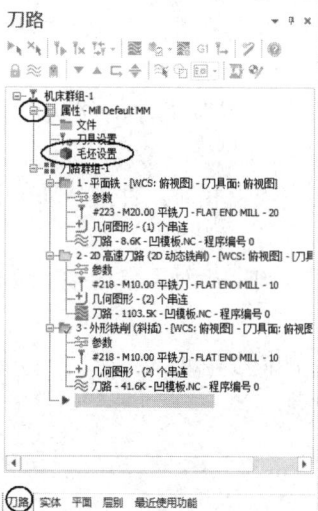

图 3.37　【刀路】选项卡　　　　图 3.38　【毛坯设置】选项设置界面

1) 定义毛坯形状

在【选择】列表框下面有几种定义毛坯形状的方法。

● 【选择对角】按钮 ✛：单击该按钮，在绘图区选择用两个对角点去包含图素创建毛坯，创建的毛坯形状为立方体。

● 【创建立方体毛坯】按钮 ⬡：单击该按钮，在绘图区选取毛坯所需包含的图素，创建的毛坯形状为立方体。

● 【创建圆柱体毛坯】按钮 ⬡：单击该按钮，在绘图区选取毛坯所需包含的图素，创建的毛坯形状为圆柱体。

● 【从边界框添加】按钮 ⬡：单击该按钮，在绘图区选取图素后，系统根据选取对象的外形来定义毛坯形状。

● 【从文件添加】按钮 📂：单击该按钮，从 STL 文件中输入毛坯形状。

● 【从选择添加】按钮 ▹：单击该按钮，从绘图区选择实体、网格、毛坯模型定义毛坯形状。

● 【全部移除】按钮 ✕：单击该按钮，删除所有已创建的毛坯。

2) 原点

毛坯原点的坐标可以直接在【原点】选项组的 X、Y、Z 文本框中设置，也可单击【选取】按钮 ⊕ 后返回绘图区进行选取。

3) 锚定点

(1) 长方体毛坯的锚定点。

长方体毛坯的锚定点可以定义在毛坯材料的 11 个特征位置上，包括 8 个角落及 3 个上中下的中心点。将光标移动到各特殊点位置上，单击即可将该点设置为毛坯材料的原点，如图 3.39 所示。

(2) 圆柱体毛坯的锚定点。

圆柱体毛坯的锚定点可以定义在毛坯材料的上中下的 3 个中心点特征位置上，将光标移动到各特殊点位置上，单击即可将该点设置为毛坯材料的原点，如图 3.40 所示。

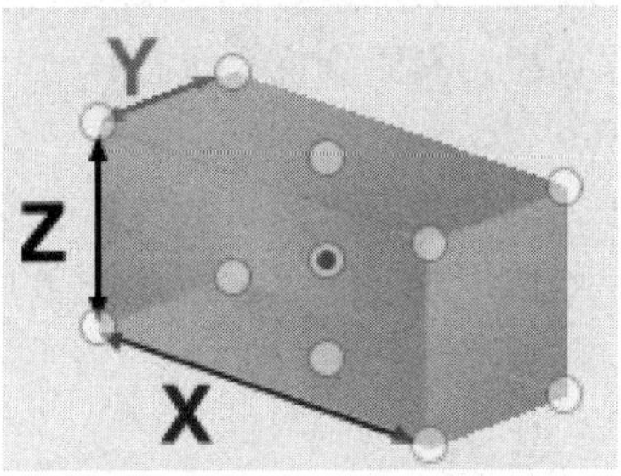

图 3.39 长方体毛坯的锚定点

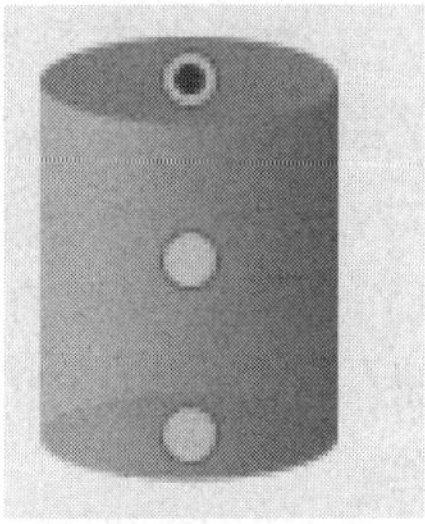

图 3.40 圆柱体毛坯的锚定点

4) 大小

(1) 长方体毛坯的大小。

长方体毛坯的大小可以直接在【长度】、【宽度】、【高度】文本框中设置。

(2) 圆柱体毛坯的大小。

圆柱体毛坯的大小可以直接在【半径】、【高度】文本框中设置。【轴】选项组中的 X、Y、Z 轴选项，用来确定圆柱体毛坯轴的方向。

4. 坐标系的设定

Mastercam 提供了和坐标设定有关的 4 个参数，即机床原点、刀具原点、刀具平面和置换轴。

1) 机床原点

机床原点是数控机床的原始参考点，是由机床原点行程开关的位置决定的，机床出厂时由厂方调整好，不需要用户调整。当机床发生故障或再次启动时，固定不变的机床原点对保证加工的一致性起到关键作用。

数控系统一般都提供返回机床原点指令 G28，在数控加工程序中的表示方法如下：

```
G90(G91)G28 X__Y___Z___
```

其中，G90 表示绝对坐标，即由 X__Y___Z__表示的绝对坐标值；G91 表示相对坐标，即由 X__Y___Z__表示的相对于当前点的增量坐标值；X__Y___Z__表示中间点坐标值，即返回机床原点时先经过中间点，再回到机床原点。

```
G91 G28 Z0
G28 X0 Y0
```

和

```
G91 G28 X0 Y0 Z0
```

是加工中心和数控铣床中常用的两种返回原点方法。

2) 刀具原点

刀具原点是数控加工中除机床原点外的又一个重要参考点，这是根据效率原则(尽量选择靠近被切削工件)和安全原则确定的，每次加工完一个工件都要回到刀具原点，然后进行下一次循环。Mastercam 中可以定义 3 个关键点，即系统原点、建构原点和刀具原点。系统原点是 Mastercam 中自动设定的固定坐标系统；建构原点是为了方便绘图而确定的点。在 Mastercam 中，默认状态是系统原点、建构原点和刀具原点重合状态。

3) 刀具平面

刀具平面为刀具工作的表面，通常为垂直于刀具轴线的平面。数控加工中有 3 个主要刀具平面：XY 平面，对应的数控加工代码为 G17；ZX 平面，对应的数控加工代码为 G18；YZ 平面，对应的数控加工代码为 G19。

4) 置换轴

置换轴用于指定四轴联动加工时哪一个轴被置换，根据数控铣床或加工中心类型的不同，置换轴的名称也有所不同。

5. 刀路管理器

刀具路径设置完毕后，可利用刀路管理器对刀具路径进行编辑、再生、模拟、后置处理等操作。图 3.41 所示为刀路管理器工具条，各操作按钮的含义如下。

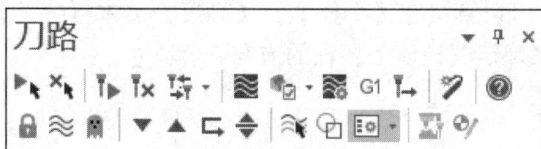

图 3.41　刀路管理器工具条

- ：选择全部加工操作。
- ：选择全部编辑了参数需要重新生成的加工操作。
- ：重新计算已选择的操作。
- ：重新计算全部失效的操作。
- ：选择加工操作建立相互依赖。
- ：对选择的加工操作执行刀具路径模拟。
- ：对选择的加工操作执行实体加工模拟。
- ：对于当前选择的一个或多个操作，通过模拟器选项对其毛坯和夹具进行灵活调整，并达到有针对性的实体仿真验证，从而提高验证效率。
- G1：对选择的加工操作执行后置处理，产生 NC 程序。
- ：优化加工操作速率。

- 🖊：删除所有的加工操作。
- ❓：帮助操作。
- 🔒：锁定选择的加工操作，此时该加工操作编辑后的参数无法再生。
- ≋：关闭选择的加工操作刀具路径显示。
- 👾：锁定选择的加工操作的 NC 程序输出。
- ▼：插入箭头向下移动。
- ▲：插入箭头向上移动。
- ⌐：插入箭头移动到指定的加工操作后。
- ⇕：滚动显示插入箭头的位置。
- ≋：单一显示已选择的操作刀具路径。
- ⊡：单一显示与已选择的操作相关联的图形。
- ▣：高级选项按钮。
- ⛏：在机床模拟器上装配刀具，在车铣复合机床时，它才会被激活。
- ⚙：编辑机床模拟器上的参考点位置，在车铣复合机床时，它才会被激活。

任务 3.2　加工链轮齿槽

3.2.1　任务描述

本次任务要求加工图 3.42 所示的链轮齿槽，图 3.42(a)所示是直径为 ϕ305mm×19mm 的圆柱体毛坯材料，材质为 45#钢，该图形主要由 17 个齿槽组成，在任务的实施过程中，不仅需要对零件进行数控加工工艺分析，还需使用 Mastercam 软件完成链轮齿槽的加工，产生如图 3.42(b)所示的零件，加工的零件图如图 3.42(c)所示。通过本次任务的学习，培养学生达到以下主要目标。

1. 知识目标

- 进一步掌握 Mastercam 软件数控编程的一般步骤。
- 进一步掌握动态铣削、外形铣削等加工策略中各参数的含义。

2. 能力目标

- 能够设置圆柱体零件毛坯，选择合适的刀具进行加工。
- 能够学会分析加工对象、划分加工区域和规划加工路线。
- 能够使用动态铣削、外形铣削加工策略完成零件自动编程加工。

3. 素质目标

- 培养学习者逐步养成勤于思考、善于观察的好习惯。
- 培养学习者的问题探究精神，增强其分析与解决问题的能力。

(a) 毛坯材料

(b) 加工的零件

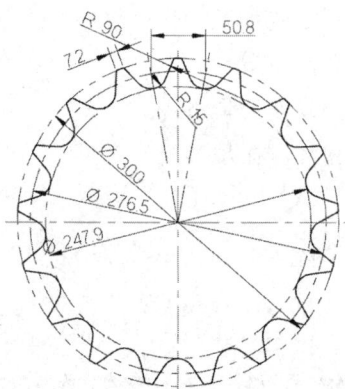

(c) 加工的零件图

图 3.42　链轮齿槽加工图形

3.2.2　链轮齿槽加工

1. 制定加工工序表

链轮齿槽加工的工步、加工策略、刀具名称、主轴转速、进给速率和余量如表 3.2 所示。

表 3.2　链轮齿槽加工工序表

序　号	工步内容	加工策略	刀具名称	主轴转速 (r/min)	进给速率 (mm/min)	余量
1	粗加工链轮齿槽	动态铣削	$\phi16$ 平铣刀	3000	1500	0.3
2	精加工链轮齿槽	外形铣削	$\phi12$ 平铣刀	4000	1000	0

2. 设置绘图平面和刀具平面

设置绘图平面和刀具平面均为俯视图。

3. 绘制零件图形

绘制如图 3.42(c)所示的零件图形(尺寸标注、中心线可不绘制)。

4. 绘制边界圆

在绘图区绘制如图 3.43 所示的边界圆,圆的直径为 305。

5. 选择机床

切换到【机床】选项卡，单击【铣床】按钮，在弹出的下拉菜单中选择【默认】命令。

6. 设置工件毛坯材料

(1) 在操作管理器的【刀路】选项卡中展开【属性】选项，再选择【毛坯设置】选项。

(2) 系统弹出【机床群组设置】对话框，在【毛坯设置】选项设置界面中，单击【创建圆柱体毛坯】按钮，按 Ctrl+A 快捷键选择所有图素，再按 Enter 键。在【毛坯设置】选项设置界面中设置参数，如图 3.44 所示，单击【确定】按钮。

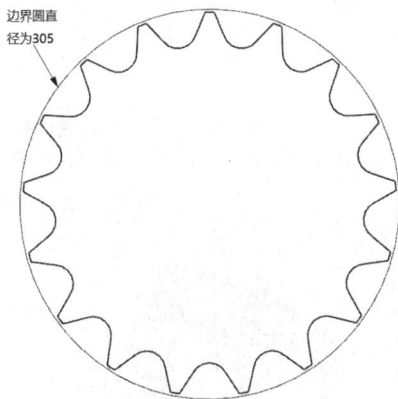

图 3.43　绘制边界圆

图 3.44　设置圆柱体毛坯

7. 粗加工链轮齿槽

(1) 切换到【刀路】选项卡，在 2D 组中单击【动态铣削】按钮。

(2) 系统弹出如图 3.45 所示的【串连选项】对话框，单击【加工范围】选项组中的【选取】按钮，弹出【线框串连】对话框。在绘图区选择如图 3.46 所示的圆，单击【确定】按钮，结束加工范围的选取。

(3) 在【加工区域策略】选项组中，选中【开放】单选按钮，再单击【避让范围】选项组中的【选取】按钮，系统弹出【线框串连】对话框。在绘图区选择如图 3.47 所示的链轮齿槽，单击【确定】按钮，结束避让范围的选取。

(4) 系统弹出【2D 高速刀路-动态铣削】对话框，选择【刀具】选项，单击【选择刀库刀具】按钮，弹出【选择刀具】对话框，选择 φ16 平铣刀，设置【进给速率】为 1500，【主轴转速】为 3000，【下刀速率】为 750。

(5) 在【切削参数】选项设置界面中设置切削参数，如图 3.48 所示。

(6) 【连接参数】选项设置界面中的设置如图 3.49 所示。其他参数按系统默认设置，单击【确定】按钮。

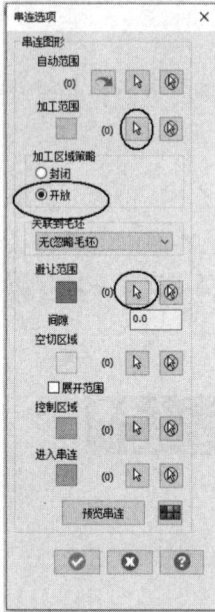

图 3.45　【串连选项】对话框　　图 3.46　选取加工范围　　　　　图 3.47　选取避让范围

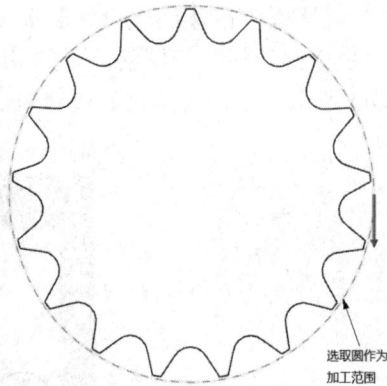

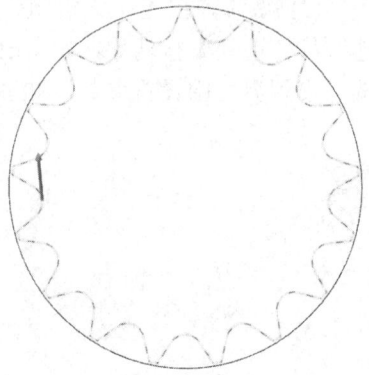

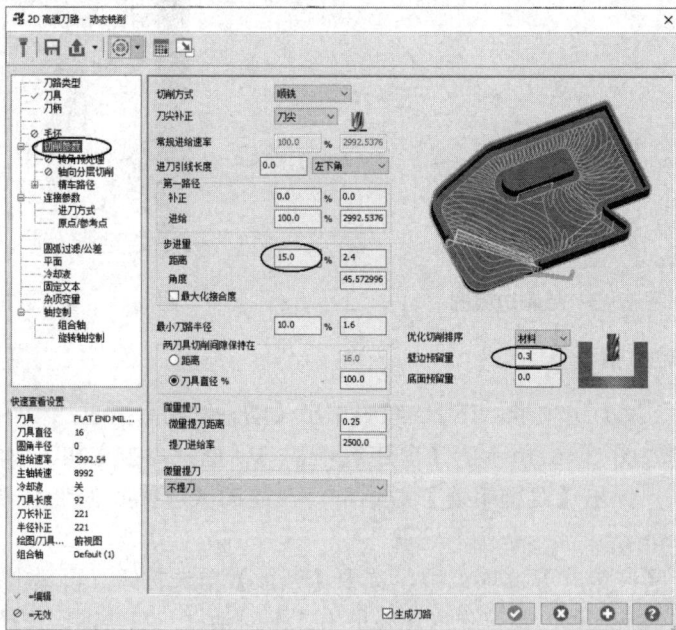

图 3.48　设置切削参数

（7）【圆弧过滤/公差】选项设置界面中的设置如图 3.50 所示。其他参数按系统默认设置，单击【确定】按钮 ，完成动态铣削所有参数的设置。

8. 精加工链轮齿槽

（1）切换到【刀路】选项卡，在 2D 组中单击【外形】按钮。

（2）系统弹出【串连选项】对话框，在绘图区顺时针选取链轮齿槽，如图 3.51 所示，单击【确定】按钮 ，结束加工范围的选取。

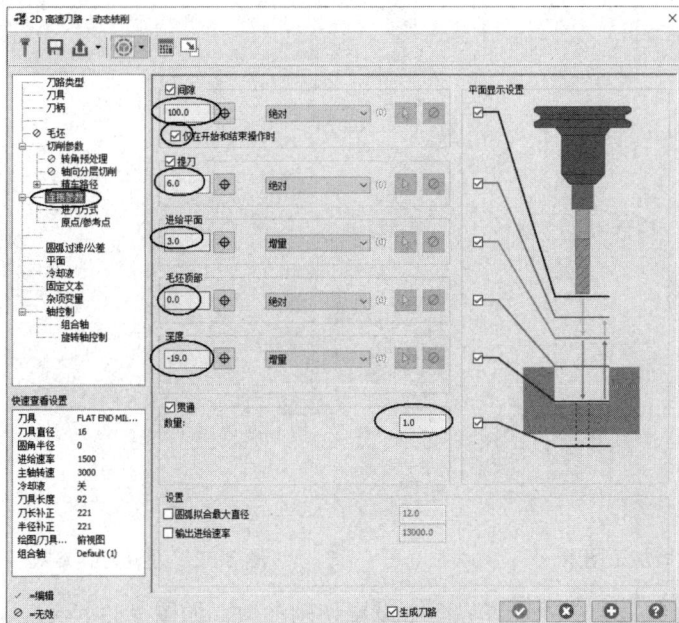

图 3.49　设置连接参数

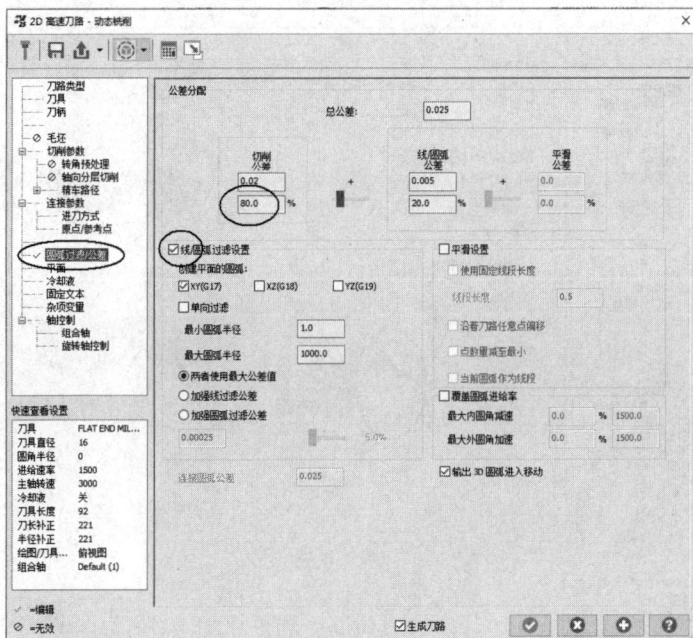

图 3.50　设置圆弧过滤/公差参数

（3）系统弹出【2D 刀路-外形铣削】对话框，选择【刀具】选项，单击【选择刀库刀具】按钮，弹出【选择刀具】对话框，选择 ϕ12 平铣刀，设置【进给速率】为 1000，【主轴转速】为 4000，【下刀速率】为 500，如图 3.52 所示。

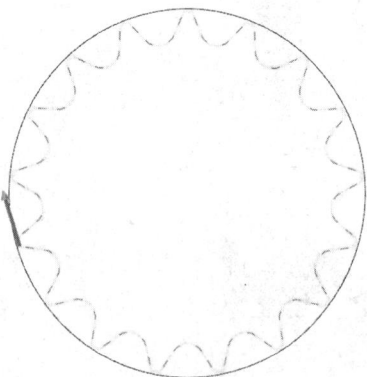

图 3.51　选取加工图素　　　　　　　　图 3.52　设置刀具参数

(4) 在【切削参数】选项设置界面中设置切削参数，如图 3.53 所示。

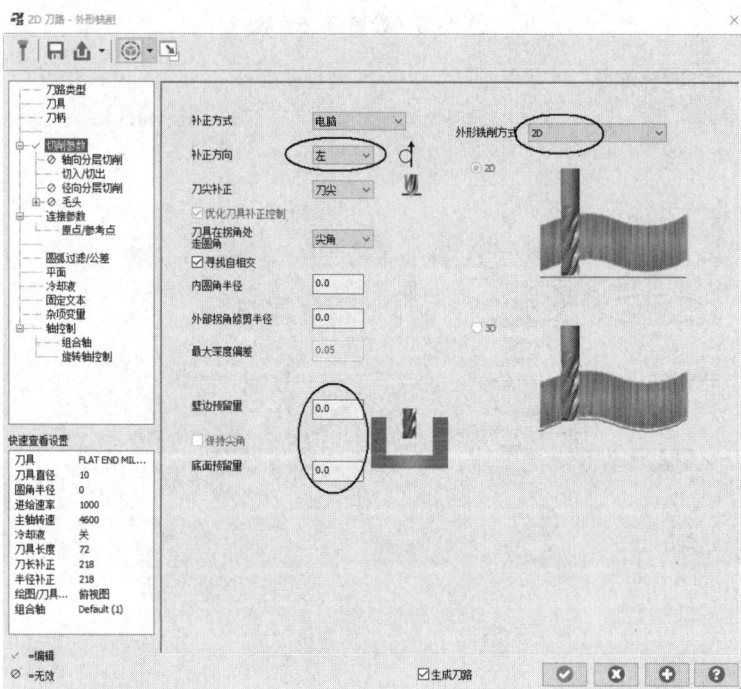

图 3.53　设置切削参数

(5) 在【切入/切出】选项设置界面中设置精修参数，如图 3.54 所示。

(6) 【连接参数】选项设置界面中的设置如图 3.55 所示。其他参数按系统默认设置，单击【确定】按钮 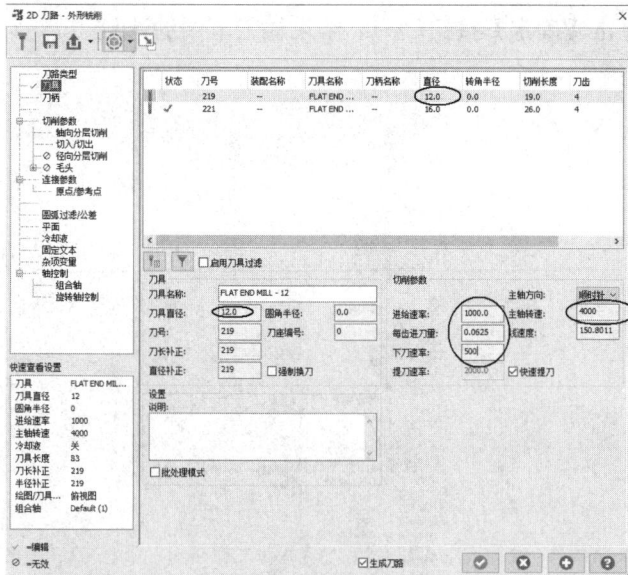，完成外形铣削所有参数的设置。

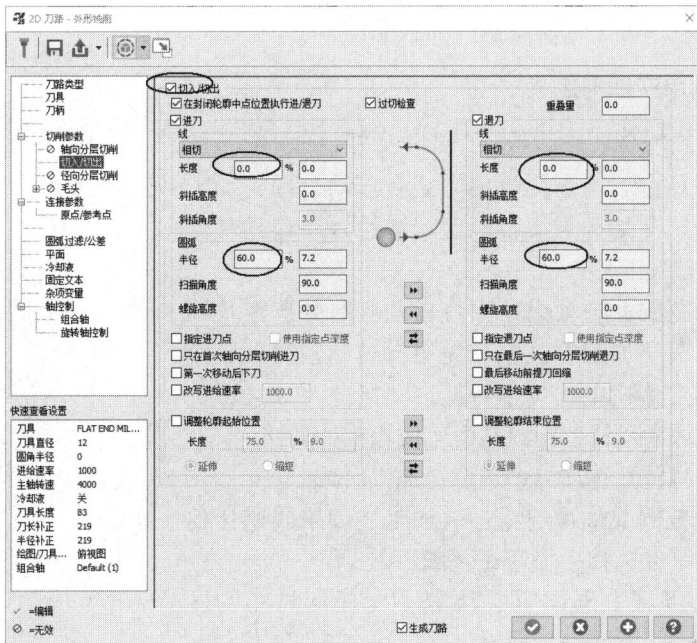

图 3.54　设置切入/切出参数

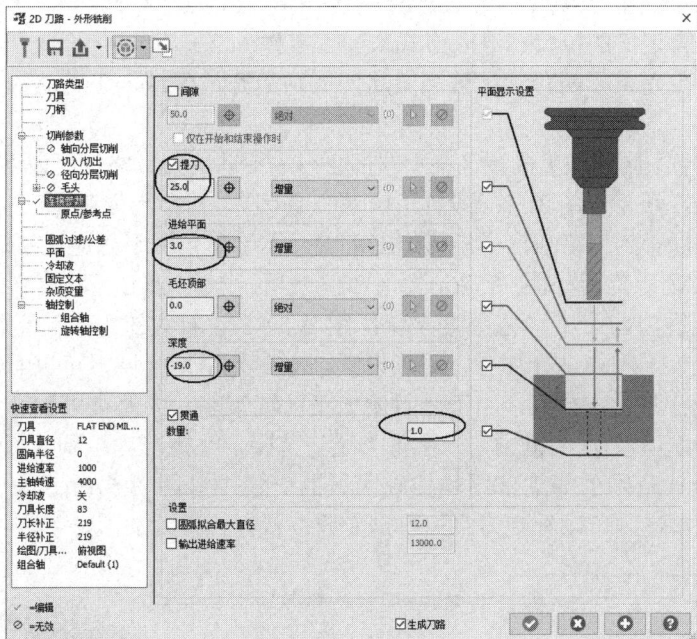

图 3.55　设置连接参数

3.2.3　知识链接：动态铣削参数

动态铣削利用刀具全刃长进行切削，可以快速加工封闭型腔、开放凸台或先前操作剩余的残料区域。所谓的动态是指创建一个从外部切入内部的平滑受控运动，它可以在刀具上保持恒定的切削负载以及最小的进刀和退刀。切换到【刀路】选项卡，在 2D 组中单击

【动态铣削】按钮，可进行动态铣削加工操作。

1. 动态铣削串连图形定义

在执行动态铣削命令时，系统会弹出如图 3.56 所示的
【串连选项】对话框。串连图形的方式有自动范围、加工
范围、避让范围、空切区域、控制区域和进入串连几种。
它们的含义如下。

- 【自动范围】选项组：系统自动判断并选定实体
  模型上需要加工的区域。使用自动范围时，系统
  会根据实体模型的几何特征自动区分开放区域、
  封闭区域和避让范围，从而生成相应的刀路。
- 【加工范围】选项组：选取待加工区域。
- 【避让范围】选项组：选取加工过程中应避让的
  区域。可以选择多个避让区域。
- 【空切区域】选项组：选取不含任何材料的区
  域，在加工时允许刀具通过。
- 【控制区域】选项组：选取控制刀具运动的区域。
- 【进入串连】选项组：通过选择串连图形，让刀
  具能以自定义的位置和进入方式来加工零件。

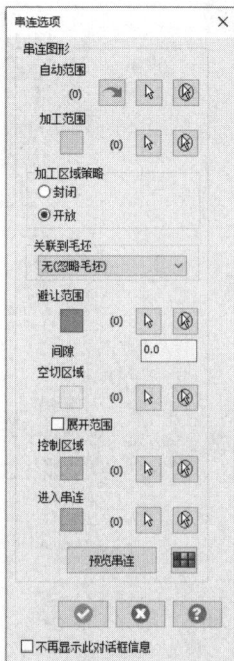

图 3.56 【串连选项】对话框

动态铣削命令提供了两种加工区域策略，一种是开放区域加工策略，另一种是封闭区
域加工策略。

区域选择策略不同和加工区域策略不同都会形成不同的刀具路径，最终会导致生成的零
件各异，如图 3.57 所示。图 3.57(a)设置矩形为加工范围，十字形为避让范围，采用了开放加
工区域策略，可以看到刀路溢出了矩形加工范围，十字形范围因为避让被保留；图 3.57(b)
设置加工范围、避让范围与图 3.57(a)相同，但采用了封闭加工区域策略，可以看到刀路
被限制在矩形范围内，十字形范围被保留；图 3.57(c)设置大矩形加工范围，因小矩形为
已经存在的通孔，不需要进行加工，所以设置小矩形为空切区域，可以看到刀路穿过空切
区域，不需要进行避让或抬刀，由于是封闭加工区域策略，刀路被限制在大矩形范围内；
图 3.57(d)设置大矩形为加工范围，十字形为避让范围，小矩形为控制区域，可以看到刀路
被限制在除去避让范围的加工范围和控制区域的交集中；图 3.57(e)设置十字形为加工范
围，直线为进入串连，可以看到刀路按自定义的位置方式进入加工。

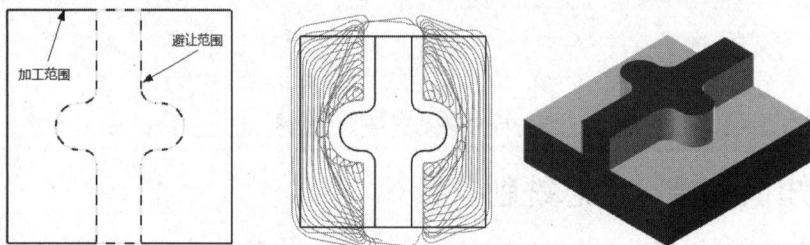

(a) 设置加工范围、避让范围和开放加工区域

图 3.57 区域选择策略不同和加工区域策略不同对加工路径的影响

(b) 设置加工范围、避让范围和封闭加工区域

(c) 设置加工范围、空切区域和封闭加工区域

(d) 设置加工范围、避让范围和控制区域

(e) 设置加工范围、进入串连和封闭加工区域

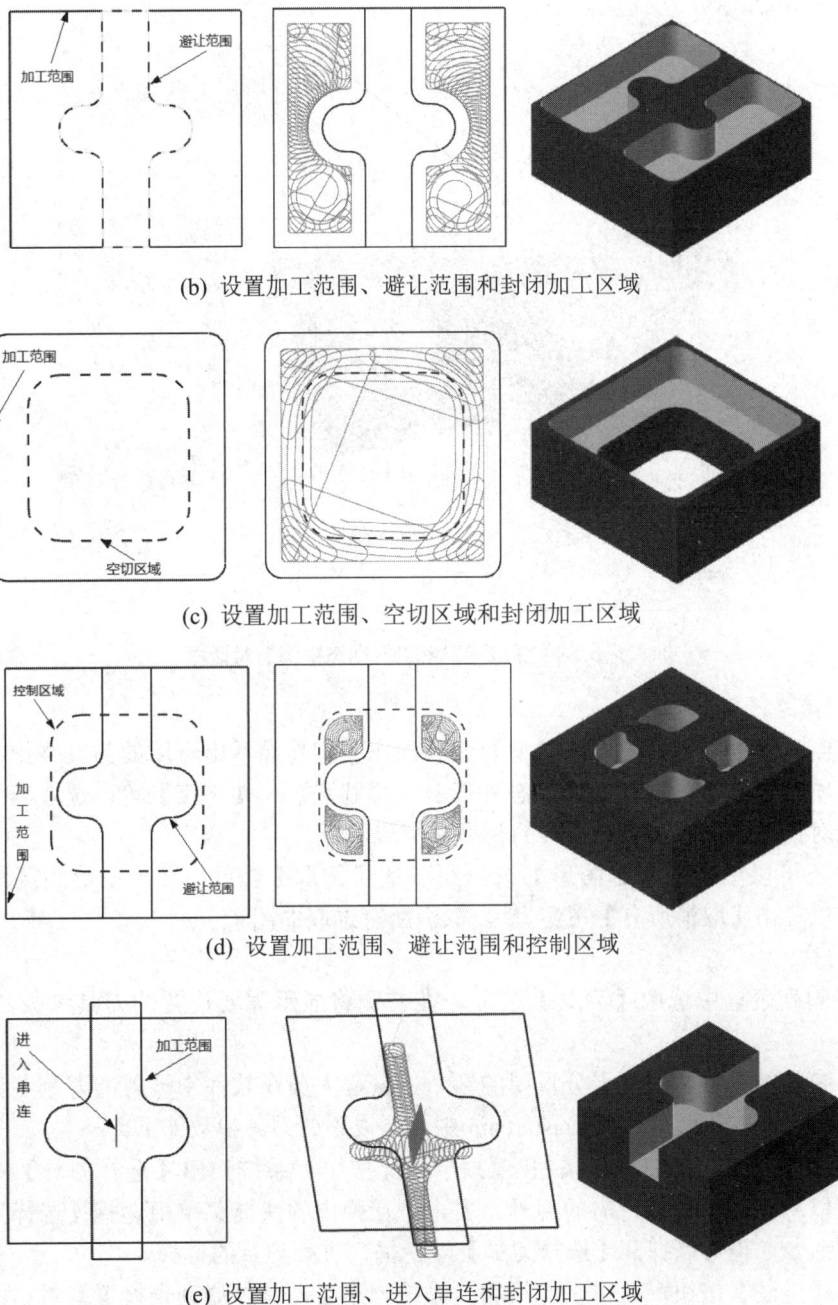

图 3.57　区域选择策略不同和加工区域策略不同对加工路径的影响(续)

2. 动态铣削路径参数

选择要加工的图形后，系统弹出如图 3.58 所示的【2D 高速刀路-动态铣削】对话框。在对话框左侧的列表框中选中某个选项后，在右侧区域会出现相应的参数。下面对这些参数逐一进行介绍。

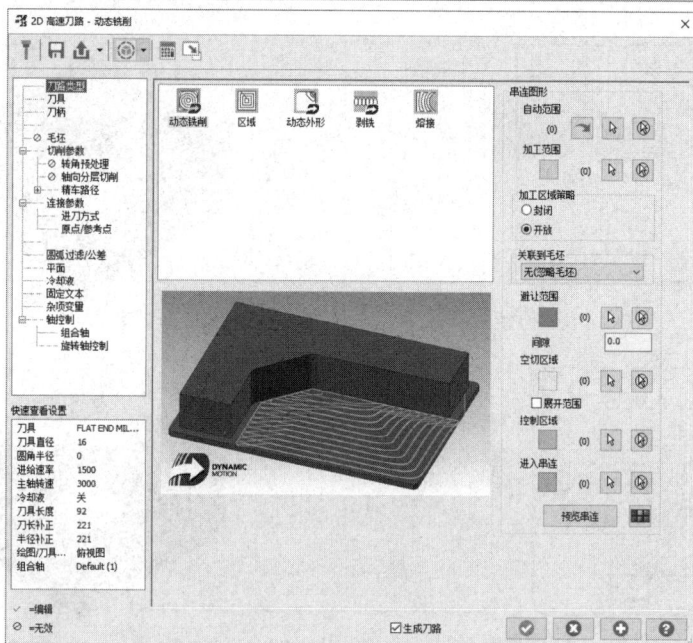

图 3.58　【2D 高速刀路-动态铣削】对话框

1) 刀具路径类型

在左侧列表框中选中【刀路类型】选项，在右侧将显示出可用的刀具路径类型选项，如【动态铣削】、【区域】、【动态外形】、【剥铣】、【熔接】等，选取其中一种刀具路径，在对话框的下方都会有相应的类型实例展示。

用户还可以单击【串连图形】选项组中的【选取】按钮，在绘图区增加串连图素，也可以单击【取消所有】按钮，取消所有选取的图素。

2) 刀具

在左侧列表框中选中【刀具】选项，在右侧将显示需要设置的刀具参数，如图 3.59所示。

刀具参数的设置是一个十分重要的环节，编程人员在软件中设置的刀具参数会通过后置处理自动生成 NC 程序。在 Mastercam 中需要设置的刀具参数如下。

- 【从刀库选择刀具】按钮：单击此按钮，系统弹出【选择刀具】对话框，可以从刀库中选择所需的刀具。右击，在弹出的快捷菜单中选择【选择刀库刀具】命令，也可以打开【选择刀具】对话框，进行刀具的选择。
- 【过滤】按钮：单击此按钮，系统弹出【刀具过滤列表设置】对话框，从中设置刀具过滤条件。
- 【启用刀具过滤】复选框：选中此复选框，系统将按照【刀具过滤列表设置】对话框中设置的刀具过滤条件，来提供可选择的刀具。
- 【刀具名称】文本框：显示所选取刀具的名称。
- 【刀具直径】文本框：显示刀具的直径值。
- 【圆角半径】文本框：设定刀具的刀角半径。平铣刀的刀角半径等于零，圆鼻刀的刀角半径小于刀具半径，球刀的刀角半径等于刀具半径。

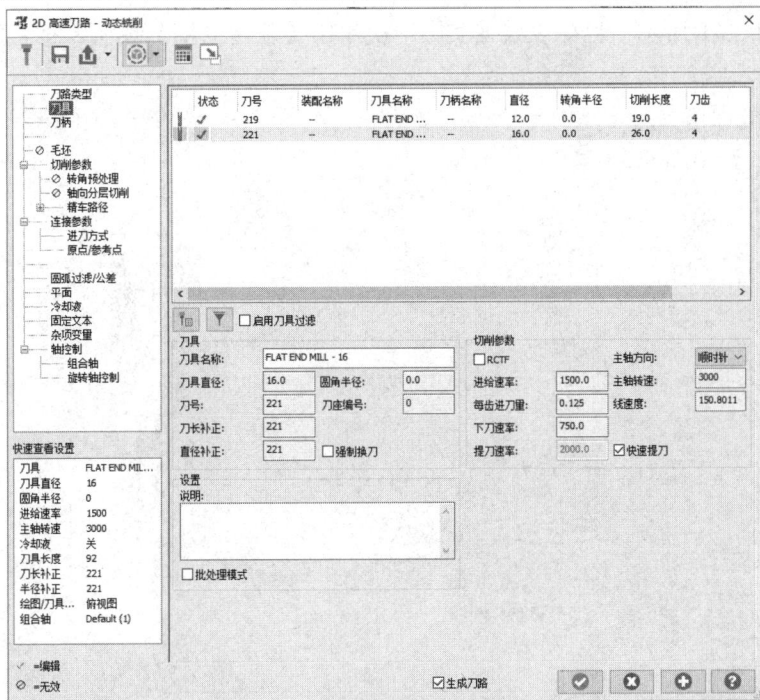

图 3.59　设置刀具参数

- 【刀号】文本框：设定在 NC 程序中所使用的刀具号码。
- 【刀座编号】文本框：指定目前使用的这把刀的主轴头编号，设置为-1 代表关闭、不使用。
- 【刀长补正】文本框：设定刀具长度的补正号码。预设号码等于刀具号码。
- 【直径补正】文本框：设定刀具直径的补正号码。预设号码等于刀具号码。
- 【强制换刀】复选框：选中此复选框，将启用强制换刀。
- 【主轴方向】下拉列表框：设置主轴为顺时针方向还是逆时针方向转动。
- 【进给速率】文本框：设定刀具在切削时的移动速度。
- 【主轴转速】文本框：设定刀具主轴的旋转速度。
- 【每齿进刀量】文本框：设置刀具旋转一个齿间角时在进给方向上去除材料的量。
- 【线速度】文本框：设置刀尖相对于工件表面的切削速度。
- 【下刀速率】文本框：又称为 Z 轴进给率，用来控制刀具向下切入工件时的进给速度。
- 【提刀速率】文本框：用来控制刀具从工件中抬起的速度，刀具在抬起的过程中并不进行加工。
- 【快速提刀】复选框：选中此复选框，加工完毕后系统将以机床的最快速度回刀。
- 【批处理模式】复选框：选中此复选框，系统则对 NC 文件进行批处理。

3) 刀柄

在左侧列表框中选中【刀柄】选项，在右侧将显示刀柄参数设置，如图 3.60 所示。用户可以通过单击【打开数据库】按钮，在弹出的【打开】对话框中选择常用夹头，如 BT40

系列等，如图 3.61 所示；也可以根据实际情况单击【新建刀柄】按钮，将新建的参数保存
到数据库中。

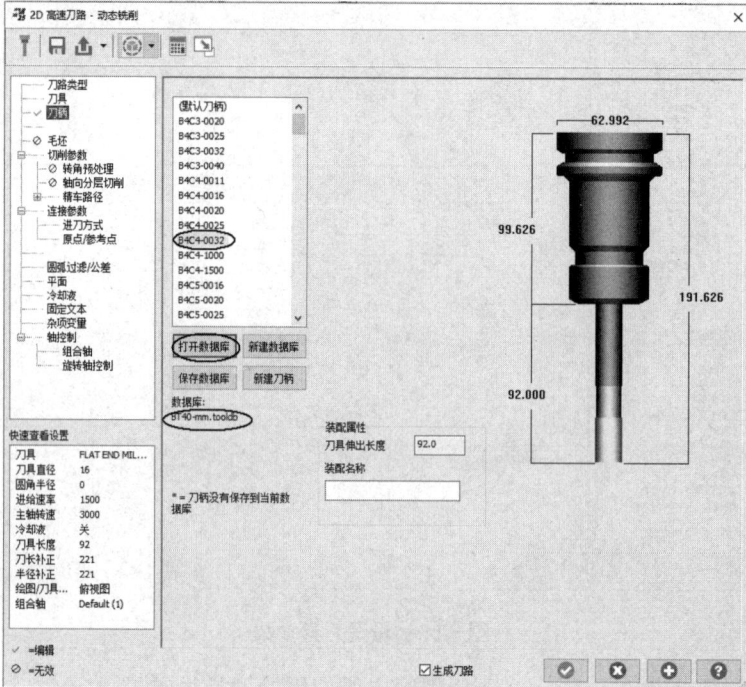

图 3.60　设置刀柄参数

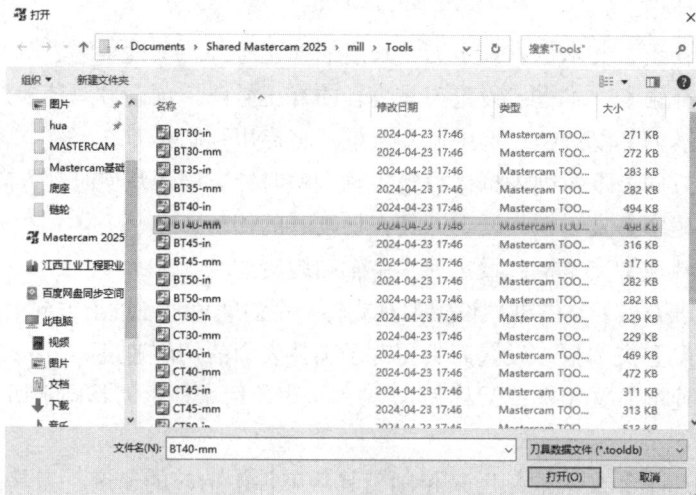

图 3.61　选择常用夹头

4) 毛坯

毛坯是指被加工过的工件剩余的实际尺寸和形状，这种毛坯设置方式可以减少空刀路
径，提高加工效率。在左侧列表框中选中【毛坯】选项，在右侧将显示剩余毛坯参数设
置，如图 3.62 所示。

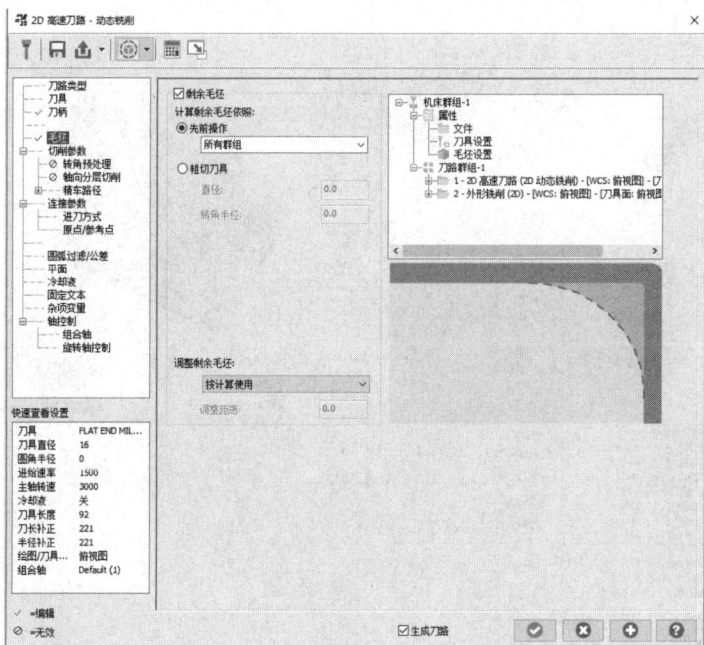

图 3.62　【毛坯】选项设置界面

(1) 【计算剩余毛坯依照】选项组：用于设置计算粗加工中需清除材料的方式。

● 【先前操作】单选按钮：将前面各加工模组不能切削的区域作为粗加工切削的区域。

● 【粗切刀具】单选按钮：根据刀具直径和刀角半径来计算粗加工需切削的区域。

(2) 【调整剩余毛坯】选项组：用于放大或缩小定义的粗加工区域。

● 【按计算使用】选项：不改变定义的材料粗加工范围。

● 【忽略小块残料】选项：允许残余小的尖角材料通过后面的精加工来清除，相应减少剩余材料的范围，这种方式可以提高加工速度。

● 【铣削小块残料】选项：在区域粗加工中清除小的尖角材料，相应地也就增加了剩余材料的范围。

5) 切削参数

在左侧列表框中选择【切削参数】选项，在右侧将显示需要设置的切削参数，如图 3.63 所示。

(1) 切削方式

【切削方式】下拉列表框用来指定动态铣削采用何种铣削方法，包括【逆铣】和【顺铣】两个选项，如图 3.64 所示。在数控加工中通常选择顺铣，这不仅有利于延长刀具的使用寿命，还可获得较好的表面加工质量。

● 【逆铣】选项：刀具旋转方向与工件进给方向相反，如图 3.64(a)所示。

● 【顺铣】选项：刀具旋转方向与工件进给方向一致，如图 3.64(b)所示。

(2) 刀尖补正。

【刀尖补正】下拉列表框用于设置刀具顶点偏移的位置，可以设置为【中心】或者【刀尖】。

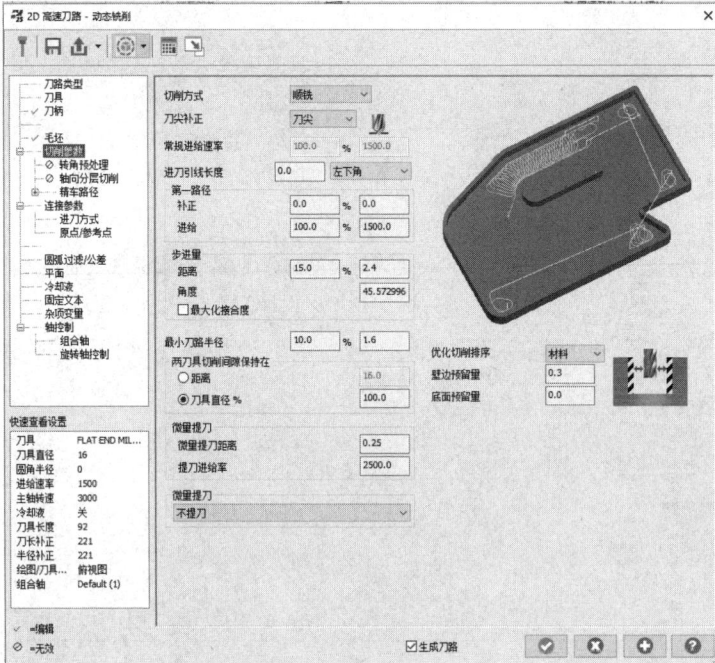

图 3.63　切削参数设置

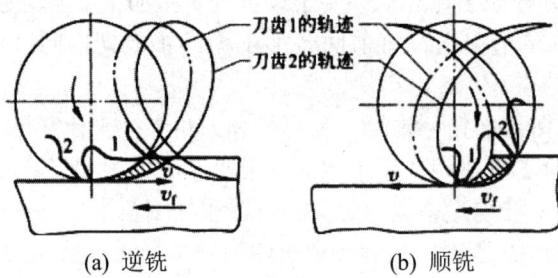

(a) 逆铣　　　　　　　　　(b) 顺铣

图 3.64　逆铣与顺铣

图 3.65 所示为 3 种常见的刀具中心和刀尖的定义,即平铣刀、球刀和圆鼻刀。

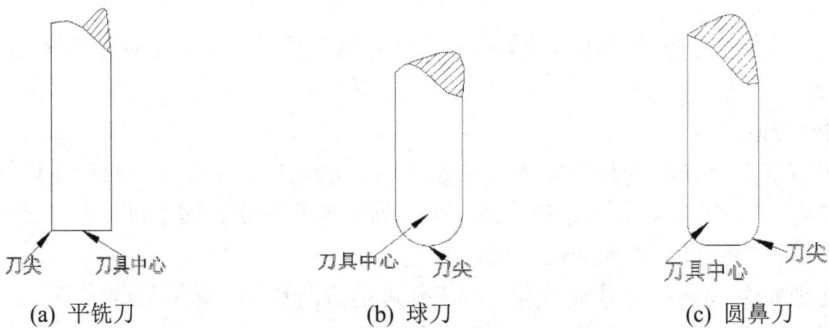

(a) 平铣刀　　　　　　(b) 球刀　　　　　　(c) 圆鼻刀

图 3.65　常见刀具中心和刀尖的定义

(3) 常规进给速率。

【常规进给速率】文本框用于设置刀具在正常加工时的速度,其数值与刀具设置参数一致。

(4) 进刀引线长度。

【进刀引线长度】文本框：用于设置刀路首次切削前增加的距离，让刀具的下刀位置更加安全。

(5) 第一路径。

● 【补正】文本框：设置第一刀补正值，以减少不规则毛坯对刀具的影响。

● 【进给】文本框：设置第一刀进给与切削加工进给的百分比值。实际上是减小进给速度，让第一刀切入更加安全。

(6) 步进量。

● 【距离】文本框：设置 X 轴和 Y 轴上每次切削过程之间的距离。

● 【角度】文本框：设置每次切削过程之间的角度，它会随着步进量的变化而进行调整。

(7) 最小刀路半径。

【最小刀路半径】文本框：用于设置刀路之间连接的最小半径值，Mastercam 将此半径与【微量提刀距离】和【提刀进给率】文本框结合使用，来计算切削路径之间的三维圆弧运动。

(8) 两刀具切削间隙保持在。

● 【距离】文本框：用于设置两刀切削间距不超过的距离值。

● 【刀具直径%】文本框：用于设置两刀切削间距不超过刀具直径的百分数。

(9) 微量提刀。

微量提刀是刀具在完成切削后退出切削范围，并移动到下一个切削区域之间的刀路，可以设置一个微量提刀高度，这样刀具会在加工表面进行微小的提刀，既方便排屑，又可以释放刀具底部的热量。

● 【微量提刀距离】下拉列表框：设置微量提刀的高度。

● 【提刀进给率】文本框：用于设置微量提刀的移动速度。

(10) 优化切削排序。

【优化切削排序】下拉列表框用来指定铣削加工时的优先选项排序，它包括三个选项：【无】、【材料】、【空切】。为了提高加工效率，通常会优先选择【材料】选项。

(11) 壁边预留量。

【壁边预留量】文本框：用于设置在垂直的模型上留下的毛坯余料。

(12) 底面预留量。

【底面预留量】文本框：用于设置在水平的模型上留下的毛坯余料。

6) 转角预处理

在左侧列表框中选择【转角预处理】选项，在右侧将显示需要设置的切削参数，如图 3.66 所示。用于优化刀具在拐角处的切削参数，避免刀具因切削量的突变导致刀具负载不均而产生振动或过切等问题。

【转角】选项组包括以下参数。

● 【包括转角】：加工所有选定的几何体，包括角。

● 【仅转角】：仅加工选定几何体的角。

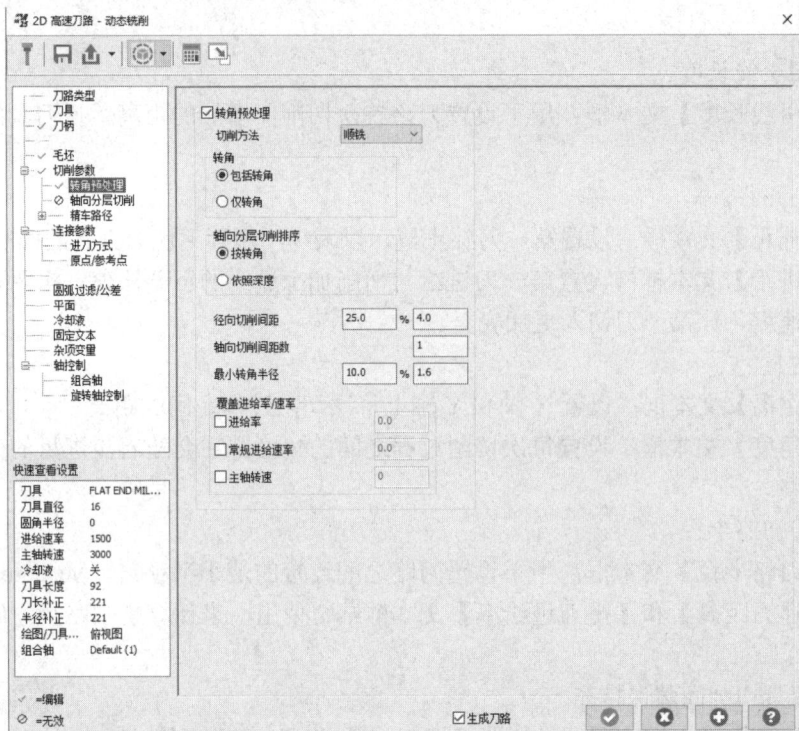

图 3.66　转角预处理参数设置

【轴向分层切削排序】选项组包括以下参数。

- 【按转角】：在移动到下一个拐角之前，在拐角处执行所有深度切削。
- 【依照深度】：先在一个深度上切削所有的轮廓或区域后，再进行下一深度的切削。

7) 轴向分层切削

在 2D 加工过程中，刀具沿轴向方向没有进给运动，只有当某一层加工完毕后，刀具才在轴向方向做进给运动，然后进行下一层的加工，直到规定的轴向方向深度为止。每一层的轴向方向切削深度由【轴向分层切削】参数来控制。

在左侧列表框中选中【轴向分层切削】选项，在右侧将显示需要设置的轴向分层切削参数，如图 3.67 所示。各分层切削参数的含义如下。

- 【最大粗切步进量】文本框：用于确定粗加工时轴向每层切削的最大深度。
- 【精修次数】文本框：确定精加工的次数。
- 【步进】文本框：用于确定精加工时轴向每层最大切削深度。
- 【改写进给速率】选项组：设置精修所使用的进给速率和主轴转速。
- 【使用岛屿深度】复选框：当选中该复选框进行挖槽时，【重叠量】、【岛屿上方预留量】文本框也会被激活；【重叠量】文本框中是刀具直径的百分比，它是指刀具超出岛屿边界的数值。【岛屿上方预留量】文本框中是预留量数值，这个数值表示工件表面与岛屿表面的相对距离，如图 3.68 所示。
- 【使用子程序】复选框：选中此复选框，每层切削调用子程序来完成，以减少程序输出段。子程序编程形式有两种，一种是采用绝对坐标编程，另一种是采用相对坐标编程。

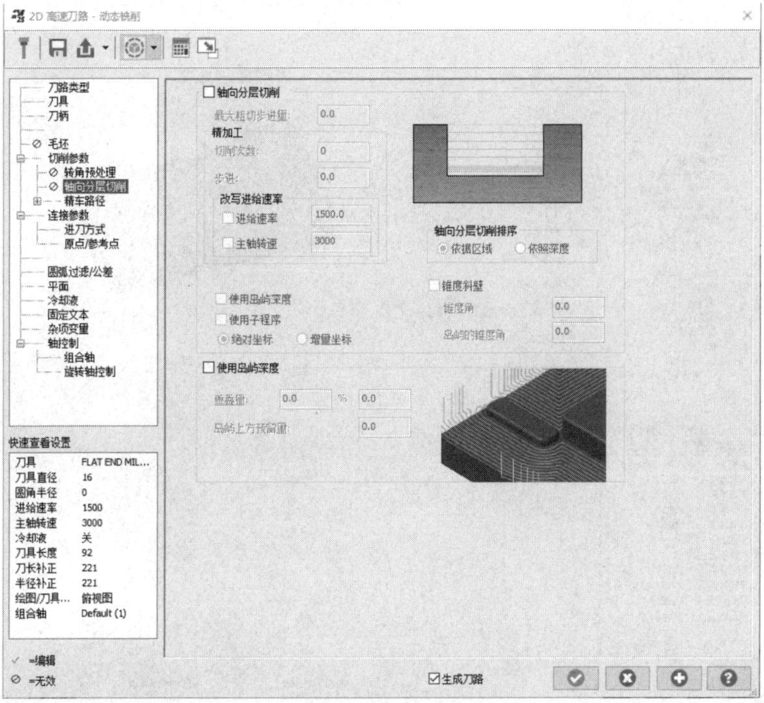

图 3.67　轴向分层切削参数设置

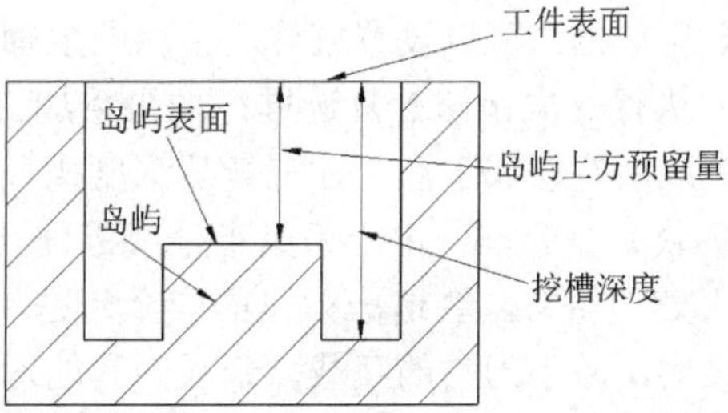

图 3.68　选中【使用岛屿深度】复选框时的挖槽示意

- 【轴向分层切削排序】选项组：选中【依据区域】单选按钮，将先在一个外形边界切削到设定的切削深度后，再进行下一个外形边界切削；选中【依照深度】单选按钮，将先在一个深度上切削所有的外形边界后，再进行下一深度的切削。
- 【锥度斜壁】复选框：从工件的表面按输入的锥度角度值切削到最后的深度，通常用于切削模具中的拔模角。对于含有岛屿的图素，可以单独按【岛屿的锥度角】文本框中设置的岛屿锥度角值进行切削。

8) 精车路径

在左侧列表框中选择【精车路径】选项，在右侧将显示需要设置的精修参数，如图 3.69 所示。该界面主要设置侧壁的精修参数。

- 【精修次数】文本框：设置精加工次数。
- 【间距】文本框：用于设置每次精修的切削间距。
- 【弹簧走刀】文本框：用于设置在精加工完成后再进行精修的次数。
- 【改写进给速率】复选框：可以设置精修所使用的进给速率。

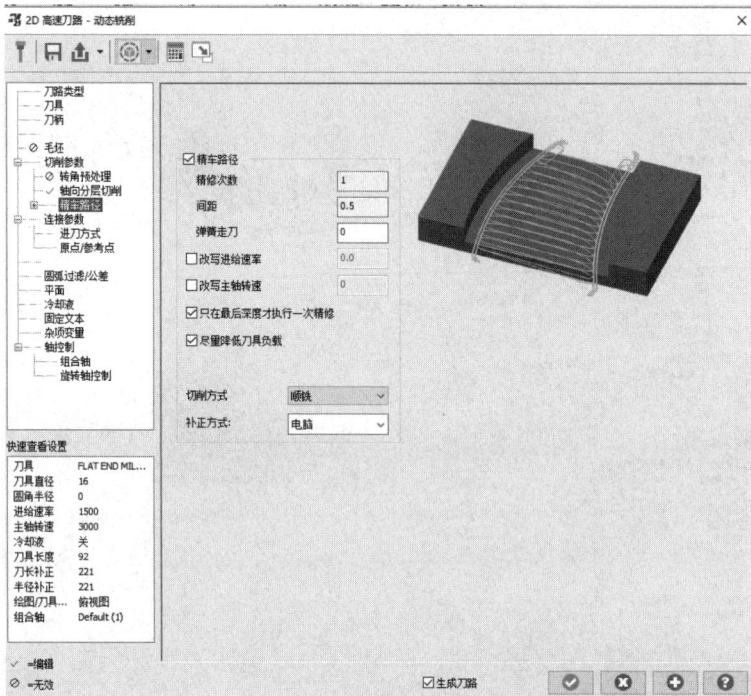

图 3.69　精车路径参数设置

- 【改写主轴转速】复选框：可以设置精修所使用的主轴转速。
- 【只在最后深度才执行一次精修】复选框：如果粗加工采用深度分层铣削时，选中此复选框，则完成所有粗加工后，才在最后深度执行仅有的一次精修。
- 【尽量降低刀具负载】复选框：由于刀具半径或零件几何形状的限制，刀具可能无法完全清理角落处的材料，会造成刀具的安全问题，选中此复选框，可以避免刀具与材料过度接触，减小刀具的负载，延长刀具的寿命。
- 【补正方式】下拉列表框包括【电脑】、【控制器】、【磨损】、【反向磨损】和【关】5 种选项。
  - 选择【电脑】选项，刀具中心向指定方向移动的距离等于加工刀具半径。电脑自动计算出补正后的刀具路径，在程序中不会产生指令 G41 和指令 G42。
  - 选择【控制器】选项，在屏幕上显示的刀具路径中刀具中心并不发生偏移，但在 NC 程序中产生一个刀具补正指令 G41(左补正)或者 G42(右补正)，并指定一个补正暂存器存储补正值。补正值可以是实际刀具直径(未设置电脑刀具补正)或者是指定刀具直径和实际刀具路径之间的差值(实际加工刀具与设置的刀具不同或加工刀具有磨损)。当选用控制器补正时，一定要选中【优化刀具补正控制】复选框。
  - 选择【磨损】选项，将同时使用电脑补正和控制器补正功能。先由电脑补正计算出刀具路径，再由控制器补正加上 G41 或 G42 补正码，这时数控机床控制器中输入的补正量不是刀具半径，而是刀具的磨损量。
  - 选择【反向磨损】选项，将同时具有电脑补正和控制器补正功能，但控制器补正的方向与设置的方向相反。

◆ 选择【关】选项，刀具路径不做补正运算，刀具中心沿串连图素产生刀具路径，这时刀具补正方向设置无效。

9）连接参数

在左侧列表框中选择【连接参数】选项，在右侧将显示需要设置的连接参数，如图 3.70 所示。连接参数的含义如下。

● 【间隙】：是指数控加工中基于换刀和装夹工件设定的一个高度，通常一个工件加工完毕后刀具停留在安全高度，有三种方法来定义安全高度：【绝对】、【增量】、【关联】。在绝对坐标下，此高度值是用一个坐标系中的 Z 向值表示的；在增量坐标下，此高度值是指相对于工件表面的高度；在关联方式下，此高度值是指相对于所选间隙点的高度。当选中【仅在开始和结束操作时】复选框时，仅在加工操作的开始和结束时移到安全高度；当取消选中该复选框时，每次刀具的回缩均移到安全高度。

● 【提刀】：是指刀具在轴向加工完一个路径后，快速提刀所至的一个高度，以便加工下一个轴向路径。通常参考高度低于安全高度，而高于进给下刀位置的高度。

● 【进给平面】：是指设定刀具开始以轴向进给率下刀的位置高度。在数控加工中，为了节省时间，通常刀具快速下降至进给下刀位置的高度，再以进给速度(慢速)趋近工件。

● 【毛坯顶部】：是指设定要加工表面在轴向的位置高度。

● 【深度】：是指设定刀具路径最后要加工的深度。

● 【数量】：是指刀具超出工件底面距离参数。对于通槽，将刀具超出工件底面一定距离能彻底清除工件在深度方向的材料，避免了残料的存在。

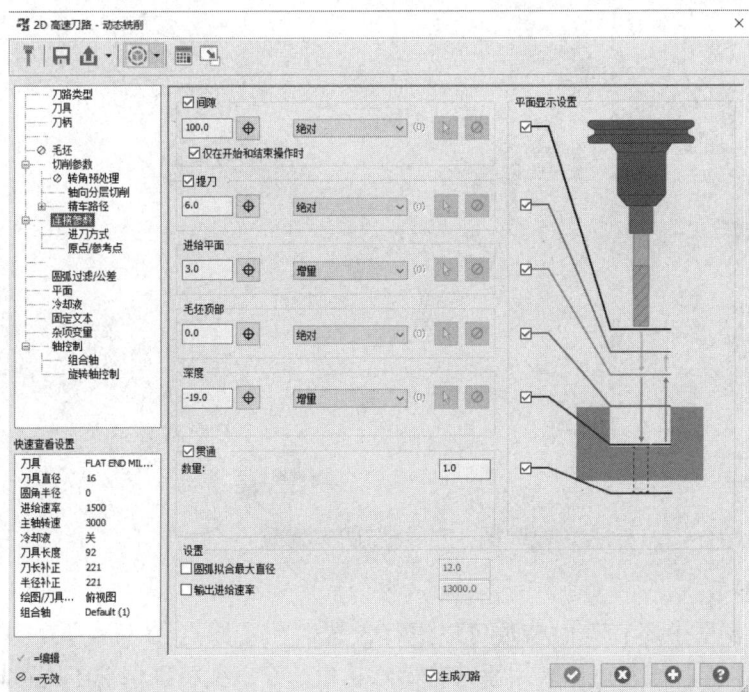

图 3.70 连接参数设置

10) 进刀方式

在左侧列表框中选择【进刀方式】选项，在右侧将显示需要设置的进刀方式，如图 3.71 所示。在加工中可以采用的进刀方式有 7 种，分别是【单一螺旋】、【沿着完整内侧螺旋】、【沿着轮廓内侧螺旋】、【轮廓】、【内侧】、【定义进入串连】、【垂直进刀】。下面就以【单一螺旋】为例来介绍各参数的含义。

- 【螺旋半径】文本框：指定下刀螺旋线的半径。
- 【以点为中心】复选框：选中该复选框时，以串连的起点为螺旋刀具路径圆心点。
- 【Z 间隙】文本框：用于设置开始螺旋式进刀的高度，即设置螺旋进刀时距工件表面的高度。
- 【进刀角度】文本框：指定螺旋式下刀刀具的下刀角度。进刀角度决定进刀刀具路径的长度，角度越小，进刀刀具路径就越长。
- 【斜插进刀】文本框：指定螺旋式下刀刀具的下刀螺距。
- 【跳过挖槽区域】选项组：可以选中【全部】或【小于】单选按钮。【全部】单选按钮用于设置动态铣削时不进行挖槽，【小于】单选按钮用于设置当挖槽区域小于刀具直径的百分之多少时，不要进行挖槽。

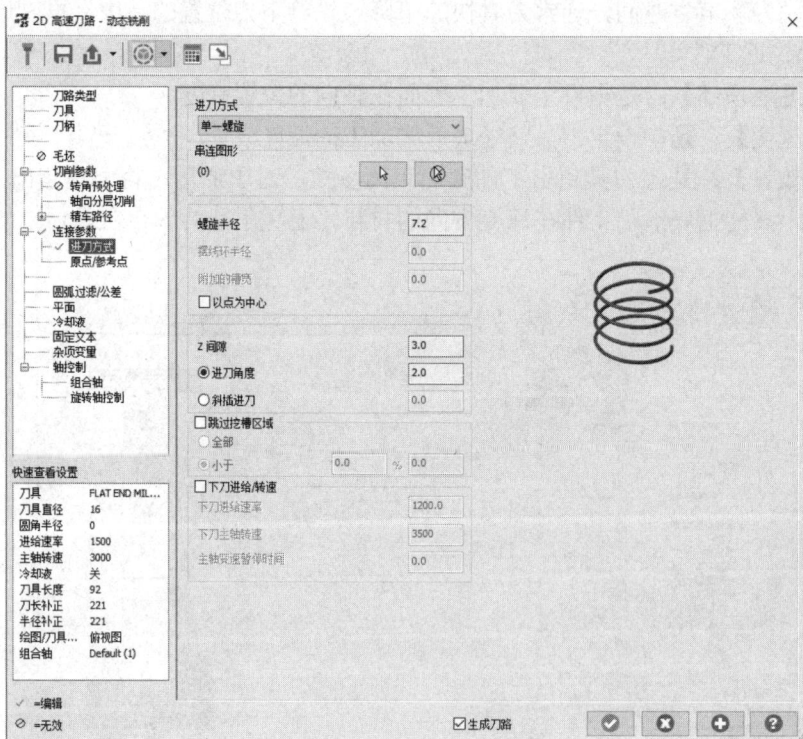

图 3.71　进刀方式选择

11) 其他参数

在左侧列表框中还有其他参数可以进行设置，如【原点/参考点】、【圆弧过滤/公差】、【平面】等，通常可以采用系统初始默认值，在一些特殊情况下，可以根据数控设备、加工要求等因素来进行设置。

任务 3.3　加 工 印 章

3.3.1　任务描述

本次任务要求加工图 3.72 所示的印章，其中，图 3.72(a)是 85mm×55mm×10mm 的长方体毛坯材料，材质为紫铜，铣深为 0.7mm，该图形主要由文字和椭圆组成，在任务的实施过程中，不仅要对零件进行数控加工工艺分析，还要能够利用 Mastercam 软件完成外形铣削及文字雕刻，加工出如图 3.72(b)所示的零件，加工的零件图如图 3.72(c)所示，图形文字的具体参数如表 3.3 所示。通过本次任务的学习，培养学生达到以下主要目标。

(a) 毛坯材料

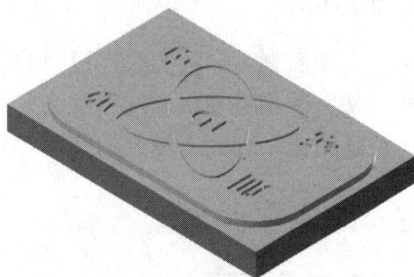

(b) 加工的零件

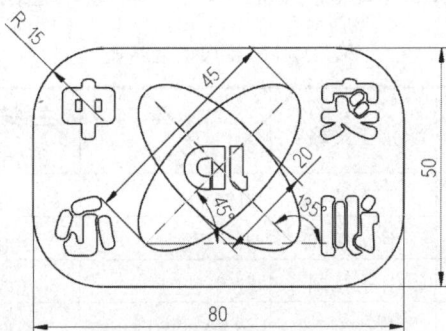

(c) 加工的零件图

图 3.72　印章加工图形

表 3.3　文字参数设置

字　体	文　字	字高/mm	方　向	定　位
华文彩云	JD	7	水平	(−4.5, −3.5)
华文彩云	实	10	水平	(−35, 8)
华文彩云	训	10	水平	(−35, −16.5)
华文彩云	中	10	水平	(22, 8)
华文彩云	心	10	水平	(22, −16.5)

1. 知识目标

- 熟悉 Mastercam 软件数控编程的一般步骤。
- 进一步了解外形铣削、雕刻等加工策略中各参数的含义。
- 进一步掌握如何通过实体仿真操作对刀具路径进行验证。

2. 能力目标

- 能够设置长方体零件毛坯，并选择合适的加工刀具。
- 能够初步学会分析加工对象、划分加工区域和规划加工路线。
- 能够初步使用面铣、动态铣削、外形铣削加工策略完成零件自动编程加工。
- 能够利用实体仿真操作对刀具路径进行验证。

3. 素质目标

- 文字雕刻是一种实践性很强的艺术，有助于提高人们的实践操作技能。
- 文字雕刻需要极高的专注力和耐心，因为每一个细节都需要精心雕琢，不能有丝毫马虎，有助于使人们在面对其他事情时也能保持冷静和耐心。

3.3.2 印章零件加工

1. 制定加工工序表

印章零件加工的工步、加工策略、刀具名称、主轴转速、进给速率和余量如表 3.4 所示。

表 3.4　印章加工工序表

序　号	工步内容	加工策略	刀具名称	主轴转速 (r/min)	进给速率 (mm/min)	余量
1	加工上表面	面铣	ϕ12 平铣刀	2000	1000	0
2	加工圆角矩形	外形铣削	ϕ12 平铣刀	2000	1000	0
3	加工椭圆槽	外形铣削	ϕ2 平铣刀	6000	500	0
4	雕刻文字	雕刻	ϕ6 雕刻铣刀	6000	500	0

2. 设置绘图平面和刀具平面

设置绘图平面和刀具平面均为俯视图。

3. 绘制矩形

在绘图区绘制如图 3.72(c)所示的图形，再绘制一个以原点为中心 85mm×55mm 的矩形，如图 3.73 所示。(注意要将文字图表放置在 1#图层上，将两个椭圆和两个矩形外框放置在 2#图层上)

4. 选择机床

切换到【机床】选项卡，单击【铣床】按钮，在弹出的下拉菜单中选择【默认】命令。

绘制矩形

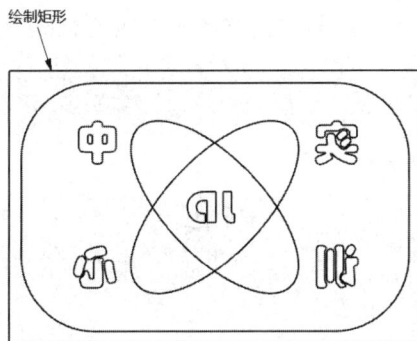

图 3.73　绘制 85mm×55mm 的矩形

5. 设置工件毛坯材料

(1) 在操作管理器的【刀路】选项卡中展开【属性】\
【毛坯设置】选项。

(2) 系统弹出【机床群组设置】对话框，在【毛坯设置】选项设置界面中，单击【创建立方体毛坯】按钮 ，在绘图区窗选所有图形(或按 Ctrl+A 组合键)，单击【结束选择】按钮 。在【毛坯设置】选项设置界面中设置参数，如图 3.74 所示，单击【确定】按钮 。(注：将毛坯平面提高 0.2mm，是为面铣留下加工量)

图 3.74　设置长方体毛坯参数

6. 加工长方体上表面

(1) 切换到【刀路】选项卡，在 2D 组中单击【面铣】按钮。

(2) 系统弹出【线框串连】对话框，在绘图区选择 85mm×55mm 的矩形，单击【确定】按钮 ，结束加工范围的选取。

(3) 系统弹出【2D 刀路-平面铣削】对话框，在左侧列表框中选择【刀具】选项，在刀库中选择ϕ12 平铣刀，设置刀具参数，如图 3.75 所示，设置【进给速率】为 1000，【主轴转速】为 2000，【下刀速率】为 500。

(4) 在左侧列表框中选择【切削参数】选项，在对话框右侧设置切削参数，如图 3.76 所示。

(5) 在左侧列表框中选择【连接参数】选项，在对话框右侧设置连接参数，如图 3.77 所示，单击【确定】按钮 ，完成平面铣削所有参数的设置。

(6) 在左侧列表框中选择【冷却液】选项，设置 Flood 为 On，打开冷却液。单击【确定】按钮 ，结束外形铣削参数的设置。

7. 用外形铣削加工矩形外框

(1) 在【刀路】选项卡中单击【外形】按钮，系统弹出【线框串连】对话框，提示选取外形串连。串连选择如图 3.78 所示的圆角矩形，串连方向为顺时针，单击【执行】按

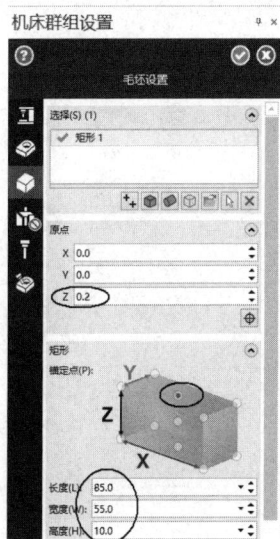

钮，系统弹出【2D 刀路-外形铣削】对话框，在左侧列表框中选择【刀具】选项，在对话框右侧将显示刀具参数。

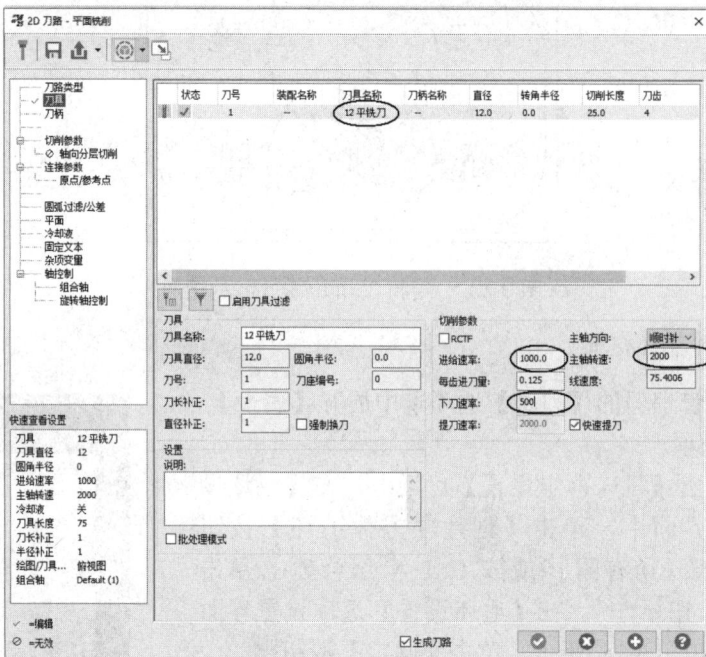

图 3.75　设置刀具参数

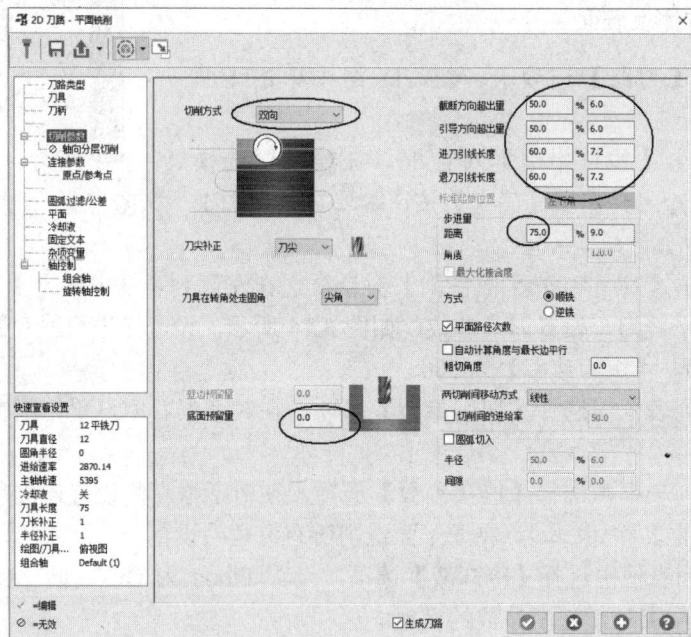

图 3.76　设置切削参数

　　(2) 选择 ϕ12 平铣刀，维持原有参数不变，设置【进给速率】为 1000，【主轴转速】为 2000，【下刀速率】为 500。

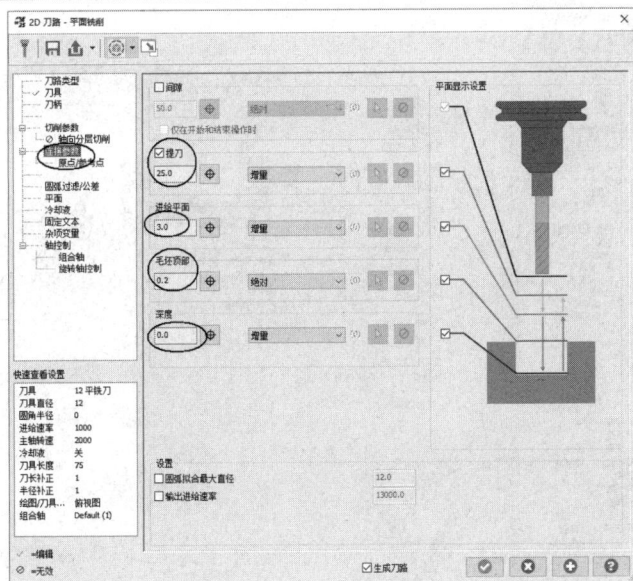

图 3.77　设置连接参数

(3) 在左侧列表框中选择【切削参数】选项，在对话框右侧设置切削参数，如图 3.79 所示。

(4) 在左侧列表框中选择【轴向分层切削】选项，在对话框右侧设置轴向分层切削参数，如图 3.80 所示。

(5) 在左侧列表框中选择【切入/切出】选项，在对话框右侧设置切入切出参数，如图 3.81 所示。

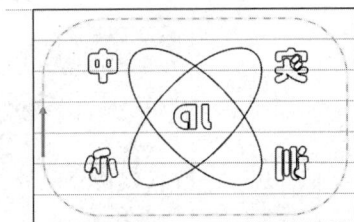

图 3.78　选取串连图素

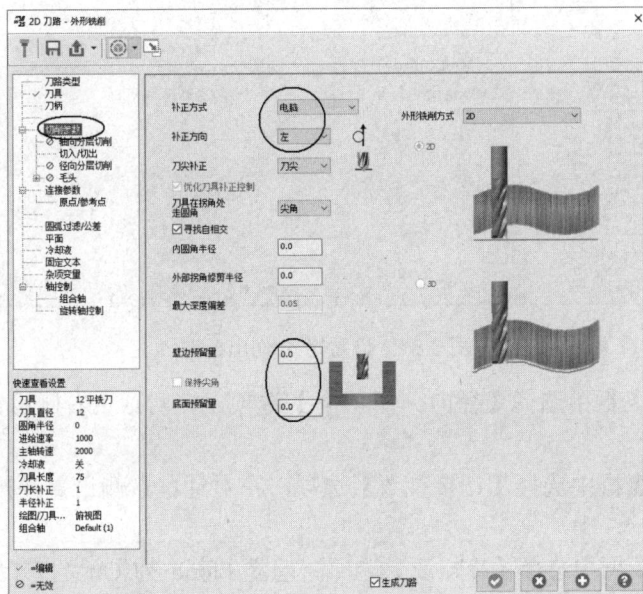

图 3.79　设置切削参数

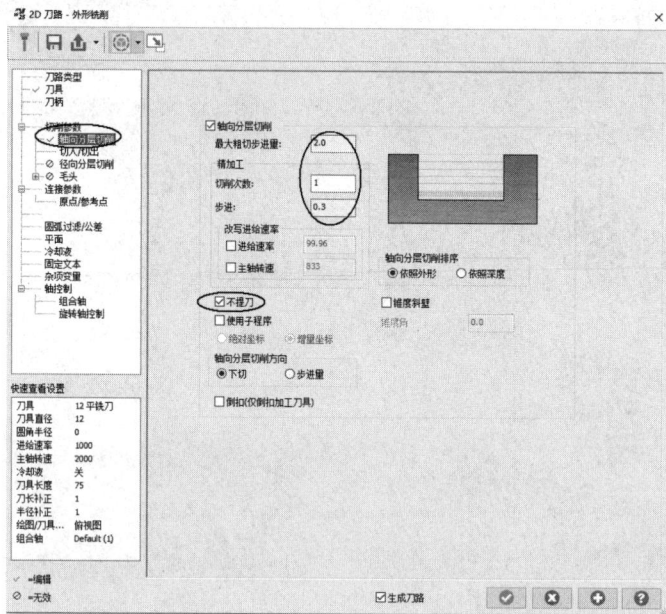

图 3.80　设置轴向分层切削参数

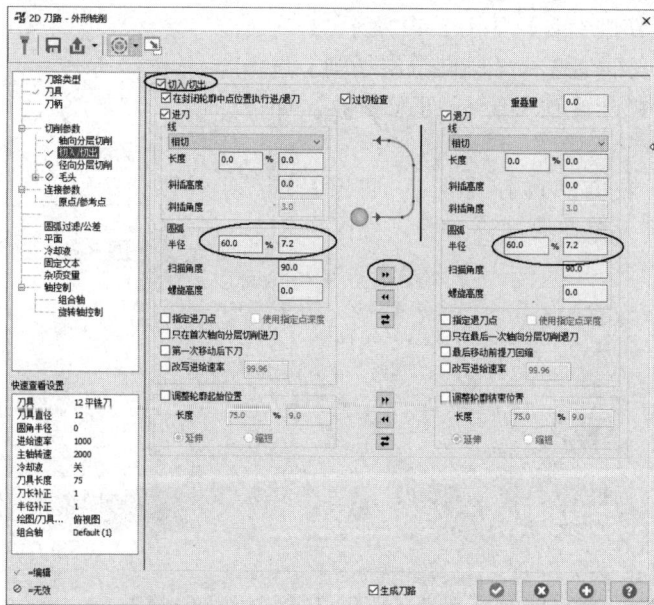

图 3.81　设置切入/切出参数

(6) 在左侧列表框中选择【径向分层切削】选项，在对话框右侧设置径向分层切削参数，如图 3.82 所示。

(7) 在左侧列表框中选择【连接参数】选项，在对话框右侧设置连接参数，如图 3.83 所示。

(8) 在左侧列表框中选择【冷却液】选项，设置 Flood 为 On，打开冷却液。单击【确定】按钮 ，结束外形铣削参数的设置。

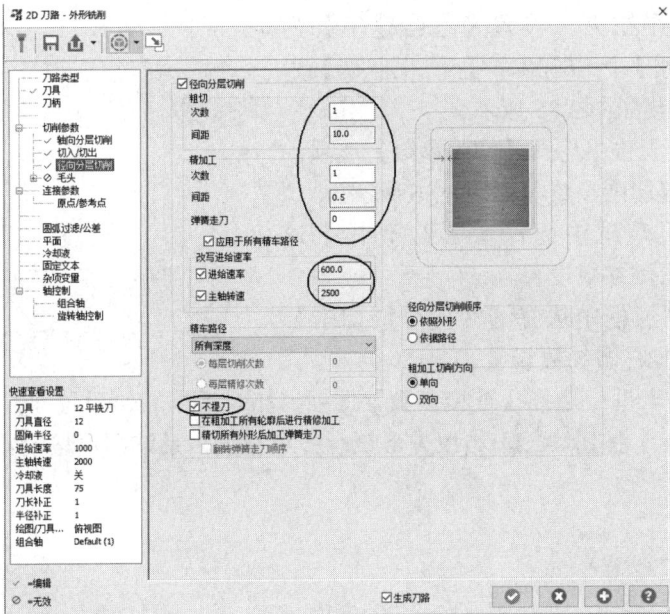

图 3.82　设置径向分层切削参数

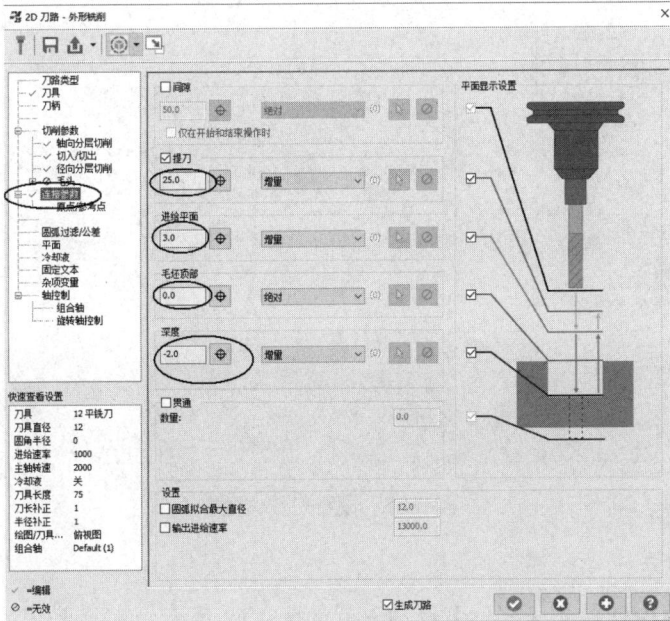

图 3.83　设置连接参数

8. 用外形铣削加工椭圆槽

(1) 切换到【刀路】选项卡，单击【外形】按钮，系统弹出【线框串连】对话框，提示选取外形串连，串连选择如图 3.84 所示的两个椭圆，串连方向为顺时针，单击【确定】按钮 ✓ ，系统弹出【2D 刀路-外形铣削】对话框，在左侧列表框中选择【刀具】选项，在对话框右侧将显示刀具参数。

（2）选择 $\phi2$ 平铣刀，设置【进给速率】为 500，【主轴转速】为 6000，【下刀速率】为 300。刀具参数设置如图 3.85 所示。

（3）在左侧列表框中选择【切削参数】选项，在对话框右侧设置切削参数，如图 3.86 所示。

（4）在左侧列表框中选择【切入/切出】选项，取消对话框右侧参数设置。

（5）在左侧列表框中选择【径向分层切削】选项，取消对话框右侧参数设置。

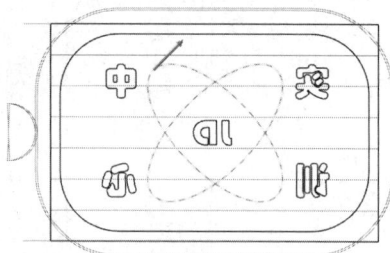

图 3.84　选取串连图素

（6）在左侧列表框中选择【连接参数】选项，在对话框右侧设置连接参数，如图 3.87 所示。单击【确定】按钮 ✓，结束外形铣削参数设置，系统即可按设置的参数生成外形铣削刀具路径。

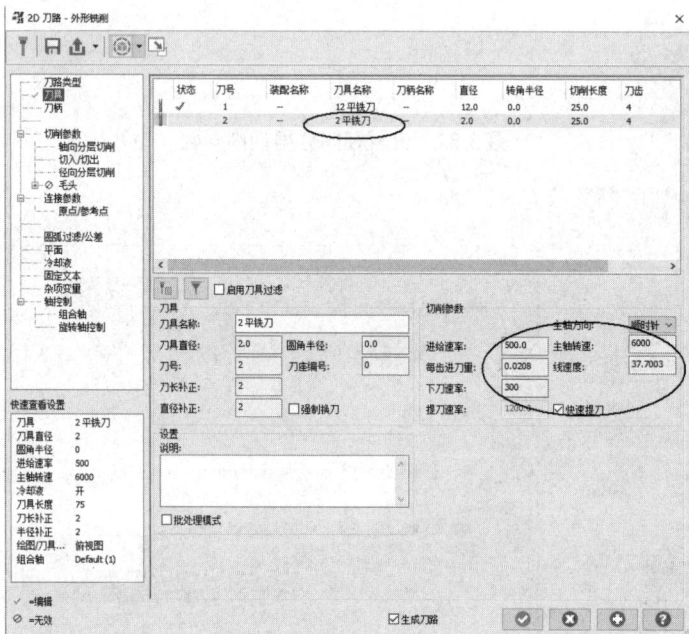

图 3.85　设置刀具参数

9. 关闭 2#图层

在操作管理器中切换到【层别】选项卡，如图 3.88 所示，在 2 号层的【高亮】栏中单击，使 X 不可见，此时绘图区的图形如图 3.89 所示。

💡 **注意：** 如果开始绘制图形时没有设置好图层，可以在【主页】选项卡的【属性】组中单击【设置全部】按钮▦，选择需要改变图层的图素，在【属性】对话框中选中【层别】复选框，在文本框中输入要改变的层号即可。

10. 采用雕刻加工对文字进行铣削

（1）在【机床】选项卡中单击【默认】按钮。

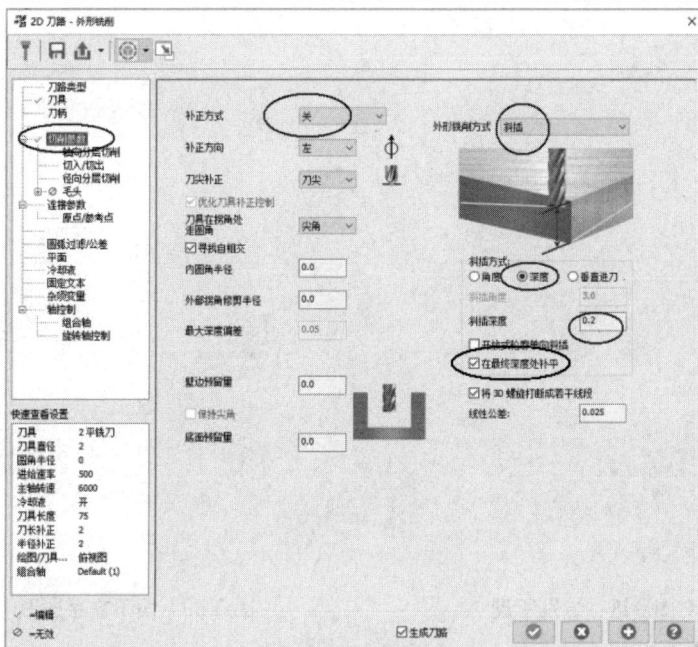

图 3.86　设置切削参数

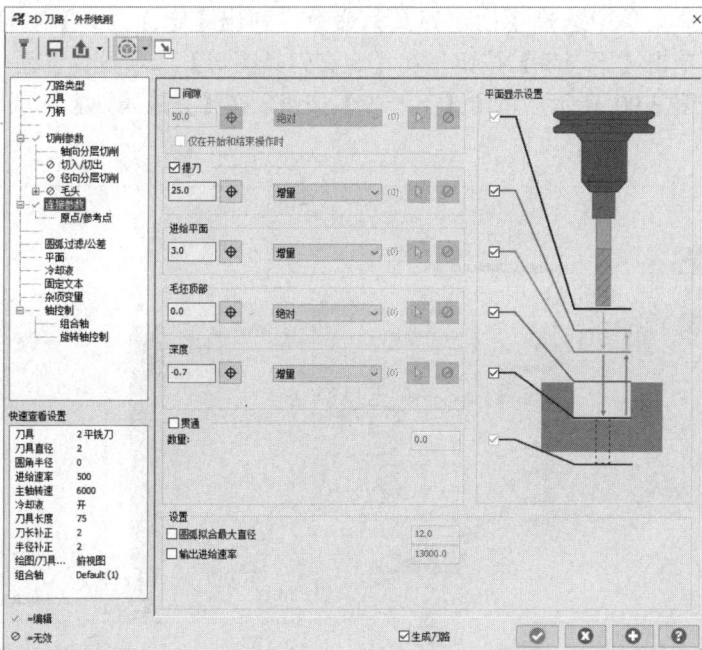

图 3.87　设置连接参数

(2) 切换到【刀路】选项卡，在 2D 组中单击【雕刻】按钮。

(3) 系统弹出【线框串连】对话框，单击【窗选】按钮□，在绘图区拖动鼠标拾取对角两点形成视窗，包含如图 3.89 所示的所有图形，出现"输入草图起始点"提示，选择点 P1(见图 3.89)，单击【确定】按钮◎，结束图素的选择。

图 3.88　对图形进行层别管理　　　　　　　图 3.89　留下文字图形

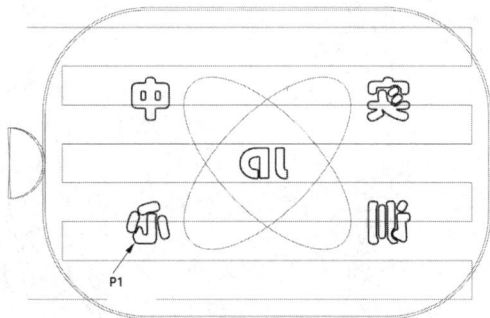

(4) 定义刀具参数。

① 打开【雕刻】对话框,切换到【刀具参数】选项卡,在空白位置处单击鼠标右键,在弹出的快捷菜单中选择【创建刀具】命令,弹出【定义刀具】对话框,选择【雕刻铣刀】选项,单击【下一步】按钮,在【定义刀具图形】选项设置界面中设置雕刻铣刀的形状参数,如图 3.90 所示,单击【下一步】按钮,在【完成属性】选项设置界面中单击【完成】按钮。

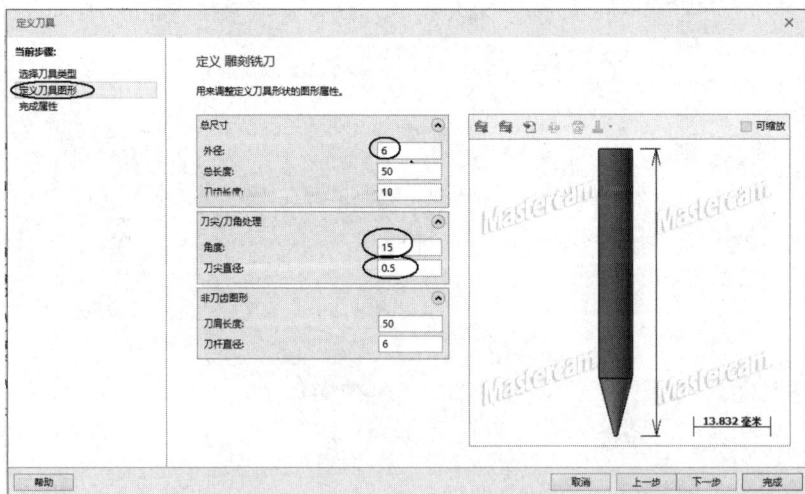

图 3.90　设置雕刻铣刀形状参数

② 设置刀具参数,如图 3.91 所示。

(5) 切换到【雕刻参数】选项卡,设置雕刻加工参数,如图 3.92 所示。

(6) 切换到【粗切/精修参数】选项卡,设置粗切/精修加工参数,如图 3.93 所示。单击【确定】按钮，结束雕刻加工参数的设置。

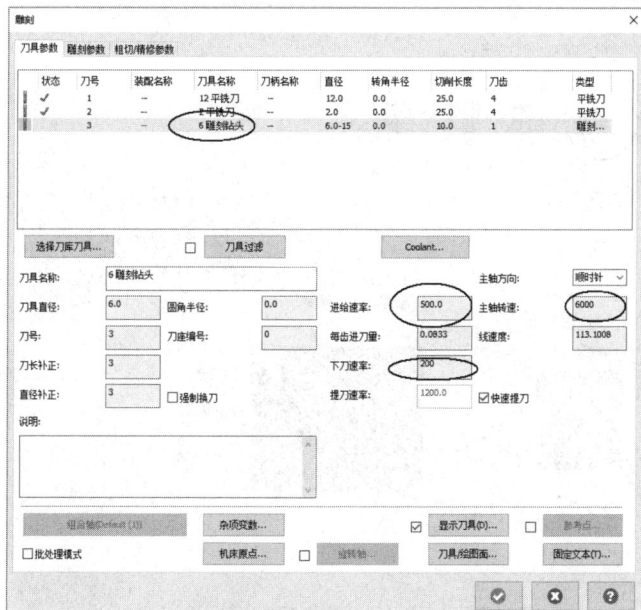

图 3.91　设置刀具参数

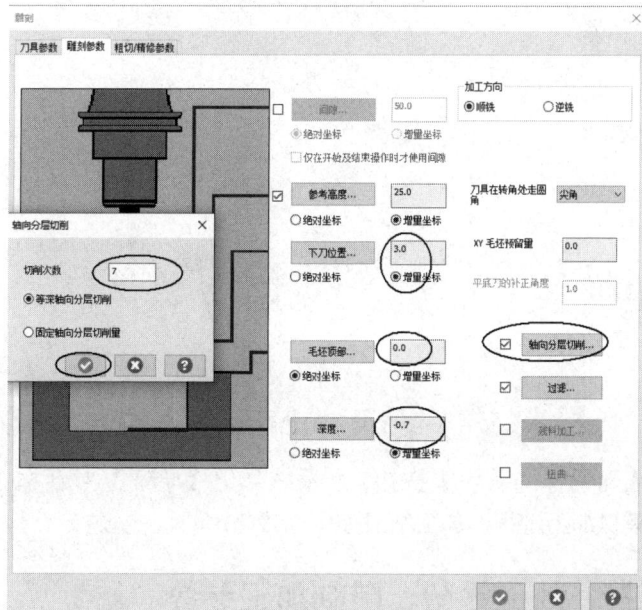

图 3.92　设置雕刻参数

(7) 采用等角视图观察刀路。

单击【等角视图】按钮，生成的路径如图 3.94 所示。

10. 进行实体验证

(1) 在【刀路】选项卡中单击【选择全部操作】按钮，将【1-平面铣】、【2-外形铣削】、【3-外形铣削】和【4-雕刻操作】选中。

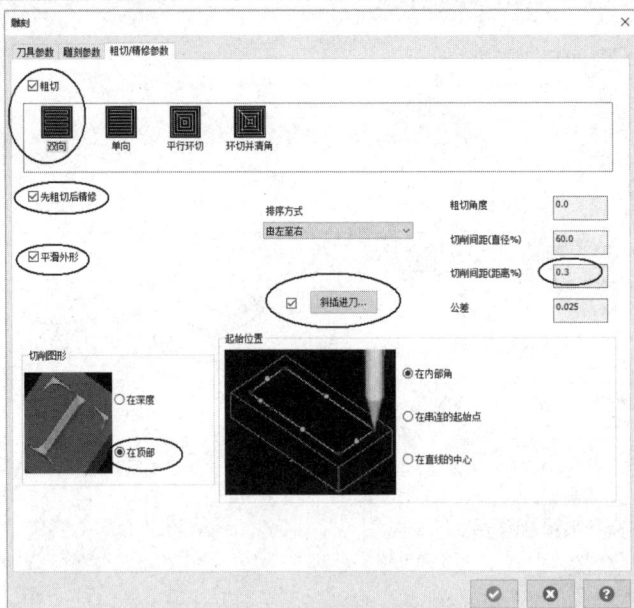

图 3.93　设置粗切/精修参数

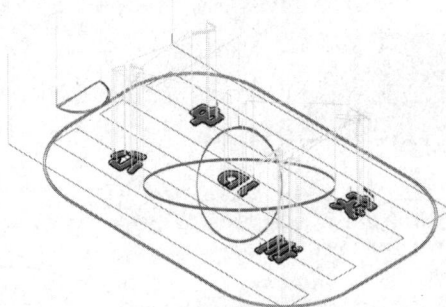

图 3.94　刀路路径

(2) 单击【验证已选择的操作】按钮，系统弹出【验证】对话框。单击【播放】按钮，系统将自动模拟加工过程，加工结果如图 3.72(b)所示。

3.3.3　知识链接：外形铣削、雕刻加工参数

1. 外形铣削

外形铣削是刀具沿着由一系列线段、圆弧或曲线等组成的工件轮廓移动来产生刀具路径。Mastercam 允许用二维曲线或三维曲线来产生外形铣削刀具路径。选择二维曲线进行外形铣削生成的刀具路径的切削深度则不变，是用户设定的深度，而用三维曲线进行外形铣削生成的刀具路径的切削深度是随外形的位置深度变化而变化的。用户先设置好机床类型，再在刀路中单击【外形】按钮，即可进入外形铣削操作。下面介绍外形铣削中特有的参数。

1) 切削参数

在左侧列表框中选择【切削参数】选项，在右侧将显示需要设置的切削参数，如图 3.95 所示。各切削参数的含义如下。

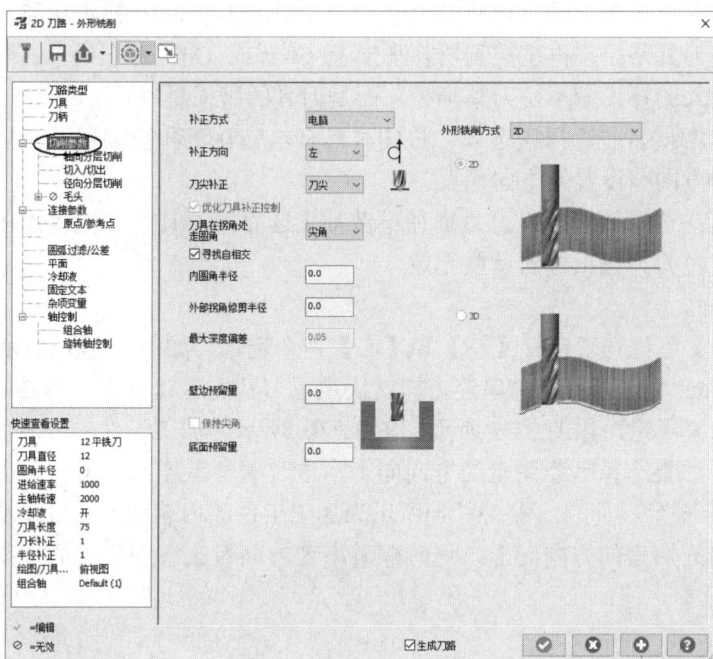

图 3.95   设置切削参数

(1) 刀具补正。

刀具补正是指将刀具中心从选取的边界路径上按指定方向补正一定的距离。

Mastercam 中提供了【补正方式】和【补正方向】两种组合方式来控制刀具补正，如图 3.96 所示。

(a)   【补正方式】下拉列表   (b)   【补正方向】下拉列表

图 3.96   设置刀具补正

① 补正方式。

【补正方式】下拉列表如图 3.96(a)所示，包括【电脑】、【控制器】、【磨损】、【反向磨损】和【关】5 个选项。

● 【电脑】：选择该选项，刀具中心向指定方向移动的距离等于加工刀具的半径。电脑自动计算出补正后的刀具路径，在程序中不会产生指令 G41 和指令 G42。

● 【控制器】：选择该选项，在屏幕上显示的刀具路径中刀具中心并不发生偏移，但在 NC 程序中产生一个刀具补正指令 G41(左补正)或者 G42(右补正)，并指定一个补正暂存器存储补正值，补正值可以是实际刀具直径(未设置电脑刀具补正)或者是指定刀具直径和实际刀具路径之间的差值(实际加工刀具与设置的刀具不同或加工刀具有磨损)。当选择该选项时，一定要选中【优化刀具补正控制】复选框。

- 【磨损】：选择该选项，将同时使用电脑补正和控制器补正功能。先由电脑补正计算出刀具路径，再由控制器补正加上 G41 或 G42 补正码，这时数控机床控制器中输入的补正量不是刀具半径，而是刀具的磨损量。
- 【反向磨损】：选择该选项，将同时具有电脑补正和控制器补正功能，但控制器补正的方向与设置的方向相反。
- 【关】：选择该选项，刀具路径不做补正运算，刀具中心沿串连图素产生刀具路径，这时刀具补正方向设置无效。

② 补正方向。

【补正方向】下拉列表包括【左】和【右】两个选项，如图 3.96(b)所示。

在 Mastercam 中选择图素的串连方向就决定了刀具的运动方向，刀具的左、右补正也要根据串连方向来决定，如图 3.97 所示。图 3.97(a)所示为加工工件的外表面，刀具中心应在工件的外边，如果选择串连图素的方向向上，这时顺着串连方向看去，刀具中心在工件的左边，所以要选择左补正。图 3.97(b)所示为加工工件的内表面，刀具中心在工件的型腔内，如果选择串连图素的方向向上，这时顺着串连方向看去，刀具中心在工件的右边，所以要选择右补正。

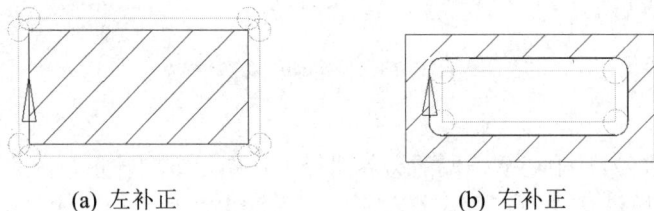

(a) 左补正　　　　　　(b) 右补正

图 3.97　补正方向判断

(2) 刀具在拐角处走圆角。

【刀具在拐角处走圆角】下拉列表框用来设置两条相连线段拐角处的刀具路径，即根据不同选择模式决定在拐角处是否采用圆弧过渡刀具路径。刀具走圆角形式有 3 种，如图 3.98 所示。当设置为【无】时，加工刀具路径如图 3.98(a)所示；当设置为【尖角】时，两条线段的夹角小于 135°时采用圆弧过渡，加工刀具路径如图 3.98(b)所示；当设置为【全部】时，所有转角均采用圆弧过渡，加工刀具路径如图 3.98(c)所示。

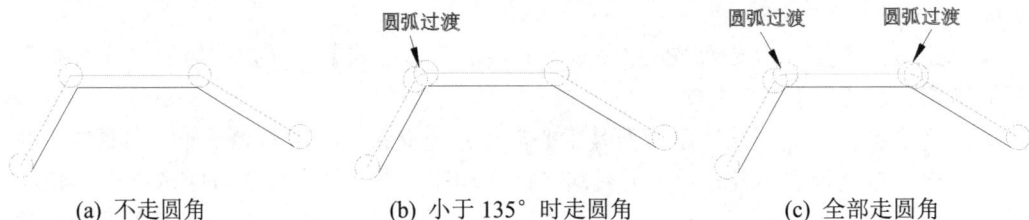

(a) 不走圆角　　　　(b) 小于 135°时走圆角　　　　(c) 全部走圆角

图 3.98　刀具走圆角形式

(3) 寻找自相交。

【寻找自相交】复选框用于防止刀具路径相交而产生过切。

(4) 内圆角半径。

【内圆角半径】文本框用于设置刀具路径内部角落圆角的最小半径值。在尖角处创建一个平滑的刀具运动，以减少刀具磨损。

(5) 外部拐角修剪半径。

【外部拐角修剪半径】文本框用于设置刀具路径外部圆角半径的最大值，创建一个平滑的圆角。

(6) 最大深度偏差。

【最大深度偏差】文本框用于设置外形铣削时加工程序生成深度与设置深度值的偏差。

(7) 壁边预留量。

【壁边预留量】文本框用于设置沿 XY 轴方向的侧壁加工预留量。

(8) 保持尖角。

【保持尖角】复选框用于设置侧壁预留加工时保持原有的尖角。只有边壁有预留量时，才会激活该复选框。

(9) 底面预留量。

【底面预留量】文本框用于设置沿 Z 轴方向的底面加工预留量。

(10) 外形铣削方式。

【外形铣削方式】下拉列表框包括以下几个选项。

- 2D(2D/3D)：所选择的串连图素在空间位于同一个平面上时，该选项的默认值为 2D；如果串连的图素不在同一个平面上时，该选项的默认值为 3D。
- 【2D 倒角】(2D 倒角或 3D 倒角)：对串连图素产生倒角的刀具路径，倒角角度由刀具参数决定。当用户选择该选项后，会在其下方出现参数设置区域，用户需进行相应的参数设置。
- 【斜插】：采用逐层斜线下刀的方式对串连图素进行铣削加工，一般用于铣削深度较大的外形。当用户选择该选项后，会在其下方出现参数设置区域，需进行相应的参数设置。
- 【残料】：用于计算先前刀具路径无法去除的残料区域，并产生外形铣削刀具路径来铣削残料，如先前用较大直径的刀具在转角处不能被铣削的材料等。
- 【摆线式】：用于沿轨迹轮廓上下交替移动刀具进行铣削。当用户选择该选项后，会在其下方出现参数设置区域，需进行相应的参数设置。

2) 进/退刀设置

在左侧列表框中选择【切入/切出】选项，在右侧将显示需要设置的切入/切出参数，如图 3.99 所示。该参数用来在刀具路径的起始及结束处加入一段直线或圆弧，使之与待加工的轮廓平滑连接。

- 【在封闭轮廓中点位置执行进/退刀】复选框：选中该复选框，可以在封闭式外形的第一个串连图素的中点产生进/退刀路径。
- 【过切检查】复选框：选中该复选框时，检查刀具路径和进/退刀之间是否有交点。如果有交点，表示进/退刀时发生过切，系统会自动调整进/退刀长度。

● 【重叠量】文本框：在刀具退出刀具路径之前会多走一段在此指定的距离，以越过路径的进刀点。

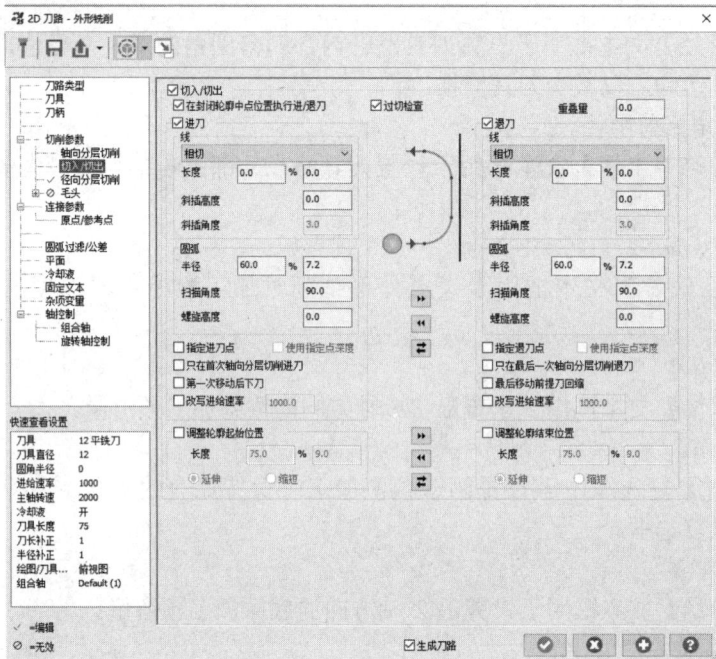

图 3.99　切入/切出参数设置

进/退刀参数的设置如下。

(1) 直线进/退刀参数

在直线进/退刀向量设定中，直线刀具路径的移动有两种模式：【垂直】和【相切】。垂直进/退刀模式所增加的直线刀具路径与其相近的刀具路径垂直，如图 3.100(a)所示。相切进/退刀模式所增加的直线刀具路径与其相近的刀具路径相切，如图 3.100(b)所示。

● 【长度】文本框：用来设置直线刀具路径的长度，左边的文本框用来设置路径的长度与刀具直径的百分比，右边的文本框用来设置刀具路径的长度。这两个文本框只需要设置其中的一个即可。

● 【斜插高度】文本框：用来设置所要加入的进刀直线刀具路径的起始点和退刀直线末端的高度。

(2) 圆弧进/退刀参数设置

该模式的进/退刀刀具路径由下列三个选项来定义。

● 【半径】文本框：进/退刀刀具路径的圆弧半径值。

● 【扫描角度】文本框：进/退刀刀具路径的角度。

● 【螺旋高度】文本框：进/退刀刀具路径螺旋(圆弧)的深度。

【半径】设置为刀具直径(100%)、【扫描角度】设置为 90、进刀时的【螺旋高度】设置为 0、退刀时的【螺旋高度】设置为 4(铣削深度)时的进/退刀刀具路径如图 3.100(c)所示。

3) 径向分层切削

在左侧列表框中选中【径向分层切削】选项，在右侧将显示需要设置的 XY 轴分层切削参数，如图 3.101 所示。径向分层切削的部分参数含义如下。

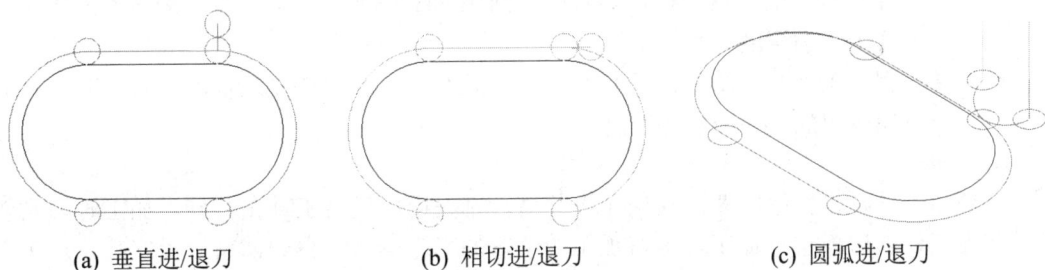

(a) 垂直进/退刀　　　　　(b) 相切进/退刀　　　　　(c) 圆弧进/退刀

图 3.100 进/退刀模式

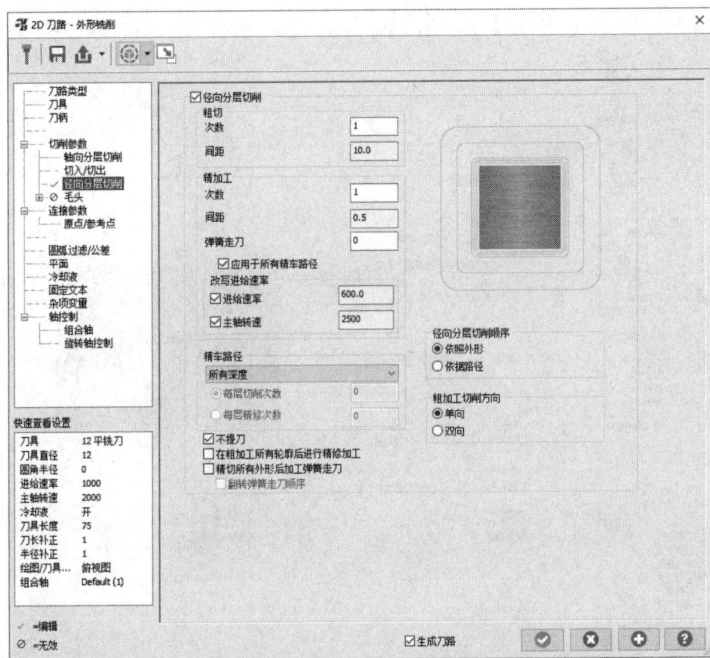

图 3.101 径向分层切削参数设置

- 【粗切】选项组：该选项组中的【次数】和【间距】文本框分别用来输入 XY 平面中粗切削的次数及间距。粗切削的间距由刀具直径决定，通常粗切削间距是刀具直径的 60%～70%。
- 【精加工】选项组：该选项组中的【次数】和【间距】文本框分别用来输入 XY 平面中精切削的次数及间距。
- 【改写进给速率】选项组：该选项组中的【进给速率】和【主轴转速】文本框分别用来设置精切削时刀具的进给速率和主轴转速。
- 【精车路径】选项组：用来选择是在最后深度进行精切削，还是在每一层都进行精切削，或是由粗加工深度切削定义。【所有深度】是指每一层切削深度都要进行精修加工。【最终深度】是指仅在最终深度执行精修加工。【由粗加工深度切削定义】是指在每层粗加工深度上再分层精修，还是在每层粗加工深度上多次精修，该选项是由【每层切削次数】和【每层精修次数】两个参数决定的。

- 【不提刀】复选框：选中该复选框，刀具会从目前的深度直接移到下一切削深度。当取消选中该复选框，刀具则返回到原来的下刀位置高度，然后刀具才移动到下一个切削深度。

- 【在粗加工所有轮廓后进行精修加工】复选框：选中该复选框后，刀具会在最后所有轮廓粗加工完成后进行精修加工。

4) 毛头

在铣削工件时，往往需要两次用压板装夹。首先用压板将工件安装好，加工时刀具要跳过装夹工件的压板进行加工，当可加工的位置加工完毕后，再一次用压板安装在加工完毕的地方，然后对前一次被安装压板盖住而未曾铣削的材料进行加工，这种铣削过程可以采用跳跃式铣削。这种跳跃式铣削方式可以通过【毛头】选项设置界面来设置。

在左侧列表框中选中【毛头】选项，在右侧将显示需要设置的毛头参数，如图 3.102所示。毛头参数的含义如下。

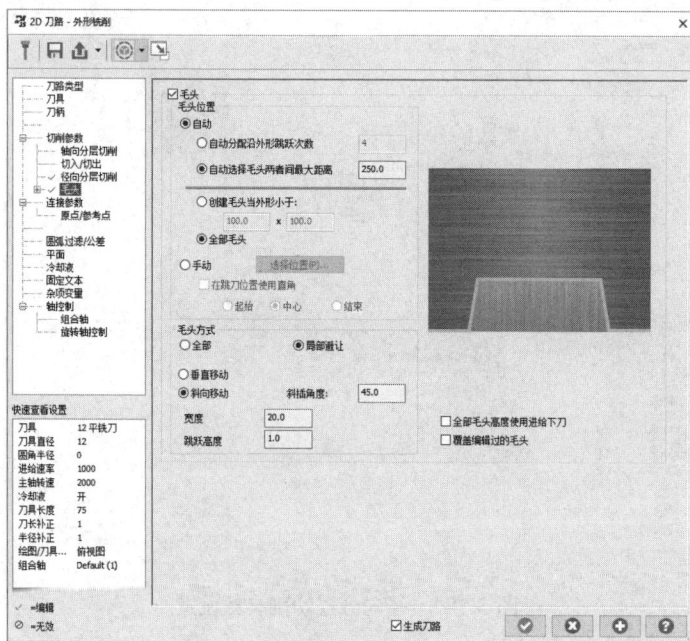

图 3.102　毛头参数设置

- 【自动】单选按钮：选中该单选按钮，系统会自动创建和定位装夹压板铣削位置。
  - 【自动分配沿外形跳跃次数】文本框：输入装夹压板位置数，来决定刀具跳跃次数。
  - 【自动选择毛头两者间最大距离】文本框：输入两个装夹压板之间的距离。
  - 【创建毛头当外形小于】文本框：设置装夹压板铣削刀具路径创建的范围。
  - 【全部毛头】单选按钮：针对整个外形轮廓创建装夹压板铣削刀具路径。
- 【手动】单选按钮：选中该单选按钮，用户可以单击【选择位置】按钮手动调节装夹压板的位置。
  - 【起始】单选按钮：所选择的位置点为压板装夹的开始位置点。
  - 【中心】单选按钮：所选择的位置点为压板装夹的中心位置点。

◆　【结束】单选按钮：所选择的位置点为压板装夹的结束位置点。

● 【全部】单选按钮：选中此单选按钮后，在加工过程中，当加工到夹具位置时，刀具会跃过工件表面来避开。

● 【局部避让】单选按钮：压板压在工件局部凸出位置，刀具应在局部位置高度处避开。选中此单选按钮后，应设置【跳跃高度】文本框。【宽度】文本框用于设置跳跃的宽度。

● 【垂直移动】单选按钮：垂直移动跳跃刀具路径。

● 【斜向移动】单选按钮：斜向移动跳跃刀具路径。

◆　【斜插角度】文本框：输入斜插下刀角度。

◆　【宽度】文本框：输入刀具避开的宽度值。

◆　【跳跃高度】文本框：输入刀具避开的提升高度值。

● 【全部毛头高度使用进给下刀】复选框：选中此复选框，系统将用连接参数中【下刀位置】栏中设置的高度作为刀具的跳跃高度。

● 【覆盖编辑过的毛头】复选框：选中此复选框，则新编辑的装夹压板铣削刀具路径将覆盖前面的装夹压板铣削刀具路径。

2. 雕刻加工

雕刻加工主要用于雕刻模型中的文字及产品装饰图案，以提高产品的识别度及美观度。这类加工一般主轴转速高，而铣削量较小，通常用雕铣机完成加工。切换到【刀路】选项卡，在 2D 组中单击【雕刻】按钮，即可进入雕刻加工操作。在【雕刻】对话框中有【刀具参数】、【雕刻参数】、【粗切/精修参数】3 个选项卡，其中的许多参数设置与前面参数的设置基本相同，下面仅介绍雕刻加工特有的参数。

切换到【粗切/精修参数】选项卡，需要设置的加工参数如图 3.103 所示。

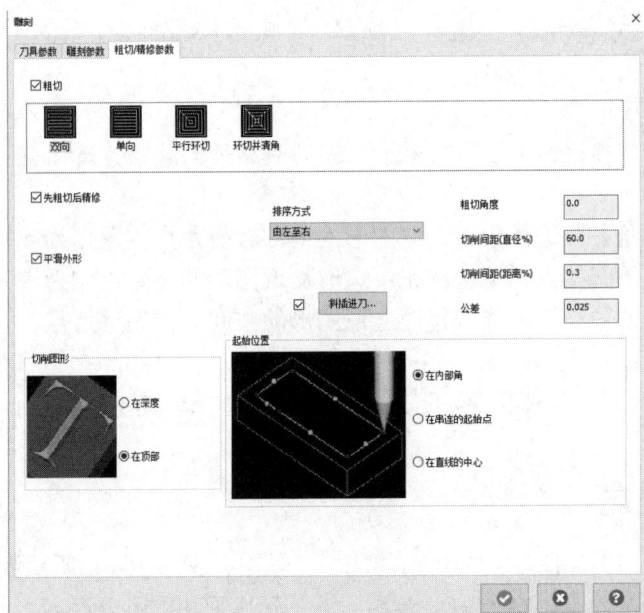

图 3.103　【粗切/精修参数】选项卡

1）粗切

选中【粗切】复选框，系统会对所选择的文字图形进行挖槽雕刻加工，雕刻粗切方式共有 4 种，其含义如下。

- 双向：以一系列相反方向的平行直线刀路切削，同时向一个方向步进。
- 单向：始终以一个方向切削，并以同样的方式进行循环。
- 平行环切：环绕轮廓并形成一定数量的偏置刀路。
- 环切并清角：在进行平行环切的同时，完成局部尖角的清角切削。

取消选中【粗切】复选框，系统会对所选择的文字图形进行外形雕刻加工即精修外形。

当既选中【粗切】复选框，又选中【先粗切后精修】复选框时，系统会在完成粗切后再进行精加工铣削操作。

2）排序方式

【排序方式】下拉列表框用于设置当雕刻中有多个区域需要加工时的加工顺序。其中各选项的含义如下。

- 【选择排序】选项：由用户选取串连的顺序进行加工。
- 【由上而下】选项：按从上往下的顺序进行加工。
- 【由左至右】选项：按从左往右的顺序进行加工。

3）切削图形

由于雕铣刀具通常呈 V 形，所以加工后呈现出上大下小的 V 形槽，加工后图形的具体大小由下面的参数控制。

- 【在深度】单选按钮：加工完成后底部图形与设计图形保持一致，顶部图形比设计图形大。
- 【在顶部】单选按钮：加工完成后顶部图形与设计图形保持一致，底部图形比设计图形小。

当使用 V 形雕铣刀加工时，选中【在深度】单选按钮加工出来的图形会比选中【在顶部】单选按钮加工出来的图形大。

4）起始位置

【起始位置】选项组用于设置雕刻加工时刀具路径的起始位置，有 3 种位置可选，具体如下。

- 【在内部角】单选按钮：选取图形的内部转折角点位置作为起始进刀点。
- 【在串连的起始点】单选按钮：选取靠近图形的起始点作为进刀点。
- 【在直线的中心】单选按钮：选取图形的中间点作为进刀点。

任务 3.4 加 工 底 座

3.4.1 任务描述

本次任务要求加工如图 3.104 所示的底座，其中，图 3.104(a)所示为 140mm×100mm×30mm 的长方体毛坯材料，材质为 45#钢，该图形主要由光孔和螺纹孔组成，在任务的实施过程中，不仅要对零件进行数控加工工艺分析，还要能够利用 Mastercam 软件完成外形铣削并钻孔加工出如图 3.104(b)所示的零件，加工的零件图如图 3.104(c)所示。通过本次任务的学习，培养学生达到以下主要目标。

(a) 毛坯材料　　　　　　　　　　(b) 加工的零件

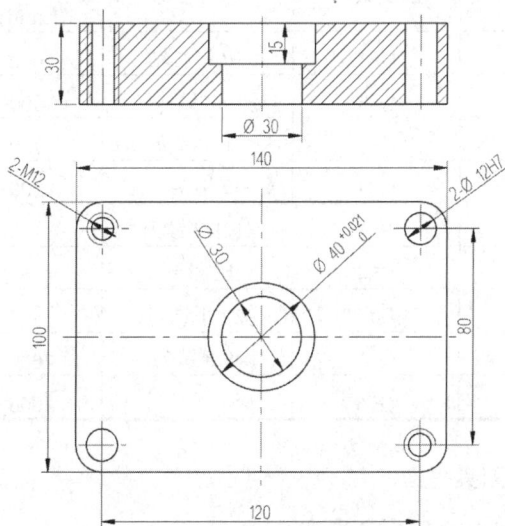

(c) 加工的零件图

图 3.104　底座图形

1. 知识目标

- 熟悉 Mastercam 软件钻孔加工编程的一般步骤。
- 掌握钻孔、螺旋铣加工策略中各参数的含义。
- 学会合理安排工序，确保前道工序为后道工序提供必要的准备和条件。

2. 能力目标

- 能够准确理解并识别机械图纸，以便制定出正确的工序。
- 能够初步使用钻孔、深孔啄钻、攻牙、铰孔、镗孔等加工策略完成零件自动编程加工。
- 能够选用加工策略、刀具、切削参数等制定出合理的加工方案。

3. 素质目标

- 从底座零件标注中确定加工策略，从而培养读者的机械制图与识图能力。

- 从底座零件加工中可以发现前道工序为后道工序提供必要的准备和条件，只有确保各个加工步骤有条不紊地进行，才能避免混乱和错误，从而培养读者强烈的质量意识。

3.4.2 底座零件加工

1. 制定加工工序表

底座零件加工的工步、加工策略、刀具名称、主轴转速、进给速率和余量如表 3.5 所示。

表 3.5 底座加工工序表

序 号	工步内容	加工策略	刀具名称	主轴转速 (r/min)	进给速率 (mm/min)	余量
1	钻定位孔	G81	$\phi10$ 中心钻	1000	150	0
2	钻$\phi10.3$ 孔	G83	$\phi10.3$ 钻头	800	150	0
3	钻$\phi11.8$ 孔	G81	$\phi11.8$ 钻头	700	150	0.1
4	钻$\phi30$ 孔	G83	$\phi30$ 钻头	200	50	0
5	铰$\phi12$ 孔	G85	$\phi12H7$ 铰刀	150	50	0
6	攻牙 M12	G84	M12 丝锥	60	105	0
7	螺旋铣$\phi39$ 孔	螺旋铣	$\phi20$ 平铣刀	1500	600	0.5
8	半精镗$\phi39.8$ 孔	G86	$\phi39.8$ 镗刀	2000	80	0.1
9	精镗$\phi40$ 孔	G76	$\phi40$ 镗刀	3000	60	0

2. 设置绘图平面和刀具平面

设置绘图平面和刀具平面均为俯视图。

3. 选取图素钻定位孔

1) 选取定位孔图素

切换到【刀路】选项卡，在 2D 组中单击【钻孔】按钮，系统弹出如图 3.105 所示的【刀路孔定义】对话框。选取如图 3.106 所示的圆于点 P1～P5(即可选取五个圆的圆心)；单击【排序】按钮，展开【2D 排序】选项，选择【Y 双向-X+】钻孔排序方式，单击【确定】按钮⊘。钻定位孔的排序方式如图 3.107 所示，系统弹出【2D 刀路-钻孔-简单钻孔-无啄钻】对话框。

2) 创建刀具

在【2D 刀路-钻孔-简单钻孔-无啄钻】对话框左侧列表框中，选择【刀具】选项，在刀具列表框中单击鼠标右键，在弹出的快捷菜单中选择【创建刀具】命令，在打开的【定义刀具】对话框中设置【中心钻】，单击【下一步】按钮 下一步 ，设置标准尺寸 10，如图 3.108 所示，单击【完成】按钮 完成 。在【2D 刀路-钻孔-简单钻孔-无啄钻】对话框的刀具参数栏中设置如图 3.109 所示的参数值。

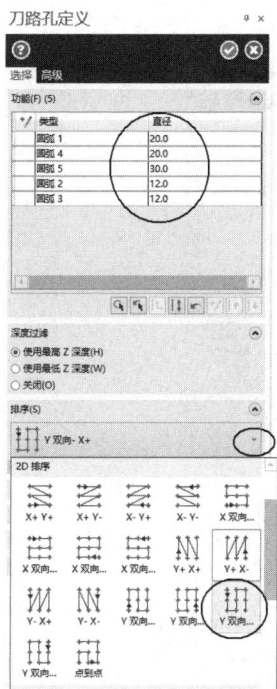

图 3.105　【刀路孔定义】对话框　　　图 3.106　选取圆　　　图 3.107　按【Y 双向-X+】钻孔排序

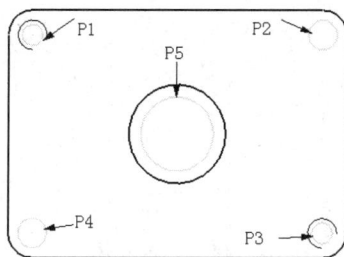

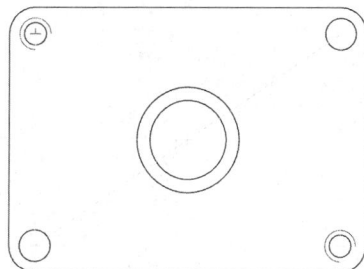

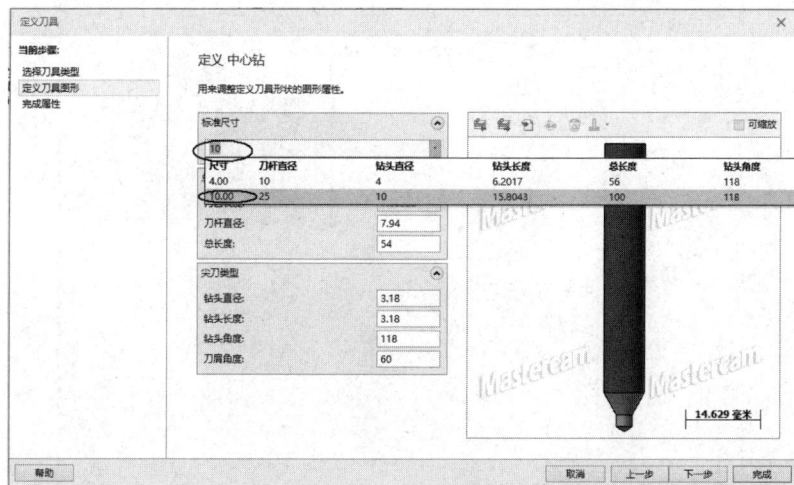

图 3.108　创建 φ10 中心钻

3）定义钻头/沉头钻加工

在左侧列表框中选择【切削参数】选项，并选择【钻头/沉头孔钻】加工方式，如图 3.110 所示。

4）连接参数的设置

在左侧列表框中选择【连接参数】选项，设置连接参数，如图 3.111 所示，单击【确定】按钮，结束钻中心孔加工设置。

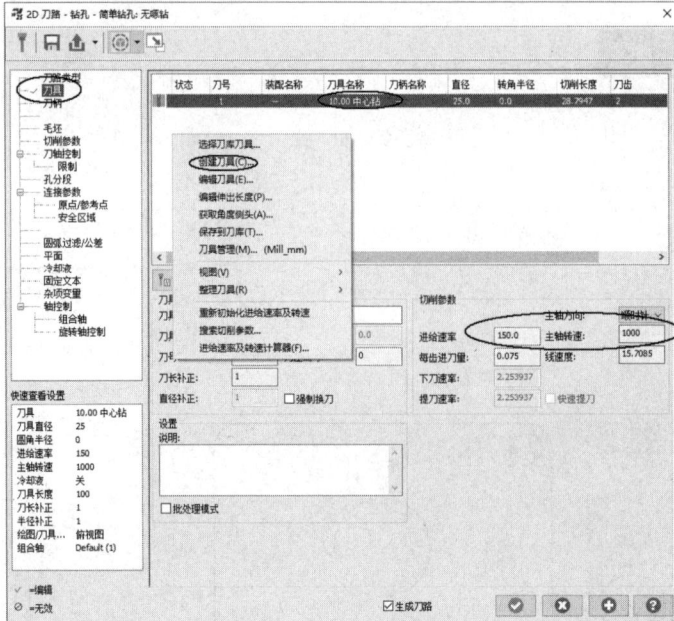

图 3.109　设置刀具参数

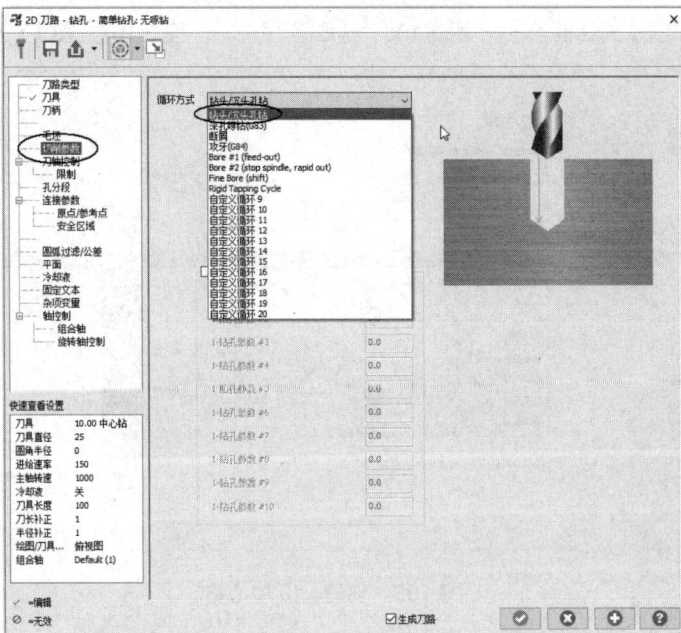

图 3.110　选择【钻头/沉头孔钻】加工方式

4. 选取图素钻 ϕ10.3 孔(M12 螺纹底孔)

1) 选取钻孔图素

切换到【刀路】选项卡，在 2D 组中单击【钻孔】按钮，系统弹出【刀路孔定义】对话框，选取 M12 螺纹底孔(见图 3.112)，单击【确定】按钮，系统弹出【2D 刀路-钻孔-简单钻孔-无啄钻】对话框。

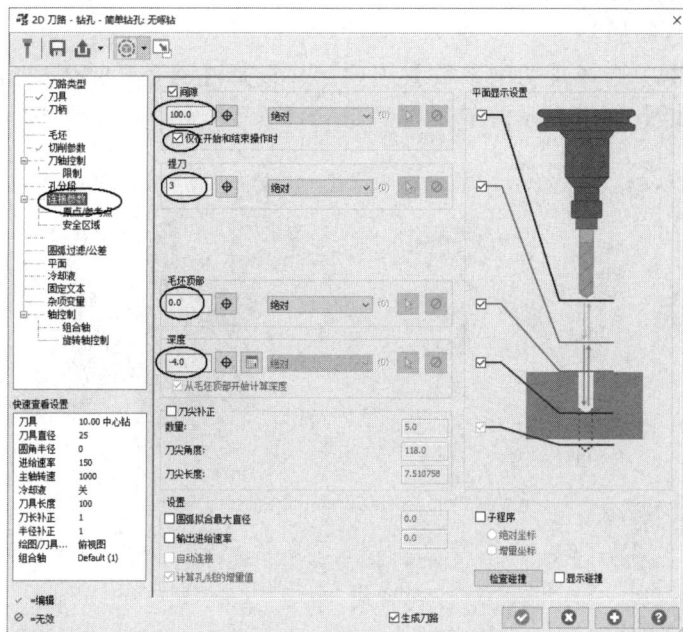

图 3.111　设置钻孔连接参数

2) 创建刀具

在【2D 刀路-钻孔-简单钻孔-无啄钻】对话框的左侧列表框中选择【刀具】选项，在刀具列表框中单击鼠标右键，在弹出的快捷菜单中选择【创建刀具】命令，在打开的【定义刀具】对话框中，选择【钻头】，单击【下一步】按钮 下一步 ，设置标准尺寸 10.3，单击【完成】按钮 完成 。在【2D 刀路-钻孔-简单钻孔-无啄钻】对话框的刀具参数栏中设置如图 3.113 所示的参数值。

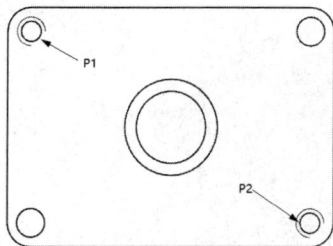

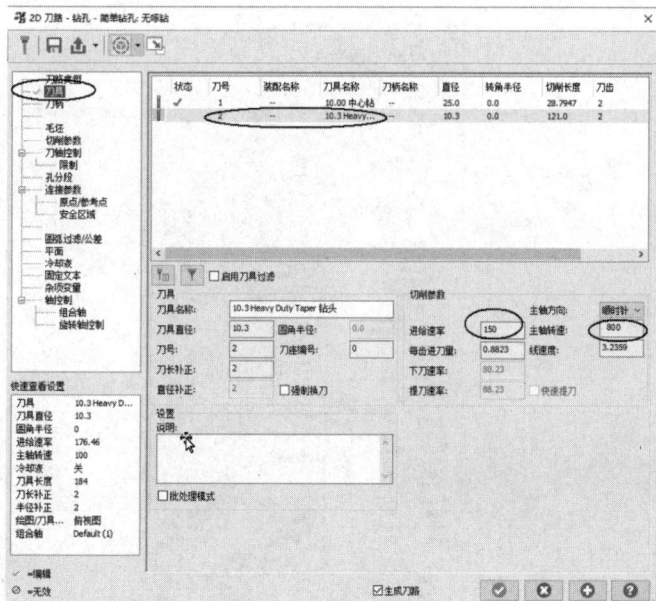

图 3.112　选取 M12 螺纹底孔　　　　　图 3.113　设置刀具参数

3) 定义深孔啄钻加工

在左侧列表框中选择【切削参数】选项，并选择【深孔啄钻(G83)】加工方式，将 Peck 设置为 5，如图 3.114 所示。

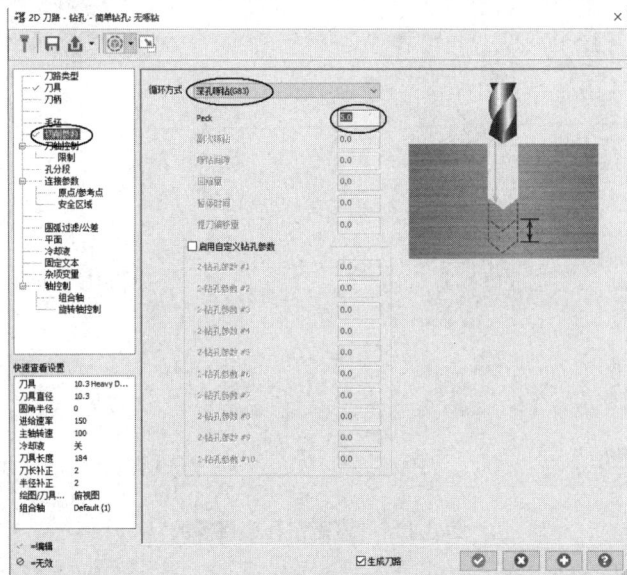

图 3.114　设置切削参数

4) 连接参数的设置

在左侧列表框中选择【连接参数】选项，设置连接参数，如图 3.115 所示。选中【刀尖补正】复选框，参数设置如图 3.115 所示。最后总钻深为-35.094，单击【确定】按钮，结束钻孔加工设置。

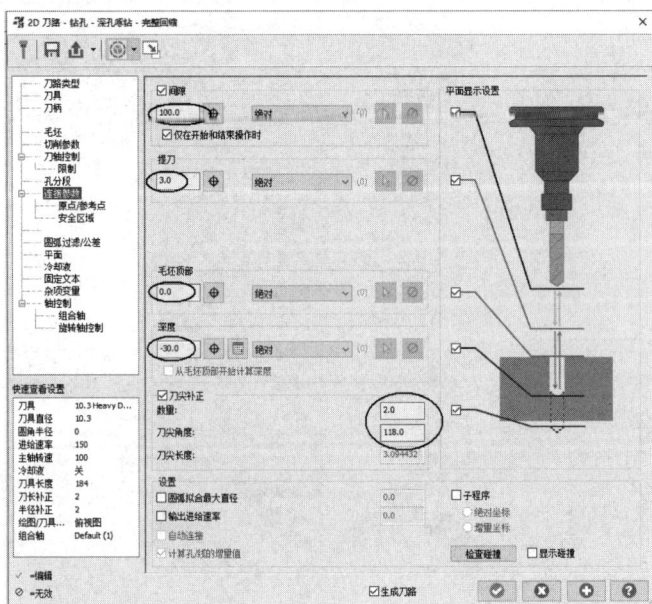

图 3.115　设置钻孔连接参数

5. 选取图素钻 ϕ11.8 孔

1) 选取钻孔图素

切换到【刀路】选项卡，在 2D 组中单击【钻孔】
按钮，系统弹出【刀路孔定义】对话框，选取如图 3.116
所示的圆于点 P1、P2 和 P3，单击【确定】按钮 ，系
统弹出【2D 刀路-钻孔-深孔啄钻-完整回缩】对话框。

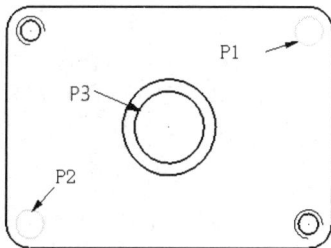

2) 创建刀具

在【2D 刀路-钻孔-深孔啄钻-完整回缩】对话框的

图 3.116　选取钻孔图素

左侧列表框中选择【刀具】选项，在刀具列表框中单击鼠标右键，在弹出的快捷菜单中选
取【创建刀具】命令，在打开的【定义刀具】对话框中，选择【钻头】，单击【下一步】
按钮 ，设置标准尺寸 11.8，单击【完成】按钮 。在【2D 刀路-钻孔-深孔啄钻-
完整回缩】对话框的刀具参数栏中设置如图 3.117 所示的参数值。

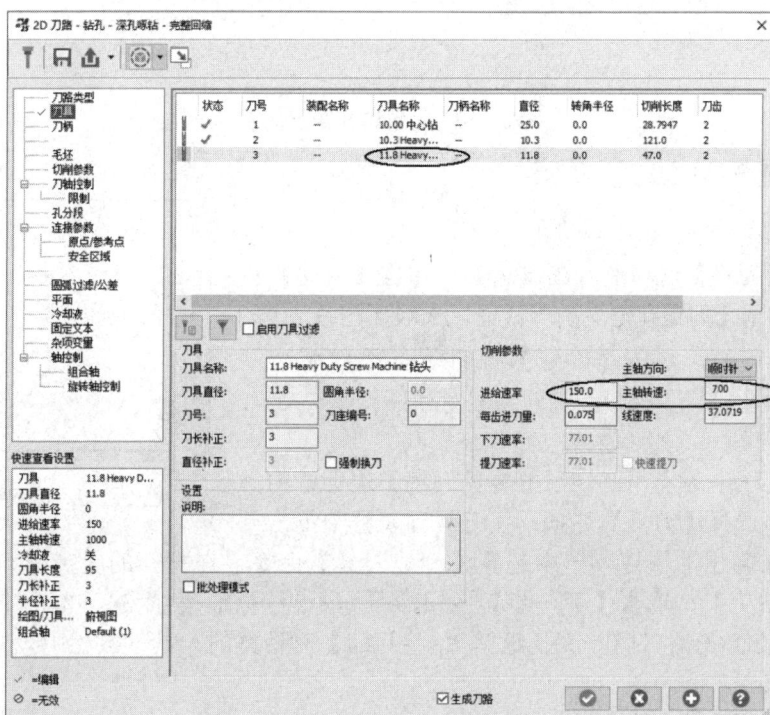

图 3.117　设置刀具参数

3) 定义深孔啄钻加工

在左侧列表框中选择【切削参数】选项，并选择【深孔啄钻(G83)】加工方式，将
Peck 设置为 5。

4) 连接参数的设置

在左侧列表框中选择【连接参数】选项，设置连接参数，如图 3.118 所示。最后总钻
深为-35.545，单击【确定】按钮 ，结束钻孔加工设置。

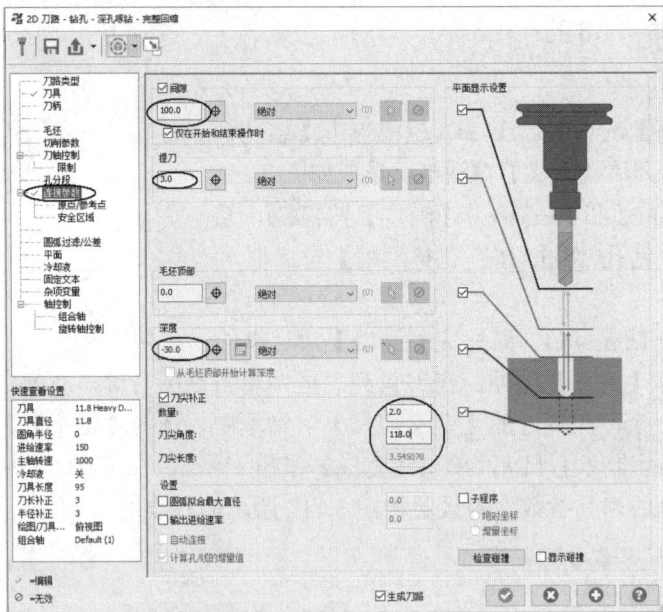

图 3.118　设置钻孔连接参数

6. 选取图素钻φ30 孔

1) 选取钻孔图素

切换到【刀路】选项卡，在 2D 组中单击【钻孔】
按钮，系统弹出【刀路孔定义】对话框，选取如图 3.119
所示的圆于点 P1，单击【确定】按钮 ，系统弹出
【2D 刀路-钻孔-深孔啄钻-完整回缩】对话框。

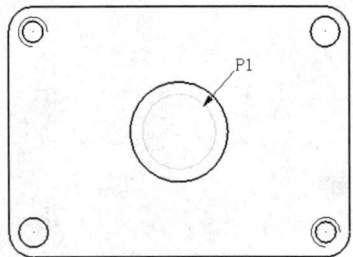

2) 创建刀具

在【2D 刀路-钻孔-深孔啄钻-完整回缩】对话框的
左侧列表框中选择【刀具】选项，在刀具列表框中单击

图 3.119　选取钻孔图素

鼠标右键，在弹出的快捷菜单中选择【创建刀具】命令，在打开的【定义刀具】对话框
中，选择【钻头】，单击【下一步】按钮 下一步，设置标准尺寸 30，单击【完成】按钮
完成。在【2D 刀路-钻孔-深孔啄钻-完整回缩】对话框的刀具参数栏中设置如图 3.120
所示的参数值。

3) 定义深孔啄钻加工

在左侧列表框中选择【切削参数】选项，并选择【深孔啄钻(G83)】加工方式，将
Peck 设置为 5。

4) 连接参数的设置

在左侧列表框中选择【连接参数】选项，设置连接参数，如图 3.121 所示。最后总钻
深为-41.012，单击【确定】按钮 ，结束钻孔加工设置。

7. 选取图素铰φ12 孔

1) 选取钻孔图素

切换到【刀路】选项卡，在 2D 组中单击【钻孔】按钮，系统弹出【刀路孔定义】对话框，选取如图 3.122 所示的圆于点 P1 和 P2，单击【确定】按钮 ，系统弹出【2D 刀路 -钻孔-深孔啄钻-完整回缩】对话框。

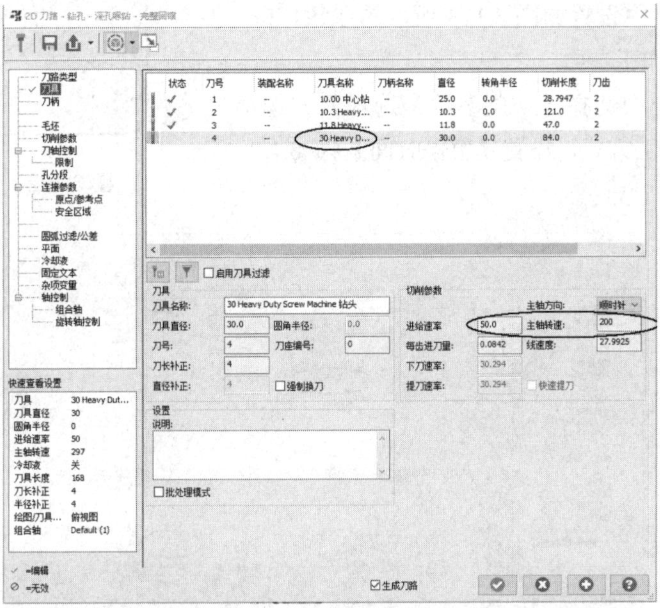

图 3.120　设置刀具参数

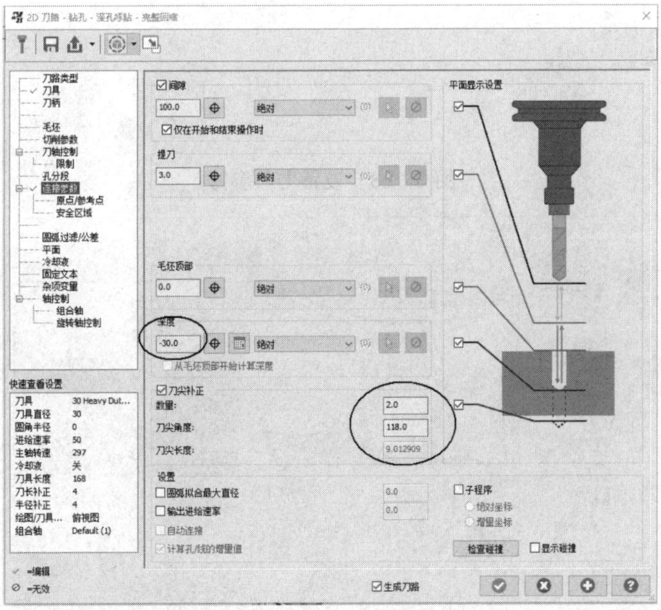

图 3.121　设置连接参数

2) 新建 ϕ12 铰刀

在【2D 刀路-钻孔-深孔啄钻-完整回缩】对话框的左侧列表框中选择【刀具】选项，在空白位置处单击鼠标右键，在弹出的快捷菜单中选择【创建刀具】命令，在打开的【定义刀具】对话框中选择【铰刀】选项，单击【下一步】按钮，在【定义刀具图形】选项设置界面中设置【刀齿直径】为 12，单击【完成】按钮 ![完成]。在【2D 刀路-钻孔-深孔啄钻-完整回缩】对话框的刀具参数栏中设置如图 3.123 所示的参数值。

3) 定义铰孔加工参数

在左侧列表框中选择【切削参数】选项，并选择 Bore#1(feed-out)加工方式，设置【暂停时间】为 0.1s，如图 3.124 所示。

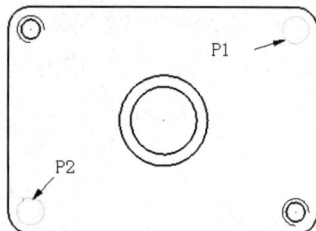

图 3.122　选取钻孔图素

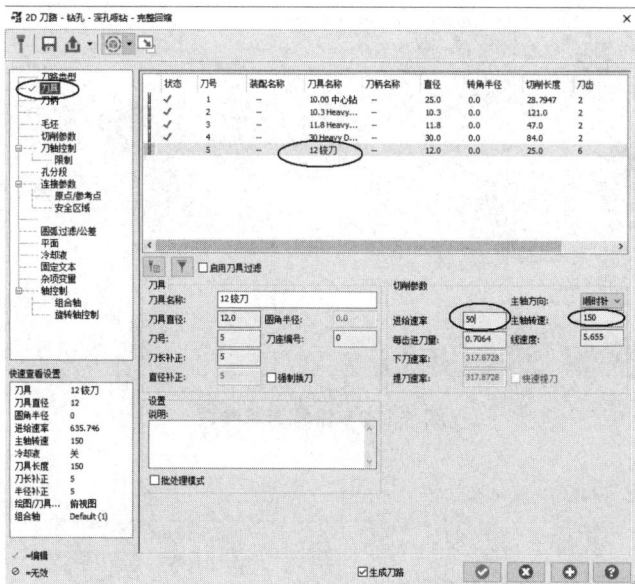

图 3.123　设置刀具参数

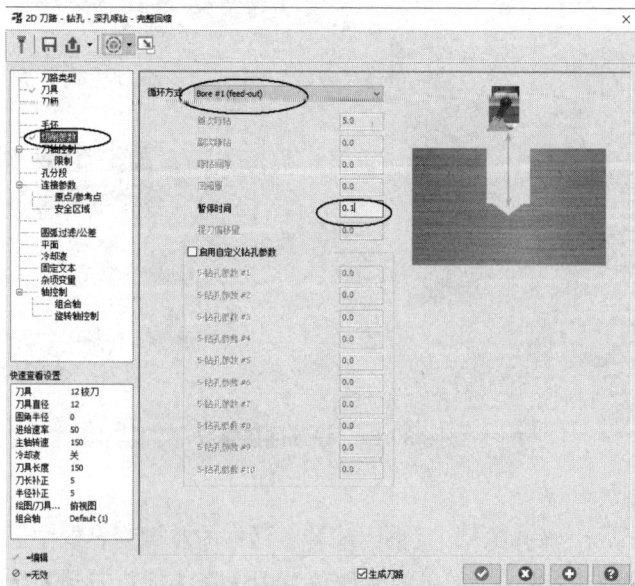

图 3.124　设置循环方式

4) 连接参数的设置

在左侧列表框中选择【连接参数】选项，设置连接参数，如图 3.125 所示。单击【确定】按钮，结束铰孔加工设置。

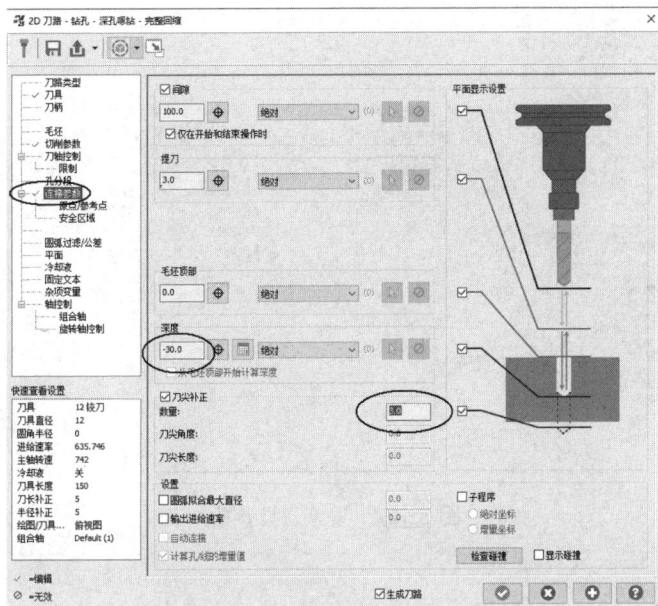

图 3.125　设置铰孔的连接参数

8. 选取图素攻 M12 螺纹孔

1) 选取钻孔图素

切换到【刀路】选项卡，在 2D 组中单击【钻孔】按钮，系统弹出【刀路孔定义】对话框，选取如图 3.126 所示的圆于点 P1 和 P2，单击【确定】按钮，系统弹出【2D 刀路-钻孔-孔#1-进给退刀】对话框。

2) 创建刀具

在【2D 刀路-钻孔-孔#1-进给退刀】对话框的左

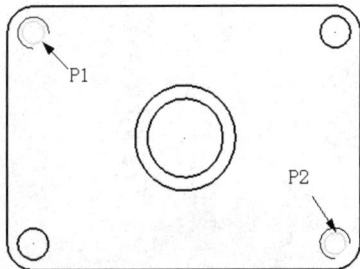

图 3.126　选取钻孔图素

侧列表框中选择【刀具】选项，在空白位置处单击鼠标右键，在打开的快捷菜单中选择【创建刀具】命令，在打开的【定义刀具】对话框中选择【丝攻】选项，单击【下一步】按钮，在【定义刀具图形】选项设置界面中设置【标准尺寸】为 M12X1.75，单击【完成】按钮。在【2D 刀路-钻孔-孔#1-进给退刀】对话框的刀具参数栏中设置如图 3.127 所示的参数值。

3) 定义攻牙加工方式

在左侧列表框中选择【切削参数】选项，并选择【攻牙(G84)】加工方式，如图 3.128 所示。

4) 连接参数的设置

在左侧列表框中选择【连接参数】选项，设置连接参数，如图 3.129 所示。单击【确定】按钮，结束攻牙加工设置。

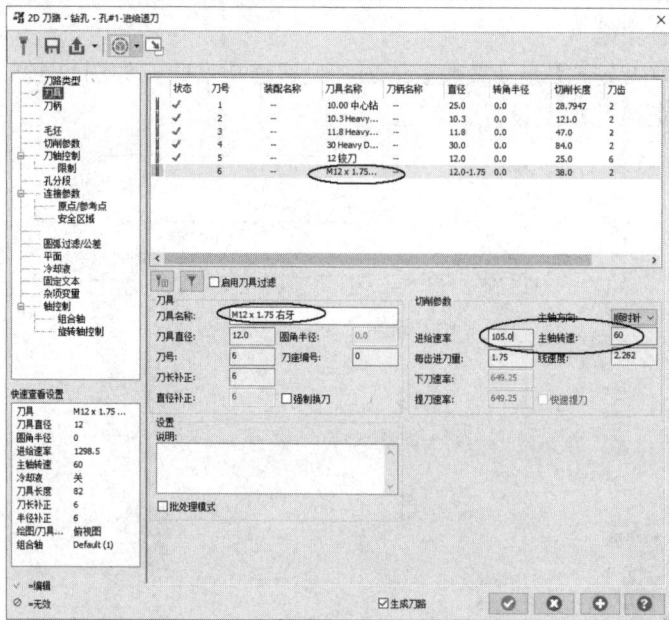

图 3.127　设置刀具参数

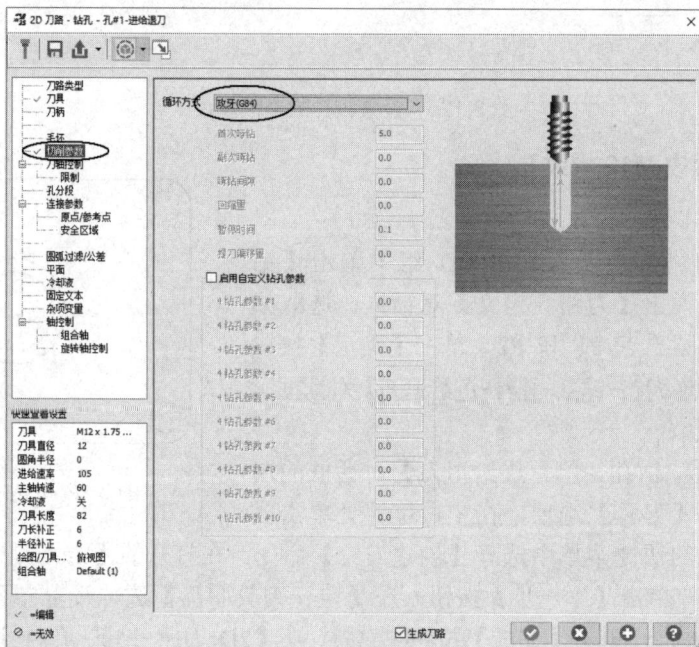

图 3.128　设置攻牙加工方式

9. 螺旋铣削 ϕ 39 的内孔

1) 选取钻孔图素

切换到【刀路】选项卡，在 2D 组中单击【钻孔】按钮，系统弹出【刀路孔定义】对话框，选取如图 3.130 所示的 ϕ 40 圆于点 P1，单击【确定】按钮，系统弹出【2D 刀路-螺旋铣孔】对话框。

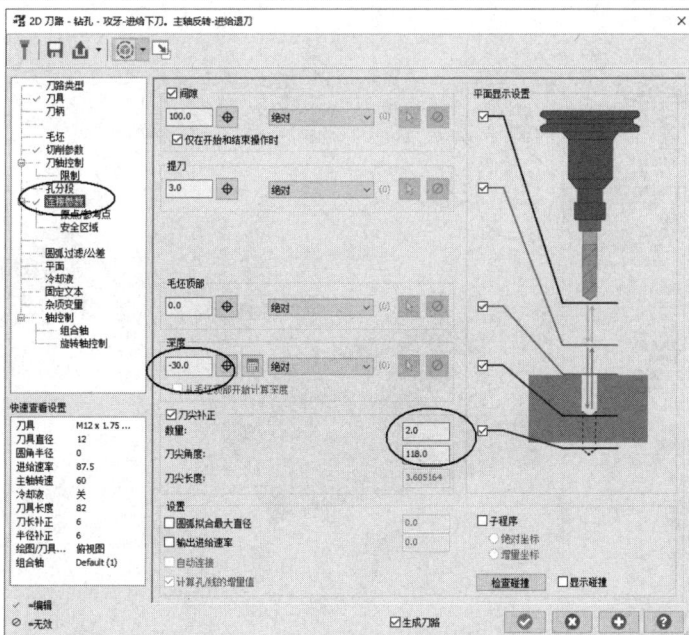

图 3.129　设置攻牙加工连接参数

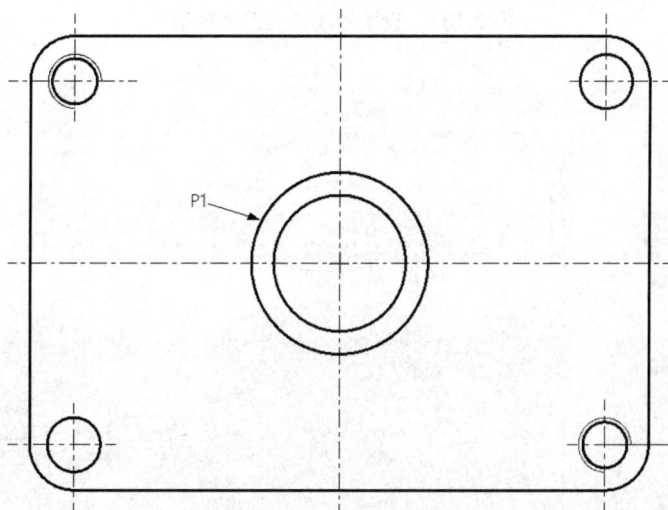

图 3.130　选取钻孔图素

2) 选取螺旋铣孔刀路类型

在左侧列表框中选择【刀路类型】选项，单击【螺旋铣孔】刀路类型，如图 3.131 所示。

3) 选取刀具并设置刀具参数

在左侧列表框中选择【刀具】选项，在空白位置处单击鼠标右键，在弹出的快捷菜单中选择【创建刀具】命令，在弹出的【定义刀具】对话框中选择【平铣刀】选项，单击【下一步】按钮，在【定义刀具图形】选项设置界面中设置【刀齿直径】为 20，单击【完成】按钮 完成 。在【2D 刀路-螺旋铣孔】对话框的刀具参数栏中设置如图 3.132 所示的参数值。

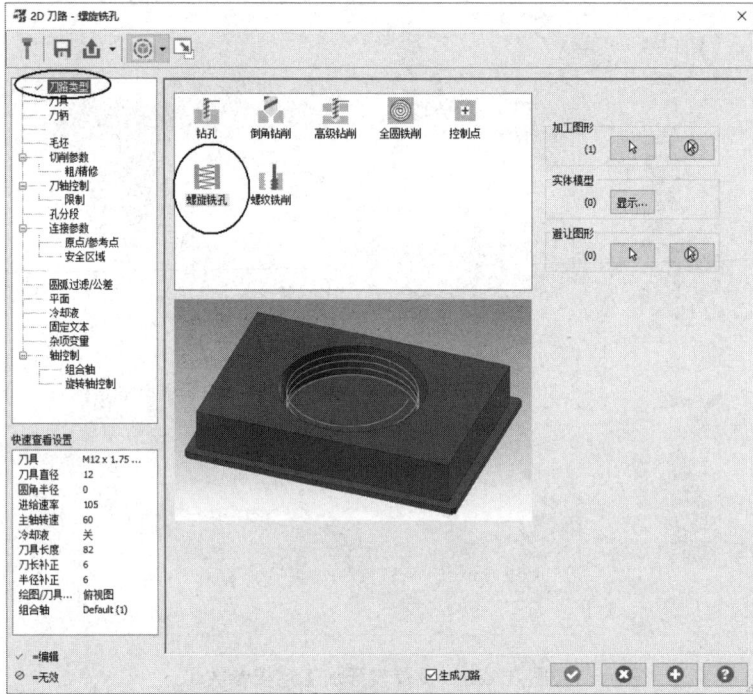

图 3.131　设置螺旋铣孔刀路类型

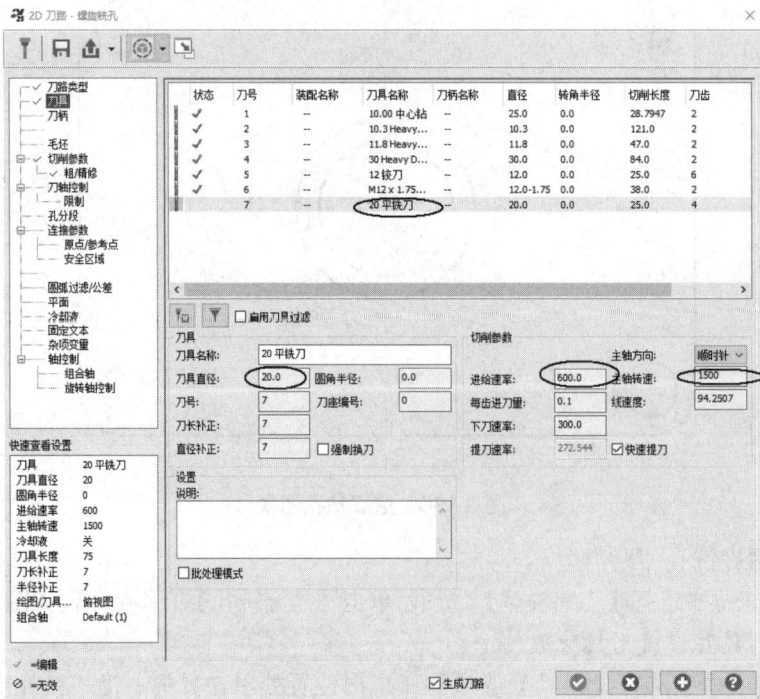

图 3.132　设置刀具参数

4) 设置切削参数

在左侧列表框中选择【切削参数】选项，在对话框右侧设置参数，如图 3.133 所示。

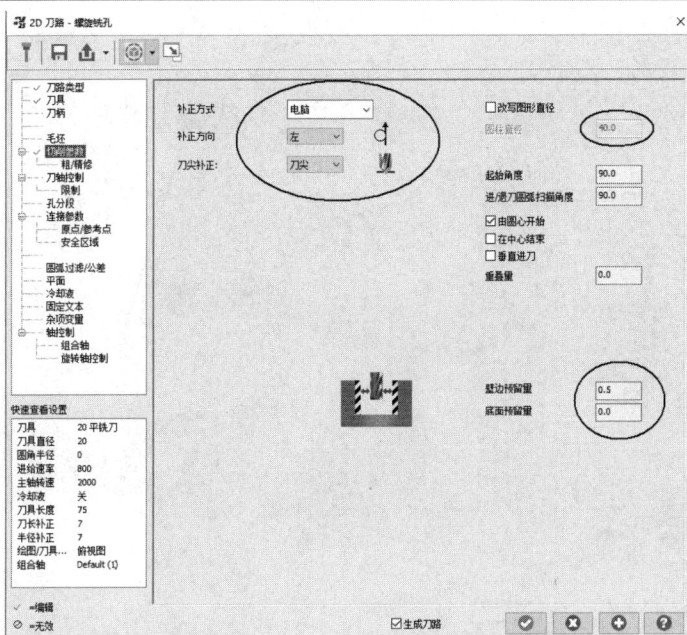

图 3.133　设置切削参数

5) 设置粗/精修参数

在左侧列表框中选择【粗/精修】选项，在对话框右侧设置参数，如图 3.134 所示。

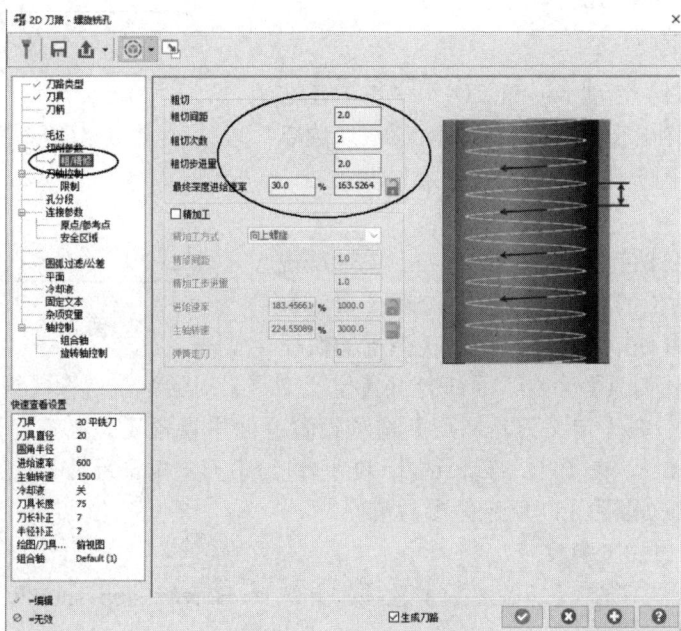

图 3.134　设置粗/精修参数

6) 定义连接参数

在左侧列表框中选择【连接参数】选项，在对话框右侧设置参数，如图 3.135 所示。
单击【确定】按钮，结束螺旋铣孔加工设置。

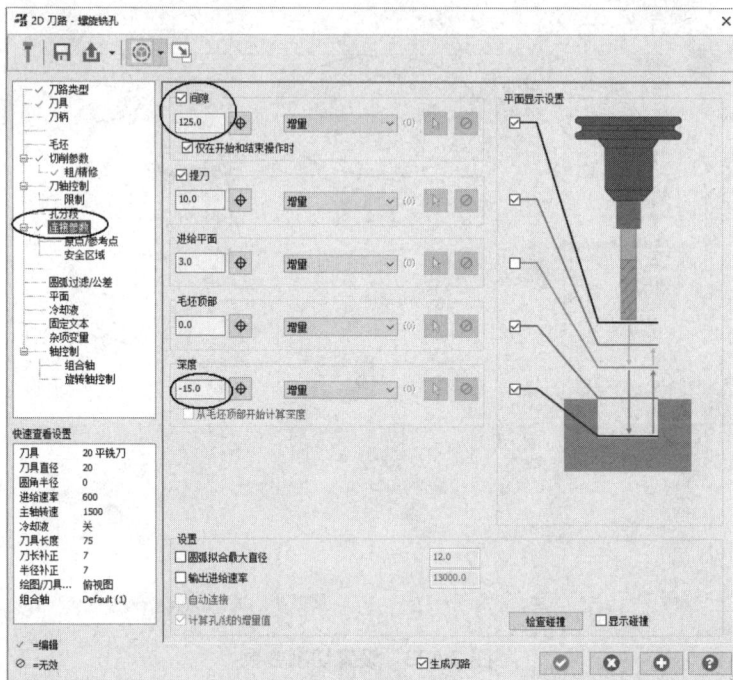

图 3.135　设置连接参数

10. 半精镗 ϕ 39.8 孔

1) 选取镗孔图素

切换到【刀路】选项卡，在 2D 组中单击【钻孔】按钮，系统弹出【刀路孔定义】对话框，选取如图 3.136 所示的圆于点 P1，单击【确定】按钮 。

2) 创建刀具

在【2D 刀路-钻孔-攻牙-进给下刀。主轴反转-进给退刀】对话框的左侧列表框中选择【刀具】选项，在空白位置处单击鼠标右键，在弹出的快捷

图 3.136　选取圆

菜单中选择【创建刀具】命令，系统打开【定义刀具】对话框，选取【镗孔】选项，单击【下一步】按钮，在【定义刀具图形】选项设置界面中设置【刀齿直径】为 39.8，单击【完成】按钮 ，在【2D 刀路-钻孔-攻牙-进给下刀。主轴反转-进给退刀】对话框的刀具参数栏中设置如图 3.137 所示的参数值。

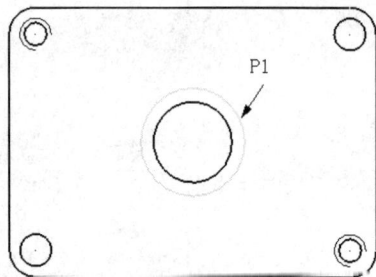

3) 定义半精镗加工参数

在左侧列表框中选择【切削参数】选项，并选择 Bore#2(stop spindle,rapid out)加工方式，如图 3.138 所示。

4) 连接参数的设置

在左侧列表框中选择【连接参数】选项，设置连接参数，如图 3.139 所示。单击【确定】按钮 ，结束半精镗孔加工设置。

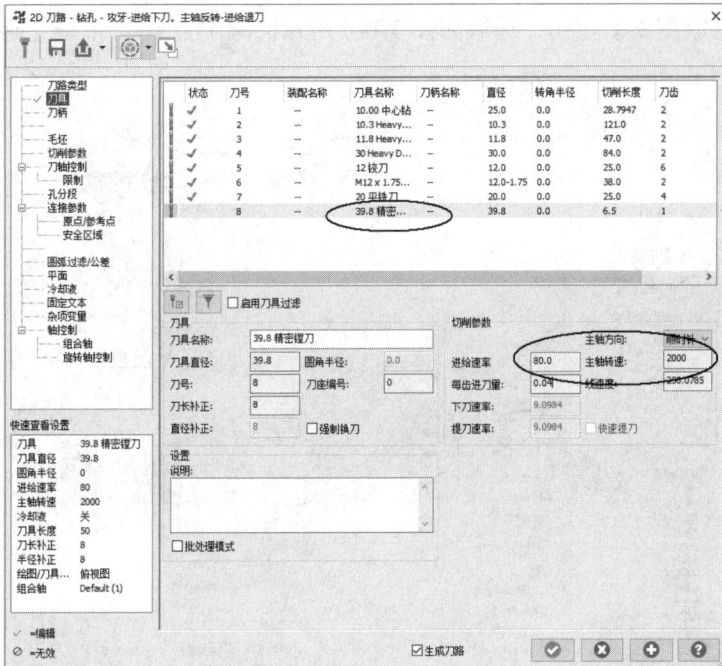

图 3.137　设置刀具参数

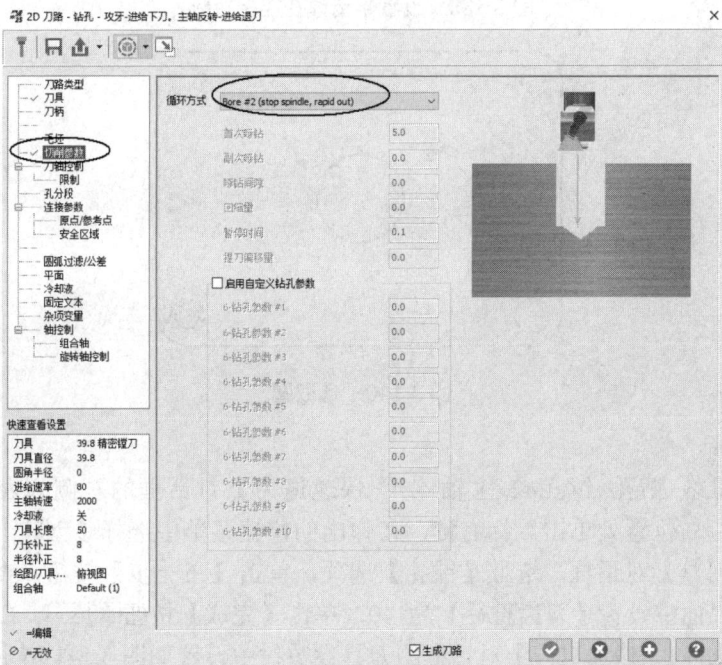

图 3.138　设置切削参数

11. 精镗 ϕ40 孔

1) 选取镗孔图素

切换到【刀路】选项卡，在 2D 组中，单击【钻孔】按钮，系统弹出【刀路孔定义】对话框，单击【选取图素】按钮，选取如图 3.140 所示的圆于点 P1，单击【确定】按钮。

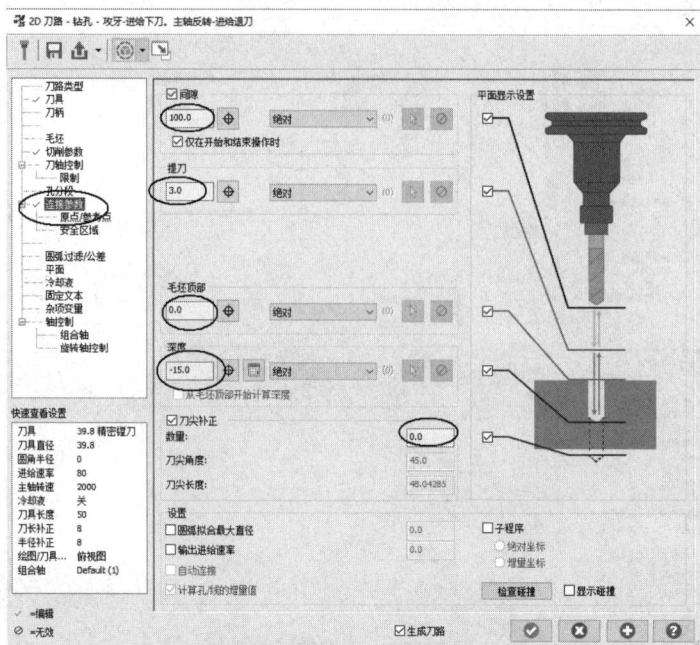

图 3.139　设置半精镗孔连接参数

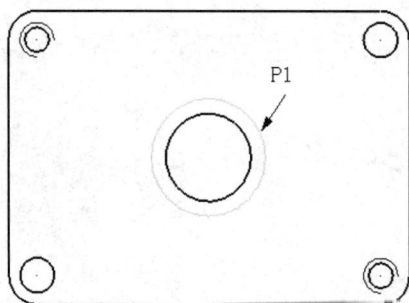

图 3.140　选取圆

2) 创建刀具

在【2D 刀路-钻孔-镗孔#2-主轴停止-快速退刀】对话框的左侧列表框中选择【刀具】选项，在空白位置处单击鼠标右键，在弹出的快捷菜单中选择【创建刀具】命令，系统打开【定义刀具】对话框，选取【镗孔】选项，单击【下一步】按钮，在【定义刀具图形】选项设置界面中设置【刀齿直径】为 40，单击【完成】按钮完成。在【2D 刀路-钻孔-镗孔#2-主轴停止-快速退刀】对话框的刀具参数栏中设置如图 3.141 所示的参数值。

3) 定义精镗加工参数

在左侧列表框中选择【切削参数】选项，并选择 Fine Bore(shift)加工方式，同时设置【暂停时间】为 0.1，【提刀偏移量】为 0.2，如图 3.142 所示。

4) 连接参数的设置

在左侧列表框中选择【连接参数】选项，设置连接参数，如图 3.143 所示。单击【确定】按钮 ✔，结束精镗孔加工设置。

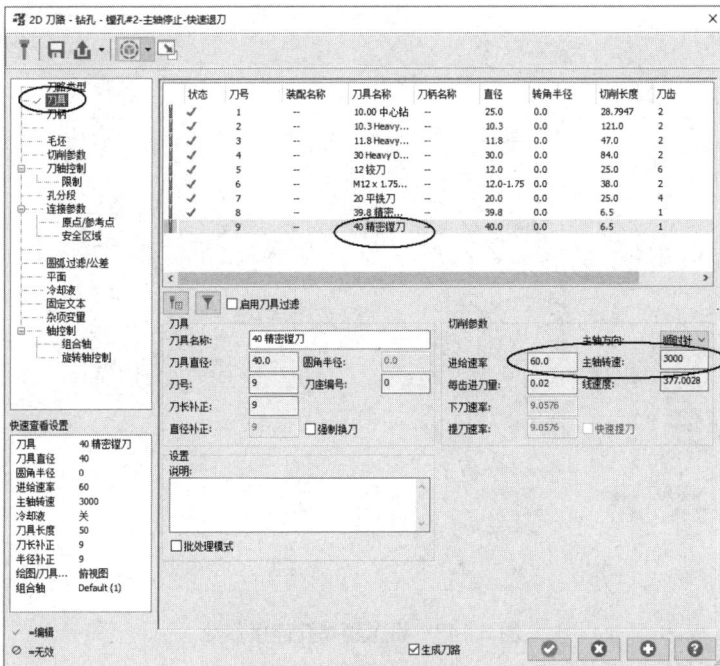

图 3.141　设置刀具参数

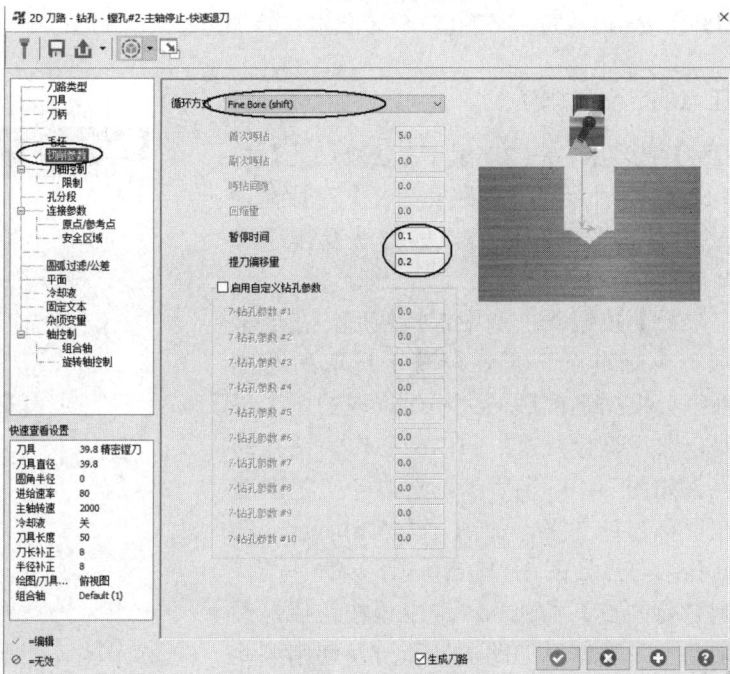

图 3.142　设置切削参数

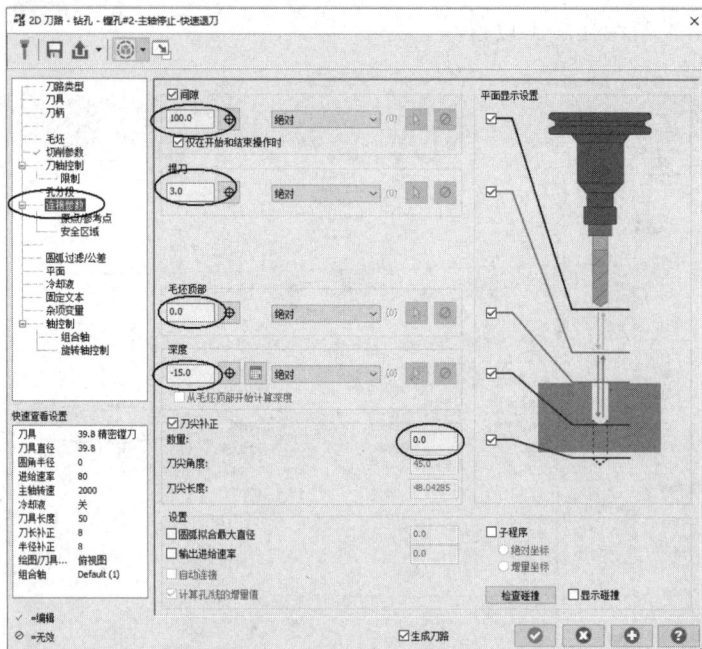

图 3.143　设置精镗孔连接参数

3.4.3　知识链接：钻孔加工参数

钻孔加工刀路主要用于钻孔、铰孔、攻牙和镗孔等加工。

1. 钻孔加工点的定义及排序

切换到【刀路】选项卡，在 2D 组中单击【钻孔】按钮，系统弹出如图 3.144 所示的【刀路孔定义】对话框。该对话框提供了多种选取钻孔中心点的方法及排序方式，下面分别对它们进行介绍。

- 【限定半径】按钮 🔍：选中该按钮后，在屏幕上选取一个基准圆，再在屏幕上选取所有图素，系统会根据基准圆的大小对选取的图素进行过滤，选择符合要求的圆的圆心作为钻孔的中心点。如图 3.145(a)所示，选取一个基准圆弧，在屏幕窗选图素，如图 3.145(b)所示，选取的钻孔中心点如图 3.145(c)所示。
- 【复制之前的点】按钮 📋：选中该按钮后，系统会采用上一次钻孔刀路的钻孔点及切削顺序作为钻孔刀路钻孔点的切削顺序。
- 【子程序】按钮 ⏱：选中该按钮后，系统会弹出之前所有的钻孔加工程序，用户可以选择所需要的程序并在其基础上进行修改。

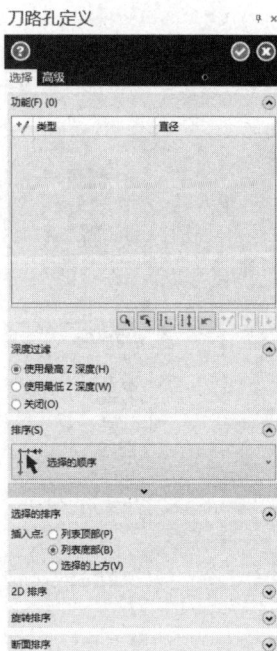

图 3.144　【刀路孔定义】对话框

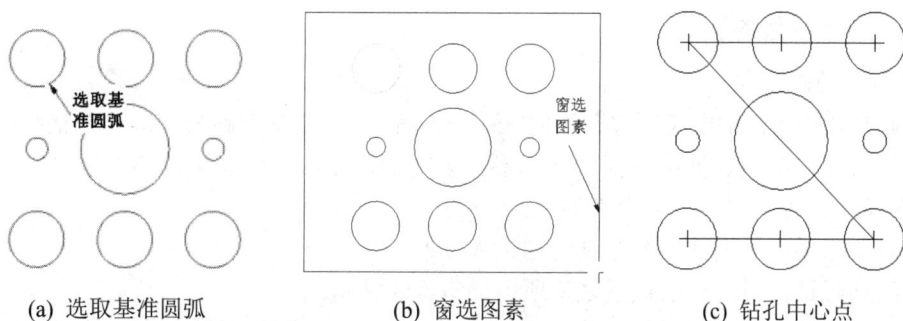

(a) 选取基准圆弧   (b) 窗选图素   (c) 钻孔中心点

图 3.145 通过限定半径选取点的路径

- 【反向顺序】按钮：选中该按钮后，将对功能表中的钻孔点排序进行反向。

- 【重置为原始顺序】按钮：选中该按钮后，会撤销功能表中所有钻孔点的排序操作，钻孔点将按原始选择顺序排序。

- 【更改点参数】按钮：在功能表中选定一个钻孔点，选中该按钮后，可以单独对该点的钻孔参数作调整。

- 【向上移动】按钮：在功能表中选定一个钻孔点，选中该按钮后，可将该点的排序向上移动。

- 【向下移动】按钮：在功能表中选定一个钻孔点，选中该按钮后，可将该点的排序向下移动。

- 【深度过滤】选项组：当选择的两个钻孔点在加工平面上的投影重合时，可通过【使用最高 Z 深度】或【使用最低 Z 深度】单选按钮来确定其中一个钻孔点进行操作，还可以通过【关闭】单选按钮禁用深度过滤。

- 【选择的顺序】按钮：选取钻孔点后，采用排序选项设置钻孔点的切削顺序，Mastercam 提供了 17 种 2D 排序(见图 3.146(a))、12 种旋转排序(见图 3.146(b))和 16 种断面排序(见图 3.146(c))。

- 【插入点】选项组：选中【列表顶部】单选按钮，插入的钻孔点的排序位于功能表的顶部；选中【列表底部】单选按钮，插入的钻孔点的排序位于功能表的底部；选中【选择的上方】单选按钮，插入的钻孔点的排序位于功能表中所选择的钻孔点的上方。

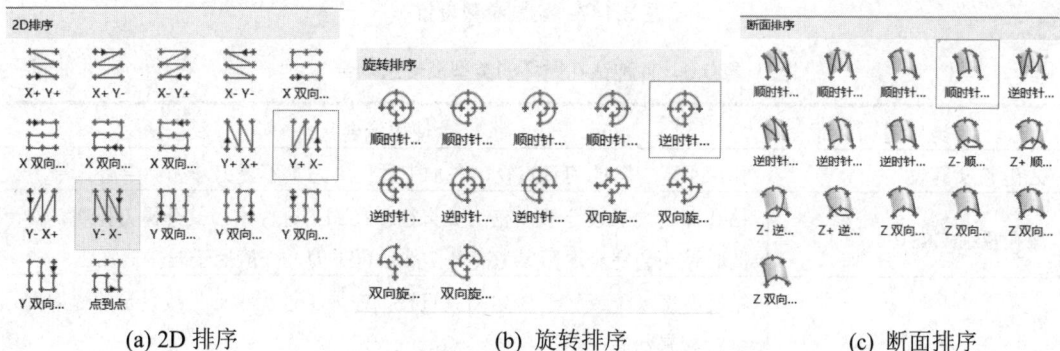

(a) 2D 排序   (b) 旋转排序   (c) 断面排序

图 3.146 孔的排序

2. 钻孔加工参数的设置

1) 切削参数的设置

选取完钻孔点后，单击【确定】按钮 ，即可进入【2D 刀路-钻孔-简单钻孔：无啄孔】对话框，在左侧列表框中选择【切削参数】选项，在右侧将显示需要设置的参数，如图 3.147(a)所示，各主要参数的含义如下。

- 首次啄钻：设定第一次啄钻时的钻入深度。
- 副次啄钻：设定首次切量之后所有的每次啄钻量。
- 啄钻间隙：每次啄钻钻头快速下刀到某一深度时，这一深度与前一次钻深之间的距离。
- 回缩量：指钻头每作一次啄钻时的提刀距离。
- 暂停时间：设定钻头至孔底时，钻头在孔底的停留时间。
- 提刀偏移量：单刃镗刀在镗孔后提刀前，为避免刀具刮伤孔壁，可将刀具偏移一定的距离，以离开圆孔内面后再提刀。

在【循环方式】下拉列表框中，系统提供了 8 种钻孔循环和 12 种自定义循环，如图 3.147(b)所示。各种钻孔循环的类型及使用场合如表 3.6 所示。

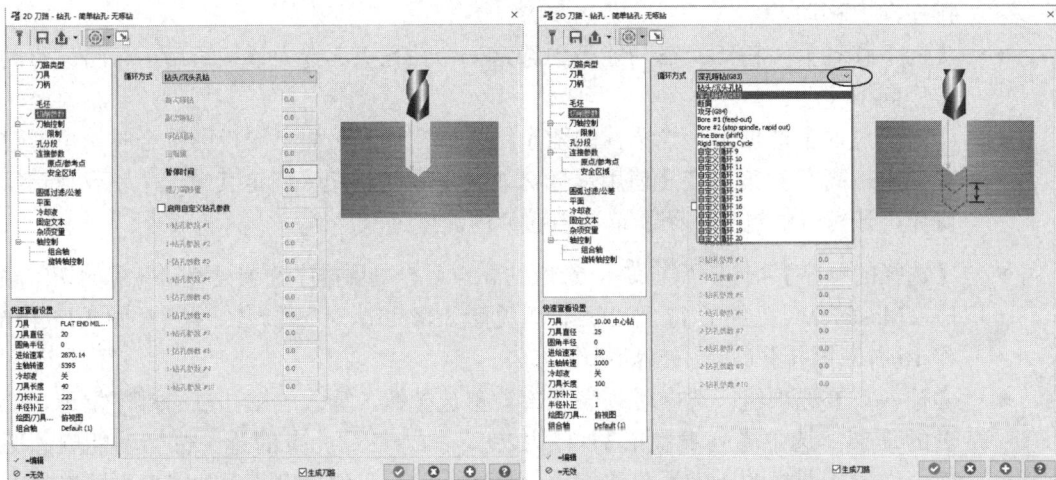

(a) 主要参数

(b) 循环类型

图 3.147 切削参数设置

表 3.6 各种钻孔循环的类型及使用场合

类 型	使用场合
钻孔/沉头孔钻	孔深小于 3 倍的刀具直径，在加工过程中刀具不提刀，如钻中心孔等
深孔啄钻(G83)	钻孔深度大于或等于 3 倍刀具直径，在加工过程中刀具会提刀排屑，排屑时钻头会完全退回参考高度，然后再下刀，一般用于难排屑加工
断屑	钻孔深度大于或等于 3 倍刀具直径，在加工过程中刀具按设定的提刀高度抬起来断屑
攻牙(G84)	攻内螺纹

类　型	使用场合
Bore#1(feed-out)	用进给速率下刀及退刀的方式镗孔，可产生直且表面平滑的孔
Bore#2(stop spindle, rapid out)	用进给速率下刀，加工到孔底后，主轴停止转动，然后快速提刀
Fine Bore (shift)	用进给速率下刀，加工到位后，主轴停止转动，再旋转到一定方向，镗刀刃口偏离孔壁后，快速提刀
Rigid Tapping Cycle	刚性攻内螺纹，可实现二次攻牙。通常 M29 S 配合 G84 使用
自定义循环 9~20	通过【启用自定义钻孔参数】复选框设置钻孔参数进行加工

2) 连接参数的设置

在左侧列表框中选择【连接参数】选项，在右侧将显示需要设置的连接参数，如图 3.148 所示。

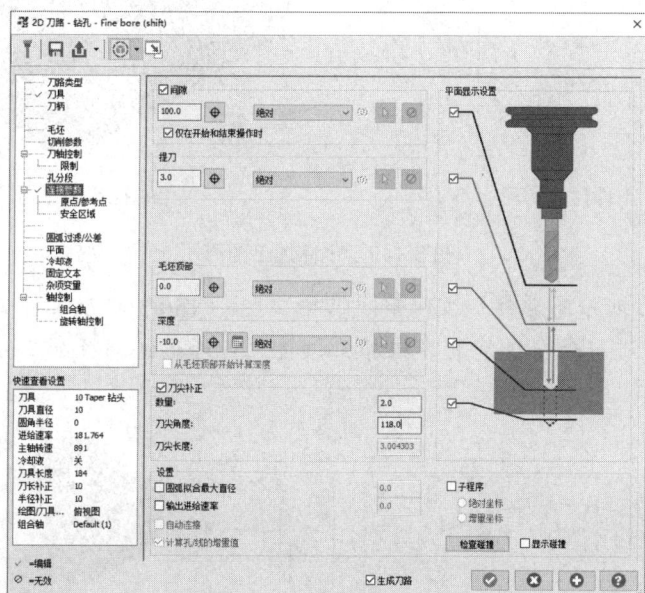

图 3.148　连接参数设置

- 【间隙】：数控加工中基于换刀和装夹工件设定的一个高度，通常一个工件加工完毕后刀具会停留在安全高度。当取消选中该复选框时，钻孔加工会以 G99 模式进行；当选中该复选框且取消选中【仅在开始和结束操作时】复选框时，钻孔加工会以 G98 模式进行。
- 【提刀】文本框：用于设定钻孔的 R 平面。R 平面是钻头开始以 G01 的速度进给的高度，同时也是 G99 模式下，钻头在孔与孔之间移动的高度。
- 【毛坯顶部】文本框：设定要加工的表面在轴向的位置高度。
- 【深度】文本框：设定刀路最后要加工的深度。
- 【刀尖补正】复选框：用于计算倒角刀具(如钻头、中心钻和倒角刀等)的倒角部分的长度。例如选择 ϕ10 mm 的钻头，在【深度】文本框中输入"-10"，选中

【刀尖补正】复选框,设置【数量】为"2"(即在加工通孔时,贯穿工件下表面 2mm)。系统根据设置的刀尖角度,自动计算出倒角部分的深度为 3.004303,实际加工深度为-15.004303。

提 高 练 习

1. 图 3.149 所示为零件加工图形。其中,图 3.149(a)所示为工件尺寸图形,毛坯材料为 100mm×80mm×20mm,要求采用动态铣削或挖槽等策略进行加工,实体验证结果如图 3.149(b) 所示。

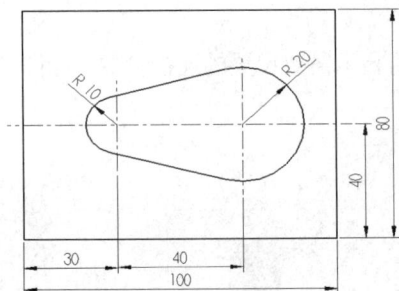

(a) 工件尺寸图形　　　　　　　　　　　(b) 挖槽加工刀路

图 3.149　零件加工图形

2. 如图 3.150 所示为零件加工图形。其中,图 3.150(a)所示工件的内槽需要加工,要求采用合适铣刀进行动态铣削策略粗加工,再进行外形铣削精加工。实体验证结果如图 3.150(b)所示。

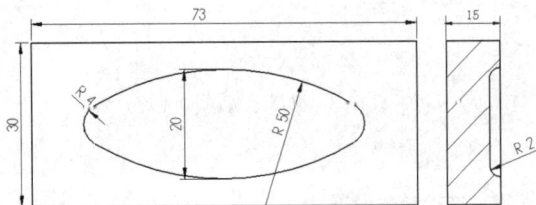

(a) 零件尺寸图　　　　　　　　　　　(b) 实体验证图

图 3.150　零件加工图形

3. 图 3.151 所示为文字图形。其中,图 3.151(a)所示的文字图形需要加工(文字经过镜像处理),毛坯材料为 100mm×100mm×20mm,文字高为 30mm,图形文字原图(见图 3.151(b))的具体参数如表 3.7 所示,字体为华文隶书。要求采用挖槽、动态铣削、雕刻等策略加工出阳文字和阴文字,深度为 0.7 mm,实体验证结果如图 3.151(c)和(d)所示。

4. 图 3.152 所示为零件加工图形。其中,图 3.152(a)所示的工件图形需要加工上端平面和凹槽,要求采用面铣、动态铣削或挖槽、外形铣削等策略进行加工,实体验证结果如图 3.152(b)所示。

(a) 零件尺寸图　　　　　　　　(b) 文字原图

(c) 阳文字　　　　　　　　(d) 阴文字

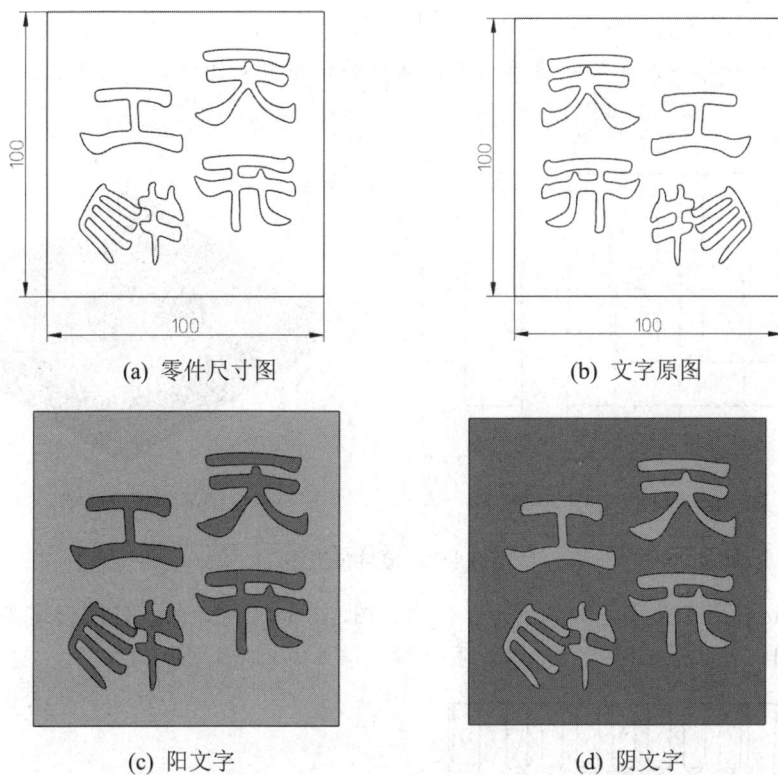

图 3.151　文字图形

表 3.7　文字参数设置

字　体	文　字	字高/mm	方　向	定　位
华文隶书	天	30	水平	(−40, 11)
华文隶书	工	30	水平	(2, −1)
华文隶书	开	30	水平	(−40, −26)
华文隶书	物	10	水平	(2, −37)

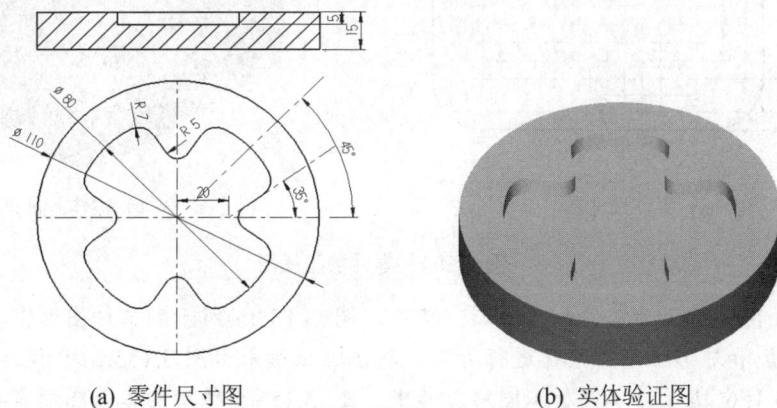

(a) 零件尺寸图　　　　　　　　(b) 实体验证图

图 3.152　零件加工图形

5. 图 3.153 所示为零件加工图形。其中，图 3.153(a)所示的工件图形需要加工，要求采用动态铣削和外形铣削等策略进行加工，实体验证结果如图 3.153(b)所示。

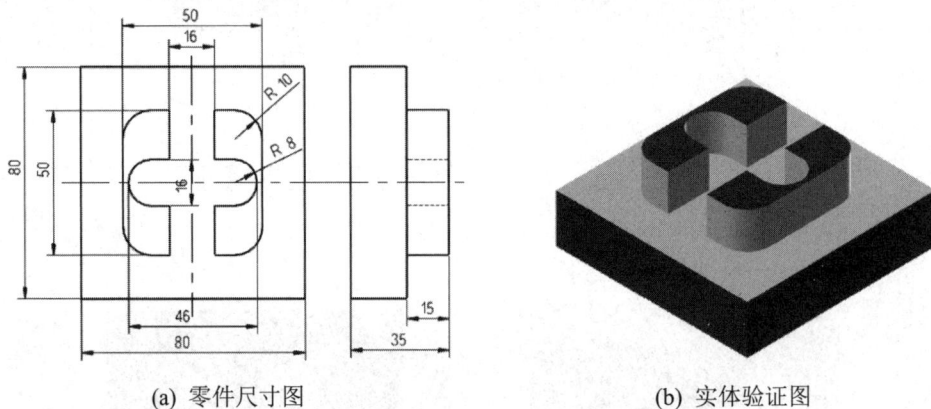

(a) 零件尺寸图   (b) 实体验证图

图 3.153　零件加工图

6. 图 3.154 所示为零件加工图形。其中，图 3.154(a)所示的工件图形需要加工，要求采用外形铣削、钻孔等策略进行加工，实体验证结果如图 3.154(b)所示。

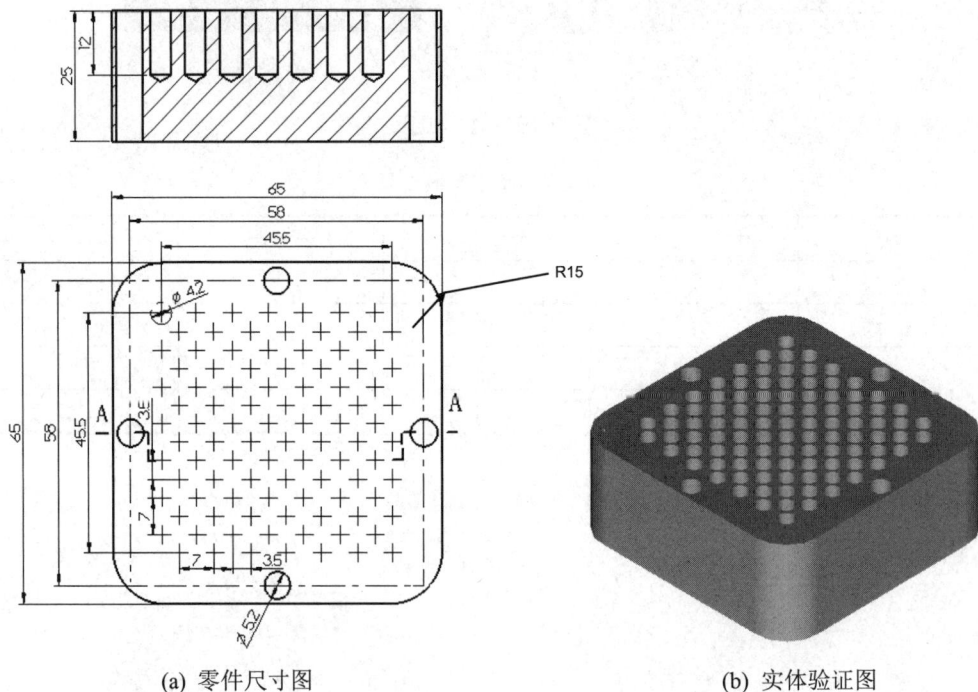

(a) 零件尺寸图   (b) 实体验证图

图 3.154　零件加工图形

7. 图 3.155 所示为零件加工图形。其中，图 3.155(a)所示的工件图形需要加工，要求采用动态铣削和外形铣削等策略进行加工，实体验证结果如图 3.155(b)所示。

8. 图 3.156 所示为零件加工图形。其中，图 3.156(a)所示的工件图形需要加工，要求采用动态铣削和外形铣削等策略进行加工，实体验证结果如图 3.156(b)所示。

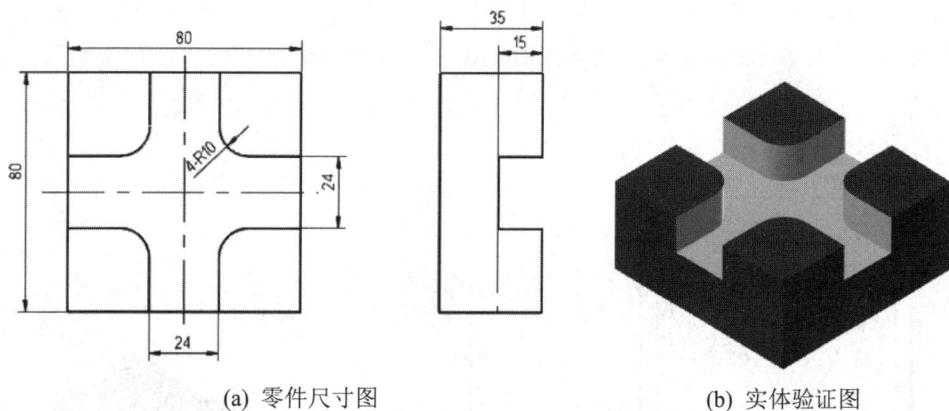

(a) 零件尺寸图　　　　　　　　(b) 实体验证图

图3.155　零件加工图形

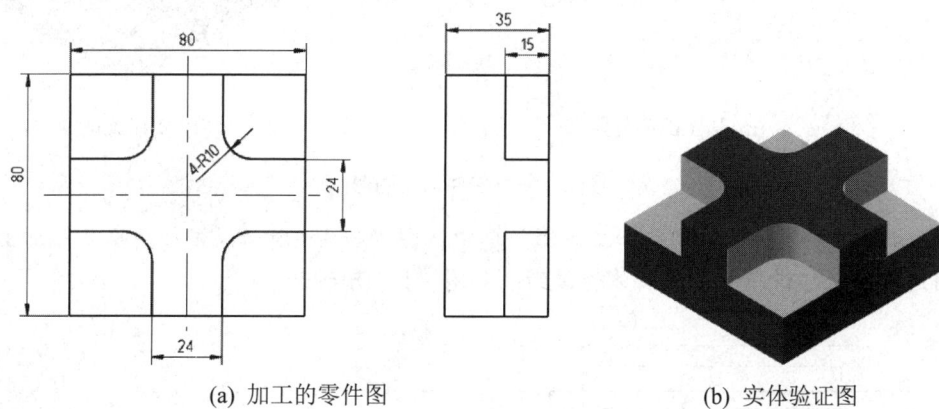

(a) 加工的零件图　　　　　　　(b) 实体验证图

图3.156　零件加工图形

9. 图 3.157 所示为零件加工图形。其中，图 3.157(a)所示的工件图形需要加工，要求采用动态铣削和外形铣削等策略进行加工，实体验证结果如图3.157(b)所示。

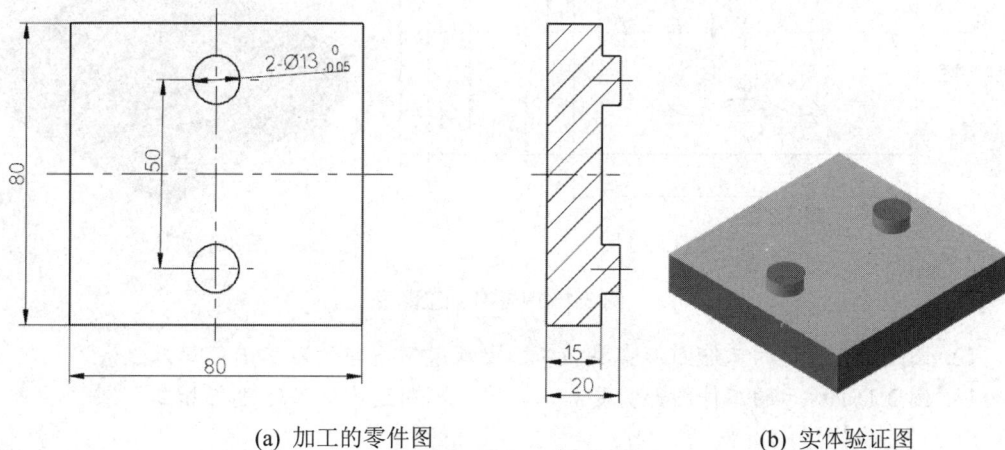

(a) 加工的零件图　　　　　　　(b) 实体验证图

图3.157　零件加工图形

10. 图 3.158 所示为零件加工图形。其中，图 3.158(a)所示的工件图形需要加工，要求采用动态铣削和外形铣削(斜插)等策略进行加工，实体验证结果如图 3.158(b)所示。

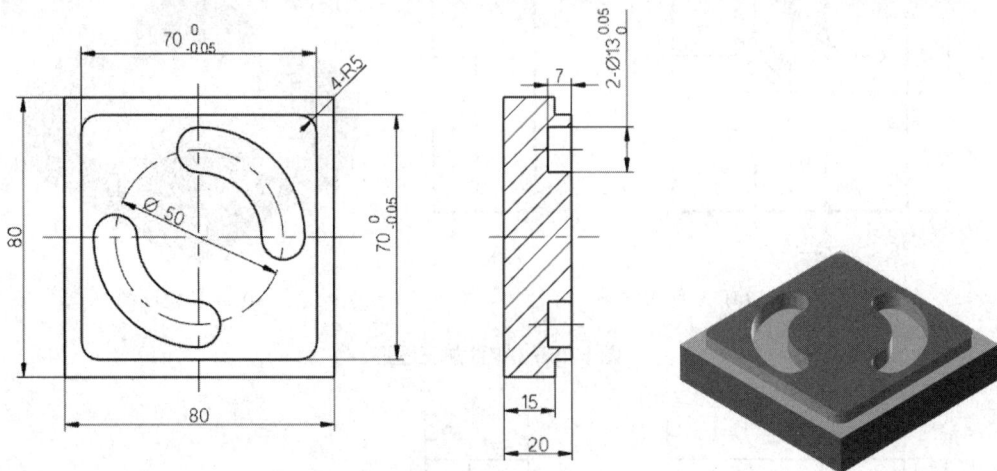

(a) 加工的零件图   (b) 实体验证图

图 3.158   零件加工图形

11. 如图 3.159 所示为零件加工图形。其中，图 3.159(a)所示的工件图形需要加工，要求采用适当的刀路进行加工，实体验证结果如图 3.159(b)所示。

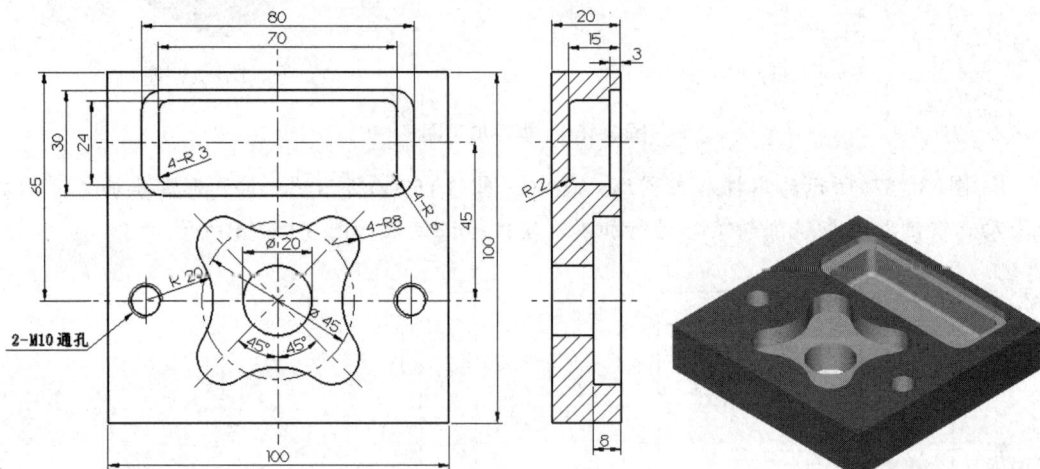

(a) 零件尺寸图   (b) 实体验证图

图 3.159   零件加工图形

12. 图 3.160 所示的工件图形需要加工，要求采用适当的刀路进行加工。

13. 图 3.161 所示的工件图形需要加工，要求采用适当的刀路进行加工。

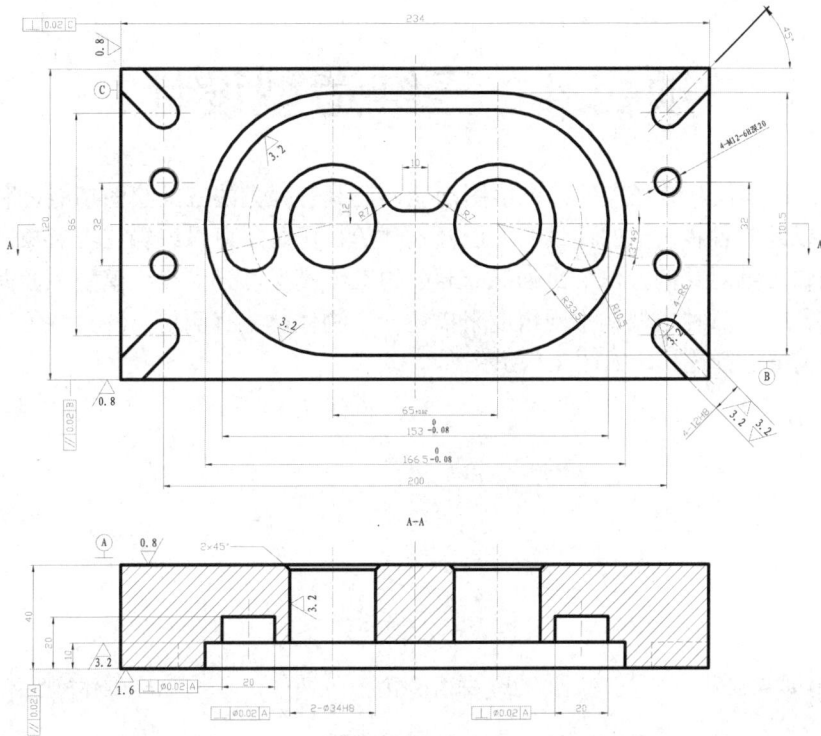

图 3.160   零件加工图形

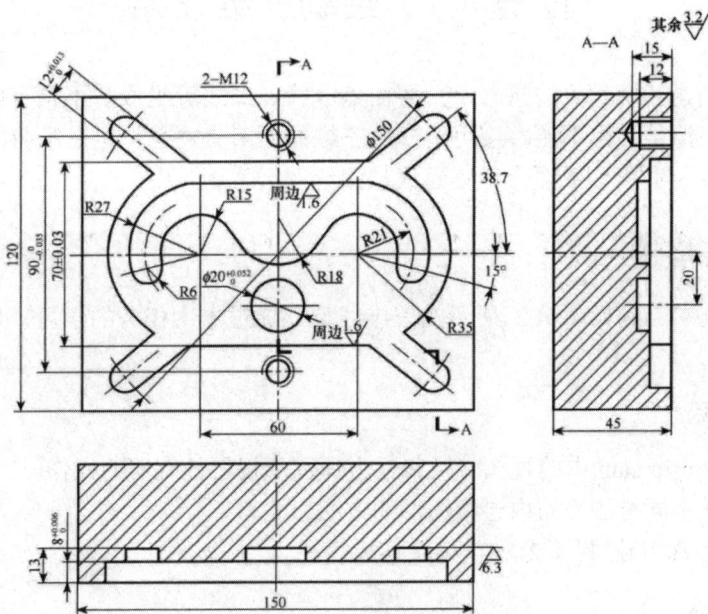

图 3.161   零件加工图形

项目 4   三维造型设计

Mastercam 不仅具有强大的二维绘图功能，还具有强大的三维绘图功能，利用其三维绘图功能可以绘制各种三维的曲线、曲面及实体等，同时还可以编辑三维对象。本章将介绍绘制及编辑三维对象的方法。Mastercam 中的三维模型可分为线架模型、曲面模型以及实体模型三种，这三种模型从不同角度来描述一个物体，各有侧重、各具特色，用户可以根据不同的需要进行选择，如图 4.1 所示。

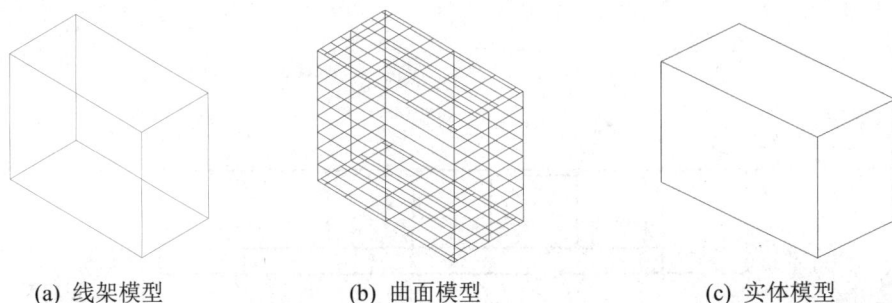

(a) 线架模型   (b) 曲面模型   (c) 实体模型

图 4.1   三维模型

任务 4.1   绘制三维线架

线架用来描述三维对象的轮廓，主要由点、线、曲线等组成，不具有面和体的特征，不能进行消隐、渲染，也不能直接用于产生三维曲面刀具路径，但三维曲面和实体必须在三维线架的基础上生成。下面介绍三维线架的绘制。

4.1.1   任务描述

本次任务要求绘制如图 4.2 所示的三维线架。通过本次任务的学习，培养绘图者达到以下主要目标。

1. 知识目标

- 掌握 Mastercam 中的视图转换和立方体图形视图控制器的操作。
- 掌握在不同绘图平面内绘制图形的方法。
- 掌握 Z(深度)控制及 2D/3D 模式切换功能。

2. 能力目标

- 能够利用视图转换功能或立方体图形视图控制器进行图形观看。
- 能够利用 Z(深度)控制及 2D/3D 模式功能进行图形绘制。
- 能够在不同绘图平面内绘制图形。
- 能够绘制中等复杂程度的三维线架。

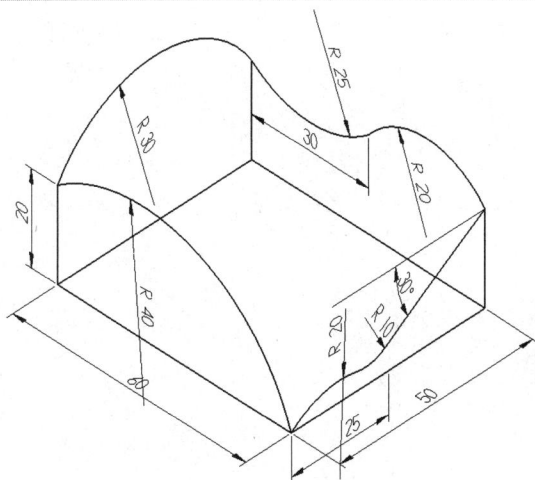

图 4.2 三维线架

3. 素质目标

● 通过三维线架的绘制可以锻炼和提升绘图者的空间想象能力。

● 绘制三维线架图形有助于培养绘图者的三维构图能力，使其能够更好地理解和表达三维空间。

4.1.2 三维线架绘制

1. 在俯视绘图平面上绘制一个矩形并往上平移，生成长方体

(1) 在立方体图形视图控制器中设置屏幕视图为俯视图，在状态栏中设置绘图平面为俯视图，设定 Z 深度为 0。

(2) 切换到【线框】选项卡，单击【矩形】按钮□，系统弹出【矩形】对话框，选中【矩形中心点】复选框，在【宽度】文本框中输入"60"、【高度】文本框中输入 50，单击【原点】按钮，确认矩形的中心点，最后单击【确定】按钮。

(3) 在绘图区用窗选方式选取绘制的矩形，切换到【转换】选项卡，单击【平移】按钮。如图 4.3 所示，在【平移】对话框中选中【连接】单选按钮，设置【编号】为 1，Z 方向的距离为 20，单击【确定】按钮，结果如图 4.4 所示。

2. 在前视绘图平面上绘制 3 个圆弧

(1) 在立方体图形视图控制器中设置屏幕视图为等视图，在状态栏中设置绘图平面为前视图，在状态栏中单击 Z 按钮，系统提示为新的绘图深度选择点，用鼠标在绘图区捕捉端点 P1(Z=25) (见图 4.4)；设置绘图模式为 2D。

(2) 切换到【线框】选项卡，单击【端点画弧】按钮。输入第一点时，选取点 P1(见图 4.4)；输入第二点时，选取点 P2；在【半径】文本框中输入"40"，在绘图区从上往下数，选取"第二个圆弧"，单击【确定并创建新操作】按钮。

(3) 在状态栏中单击 Z 按钮，用鼠标在绘图区捕捉端点 P3(Z=-25)；设置绘图模式为 2D。

(4) 系统提示输入第一点时，捕捉端点 P3(见图 4.4)；系统提示输入第二点时，捕捉直线中点 P4；输入半径"25"，从上往下数，选取"第三个圆弧"，单击【确定并创建新操作】按钮。

(5) 系统提示输入第一点时，捕捉直线中点 P4(见图 4.4)；系统提示输入第二点时，捕捉端点 P5；输入半径"20"，提示选择圆弧时，从上往下数，选取"第二个圆弧"，单击【确定】按钮，结果如图 4.5 所示。

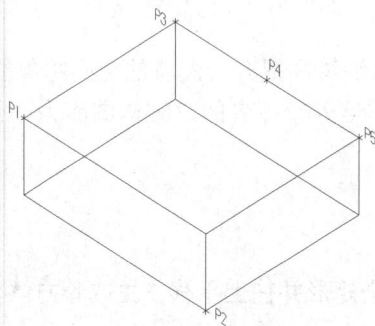

图 4.3　【平移】对话框　　　图 4.4　绘制长方体　　　图 4.5　在前视图上绘制圆弧

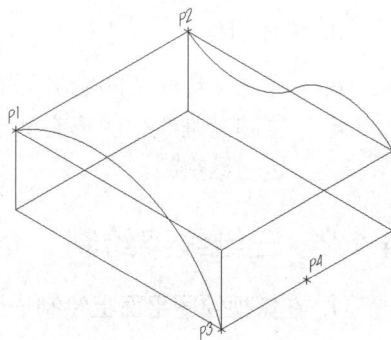

3. 在右视绘图平面上绘制两个圆弧

(1) 在立方体图形视图控制器中设置屏幕视图为等视图，在状态栏中设置绘图平面为右视图，在状态栏中设定 Z 深度为"-30"，或在状态栏中单击 Z 按钮，在绘图区捕捉图 4.4 中的 P1 点，设置绘图模式为 2D。

(2) 单击【端点画弧】按钮。输入第一点时，选取点 P1(见图 4.5)；输入第二点时，选取点 P2；在【半径】文本框中输入"30"，在绘图区从上往下数，选取"第二个圆弧"，单击【确定并创建新操作】按钮。

(3) 单击 Z 按钮，用鼠标在绘图区捕捉图 4.5 中的点 P3(Z= 30)。

(4) 系统提示输入第一点时，捕捉端点 P3；系统提示输入第二点时，捕捉中点 P4；输入半径"20"，从上往下数，选取"第二个圆弧"，单击【确定】按钮，结果如图 4.6 所示。

4. 在右视绘图平面上用旋转功能将直线向下旋转

切换到【转换】选项卡，单击【旋转】按钮，系统弹出【旋转】对话框，选取直线 L1(见图 4.6)，按 Enter 键确认。在【旋转中心点】选项栏中单击【重新选择】按钮，在绘图区捕捉端点 P1(见图 4.6)，在对话框中设置处理方式为【移动】，【编号】

为 1，设置【角度】为 30°，如图 4.7 所示，单击对话框中的【确定】按钮 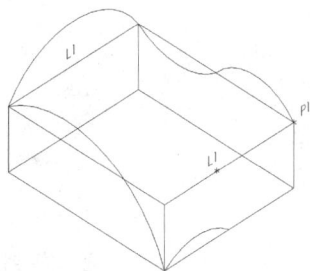，结果如图 4.8 所示。

图 4.6　在右视图上绘制圆弧　　　图 4.7　【旋转】对话框　　　图 4.8　生成 30°夹角的直线

5. 在直线和圆弧之间倒圆角并删除多余的线段

(1) 单击【修剪】组中的【图素倒圆角】按钮 ⌒，系统弹出【图素倒圆角】对话框。在【半径】文本框中输入"10"，在绘图区选取点 P1 和点 P2(见图 4.8)，单击【确定】按钮 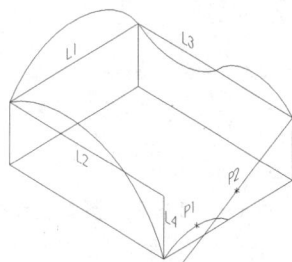。

(2) 在绘图区选取要删除的直线 L1、L2、L3、L4(见图 4.8)，单击【主页】选项卡中的【删除图素】按钮 ✕，完成图形的绘制。

4.1.3　知识链接：线架构图

1. 视角的设定

通过设置不同的视角可以观察所绘制的三维图形，随时查看绘图效果，以便及时进行修改和调整。在【视图】选项卡的【屏幕视图】组(见图 4.9)中和在绘图区单击鼠标右键弹出的快捷菜单(见图 4.10)中有多个用于改变视角的按钮。

- 【俯视图】按钮 ⬒：单击此按钮，系统将当前视角设置为俯视视角。
- 【等视图】按钮 ⬒：单击此按钮，系统将当前视角设置为等角视角。
- 【右视图】按钮 ⬒：单击此按钮，系统将当前视角设置为右视视角。
- 【前视图】按钮 ⬒：单击此按钮，系统将当前视角设置为前视视角。
- 【左视图】按钮 ⬒：单击此按钮，系统将当前视角设置为左视视角。
- 【后视图】按钮 ⬒：单击此按钮，系统将当前视角设置为后视视角。
- 【仰视图】按钮 ⬒：单击此按钮，系统将当前视角设置为仰视视角。

- 【旋转】按钮 ：单击此按钮，在绘图区选取一点后，通过移动光标可以动态
地改变当前的视角。

此外用户通过如图 4.11 所示的立方体图形视图控制器可以动态地查看绘制的三维图
形，并可以对绘图区的图形进行放大、缩小等操作。

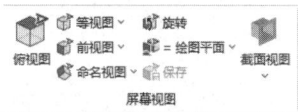

图 4.9 【屏幕视图】工具栏   图 4.10 快捷菜单   图 4.11 立方体图形
视图控制器

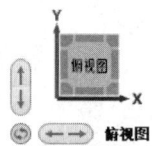

2. 绘图平面的设定

在绘制几何图形之前，必须先指定绘图平面，几何图形要绘制在所指定的平面上。在
Mastercam 状态栏的【绘图平面】菜单(见图 4.12(a))和操作管理器的【平面】选项卡(见
图 4.12(b))中有多个用于改变绘图平面的选项。

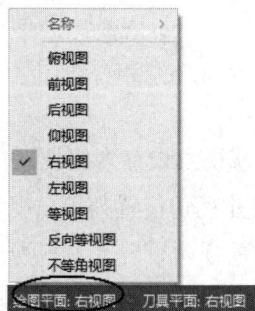

(a)【绘图平面】菜单   (b)【平面】选项卡

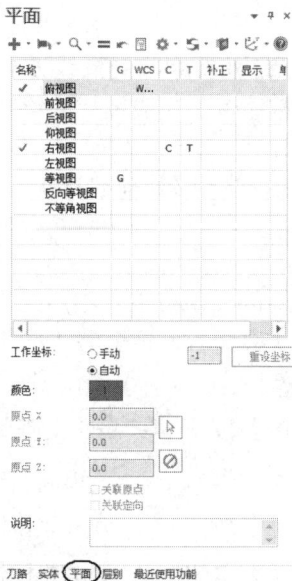

图 4.12 绘图平面设置

1) 常见绘图平面
- 【俯视图】：选择此命令，系统将当前绘图平面设置为俯视绘图平面。

- 【前视图】：选择此命令，系统将当前绘图平面设置为前视绘图平面。
- 【后视图】：选择此命令，系统将当前绘图平面设置为后视绘图平面。
- 【仰视图】：选择此命令，系统将当前绘图平面设置为仰视绘图平面。
- 【右视图】：选择此命令，系统将当前绘图平面设置为右视绘图平面。
- 【左视图】：选择此命令，系统将当前绘图平面设置为左视绘图平面。
- 【等视图】：选择此命令，系统将当前绘图平面设置为等角视图平面。
- 【反向等视图】：选择此命令，系统将当前绘图平面设置为从反面投影的等角视图平面。
- 【不等角视图】：选择此命令，系统将当前绘图平面设置为不等角视图平面。

2) 创建新平面

当一些常见绘图平面不能满足用户需求时，用户还可以单击操作管理器【平面】选项卡中的【创建新平面】下拉按钮✚▾(见图 4.13)，在其下拉菜单中包含了创建平面的命令。

- 【依照图形】：选择此命令，用户可以通过选取所需面(如 2 条线、3 个点)来定义当前绘图平面。
- 【依照实体面】：选择此命令，系统将用户选择的实体面作为当前的绘图平面。
- 【依照屏幕视图】：选择此命令，系统将当前视角设置为当前绘图平面。
- 【依照图素法向】：选择此命令，通过选取一条直线来定义绘图平面，绘图平面法线方向与选取的直线平行。
- 【相对于 WCS】：相对于当前 WCS 平面，创建一个相对的标准绘图平面。
- 【动态】：选择此命令，在绘图区选择定面图素并调整动态坐标指针定义绘图平面。也可单击绘图区左下方的 WCS 坐标指针，同样会弹出动态指针进行确定绘图平面的操作。
- 【快捷绘图平面】：通过选取实体面快速创建绘图平面，此命令仅针对实体定面绘图，刀具平面不会跟随变化。

图 4.13 创建新平面命令

3. Z(深度)的设定

设置完绘图平面后，需进行 Z 深度的设置。同一个绘图平面，由于绘图平面 Z 深度的不同，所绘制的几何图形所处的空间位置也不相同。如图 4.14 所示的状态栏中有 Z 的数值显示，为 30.0，它代表的意思是当前所绘制的几何图素距当前基准绘图平面的垂直距离为 30。这时的 Z 并不代表 Z 坐标，而是代表当前绘制的图素与当前基准面的垂直距离。

X: 31.89420 Y: -111.65352 Z: 30.00000 2D

图 4.14 设置绘图平面 Z

图 4.15 所示为等角视图，绘图平面为前视绘图平面，在图上画有两个圆，它们都在同一个绘图平面上，但前面(左边)的圆所在的绘图平面 Z 深度为 5，后面(右边)的圆所在的绘图平面 Z 深度为-5。

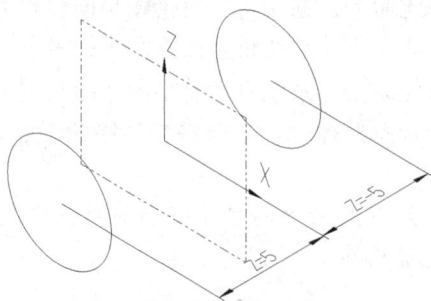

图 4.15　前视绘图平面上 Z 值的设定

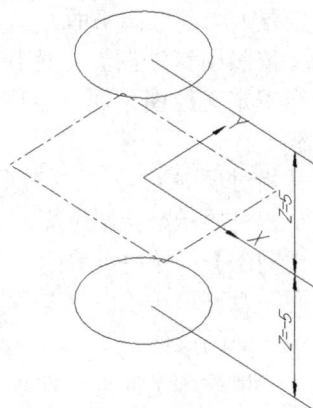

图 4.16 所示为等角视图，绘图平面为右视绘图平面，在图上画有两个圆，它们都在同一个绘图平面上，但右边的圆所在的绘图平面 Z 深度为 5，左边的圆所在的绘图平面 Z 深度为-5。

图 4.17 所示为等角视图，绘图平面为俯视绘图平面，在图上画有两个圆，它们都在同一个绘图平面上，但上面的圆所在的绘图平面 Z 深度为 5，下面的圆所在的绘图平面 Z 深度为-5。

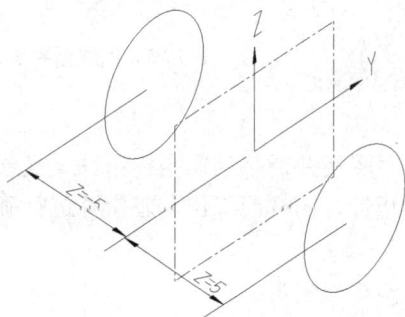

图 4.16　右视绘图平面上 Z 值的设定　　　　图 4.17　俯视绘图平面上 Z 值的设定

4. 绘图平面 2D/3D

在如图 4.18 所示的状态栏中有一个 2D/3D 切换按钮。在 2D 模式下，所有图形都绘制在当前绘图平面上，绘图深度由系统设置的 Z(深度)决定；在 3D 模式下，所绘制的图形不受当前系统 Z(深度)和绘图平面设置的约束，它由所捕捉的点位置决定。如图 4.19(a)所示系统设置绘图平面为俯视图，绘图深度为 25，绘图模式为 2D 模式，在绘图区捕捉点 P1 和点 P2，结果绘制的直线位于深度为 25 的俯视图上；如图 4.19(b)所示系统设置绘图平面为俯视图，绘图深度为 25，绘图模式为 3D 模式，在绘图区捕捉点 P1 和点 P2，结果绘制的直线为一条空间斜线。

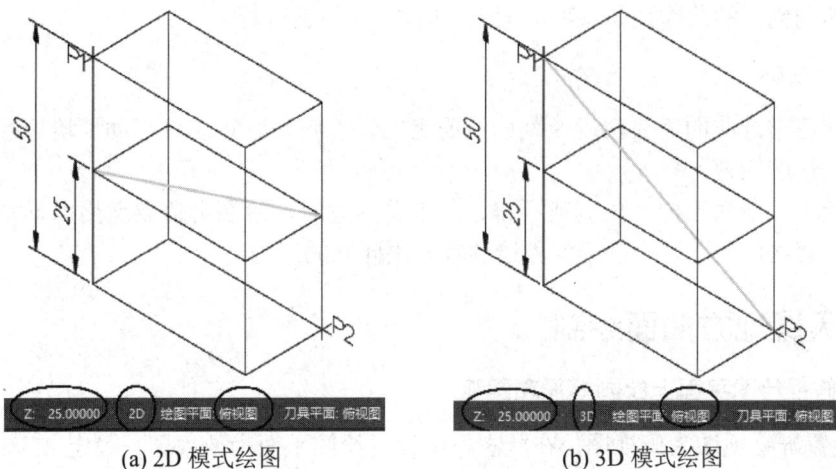

X: 77.43544　　　Y: -75.53448　　　Z: 30.00000　　(2D)

图 4.18　2D/3D 切换按钮

(a) 2D 模式绘图　　　　　　　　　　(b) 3D 模式绘图

图 4.19　2D/3D 模式绘图

任务 4.2　绘制天圆地方曲面

4.2.1　任务描述

本次任务要求绘制图 4.20 所示的天圆地方曲面。通过本次任务的学习，培养绘图者达到以下目标。

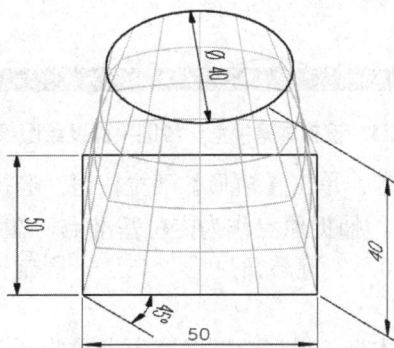

图 4.20　天圆地方曲面

1. 知识目标

● 进一步掌握 Z(深度)控制及 2D/3D 模式切换功能。

● 掌握举升曲面的创建方法及创建时的注意事项。

● 学会使用打断、连接功能。

2. 能力目标

- 能够利用 Z(深度)控制及 2D/3D 模式功能进行图形的绘制。
- 能够绘制带有举升曲面的图形。
- 遇到创建的曲面是非预期曲面形状时能及时找到原因。

3. 素质目标

- 创建举升曲面需要精确控制曲线的走向、方向和位置，这有助于培养绘图者精细操作的能力。
- 当遇到曲面扭曲、失真或不符合预期的问题时，绘图者需要运用所学知识和技巧来解决问题。这有助于培养绘图者解决问题的能力。

4.2.2　天圆地方曲面绘制

1. 在俯视绘图平面上绘制矩形和圆弧

(1) 设置屏幕视图为俯视图，在状态栏中设置绘图平面为俯视图，设定 Z 深度为 0，如图 4.21 所示。

图 4.21　设置屏幕视角、绘图平面及绘图深度

(2) 切换到【线框】选项卡，单击【矩形】下拉按钮，选择【圆角矩形】命令。

(3) 单击【原点】按钮，捕捉原点作为定位基准点，在【矩形形状】对话框中设置矩形的宽为"50"、高为"50"、旋转角度为"45"、固定位置点为中心点，单击【确定】按钮，完成矩形的绘制。

(4) 单击状态栏中的 Z 文本框，设置绘图深度为"40"，设置绘图模式为 2D。

(5) 切换到【线框】选项卡，单击【圆心点画圆】按钮，系统弹出【圆心点画圆】对话框，在绘图区捕捉原点，确认圆心点在原点，在【圆心点画圆】对话框中设置直径为"40"，单击【确定】按钮，结果如图 4.22 所示。

2. 将圆打断成 4 等分

(1) 切换到【线框】选项卡，单击【两点打断】下拉按钮，选择【打断成多段】命令。

(2) 在绘图区选取圆，单击【结束选择】按钮，在弹出的【打断成若干段】对话框中设置参数，如图 4.23 所示，单击【确定】按钮，结果如图 4.24 所示。

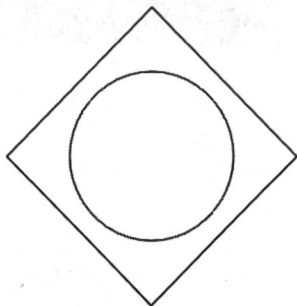

图 4.22　绘制矩形和圆　　　　图 4.23　【打断成若干断】对话框　　　图 4.24　将圆打断成 4 段

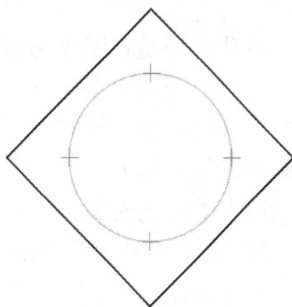

3. 生成举升曲面

(1) 切换到【层别】选项卡，单击【添加新层别】按钮，即可设置当前层为 2 号层，将 2 号层的名称设置为"举升曲面"，如图 4.25 所示。

(2) 切换到【曲面】选项卡，单击【举升】按钮，系统弹出如图 4.26 所示的【线框串连】对话框，单击【串连】按钮，在绘图区选取圆于点 P1，选取矩形于点 P2(见图 4.27)，注意选取方向要一致。单击【线框串连】对话框中的【确定】按钮。在弹出的【直纹/举升曲面】对话框中单击【确定】按钮，在立方体图形视图控制器中设置屏幕视图为等视图，结果如图 4.28 所示。

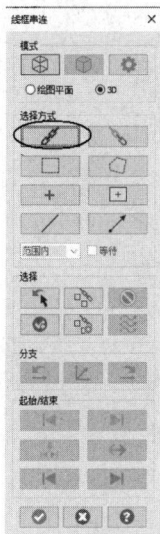

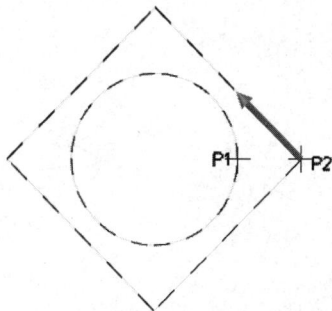

图 4.25　【层别】选项卡

图 4.26　【线框串连】对话框　　　图 4.27　选取串连外形　　　图 4.28　举升曲面

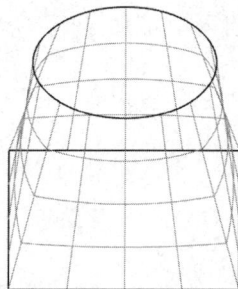

4.2.3 知识链接：创建举升曲面的注意事项

举升曲面是在两个或两个以上的线段或曲线之间生成曲面。切换到【曲面】选项卡，单击【举升】按钮▦，系统要求选取构造曲面图素并弹出如图 4.29 所示的【直纹/举升曲面】对话框。

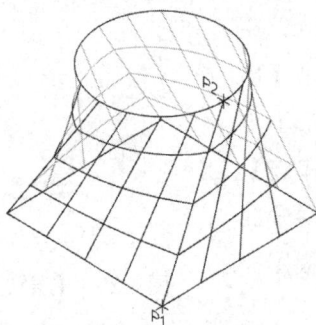

在生成直纹曲面和举升曲面时应注意以下几点。

(1) 选取的每一个截面外形的起始点位置要一致，否则会产生扭曲的曲面，如图 4.30 所示。

(2) 有时为了能使几个截面图素对应一致，需要将一个图素打断成几个图素。如图 4.31 所示，矩形由 4 段图素组成，圆为一个图素，为了使矩形和圆弧的图形一致，必须将圆形打断成 4 段。

(3) 所有截面外形的串接方向应相同，如果将某一个截面外形的串接方向逆转，将会得出错误的图形，如图 4.32 和图 4.33 所示。

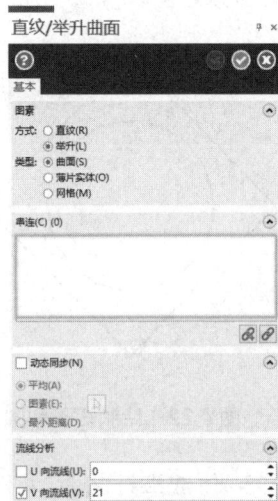

图 4.29 【直纹/举升曲面】对话框

(a) 起始点不一致   (b) 起始点一致

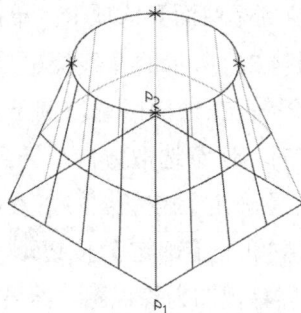

图 4.30 选取截面外形的起始点

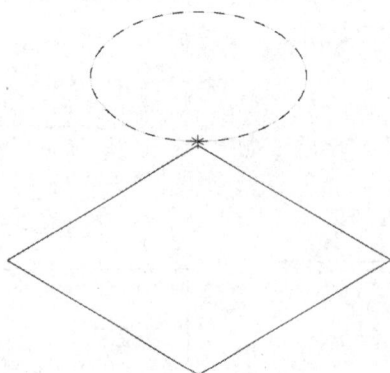

(a) 图素对应不一致   (b) 打断后一致

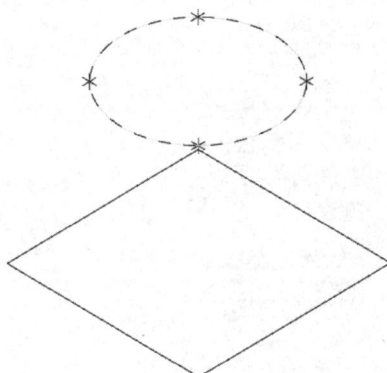

图 4.31 用打断的方法让起始点一致

(a) 串接方向一致　　　　　　　(b) 正确的曲面图形

图 4.32　截面外形串接方向一致

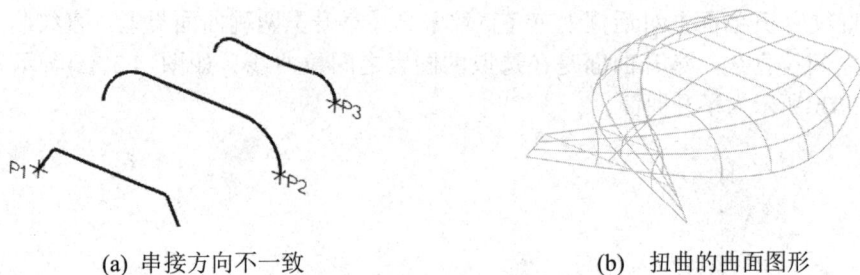

(a) 串接方向不一致　　　　　　(b) 扭曲的曲面图形

图 4.33　截面外形串接方向不一致

(4) 外形必须依次选取，如果没有依次选取，可能会产生非预期的曲面形状，如图 4.34 和图 4.35 所示。

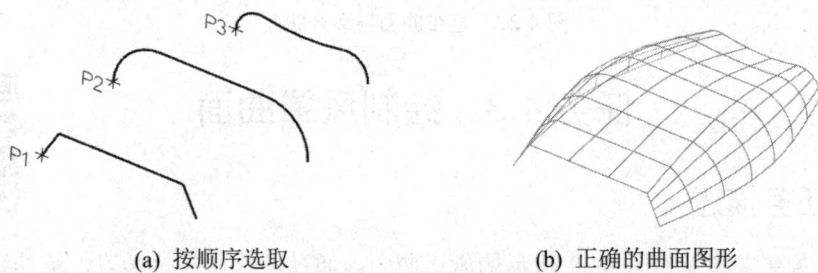

(a) 按顺序选取　　　　　　　(b) 正确的曲面图形

图 4.34　按顺序正确选取截面外形

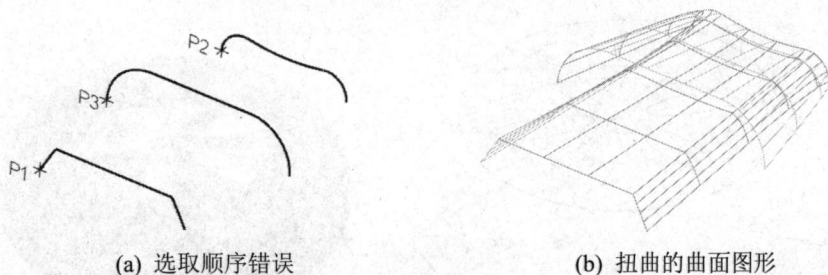

(a) 选取顺序错误　　　　　　(b) 扭曲的曲面图形

图 4.35　乱序选取截面外形

(5) 当外形的数量很多时，可以采用俯视视角选取外形，如图 4.36 所示。如果采用等视图来选取外形，可能会使外形混淆不清。

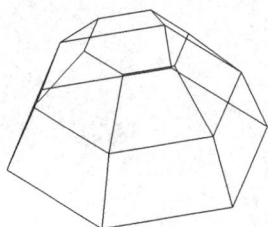

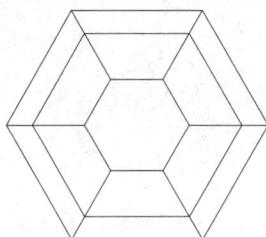

(a) 等视图不易选取　　　　　　　　　　　(b) 俯视图更易选取

图 4.36　采用俯视图选取截面外形更容易

在【直纹/举升曲面】对话框中有【直纹】、【举升】两种曲面类型,直纹曲面是在选取的图素之间拉直线,举升曲面是在选取的图素之间拉曲线。如图 4.37(a)所示为直纹曲面,图 4.37(b)所示为举升曲面。

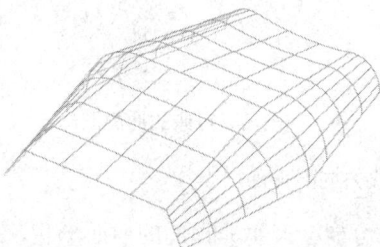

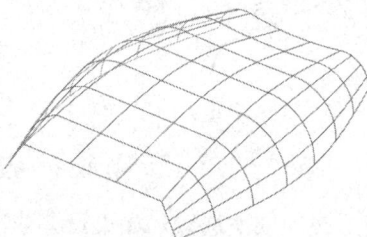

(a) 直纹曲面　　　　　　　　　　　　(b) 举升曲面

图 4.37　直纹曲面与举升曲面

任务 4.3　绘制风罩曲面

4.3.1　任务描述

本次任务要求绘制如图 4.38 所示的风罩曲面。通过本次任务的学习,培养绘图者达到以下目标。

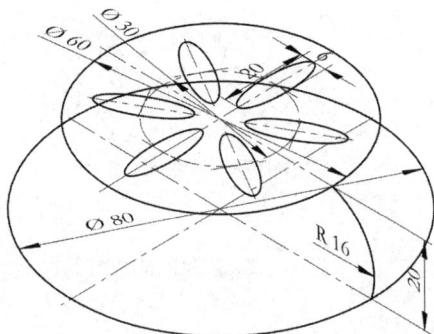

(a) 风罩线架　　　　　　　　　　　　(b) 风罩曲面

图 4.38　风罩曲面

1. 知识目标

- 进一步掌握在不同绘图平面内绘制图形的方法。
- 进一步掌握 Z(深度)控制及 2D/3D 模式切换功能。
- 掌握旋转曲面创建功能及创建时的注意事项。
- 初步了解曲面编辑功能。

2. 能力目标

- 能够利用 Z(深度)控制及 2D/3D 模式功能进行图形的绘制。
- 能够绘制带有旋转曲面的图形。
- 遇到创建的曲面是非典型性的时候，学会使用曲面编辑功能进行处理。

3. 素质目标

- 通过旋转曲面绘制图形可以锻炼和提升绘图者的动态思维能力。
- 旋转曲面绘制图形有助于培养绘图者的细致观察能力，如观察图形的特征、曲线的走向、曲面的形状等。

4.3.2 风罩曲面的绘制

1. 在俯视绘图平面上绘制两个圆

(1) 在立方体图形视图控制器中设置屏幕视图为俯视图，在状态栏中设置绘图平面为俯视图，设定 Z 深度为 0。

(2) 切换到【线框】选项卡，单击【圆心点画圆】按钮 ⊙，系统弹出【圆心点画圆】对话框，单击绘图区目标选取工具条中的【光标】下拉按钮，再单击【原点】按钮 ⊥，确定圆心位置，在【圆心点画圆】对话框中输入直径"80"，单击【确定并创建新操作】按钮 。

(3) 在状态栏中设置 Z 深度为"20"，设置绘图模式为 2D。

(4) 在绘图区捕捉原点，确定圆心位置，在【圆心点画圆】对话框中输入直径"60"，单击【确定并创建新操作】按钮 。

(5) 在绘图区捕捉原点，确定圆心位置，在【圆心点画圆】对话框中输入直径"30"，单击【确定】按钮 。

2. 在前视绘图平面上绘制圆弧

(1) 在浮动快捷菜单中设置屏幕视图为等视图，在状态栏中设置绘图平面为前视图，设定 Z 深度为 0。

(2) 切换到【线框】选项卡，单击【端点画弧】按钮 。输入第一点时，选取四等分点 P1 (见图 4.39)；输入第二点时，选取四等分点 P2(见图 4.39)，在【半径】文本框中输入"16"，单击【确定】按钮 。

3. 在俯视绘图平面上绘制椭圆

(1) 在立方体图形视图控制器中设置屏幕视图为俯视图，在状态栏中设置绘图平面为俯视图,设置 Z 深度为"20",设置绘图模式为 2D。

(2) 单击【矩形】下拉式工具条中的【椭圆】按钮 ○。

(3) 系统弹出【椭圆】对话框,其中的参数设置如图 4.40 所示。在绘图区捕捉四等分点 P1 作为椭圆中心放置点,单击【确定】按钮 ,完成椭圆绘制,如图 4.41 所示。

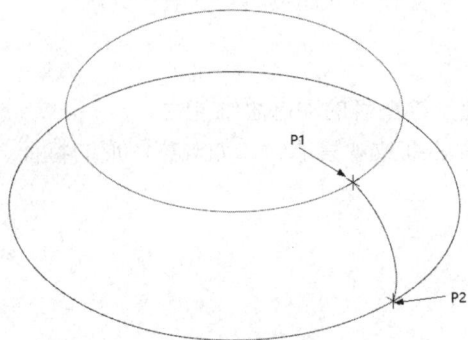

图 4.39 在前视图上绘制圆弧

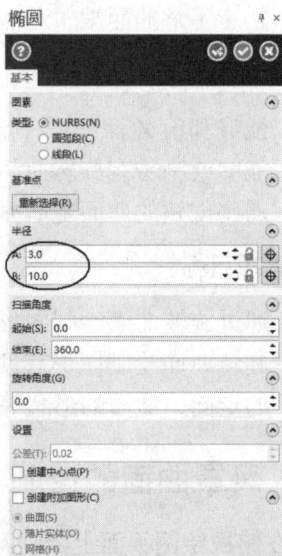

图 4.40 【椭圆】对话框

(4) 切换到【转换】选项卡,单击【旋转】按钮 ,系统弹出【旋转】对话框,在绘图区选中椭圆,按 Enter 键确定。在【旋转】对话框中设置旋转方式为【复制】,【编号】为"5",【角度】为"60",系统默认的旋转中心在原点,单击【确定】按钮 ,结果如图 4.42 所示。

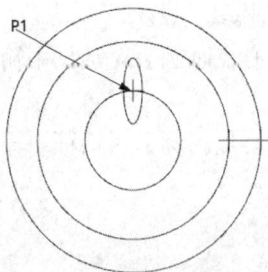

图 4.41 在俯视图上绘制的椭圆

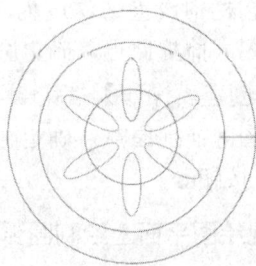

图 4.42 旋转复制椭圆

4. 在俯视绘图平面上绘制直线

(1) 在浮动快捷菜单中设置屏幕视图为等视图,在状态栏中设置绘图平面为俯视图,设置绘图模式为 3D。

(2) 切换到【线框】选项卡,单击【线端点】按钮 ,捕捉圆心点 P1,捕捉原点 P2,单击【确定并创建新操作】按钮 。

(3) 再捕捉圆心点 P1,捕捉端点 P3,单击【确定】按钮 ,结果如图 4.43 所示。

5. 创建旋转曲面

(1) 切换到操作管理器中的【层别】选项卡，单击【添加新层别】按钮✚，即可设置当前层为 2 号层，将 2 号层的名称设置为"旋转曲面"。

(2) 切换到【曲面】选项卡，单击【旋转曲面】按钮🔼，系统弹出【线框串连】对话框，单击【部分串连】按钮，在绘图区选取第一个图素于点 P1；选取最后一个图素于点 P2。单击【线框串连】对话框中的【确定】按钮，选取直线 L1 作为旋转轴(见图 4.44)。在【旋转曲面】对话框中设置起始角度为 0°，终止角度为 360°，单击【确定】按钮，结果如图 4.45 所示。

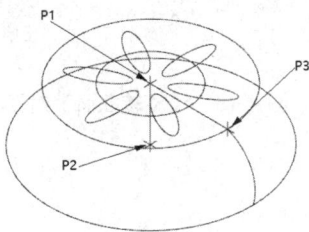

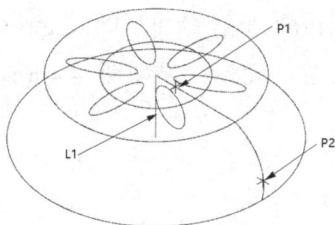

图 4.43　绘制两直线　　　　图 4.44　选取图素作为旋转轴　　　　图 4.45　旋转曲面

6. 修剪曲面

(1) 切换到【曲面】选项卡，单击【修剪到曲线】按钮。

(2) 选取曲面：选取顶面，按 Enter 键。

(3) 选取曲线：系统弹出【线框串连】对话框，单击【串连】按钮，选取 6 个椭圆，单击【确定】按钮。

(4) 指出保留区域：选取曲面去修剪，选取曲面将箭头移至修剪后要保留的位置，如图 4.46 所示，单击【确定】按钮，结果如图 4.47 所示。

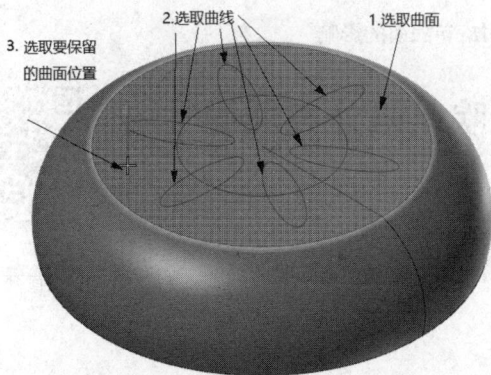

图 4.46　选取图素进行曲面修剪　　　　图 4.47　修剪后的曲面

4.3.3　知识链接：旋转曲面

旋转曲面是将一个或多个几何图素围绕某一轴旋转而生成的曲面。在创建旋转曲面时，先要分别创建出旋转母线和轴线。

切换到【曲面】选项卡，单击【旋转曲面】按钮，选取完构造曲面图素后，系统弹出如图 4.48 所示的【旋转曲面】对话框。

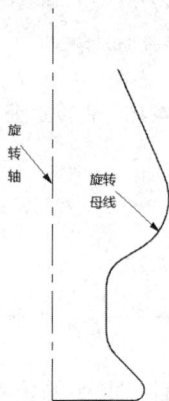

在绘制旋转曲面的过程中，可以选取多个几何图素，所生成的曲面数量等于所选取的几何图素的数量。旋转角度可以通过【起始】和【结束】下拉列表框进行设置，旋转方向可以通过【方向 1】、【方向 2】单选按钮进行切换。选取如图 4.49(a)所示图素进行旋转，在旋转曲面设置起始角度为 0°，终止角度为 180°时，结果如图 4.49(b) 所示；选中【方向 2】单选按钮，旋转结果如图 4.49(c) 所示。

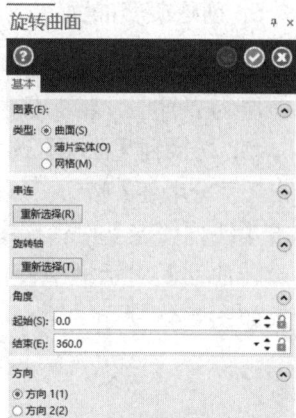

图 4.48　【旋转曲面】对话框

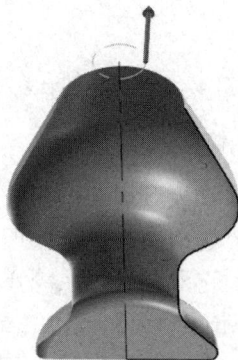

(a) 旋转曲面的要素　　　(b) 旋转曲面　　　(c) 改变旋转曲面的旋转方向

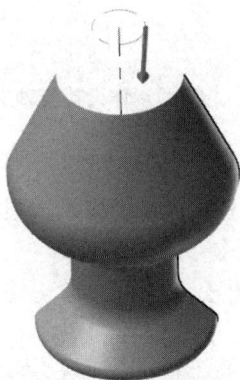

图 4.49　参数对旋转曲面的影响

任务 4.4　绘制吹风机外壳曲面

4.4.1　任务描述

本次任务要求绘制如图 4.50 所示的吹风机外壳曲面。通过本次任务的学习，培养绘图者达到以下目标。

1. 知识目标

● 进一步掌握在不同绘图平面内绘制图形的方法。
● 掌握扫描曲面创建功能及创建时的注意事项。
● 初步掌握多种形式的扫描曲面绘制。

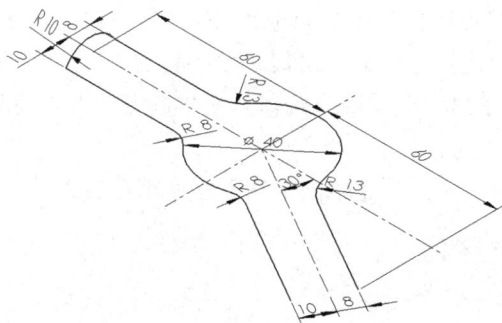

(a) 吹风机外壳线架 (b) 吹风机外壳曲面

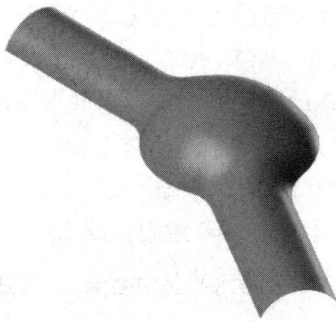

图 4.50 吹风机外壳曲面

2. 能力目标

- 能够利用 Z(深度)控制及 2D/3D 模式功能进行图形的绘制。
- 能够利用二维绘图功能在指定平面内绘制出符合要求的扫描路径和截面图形。
- 能够创建扫描曲面图形。

3. 素质目标

- 通过扫描曲面绘制可以锻炼和提升绘图者的逻辑思维能力。
- 通过扫描曲面绘制可以锻炼和提升绘图者的创新能力。

4.4.2 吹风机外壳曲面的绘制

1. 在俯视绘图平面上绘制 1 个圆和 8 条直线

(1) 在立方体图形视图控制器中设置屏幕视图为俯视图，在状态栏中设置绘图平面为俯视图，设定 Z 深度为 0。

(2) 单击【线框】选项卡中的【圆心点画圆】按钮⊙，再单击【原点】按钮，选择原点作为圆心点，在【圆心点画圆】对话框的【半径】文本框中输入半径"40"，单击【确定】按钮。

(3) 单击【线框】选项卡中的【线端点】按钮，设置直线类型为【水平线】，绘图方式为【两端点】，在如图 4.51 所示的绘图区大概位置拾取点 P1 和 P2，在【轴向偏移】文本框中输入"0"，单击【确定并创建新操作】按钮，绘制直线 L1。

(4) 在绘图区大概位置拾取点 P3 和 P4，在【轴向偏移】文本框中输入"8"，单击【确定并创建新操作】按钮，绘制直线 L2。

(5) 在绘图区大概位置拾取点 P5 和 P6，在【轴向偏移】文本框中输入"8"，单击【确定并创建新操作】按钮，绘制直线 L3。

(6) 在绘图区大概位置拾取点 P7 和 P8，在【轴向偏移】文本框中输入"-10"，单击【确定并创建新操作】按钮，绘制直线 L4。

(7) 在绘图区大概位置拾取点 P9 和 P10，在【轴向偏移】文本框中输入"-10"，单击【确定并创建新操作】按钮，绘制直线 L5。

(8) 设置直线类型为【垂直线】，在绘图区大概位置拾取点 P11 和 P12，在【轴向偏移】文本框中输入"0"，单击【确定并创建新操作】按钮，绘制直线 L6。

(9) 在绘图区大概位置拾取点 P13 和 P14，在【轴向偏移】文本框中输入"-60"，单击【确定并创建新操作】按钮，绘制直线 L7。

(10) 在绘图区大概位置拾取点 P15 和 P16，在【轴向偏移】文本框中输入"60"，单击【确定】按钮，绘制直线 L8。

2. 旋转 3 条水平线并绘制 1 条法线

(1) 切换到【转换】选项卡，单击【旋转】按钮，系统弹出【旋转】对话框，选取直线 L1、L3、L4(见图 4.51)作为旋转的图素，按 Enter 键确认。在【旋转】对话框中设置如图 4.52 所示的参数，设置【方式】为【移动】、【编号】为 1 次、【角度】为-30°，系统默认的旋转中心在原点，单击【确定】按钮。

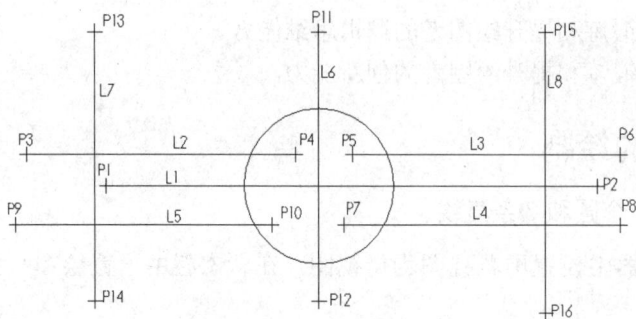

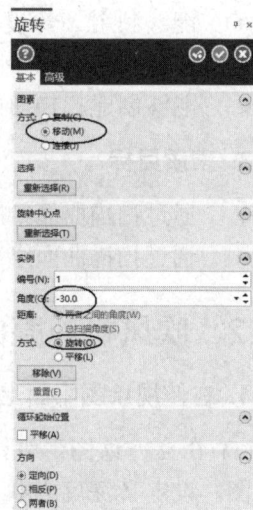

图 4.51　绘制线架　　　　　图 4.52　【旋转】对话框

(2) 单击【线框】选项卡中的【垂直正交线】按钮，选择直线 L1(见图 4.53)作相垂直的直线，捕捉直线 L1 与直线 L2 的交点作为起始点，在【垂直正交线】对话框的【长度】文本框中输入"30"，选择法线的下半部分作为保留的线段，单击【确定】按钮。

3. 对多条直线进行修剪

切换到【线框】选项卡，单击【分割】按钮，在绘图区选取多余的图素进行修剪。修剪后的结果如图 4.54 所示。

4. 绘制圆弧与直线之间的倒圆角

(1) 单击【修剪】组中的【图素倒圆角】按钮，系统弹出【图素倒圆角】对话框。在【半径】文本框中输入"13"，并选中【修剪图素】复选框。在绘图区选取图素于点 P1(见图 4.55)，再选取另一个图素于点 P2；选取图素于点 P3，再选取另一个图素于点 P4。单击【确定并创建新操作】按钮。

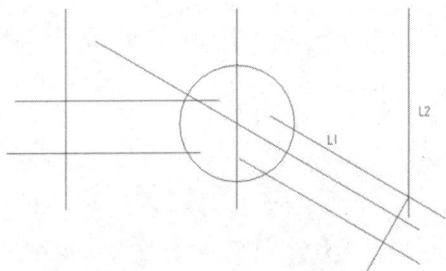

图 4.53　选取图素进行修剪

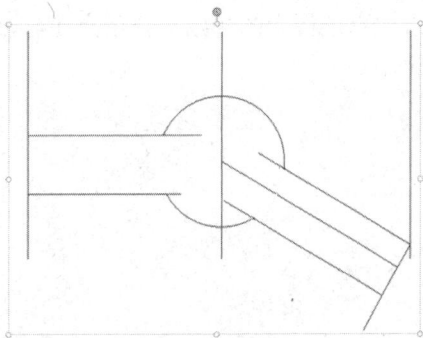

图 4.54　修剪直线并打断圆

(2) 在【半径】文本框中输入"8"，并选中【修剪图素】复选框。选取图素于点 P5 (见图 4.55)，再选取另一个图素于点 P6；选取图素于点 P7，再选取另一个图素于点 P8。单击对话框中的【确定】按钮 ⊘。

5. 删除不需要的直线和圆弧

在绘图区选取要删除的直线 L1、L2、L3、L4、L5(见图 4.55)，单击【主页】选项卡中的【删除图素】按钮 ✕。

6. 在右视绘图平面上绘制截面外形圆弧

(1) 在立方体图形视图控制器中设置屏幕视图为等视图；在状态栏中设置绘图平面为右视图，设定 Z 深度为-60，绘图模式为 2D。

(2) 切换到【线框】选项卡，单击【端点画弧】按钮 ⌐。捕捉第一端点 P1(见图 4.56)，捕捉第二端点 P2，并在绘图区适当位置拾取点 P3，在【半径】文本框中输入"10"，单击【确定】按钮 ⊘。

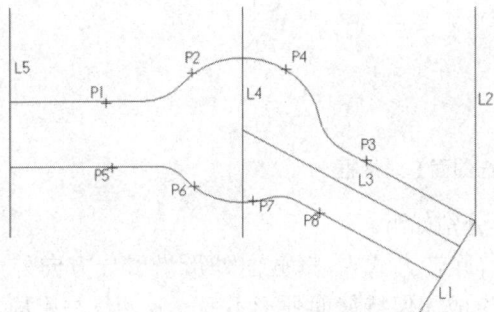

图 4.55　倒圆角

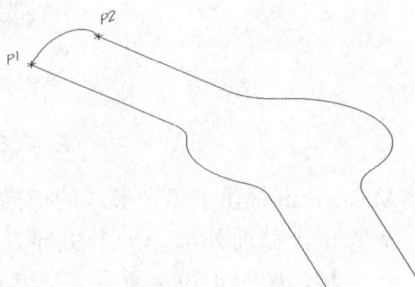

图 4.56　绘制截面方向圆弧

7. 绘制扫描曲面

(1) 切换到【曲面】选项卡，单击【扫描】按钮 ✏，系统弹出【线框串连】对话框，单击【单体】按钮 ∕，选取截面外形圆弧于点 P1(见图 4.57)，单击【确定】按钮 ⊘。

(2) 在【线框串连】对话框中单击【部分串连】按钮 ✂，定义引导方向外形 1，选取串连图素的起始部分于点 P2，选取串连图素的终止部分于点 P3；定义引导方向外形

2，选取串连图素的起始部分于点 P4，选取串连图素的终止部分于点 P5，单击【确定】按钮 。

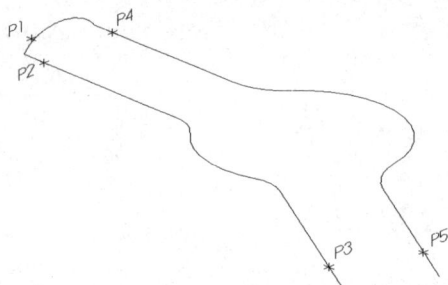

图 4.57　选取扫描图素

(3) 在【扫描曲面】对话框中，单击【两条导轨线】按钮，再单击【确定】按钮，结果如图 4.50(b)所示。

4.4.3　知识链接：扫描曲面

扫描曲面是由截面外形沿着引导曲线平移或旋转而生成的曲面。

切换到【曲面】选项卡，单击【扫描】按钮 ，选取构造曲面图素后，系统弹出如图 4.58 所示的【扫描曲面】对话框。

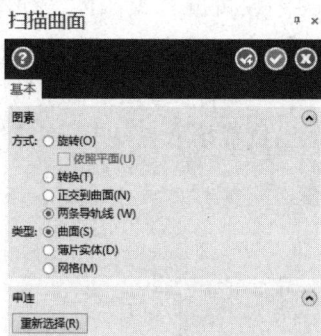

图 4.58　【扫描曲面】对话框

Mastercam 提供了多种形式的扫描曲面，分别如下。

- 一个截面外形，一个引导方向外形(旋转方式)：将截面外形沿引导方向外形旋转，如图 4.59(a)所示。该方式用于生成需保持截面外形不变，且始终与引导方向的法线方向平行的曲面。
- 一个截面外形，一个引导方向外形(转换方式)：将截面外形沿引导方向外形转换，如图 4.59(b)所示。该方式用于生成需保持截面外形不变，且始终沿着引导方向平移的曲面。
- 一个截面外形，两个引导方向外形：截面外形随着两个引导方向外形进行放大或缩小，如图 4.59(c)所示。该方式用于生成截面外形需要随着两个引导方向外形缩放形状的曲面。

● 两个或多个截面外形，两个引导方向外形：在两个或多个截面外形之间，沿着两个引导方向外形进行线性熔接，如图 4.59(d)所示。该方式用于生成截面外形是以线性方式沿着两个引导方向外形缩放的曲面。

当然扫描曲面也可以由多个截面外形和一个引导方向外形生成。

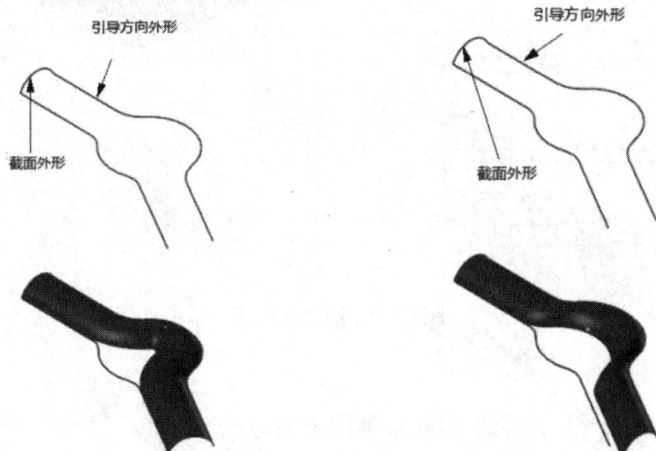

(a) 一个截面外形和一个引导方向外形(旋转方式)　　(b) 一个截面外形和一个引导方向外形(转换方式)

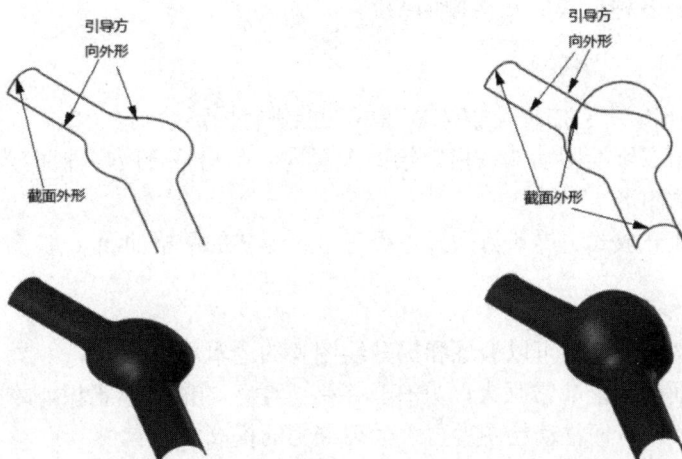

(c) 一个截面外形和两个引导方向外形　　(d) 两个或多个截面外形和两个引导方向外形

图 4.59　多种形式的扫描曲面

任务 4.5　绘制肥皂盒曲面

4.5.1　任务描述

本次任务要求绘制如图 4.60 所示的肥皂盒曲面。通过本次任务的学习，培养绘图者达到以下目标。

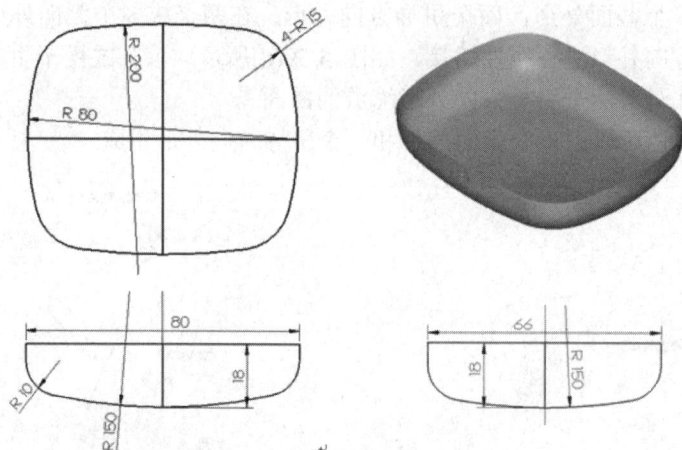

图 4.60　肥皂盒曲面

1. 知识目标

● 进一步掌握在不同绘图平面内绘制图形的方法。

● 理解网格曲面的基本概念及生成方法。

● 掌握网格曲面创建功能及创建时的注意事项。

● 初步掌握多种形式的网格曲面绘制。

2. 能力目标

● 能够利用 Z(深度)控制及 2D/3D 模式功能进行图形绘制。

● 能够利用二维绘图功能在指定绘图平面内绘制出符合网格曲面截断方向和引导方向要求的图形。

● 能够创建开放式边界、封闭式边界等多种形式的网格曲面。

3. 素质目标

● 通过网格曲面绘制可以锻炼和提升绘图者的逻辑思维能力。

● 网格曲面的功能非常强大，只有具备持续学习的能力和意识，才能尽快掌握它的创建方式，从而推动绘图者自主学习能力的提高。

4.5.2　肥皂盒曲面的绘制

1. 在俯视绘图平面上绘制矩圆形线框

(1) 在立方体图形视图控制器中设置屏幕视图为俯视图，在状态栏中设置绘图平面为俯视图，设定 Z 深度为 0。

(2) 切换到【线框】选项卡，单击【形状】组中的【矩形】按钮▭。

(3) 系统弹出【矩形】对话框，设置【宽度】为 "80"，【高度】为 "66"，选中【矩形中心点】复选框，设置矩形中心点为基准点，单击目标选取工具条中的【光标】下拉按钮 光标 ，单击【原点】按钮，在绘图区原点位置处绘制一个矩形，单击【确定】按钮 ，完成矩形操作。

(4) 单击【圆弧】组中的【切弧】按钮 ⌐切弧，系统弹出【切弧】对话框，在【方式】选项组中单击下拉按钮，选择【单一图素画弧】选项，设置【半径】为"200"；在绘图区选择一个圆弧将要与其相切的图素 L1(见图 4.61)，指定切点为直线中点 P1，再在绘图区选取 C1 圆进行确认。单击【确定并创建新操作】按钮 ⊛，完成第一个切圆的绘制。

(5) 用同样的法在绘图区绘制半径为"80"的切圆 C2，单击【确定】按钮 ⊘，完成第二个切圆的绘制，如图 4.62 所示。

(6) 单击【修剪】组中的【图素倒圆角】按钮 ⌐图素倒圆角，即可打开【图素倒圆角】对话框，在绘图区选取圆弧 C1、C2(见图 4.62)进行倒圆角，在【图素倒圆角】对话框中设置【半径】为"15"，结果如图 4.63 所示。

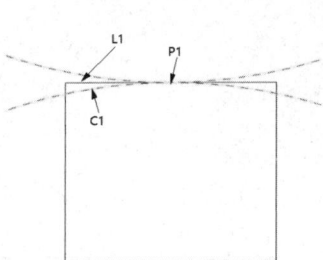

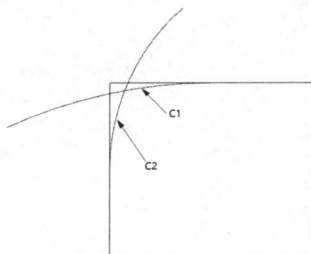

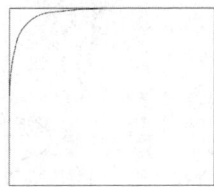

图 4.61　绘制半径为 200 的切弧　　图 4.62　绘制半径为 80 的切弧　　图 4.63　倒圆角

(7) 切换到【转换】选项卡，单击【镜像】按钮 ⧉。在绘图区窗选图素，如图 4.64 所示，单击【结束选择】按钮 ⬭结束选择，在弹出的【镜像】对话框中设置镜像方式为【复制】且关于 X 轴镜像，单击【确定并创建新操作】按钮 ⊛，结果如图 4.65 所示。

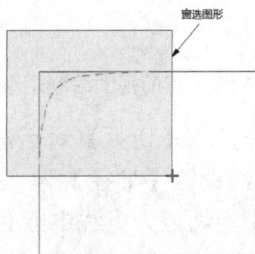

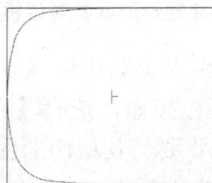

图 4.64　窗选图素　　　　　　　图 4.65　关于 X 轴镜像图形

(8) 在绘图区选取图素，如图 4.66 所示，单击【结束选择】按钮 ⬭结束选择，在弹出的【镜像】对话框中设置镜像方式为【复制】且关于 Y 轴镜像，单击【确定】按钮 ⊘，结果如图 4.67 所示。

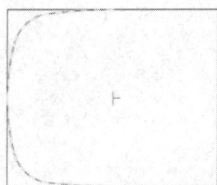

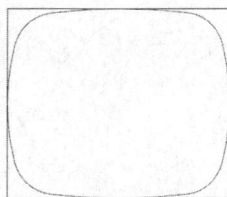

图 4.66　选取图素　　　　　　　图 4.67　关于 Y 轴镜像图形

2. 在前视图上绘制图形

(1) 在浮动快捷菜单中设置屏幕视图为等视图，在状态栏中设置绘图平面为前视图，设定 Z 深度为 0。

(2) 单击【形状】组中的【矩形】下拉按钮 ﹀，单击【圆角矩形】按钮 ▭。

(3) 系统弹出【矩形形状】对话框，其中的参数设置如图 4.68 所示。选取原点作为矩圆形中心放置位置，单击【确认】按钮 ⊘，完成矩形的创建，如图 4.69 所示。

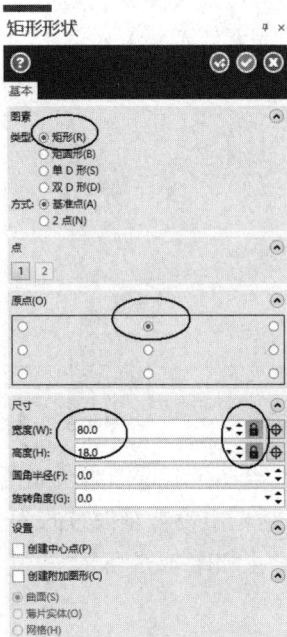

图 4.68　【矩形形状】对话框　　　　图 4.69　在前视图绘制矩形

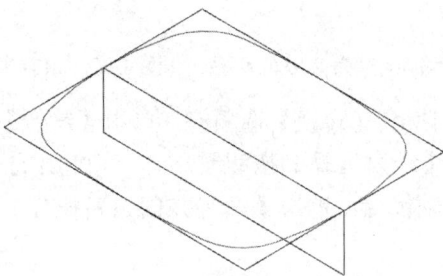

(4) 单击【圆弧】组中的【切弧】按钮 ⟍切弧，系统弹出【切弧】对话框，在【方式】选项组中单击下拉按钮，选择【单一图素画弧】选项，设置【半径】为"150"；在绘图区选择一个圆弧将要与其相切的图素 L1(见图 4.70)，指定切点为直线中点 P1，再在绘图区选取 C1 圆进行确认，单击【确认】按钮 ⊘。

(5) 单击【修剪】组中的【图素倒圆角】按钮 图素倒圆角，即可弹出【图素倒圆角】对话框，在绘图区选取圆弧 C1、L1(见图 4.71)进行倒圆角，在【图素倒圆角】对话框中设置【半径】为"10"，结果如图 4.72 所示。

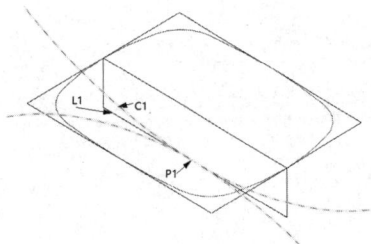

图 4.70　绘制半径为 150 的切弧　　　图 4.71　选取图素倒角　　　图 4.72　完成倒圆角

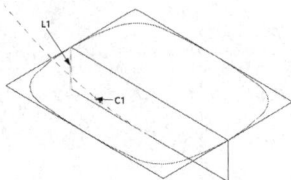

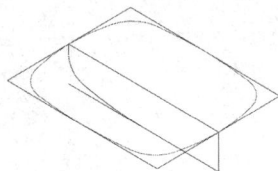

(6) 切换到【转换】选项卡，单击【镜像】按钮。在绘图区选取图素，如图 4.73 所示，单击【结束选择】按钮，在弹出的【镜像】对话框中设置镜像方式为【复制】且关于 Y 轴镜像，单击【确认】按钮，结果如图 4.74 所示。

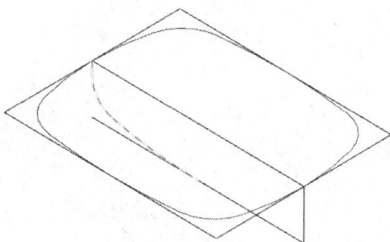

图 4.73 选取图形镜像

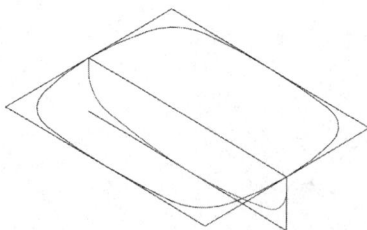

图 4.74 关于 Y 轴镜像图形

3. 在右视图上绘制图形

(1) 在浮动快捷菜单中设置屏幕视图为等视图，在状态栏中设置绘图平面为右视图，设定 Z 深度为 0。

(2) 单击【形状】组中的【矩形】下拉按钮，单击【圆角矩形】按钮。

(3) 系统弹出【矩形形状】对话框，其中的参数设置如图 4.75 所示。选取原点作为矩圆形中心放置位置，并在【矩形形状】对话框上方单击【确认】按钮，完成矩形的创建，如图 4.76 所示。

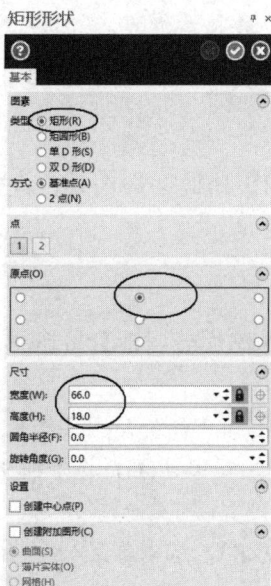

图 4.75 【矩形形状】对话框

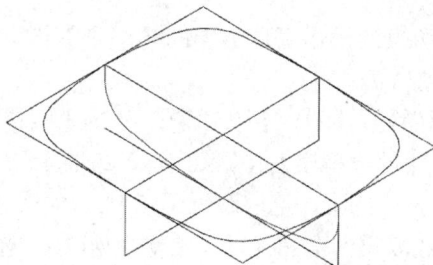

图 4.76 在右视图绘制矩形

(4) 单击【圆弧】组中的【切弧】按钮，系统弹出【切弧】对话框，在【方式】选项组中单击下拉按钮，选择【单一图素画弧】选项，设置【半径】为"150"；在绘图区选择一个圆弧将要与其相切的图素 L1(见图 4.77)，指定切点为直线中点 P1，再在绘图区选取圆 C1 进行确认。单击【确认】按钮。

(5) 单击【修剪】组中的【图素倒圆角】按钮，即可打开【图素倒圆角】对话框，在绘图区选取圆弧 C1、L1(见图 4.78)进行倒圆角，在【图素倒圆角】对话框中设置【半径】为"10"，结果如图 4.79 所示。

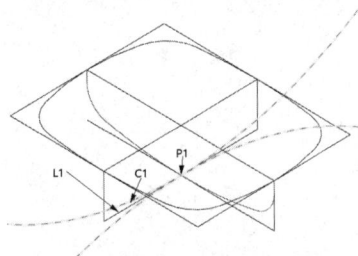

图 4.77　绘制半径为 150 的切弧　　　图 4.78　选取图素倒角　　　图 4.79　完成倒圆角

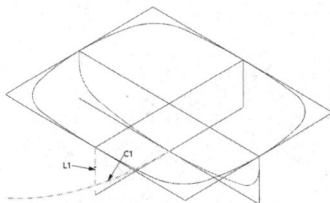

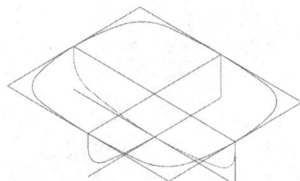

(6) 切换到【转换】选项卡，单击【镜像】按钮。在绘图区选取图素，如图 4.80 所示，单击【结束选择】按钮，在弹出的【镜像】对话框中设置镜像方式为【复制】且关于 Y 轴镜像，单击【确认】按钮，结果如图 4.81 所示。

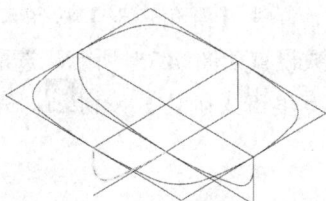

图 4.80　选取图形镜像　　　　　　图 4.81　关于 Y 轴镜像图形

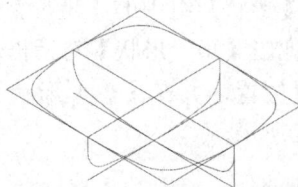

4. 对图形进行修剪

单击【主页】选项卡中的【删除】按钮×，在绘图区拾取多余图素，在绘图区单击【结束选择】按钮，删除多余图素，结果如图 4.82 所示。

5. 生成网格曲面

(1) 切换到操作管理器中的【层别】选项卡，单击【添加新层别】按钮，设置当前层为 2 号层。

(2) 切换到【曲面】选项卡，单击【网格曲面】按钮，系统弹出【线框串连】对话框，单击【部分串连】按钮，选取第一个图素以开始新串连(1)，选取圆弧于点 P1；选取最后一个图素，选取圆弧于点 P2，如图 4.83 所示。

(3) 选取第一个图素以开始新串连(2)，选取圆弧于点 P3；选取最后一个图素，选取圆弧于点 P4，如图 4.83 所示。

(4) 选取第一个图素以开始新串连(3)，选取圆弧于点 P5；选取最后一个图素，选取圆弧于点 P6，如图 4.83 所示。

(5) 选取第一个图素以开始新串连(4)，选取圆弧于点 P7；选取最后一个图素，选取圆弧于点 P8，如图 4.83 所示。

(6) 选取第一个图素以开始新串连(5)，选取圆弧于点 P9；选取最后一个图素，选取圆弧于点 P10，如图 4.83 所示。

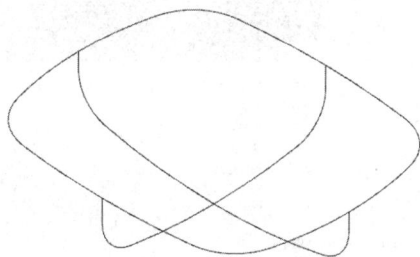

图 4.82　肥皂盒线架

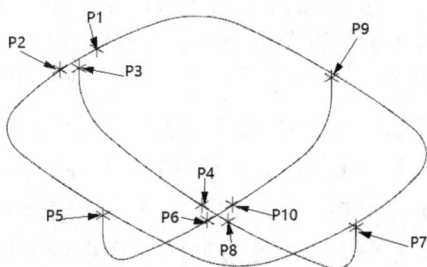

图 4.83　选取线架构造网格曲面

(7) 单击【线框串连】对话框中的【确定】按钮 ☑。系统弹出【警告】对话框，由于该警告不影响结果，单击【确定】按钮即可，结果如图 4.60 所示。

4.5.3　知识链接：网格曲面

网格曲面是由一系列引导方向(横向)和截面方向(纵向)曲线组成的网格状线架生成的曲面，如图 4.84 所示。横向和纵向曲线在三维空间可以不相交，各曲线的端点也可以不相交，如图 4.85 所示。

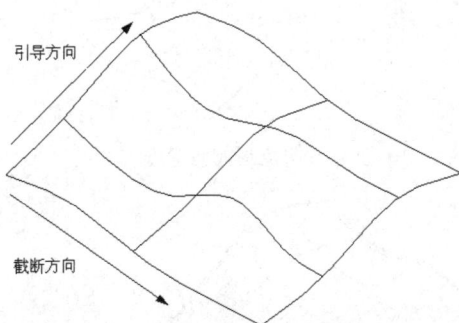

(a) 线形构架

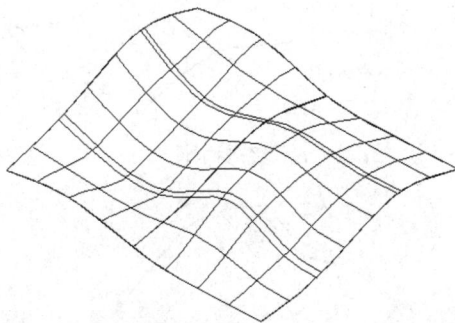

(b) 曲面图形

图 4.84　由网格状线架生成网格曲面

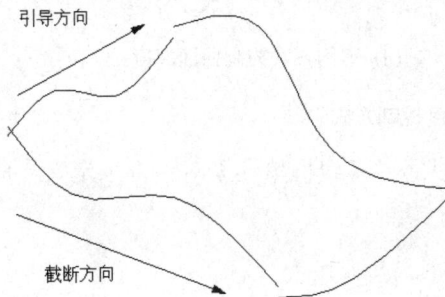

(a) 线形构架

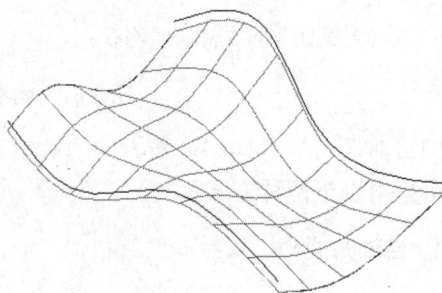

(b) 曲面图形

图 4.85　不相交曲线生成网格曲面

切换到【曲面】选项卡,单击【网格曲面】按钮 ▦,选取完构造曲面图素后,系统弹出如图 4.86 所示的【平面修剪】对话框。

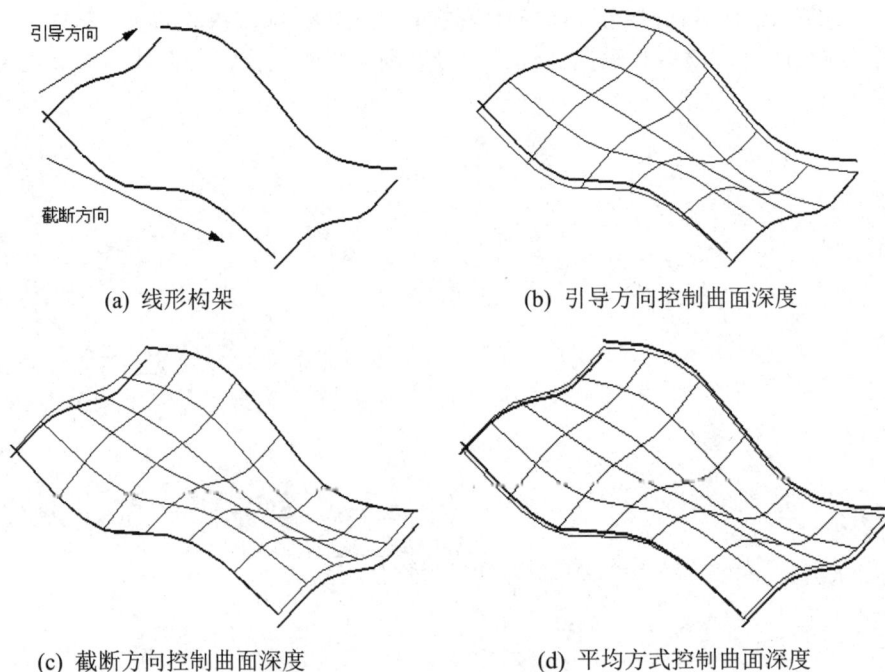

当构成网格曲面的线架在三维空间不相交时(见图 4.87(a)),网格曲面深度控制有【引导方向】、【截断方向】、【平均】三种方式,具体如图 4.87 所示。

- 引导方向:曲面深度由横向方向曲线控制。曲面与引导方向曲线相重合,与截断方向曲线相平行,如图 4.87(b)所示。

- 截断方向:曲面深度由纵向方向曲线控制。曲面与截断方向曲线相重合,与引导方向曲线相平行,如图 4.87(c)所示。

图 4.86　【平面修剪】对话框

- 平均:曲面深度由横向和纵向方向曲线共同控制,取其深度平均值。曲面与引导方向、截断方向曲线相平行,如图 4.87(d)所示。

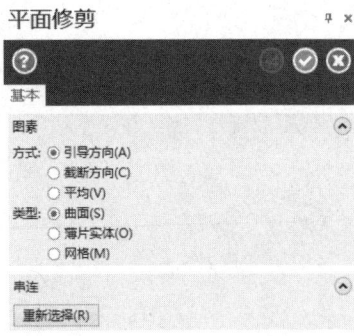

(a) 线形构架　　　　　　　　　　　　　(b) 引导方向控制曲面深度

(c) 截断方向控制曲面深度　　　　　　　(d) 平均方式控制曲面深度

图 4.87　网格曲面深度控制方式

网格曲面引导方向和截断方向的曲线组成可以通过【线框串连】对话框来定义。曲线选取可采用以下两种方式。

1. 自动方式

通过单击【线框串连】对话框中的【窗选】按钮 ▭ 或【多边形】按钮 ⬠ 等,可以一次性选择所有线架图素,并输入一个草图起始点,系统自动定义引导方向和截断方向的所有曲线,一般用于构造相对简单并且串连图素定义无歧义的情况,如图 4.88 所示。

(a) 窗选方式选取线形构架　　　　　　　　(b) 网格曲面

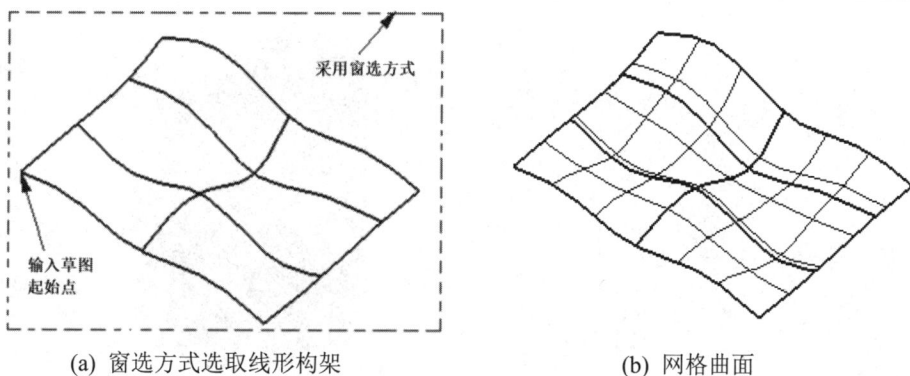

图 4.88　用窗选方式创建网格曲面

2. 手动方式

并不是所有的曲面都可以用窗选方式自动选取，有时对于一些复杂的曲面就会出现"断面曲线超出序列"的提示，这时可以考虑用手动选取的方式来解决。

手动方式的功能相当强大，大部分曲面都可采用这种方式生成。网格曲面手动选取线架的过程与网格曲面的引导、截断方向定义相关，对于开放式边界，其引导方向与截断方向定义如图 4.89(a)所示(注：这两个方向可以互换)。对于封闭式边界，其引导方向与截断方向定义如图 4.89(b)所示(注：这两个方向可以互换)。在选取外形时，一般可以通过单击【线框串连】对话框中的【部分串连】按钮　　和选中【等待】复选框来选取定义引导方向、截断方向，注意每一个串连图素应选取一个完整的引导(或截断)方向外形，然后再选取下一个完整的引导(或截断)方向外形，直到所有的引导(或截断)方向外形选完为止。

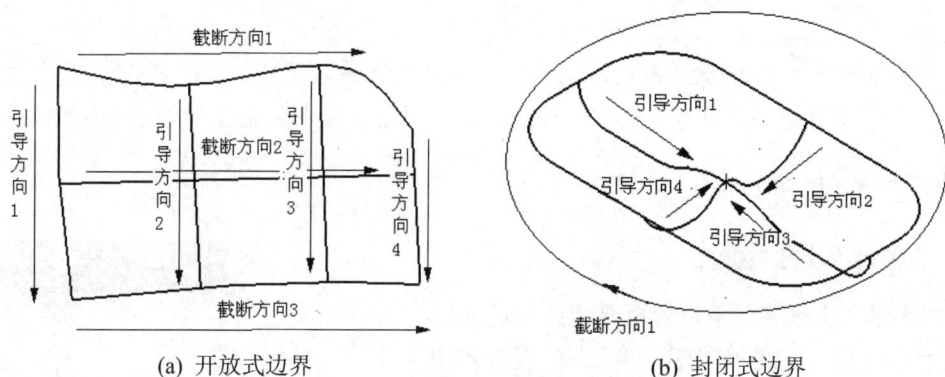

(a) 开放式边界　　　　　　　　　　(b) 封闭式边界

图 4.89　引导方向和截断方向的定义

任务 4.6　绘制马鞍曲面

4.6.1　任务描述

本次任务要求绘制如图 4.90 所示的马鞍曲面。通过本次任务的学习，培养绘图者达到以下主要目标。

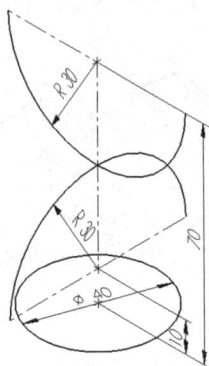

(a) 线形构架   (b) 曲面图形

图 4.90   马鞍曲面

1. 知识目标

● 进一步掌握在不同绘图平面内绘制图形的方法。

● 进一步掌握扫描曲面的基本概念及生成方法。

● 掌握曲面修剪功能。

2. 能力目标

● 能够利用 Z(深度)控制及 2D/3D 模式功能进行图形的绘制。

● 能够利用二维绘图功能在指定绘图平面内绘制出符合要求的图形。

● 能够利用曲面修剪功能对曲面进行编辑并达到设计要求。

3. 素质目标

掌握曲面修剪功能需要具备一定的基础知识并熟练修剪技巧，只有通过不断的学习和实践，才可以逐渐提高曲面修剪的水平和能力，从而推动绘图者自主学习能力的提高。

4.6.2   马鞍曲面的绘制

1. 在前视图上绘制圆弧

(1) 在浮动快捷菜单中设置屏幕视图为前视图，在状态栏中设置绘图平面为前视图，设定 Z 深度为 0，设置绘图模式为 2D。

(2) 单击【极坐标画弧】按钮，系统提示输入圆心点，在键盘上输入"0，70"，在【极坐标画弧】对话框中设置【半径】为 30，设置起始角度为 180°，设置结束角度为 360°，如图 4.91 所示，单击【确定】按钮，结果如图 4.92 所示。

图 4.91   【极坐标画弧】对话框

2. 在右视图上绘制圆弧

(1) 在浮动快捷菜单中设置屏幕视图为右视图，在状态栏中设置绘图平面为右视图，设定 Z 深度为 0，设置绘图模式为 2D。

(2) 单击【极坐标画弧】按钮，系统提示输入圆心点，在键盘上输入"0, 10"，在【极坐标画弧】对话框中设置【半径】为 30，设置起始角度为 0°，设置结束角度为 180°，单击【确定】按钮，结果如图 4.93 所示。

图 4.92　在前视图上绘制一个圆弧　　　　图 4.93　在右视图上绘制一个圆弧

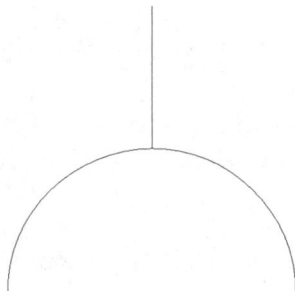

3. 在俯视图上绘制圆弧

(1) 在浮动快捷菜单中设置屏幕视图为俯视图，在状态栏中设置绘图平面为俯视图，设定 Z 深度为 0，设置绘图模式为 2D。

(2) 切换到【线框】选项卡，单击【圆心点画圆】按钮，系统弹出【圆心点画圆】对话框，单击【原点】按钮，确认圆心点在原点，在【圆心点画圆】对话框中输入直径"40"，单击【确定】按钮。

(3) 在浮动快捷菜单中设置屏幕视图为等视图，结果如图 4.94 所示。

4. 将圆弧 C1 打断为两段

切换到【线框】选项卡，单击【两点打断】按钮，选择要打断的图素 C1(见图 4.94)，指定打断位置，捕捉中点 P1。

5. 用扫描曲面功能生成马鞍形曲面

(1) 切换到操作管理器中的【层别】选项卡，单击【添加新层别】按钮，即可设置当前层为 2 号层。

(2) 切换到【曲面】选项卡，单击【扫描】按钮，系统弹出【线框串连】对话框，单击【单体】按钮，选取截面方向外形，选取圆弧 C1 于点 P1(见图 4.95)，单击【线框串连】对话框中的【确定】按钮。

(3) 在【线框串连】对话框中，单击【单体】按钮，定义引导方向外形，选取圆弧 C2 于点 P2(见图 4.95)，单击【线框串连】对话框中的【确定】按钮。单击【扫描曲面】对话框中的【确定并创建新操作】按钮，结果如图 4.96 所示。

(4) 用同样的方法绘制第二个扫描曲面。单击【单体】按钮，选取截面方向外形，选取圆弧 C1 于点 P1(见图 4.96)；单击【线框串连】对话框中的【确定】按钮。

(5) 单击【单体】按钮，定义引导方向外形，选取圆弧 C2 于点 P2(见图 4.96)，单击【线框串连】对话框中的【确定】按钮。单击【扫描曲面】对话框中的【应用】

按钮，结果如图 4.97 所示。

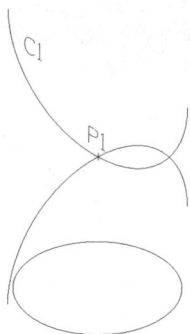

图 4.94　选择要打断的图素 C1

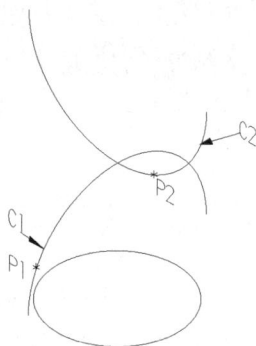

图 4.95　选取图素作为扫描曲面

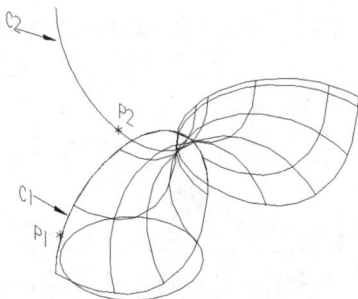

图 4.96　扫描曲面(1)

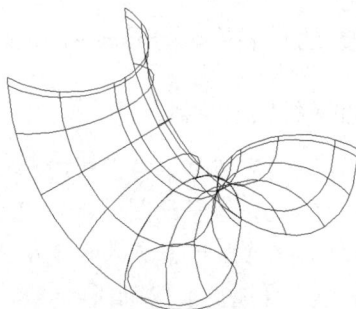

图 4.97　扫描曲面(2)

6. 用拔模曲面功能生成圆柱曲面

(1) 切换到操作管理器中的【层别】选项卡，单击【添加新层别】按钮➕，即可设置当前层为 3 号层。取消选中 2 号层的【高亮】复选框，使得 2 号层不可见，结果如图 4.98 所示。

(2) 单击顶部工具栏中的【拔模】按钮，系统弹出【线框串连】对话框，单击【单体】按钮，选取圆弧 C1(见图 4.98)，按 Enter 键，系统弹出【曲面拔模】对话框(见图 4.99)，在【长度】下拉列表框中输入"60"，在【角度】下拉列表框中输入"0"，单击【确定】按钮，结果如图 4.100 所示。

7. 用平面修剪功能生成底平面

(1) 切换到操作管理器中的【层别】选项卡，单击【添加新层别】按钮➕，即可设置当前层为 4 号层。取消选中 3 号层的【高亮】复选框，使得 3 号层不可见，结果如图 4.101 所示。

(2) 切换到【曲面】选项卡，单击【平坦边界】按钮，系统弹出【线框串连】对话框，单击【串连】按钮，选取圆弧 C1(见图 4.101)，单击【线框串连】对话框中的【确定】按钮，再单击【平坦边界曲面】对话框中的【确定】按钮，结果如图 4.102 所示。

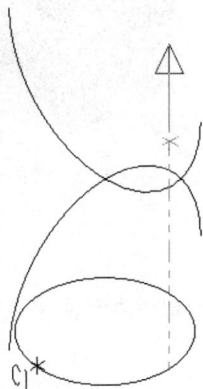

图 4.98 选取图素作为拔模曲面   图 4.99 【曲面拔模】对话框   图 4.100 生成圆柱曲面

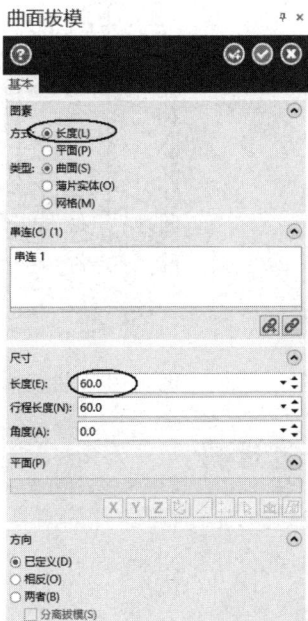

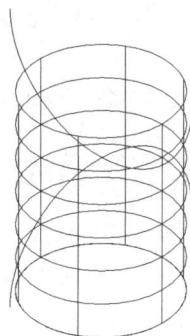

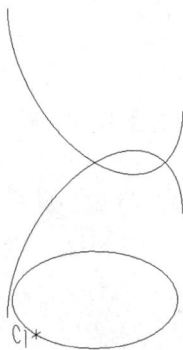

图 4.101 选取平面修剪图素   图 4.102 生成底平面

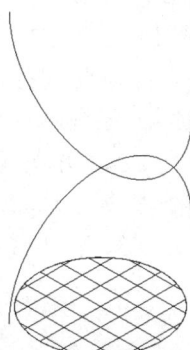

8. 用曲面修剪功能修剪曲面

(1) 选中 2 号层和 3 号层的【高亮】复选框，使得 2 号层和 3 号层可见。

(2) 切换到【曲面】选项卡，单击【修剪到曲面】按钮⬚。

(3) 选取第一组曲面：选取圆柱曲面于点 P1(见图 4.103)，按 Enter 键。

(4) 选取第二组曲面：选取左边马鞍形曲面于点 P2，选取右边马鞍形曲面于点 P3，按 Enter 键。

(5) 指定保留区域，选取第一组曲面于点 P1 后将箭头滑动至修剪后要保留的位置点 P4，指定保留区域，选取第二组曲面于点 P5，将箭头滑动至修剪后要保留的位置点 P6(必要时可用动态旋转来进行保留曲面的选取)，最后单击【确定】按钮⬚。结果如图 4.104 所示。

(6) 单击状态栏中的【图形着色】按钮⬚，结果如图 4.105 所示。

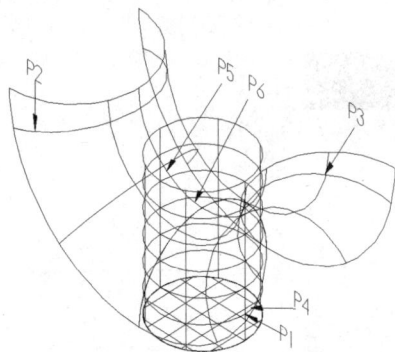

图 4.103　选取曲面进行修剪　　　图 4.104　曲面修剪完成　　　图 4.105　曲面着色

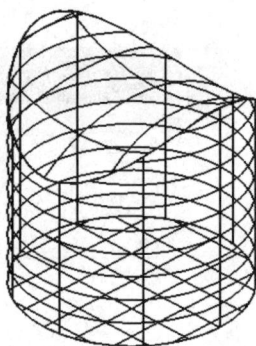

4.6.3　知识链接：曲面修剪

曲面修剪是指根据一个或多个已存在的几何对象(如另一个曲线、曲面或平面)定义的边界对已存在的曲面进行裁剪或分割的过程。

1. 修剪到曲线

修剪到曲线是指将曲面修剪到指定的曲线。将图 4.106(a)所示的曲面修剪成图 4.106(b)所示的曲面，操作步骤如下。

(1) 切换到【曲面】选项卡，单击【修剪到曲线】按钮 ⊕ 。

(2) 选取曲面：选取圆柱曲面，按 Enter 键。

(3) 选取曲线：系统弹出【线框串连】对话框，单击【串连】按钮 ✐ ，如图 4.106(a)所示选取矩形于点 P1，单击【确定】按钮 ✓ 。

(4) 指出保留区域：选取曲面去修剪，选取曲面于点 P2，将箭头移至修剪后要保留的位置，放置于点 P3，单击【线框串连】对话框中的【确定】按钮 ⊘ ，结果如图 4.106(b)所示。

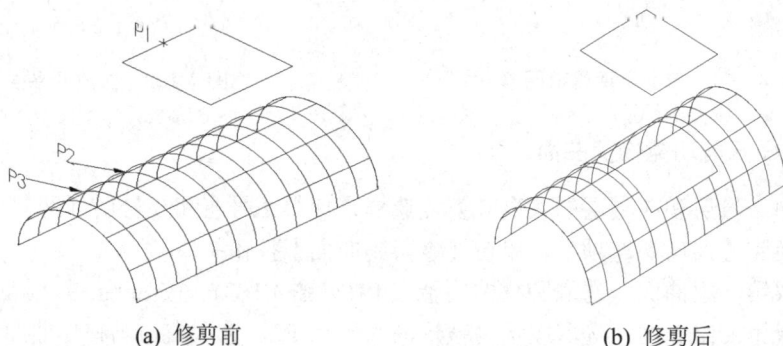

(a) 修剪前　　　　　　　　　　　　　　　(b) 修剪后

图 4.106　修剪到曲线

2. 修剪到曲面

修剪到曲面是指将曲面修剪到指定的曲面。对如图 4.107(a)所示的曲面的多余曲面进行修剪，其操作步骤如下。

(1) 切换到【曲面】选项卡，单击工具栏中的【修剪到曲面】按钮 。

(2) 选取第一组曲面：选取小圆柱曲面作为第一组曲面(见图 4.107(b))，按 Enter 键。

(3) 选取第二组曲面：选取大圆柱曲面作为第二组曲面(见图 4.107(b))，按 Enter 键。

(4) 在【修剪到曲面】对话框中设置修剪图素为【两组】。

(5) 指定要保留的位置：在第一组曲面上拾取一点并将箭头移至修剪后要保留的位置，如图 4.107(c)所示。

(6) 指定要保留的位置：在第二组曲面上拾取一点并将箭头移至修剪后要保留的位置，如图 4.107(c)所示。

(7) 单击【确定】按钮 ，结果如图 4.107(d)所示。

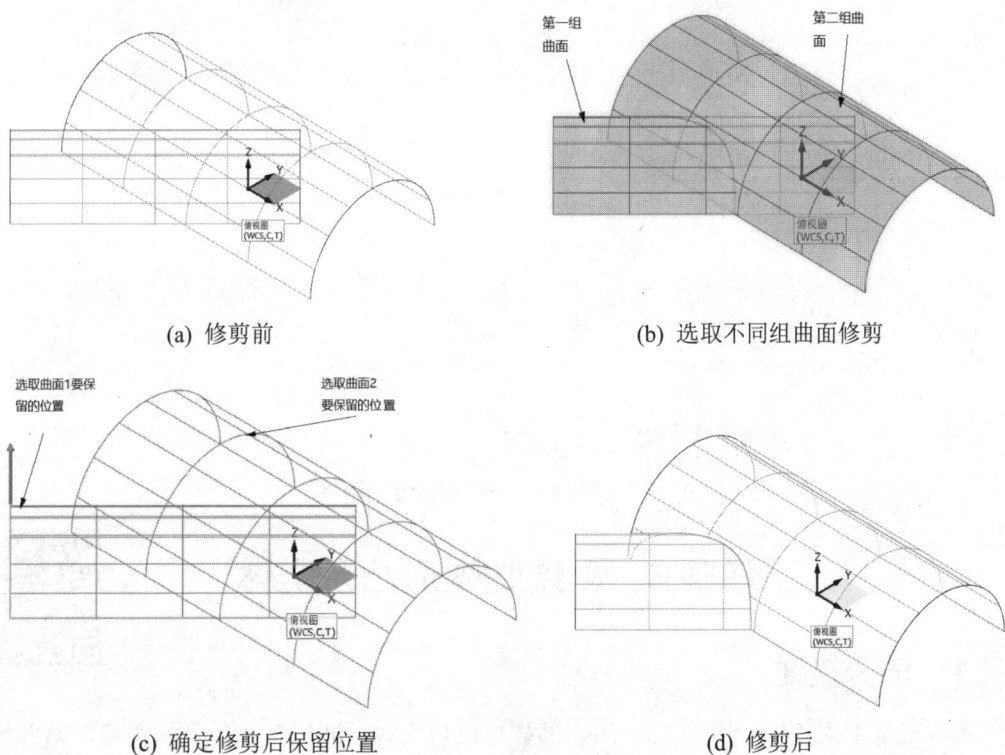

(a) 修剪前　　　　(b) 选取不同组曲面修剪

(c) 确定修剪后保留位置　　　　(d) 修剪后

图 4.107　修剪到曲面

3. 修剪到平面

修剪到平面是指将曲面修剪到指定的平面。将如图 4.108(a)所示的曲面修剪到前视平面深度值为"30"的位置处，其操作步骤如下。

(1) 在浮动快捷菜单中设置屏幕视图为等视图，设置绘图平面为前视图。

(2) 切换到【曲面】选项卡，单击【修剪到平面】按钮 。

(3) 选取曲面：选取圆柱曲面，按 Enter 键。

(4) 选取平面：在【修剪到平面】对话框中选中 Z 按钮 (见图 4.108(b))，并在绘图区中拖动动态坐标 Z 轴，移到数值"30"(见图 4.108(c))，单击鼠标左键进行确认。

(5) 单击【修剪到平面】对话框中的【确定】按钮 ，结果如图 4.108(d)所示。

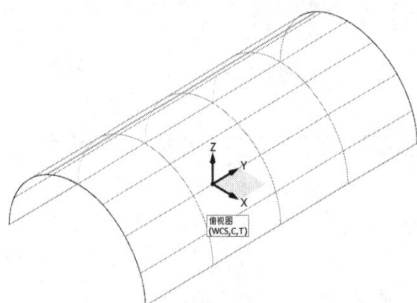

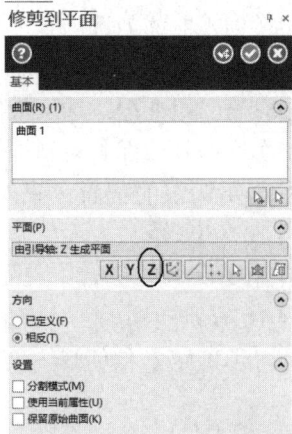

(a) 修剪前   (b)【修剪到平面】对话框

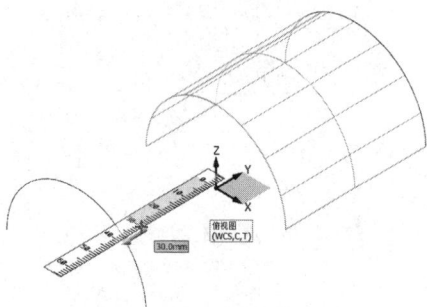

(c) 确定修剪数值   (d) 修剪后

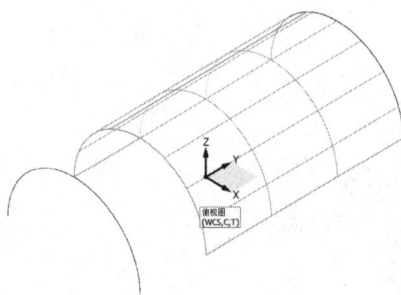

图 4.108　修剪到平面

任务 4.7　绘制蝶形凸台实体

4.7.1　任务描述

本次任务要求绘制如图 4.109 所示的蝶形凸台实体。通过本次任务的学习，培养绘图者达到以下主要目标。

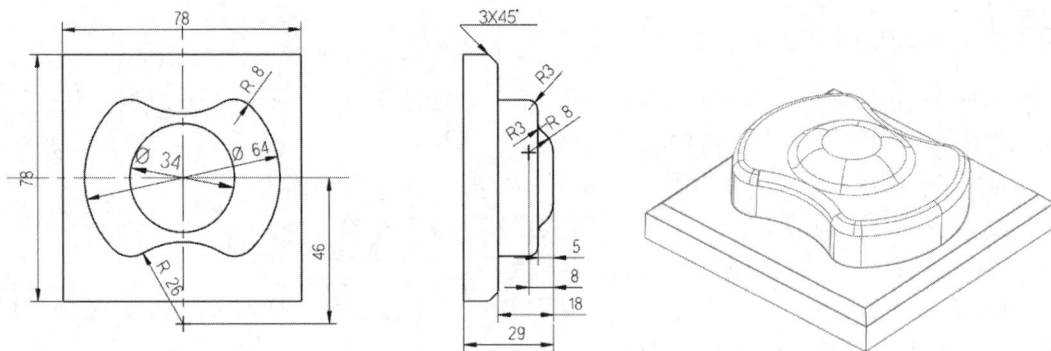

图 4.109　蝶形凸台实体

1. 知识目标

- 进一步掌握在不同绘图平面内绘制图形的方法。
- 掌握拉伸实体的基本概念及生成方法。
- 初步掌握实体倒角、倒圆角等实体编辑功能。

2. 能力目标

- 能够利用 Z(深度)控制及 2D/3D 模式功能进行图形绘制。
- 能够利用拉伸实体功能创建简单的实体。
- 能够利用实体倒角、倒圆角功能对实体编辑并达到设计要求。

3. 素质目标

在绘制实体图形时需要多次修改和完善，这有助于培养绘图者的耐心和毅力，在面对困难和挑战时能够保持冷静和镇定。

4.7.2　蝶形凸台实体的绘制

1. 在俯视绘图平面上绘制一个矩形和蝶形

(1) 在立方体图形视图控制器中设置屏幕视图为俯视图，在状态栏中设置绘图平面为俯视图，设定 Z 深度为 0。

(2) 切换到【线框】选项卡，单击【矩形】按钮□，系统弹出【矩形】对话框，选中【矩形中心点】复选框，再在【宽度】文本框中输入"78"、【高度】文本框中输入"78"，单击【原点】按钮⊥，确认矩形的中心点，最后单击【确定】按钮◎。

(3) 切换到【线框】选项卡，单击【圆心点画圆】按钮⊙，系统弹出【圆心点画圆】对话框，在绘图区捕捉原点确定圆心位置，在【圆心点画圆】对话框中输入直径"64"，单击【确定】按钮◎。

(4) 单击【绘线】组中的【线端点】按钮✐，在绘图区捕捉中点 P1，P2，绘制直线 L1(见图 4.110)，单击【确定】按钮◎。

(5) 单击【修剪】组中的【偏移图素】按钮，系统弹出【偏移图素】对话框，设置【方式】为【复制】；设置【距离】为"46"，在绘图区选取直线 LI(见图 4.111)进行偏移复制，得到直线 L2，单击【确定】按钮◎。

(6) 单击【圆弧】组中【圆心点画圆】按钮⊙，系统弹出【圆心点画圆】对话框，在绘图区直线 L2 的中点 P1(见图 4.112)确定圆心位置，在【圆心点画圆】对话框中输入半径"26"，单击【确定】按钮◎。绘制的图形如图 4.112 所示。

(7) 单击【修剪】组中的【图素倒圆角】按钮⌐，在【半径】下拉列表框中输入倒圆角的半径"8"，在绘图区合适位置选择图形进行倒圆角，单击【确定】按钮◎退出命令，绘制的图形如图 4.113 所示。

(8) 切换到【线框】选项卡，单击【修剪】组中的【分割】按钮⊁分割。选取圆弧图素进行分割，单击【确定】按钮◎完成分割，如图 4.114 所示。

(9) 切换到【转换】选项卡，单击工具栏中的【镜像】按钮⇉。在绘图区窗选所有圆弧，单击【结束选择】按钮，在弹出的【镜像】对话框中设置关于 X 轴镜像复制，再单击【确定】按钮 ，结果如图 4.115 所示。

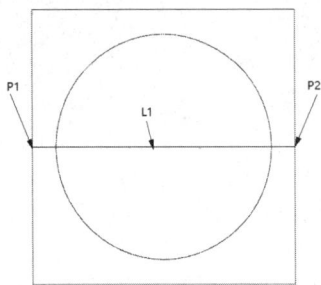

图 4.110　绘制一条中心线　　　图 4.111　对直线进行偏移　　　图 4.112　绘制相交圆

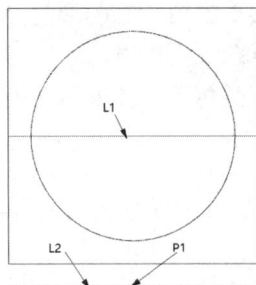

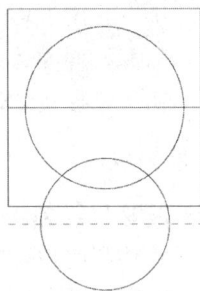

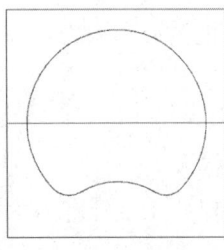

图 4.113　图素倒圆角　　　图 4.114　分割圆弧　　　图 4.115　镜像圆弧

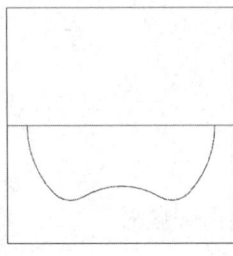

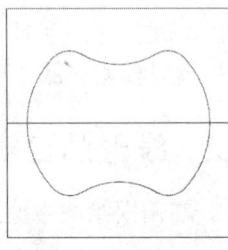

2. 在俯视图上绘制直径为 34 的圆

(1) 在浮动快捷菜单中设置屏幕视图为等视图，在状态栏中设置绘图平面为俯视图，设定 Z 深度为"13"，设置绘图模式为 2D。

(2) 切换到【线框】选项卡，单击【圆心点画圆】按钮 ⊙，系统弹出【圆心点画圆】对话框，在绘图区捕捉原点确定圆心位置，在【圆心点画圆】对话框中输入直径"34"，单击【确定】按钮 。绘制的图形如图 4.116 所示。

3. 生成实体

(1) 切换到操作管理器中的【层别】选项卡，单击【添加新层别】按钮 ✚，即可设置当前层为 2 号层。

(2) 切换到【实体】选项卡，单击【拉伸】按钮，系统弹出【线框串连】对话框，在绘图区串连选择 76×76 矩形线框，并单击【确定】按钮 ✓。在如图 4.117 所示的【实体拉伸】对话框中设置【距离】为 11，通过【全部反向】按钮 ↔ 调整拉伸方向为向下拉伸后，单击【确定并创建新操作】按钮。绘制的拉伸实体如图 4.118 所示。

(3) 在绘图区串连选择蝶形线框，并单击【线框串连】对话框中的【确定】按钮 ✓。在如图 4.119 所示的【实体拉伸】对话框中设置拉伸类型为【添加凸台】，【距离】为"13"，通过【全部反向】按钮 ↔ 调整拉伸方向为向上拉伸后，单击【确定并创建新操作】按钮。绘制的拉伸实体如图 4.120 所示。

(4) 在绘图区选择圆，并单击【线框串连】对话框中的【确定】按钮 ✓。在【实体拉伸】对话框中设置拉伸类型为【添加凸台】，设置【距离】为"5"，通过【全部反

向】按钮↔调整拉伸方向为向上拉伸后，单击【确定】按钮◉。绘制的拉伸实体如图 4.121
所示。

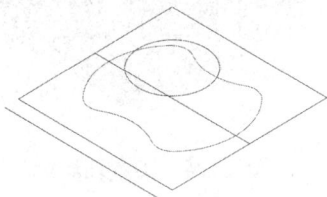

图 4.116　绘制圆弧　　　　图 4.117　【实体拉伸】对话框　　　　图 4.118　拉伸长方体

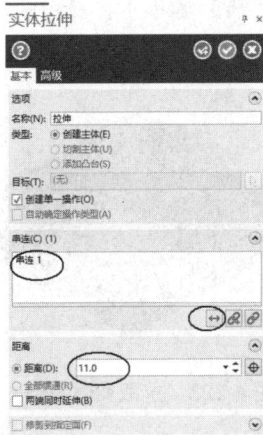

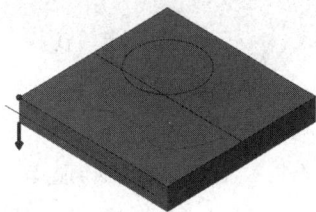

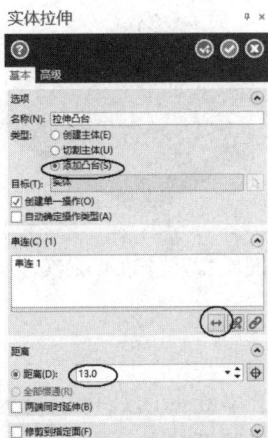

图 4.119　【实体拉伸】对话框　　　图 4.120　拉伸蝶形体凸台　　　图 4.121　拉伸圆柱体凸台

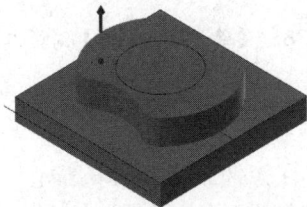

4. 对实体进行倒圆角操作

(1) 单击【恒定倒圆角】按钮▦，进入实体倒圆角的操作。此时系统提示选择要倒圆角的图素，移动鼠标选择实体边缘(见图 4.122)并按 Enter 键确定。系统弹出【固定圆角半径】对话框，设置圆角半径为"8"，其他参数不变，单击【确定并创建新操作】按钮◈。

(2) 系统提示选择要倒圆角的图素，移动鼠标选择实体面(见图 4.123)并按 Enter 键确定。系统弹出【固定圆角半径】对话框，设置圆角半径为"3"，其他参数不变，单击【确定】按钮◉。倒圆角实体如图 4.124 所示。

5. 对实体进行倒角操作

(1) 单击工具栏中的【单一距离倒角】按钮◣，进入实体倒角的操作。此时系统提示选择要倒角的图素，移动鼠标选择实体边缘(见图 4.125)并按 Enter 键确定。系统弹出如

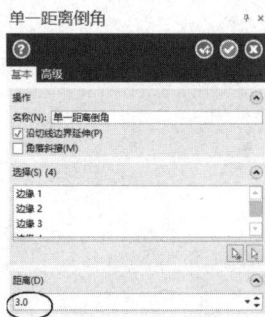

图 4.126 所示的【单一距离倒角】对话框，设置倒角距离为"3"，其他参数不变，单击【确定】按钮◎。

(2) 在操作管理器中切换到【层别】选项卡，在 1 号层的【高亮】栏单击，使 X 不可见。绘制的蝶形凸台实体如图 4.127 所示。

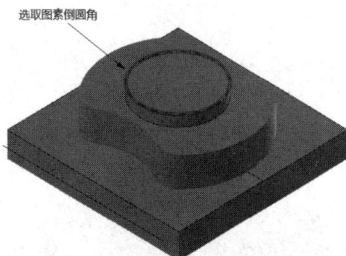

图 4.122　选取实体边缘倒圆角　　图 4.123　选取实体面倒圆角　　图 4.124　实体倒圆角

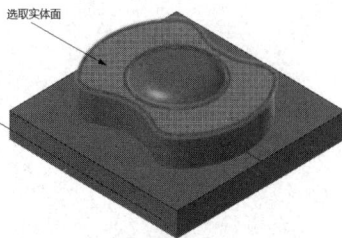

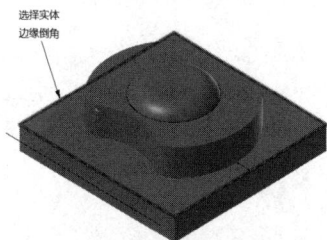

图 4.125　选取实体边缘倒角　图 4.126　【单一距离倒角】对话框　图 4.127　蝶形凸台实体

4.7.3　知识链接：拉伸实体

拉伸实体是对串连平面曲线进行拉伸生成实体的操作。用于串连的曲线可以是封闭的，也可以是开放的。当为封闭的曲线时，可以拉伸产生实体或薄壁实体；当为开放的曲线时，则只能拉伸产生薄壁实体。两种曲线产生的拉伸实体如图 4.128 所示。其中，如图 4.128(a)所示为拉伸封闭曲线产生的实体，如图 4.128(b)所示为拉伸开放曲线产生的薄壁实体。

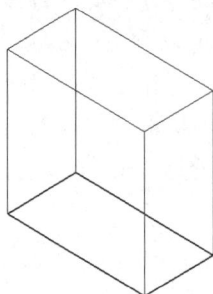

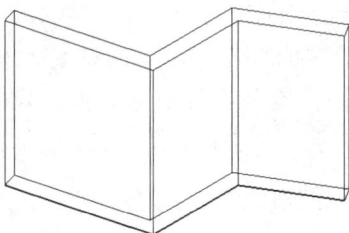

(a) 拉伸封闭曲线产生的实体　　　　(b) 拉伸开放曲线产生的薄壁实体

图 4.128　两种曲线产生的拉伸实体

切换到【实体】选项卡，单击【拉伸】按钮，即可进入创建拉伸实体的操作。【实体拉伸】对话框中包括【基本】和【高级】两个选项卡，其中【基本】选项卡如图 4.129 所示。

1) 【基本】选项卡

【基本】选项卡中各选项的含义如下。

- 【名称】文本框：输入拉伸操作的名称，可以使用系统的默认值，也可以自己设定。
- 【类型】选项组：用来设置拉伸操作的模式，共有三个单选按钮，【创建主体】单选按钮用于新实体的构建；【切割主体】单选按钮将生成的实体作为工件主体在选取的目标主体上进行切除操作；【添加凸台】单选按钮将生成的实体作为工件主体和选取的目标主体进行叠加操作。当绘图区有多个实体主体时，可以通过单击【目标】按钮在绘图区选择目标主体进行操作。
- 【串连】列表框：用于显示拉伸的图素，单击鼠标右键可进行图素的移除、反向、添加和全部重建等操作。
  - 【反向】按钮：可以设置拉伸方向与绘图区显示的拉伸方向反向。
  - 【添加】按钮：用来增加拉伸图素。
  - 【全部重建】按钮：取消选取所有图素，然后重新选取图素进行拉伸。
- 【距离】选项组：用来设置拉伸距离。
  - 【距离】单选按钮：可在其下拉列表框中直接输入数值来设置拉伸距离。
  - 【全部贯通】单选按钮：只有在进行"切割实体"操作时有效，是指沿着拉伸方向完全贯通切除选取的目标主体。
  - 【两端同时延伸】复选框：在正反两个方向同时进行拉伸操作。
- 【修剪到指定面】复选框：将拉伸的工件主体修剪至目标主体的一个面上，只有在切割实体或增加凸台的模式下才能进行设置。

2) 【高级】选项卡

【高级】选项卡(见图 4.130)中各选项的含义如下。

- 【拔模】复选框：用来设置拉伸操作是否倾斜及倾斜的方向和角度。
  - 【角度】下拉列表框：用来设置倾斜角度。
  - 【反向】复选框：可以设置拔模方向与绘图区显示的拔模方向反向。
- 【壁厚】复选框：只对薄壁拉伸的参数设置有效。
  - 【方向1】单选按钮：是指拉伸的实体厚度延伸方向为向内延伸。
  - 【方向2】单选按钮：是指拉伸的实体厚度延伸方向为向外延伸。
  - 【两端】单选按钮：是指拉伸的实体厚度延伸方向为向内和向外两个方向同时延伸。
  - 【方向1】下拉列表框：用来设置向内延伸的厚度值。
  - 【方向2】下拉列表框：用来设置向外延伸的厚度值。
- 【平面定向】文本框：用来设置拉伸的向量。

实体拉伸

图 4.129 【基本】选项卡

实体拉伸

图 4.130 【高级】选项卡

任务 4.8 绘制水壶实体

4.8.1 任务描述

本次任务要求绘制如图 4.131 所示的水壶实体。通过本次任务的学习，培养绘图者达到以下主要目标。

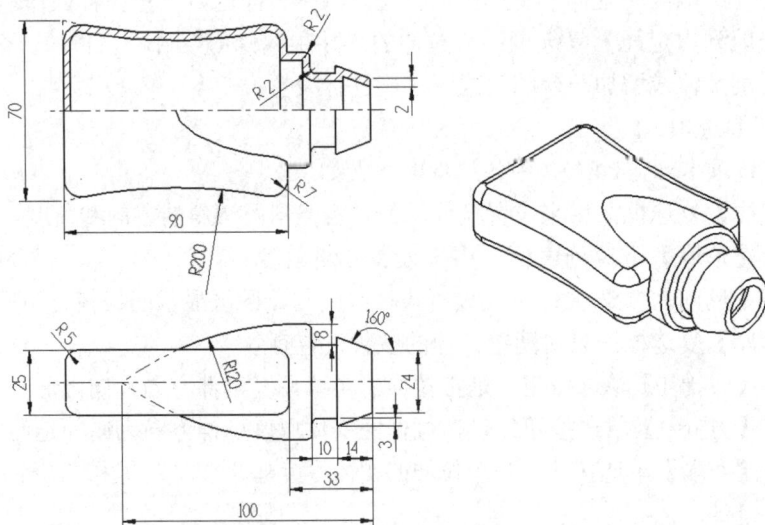

图 4.131 水壶实体

1. 知识目标

● 初步掌握举升实体的生成方法。

- 初步掌握旋转实体的基本概念及生成方法。
- 了解实体抽壳概念及生成方法。
- 进一步掌握实体倒角操作。

2. 能力目标

- 能够选择合适的绘图平面进行图形绘制。
- 能够利用举升实体、旋转实体等功能创建中等复杂实体。
- 能够利用实体倒角、抽壳等功能对实体编辑达到设计要求。

3. 素质目标

在绘制实体图形时，通过不断地尝试新的绘制方法和技巧，绘图者可以培养自己的创新能力，创造出独特且具有个性的作品。

4.8.2　水壶实体的绘制

1. 在俯视绘图平面上绘制一个矩形

(1) 在浮动快捷菜单中设置屏幕视图为俯视图，在状态栏中设置绘图平面为俯视图，设定 Z 深度为 0，设置绘图模式为 2D。

(2) 切换到【线框】选项卡，单击【矩形】按钮□。选中【矩形】对话框中的【矩形中心点】复选框，再单击【原点】按钮⊥，确认矩形的中心点，然后在【宽度】文本框中输入"90"、【高度】文本框中输入"70"，最后单击【确定】按钮⊘。

2. 绘制两圆弧并删除多余的图素

(1) 单击【端点画弧】按钮↷。输入第一点，选取点 P1(见图 4.132)；输入第二点，选取点 P2；在【半径】文本框中输入"200"，画弧 C1，然后单击【确定并创建新操作】按钮⊚。捕捉点 P3、P4，设置半径为"200"，画弧 C2，然后单击【确定】按钮⊘。

(2) 在绘图区选取矩形的上下两条直线，单击【主页】选项卡中的【删除图素】按钮✕，结果如图 4.133 所示。

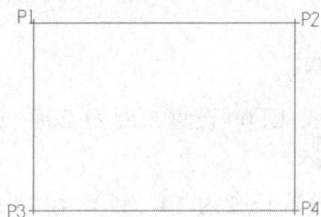

图 4.132　绘制矩形　　　　　　　　　　图 4.133　绘制两圆弧

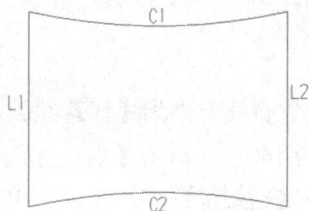

3. 对图形进行倒圆角

单击【修剪】组中的【串连倒圆角】按钮✐，单击【串连】按钮，将图素 L1、C1、L2、C2 全部串连，单击【线框串连】对话框中的【确定】按钮✔，在【串连倒圆角】对话框的【半径】文本框中输入"7"，单击【确定】按钮 ✓，结果如图 4.134 所示。

4. 将图中所示图形进行平移复制

(1) 切换到【转换】选项卡，单击【平移】按钮 ↗。窗选图 4.134 所示的图素，按 Enter 键确定，在【平移】对话框中设置复制次数为"1"，Z 方向的距离为"12.5"，设置【方向】为【双向】。

(2) 在浮动快捷菜单中设置屏幕视图为前视图，结果如图 4.135 所示。

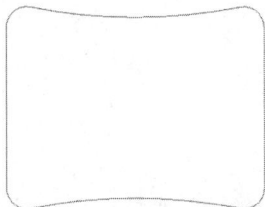

图 4.134　对图素串连倒圆角　　　　　图 4.135　进行平移复制

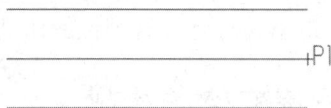

5. 在前视图上绘制若干图素

(1) 在浮动快捷菜单中设置屏幕视图为前视图，在状态栏中设置绘图平面为前视图，设定 Z 深度为 0，设置绘图模式为 2D。

(2) 单击【线框】选项卡中的【线端点】按钮 ╱，设置直线类型为【水平线】，绘图方式为【两端点】，捕捉点 P1(见图 4.135)，在【长度】文本框中输入"33"，单击【确定并创建新操作】按钮 ✓。

(3) 设置直线类型为【垂直线】，捕捉点 P1(见图 4.136)，设置【长度】为 12，单击【确定并创建新操作】按钮 ✓。

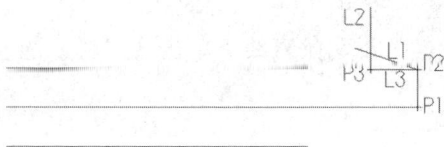

图 4.136　绘制任意直线

(4) 设置直线类型为【任意线】，捕捉点 P2(作直线 L1)，设置长度为 20(任意长度)，设置角度为 160°，单击【确定并创建新操作】按钮 ✓。

(5) 指定起始位置点，捕捉点 P2(作辅助线 L3)，设置长度为 14，设置角度为 180°，单击【确定并创建新操作】按钮 ✓。

(6) 指定起始位置点，捕捉点 P3(作辅助线 L2)，设置长度为 20(任意长度)，设置角度为 90°，单击【确定】按钮 ✓。

6. 对图形进行修剪延伸，并删除辅助线

切换到【线框】选项卡，单击【分割】按钮 ✂，在绘图区选取多余的图素进行修剪，结果如图 4.137 所示。

图 4.137　对图形进行修剪

7. 继续绘制若干直线

(1) 单击【线框】选项卡中的【线端点】按钮／，设置直线类型为【任意线】，绘图方式为【两端点】，捕捉点 P1(见图 4.137)，设置长度为 100，设置角度为 180°，单击【确定并创建新操作】按钮 ⊘。

(2) 捕捉点 P2(见图 4.137)，设置长度为 3，设置角度为-90°，单击【确定并创建新操作】按钮 ⊘。

(3) 捕捉点 P1(见图 4.138)，设置长度为 10，设置角度为 180°，单击【确定并创建新操作】按钮 ⊘。

(4) 捕捉点 P2，设置长度为 8，设置角度为 90°，单击【确定】按钮 ⊘。

8. 绘制圆弧

(1) 切换到【线框】选项卡，单击【端点画弧】按钮 ⌐·。捕捉端点 P3、P4(见图 4.138)，设置【半径】为"120"，选取合适圆弧，单击【确定】按钮 ⊘，结果如图 4.138 所示。

(2) 在浮动快捷菜单中设置屏幕视图为等视图，在状态栏中设置绘图平面为俯视图，设定 Z 深度为 0，设置绘图模式为 3D，结果如图 4.139 所示。

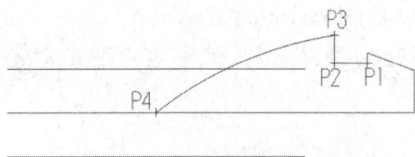

图 4.138　绘制直线和圆弧

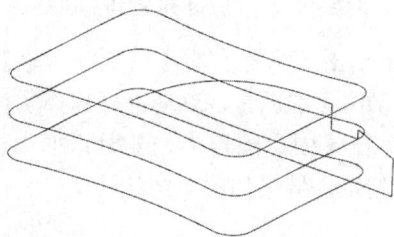

图 4.139　用等视图查看

9. 用举升实体操作生成瓶体

(1) 切换到操作管理器中的【层别】选项卡，单击【添加新层别】按钮 ✚，即可设置当前层为 2 号层。

(2) 切换到【实体】选项卡，单击【举升】按钮 ▨，系统弹出【线框串连】对话框，在绘图区用串连的方式依次选择图 4.140 中的曲线 1 和曲线 2，注意保证两个串连图素的起点和方向一致，单击【确定】按钮 ✓。

(3) 在【举升】对话框中，单击【确定】按钮 ⊘，完成实体创建，单击状态栏中的【显示线框】按钮 ⊕，结果如图 4.141 所示。

10. 对实体进行倒圆角处理

(1) 单击【恒定倒圆角】按钮 ⬬，进入实体倒圆角的操作。此时系统提示选择要倒圆角的图素，移动鼠标选择实体面(见图 4.141)并按 Enter 键确定。

(2) 在【固定圆角半径】对话框中设置圆角半径为"5"，其他参数不变，单击【确定】按钮 ◉，结果如图 4.142 所示。

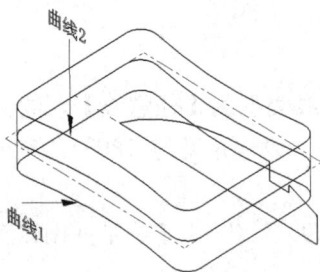

图 4.140 选取举升图素   图 4.141 生成举升实体   图 4.142 倒圆角后的实体

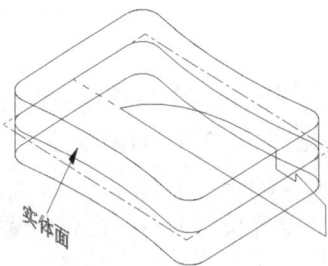

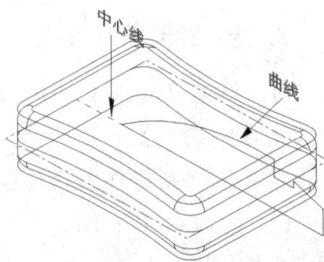

11. 用旋转实体操作生成瓶口

(1) 切换到【实体】选项卡，单击【旋转】按钮 ⬬，进入创建旋转实体的操作。选择需要旋转的曲线(见图 4.142)，选择中心线作为旋转轴线。

(2) 在【旋转实体】对话框中设置操作类型为【添加凸台】，旋转的起始角度为 0°，旋转的结束角度为 360°，单击【确定】按钮 ◉。

(3) 切换到操作管理器中的【层别】选项卡，关闭 1 号层的【高亮】状态。结果如图 4.143 所示。

12. 对实体进行倒圆角处理

(1) 单击工具栏中的【恒定倒圆角】按钮 ⬬，进入实体倒圆角的操作。此时系统提示选择要倒圆角的图素，移动鼠标选择实体面(见图 4.143)并按 Enter 键确定。

(2) 在【固定圆角半径】对话框中设置圆角半径为"2"，其他参数不变，单击【确定】按钮 ◉，结果如图 4.144 所示。

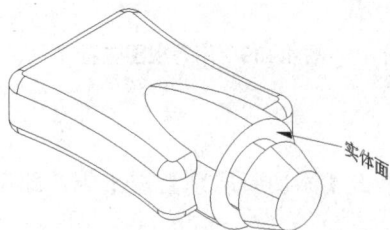

图 4.143 旋转实体   图 4.144 倒圆角处理

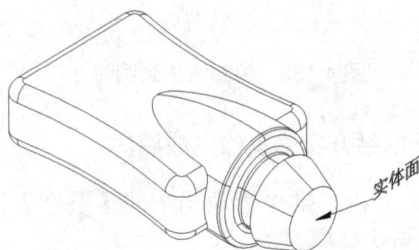

13. 对实体进行抽壳操作

(1) 切换到【实体】选项卡，单击【抽壳】按钮 ⬬，此时系统提示选择要抽壳的图素，移动鼠标选择相应的实体面(见图 4.144)并按 Enter 键确定。

(2) 在弹出的【抽壳】对话框中设置抽壳的方向为【方向 1】，在抽壳厚度栏中的【方向 1】文本框中输入"2"，单击【确定】按钮 。

(3) 单击状态栏中的【图形着色】按钮 ，结果如图 4.145 所示。

图 4.145   抽壳后的实体

4.8.3   知识链接：举升实体、旋转实体及实体抽壳

1. 举升实体

举升实体是将两个或两个以上的曲线(截面)进行线性连接或平滑连接而产生实体的一种操作方法。在举升中选取的每一个截面必须封闭且共面，但各截面间可以不平行。在构建举升实体时的注意事项与构建举升曲面时一样。

切换到【实体】选项卡，单击【举升】按钮，可进入创建举升实体的操作。选择举升的图素后，单击【确定】按钮，系统弹出如图 4.146 所示的【举升】对话框。举升操作类型中三个单选按钮的含义与前面拉伸操作中相应选项的含义相同。当【创建直纹实体】复选框被选中时，采用线性熔接方式生成直纹实体，当取消选中该复选框时，则采用光滑熔接方式生成举升实体。单击【确定】按钮，系统即按所设定的参数进行操作，生成举升实体或直纹实体。

2. 旋转实体

旋转实体是将串连曲线绕选择的旋转轴进行旋转而产生实体的一种操作方法。用于串连的曲线既可以是封闭的，也可以是开放的。当为封闭的曲线时，产生的是实体；当为开放的曲线时，产生的是薄壁。由旋转构建产生的实体可以是直接生成的，也可以是在已有的实体上增加或减去生成的。

切换到【实体】选项卡，单击工具栏中的【旋转】按钮，可进入创建旋转实体的操作。首先，系统弹出【线框串连】对话框，在选择了需要旋转的串连图素后，单击【确定】按钮，系统提示选择一条直线作为旋转轴。操作完成后，系统弹出如图 4.147 所示的【旋转实体】对话框，【类型】选项组中的参数设置与拉伸实体的对应部分相同，在这里不作介绍。下面仅对【角度】选项组中各参数的含义进行介绍。

- 【起始】下拉列表框：在该下拉列表框中输入旋转操作的起始角度。
- 【结束】下拉列表框：在该下拉列表框中输入旋转操作的结束角度。

当绘图区旋转实体的实际旋转方向与要求的相反时，可以单击【旋转轴反向】按钮来进行反向。

3. 实体抽壳

实体抽壳命令操作是将实体变为开放的空心实体或封闭的空心实体。

切换到【实体】选项卡，单击【抽壳】按钮，可进入实体抽壳的操作。此时系统提示选择要抽壳的图素，移动鼠标可根据鼠标指针的变化选择实体面或实体主体进行抽壳操作。

(1) 当选择实体面并在弹出的【实体抽壳】对话框中设置抽壳的方向和厚度后，生成的抽壳实体有一个面(或多个面)为开放的，这个面(或多个面)即为前面操作选取的面，如图 4.148 所示。

(2) 当选择实体主体并在弹出的对话框中设置抽壳的方向和厚度后，则生成的抽壳实体为封闭的，如图 4.149 所示。

图 4.146　【举升】对话框

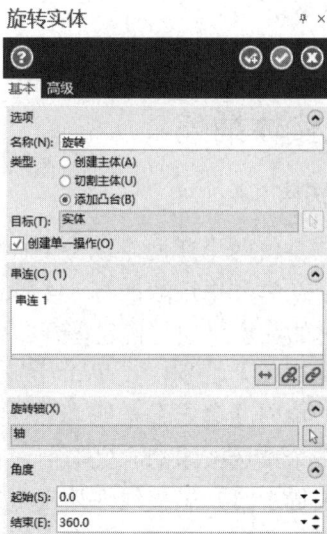

图 4.147　【旋转实体】对话框

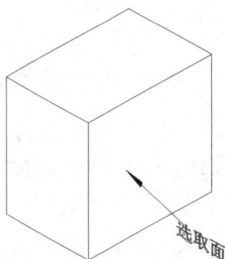

(a) 选取实体面

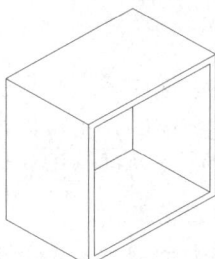

(b) 开放的实体抽壳

图 4.148　选取实体面对实体进行抽壳操作

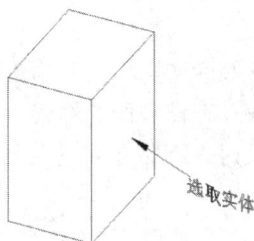

(a) 选取实体

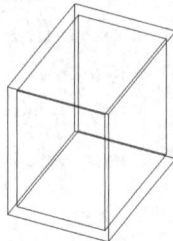

(b) 封闭的实体抽壳

图 4.149　选取实体对实体进行抽壳操作

任务 4.9　绘制弯管实体

4.9.1　任务描述

本次任务要求绘制如图 4.150 所示的弯管实体。通过本次任务的学习，培养绘图者达到以下主要目标。

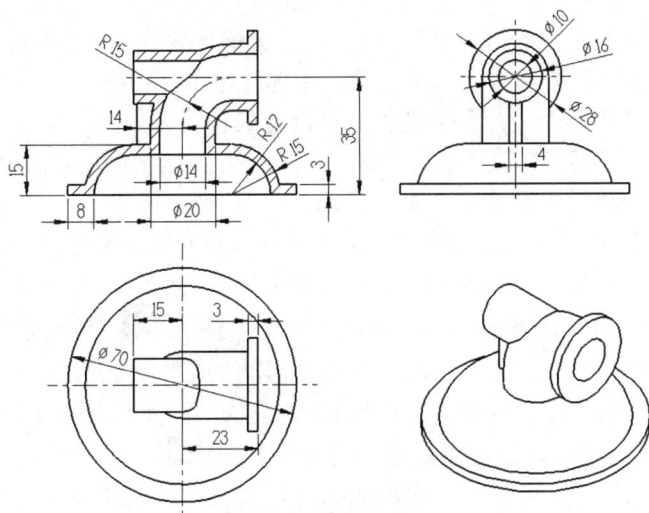

图 4.150　弯管实体

1. 知识目标

- 进一步掌握拉伸实体、旋转实体的生成方法。
- 初步掌握扫描实体的基本概念及生成方法。
- 了解布尔运算概念及操作方法。

2. 能力目标

- 能够选择合适的绘图平面进行图形的绘制。
- 能够利用拉伸实体、旋转实体、扫描实体等功能创建中等复杂实体。
- 能够利用布尔运算等功能对实体进行编辑并达到设计要求。

3. 素质目标

绘制一些复杂实体时需要注重细节，因为每一个细节都可能影响到最终的效果。通过不断练习和积累经验，可以提高绘图者的细节把控能力，确保绘制实体的准确性。

4.9.2　弯管实体的绘制

1. 在俯视图上绘制两个直径不同的圆

(1) 在浮动快捷菜单中设置屏幕视图为俯视图，在状态栏中设置绘图平面为俯视图，设定 Z 深度为 0,绘图模式为 2D。

(2) 切换到【线框】选项卡,单击【圆心点画圆】按钮 ⊙,系统弹出【圆心点画圆】对话框,在绘图区单击【原点】按钮，确认圆心点在原点,在【圆心点画圆】对话框中输入直径"14",单击【确定并创建新操作】按钮。再输入直径"20",在绘图区捕捉原点,最后单击【确定】按钮。

(3) 在浮动快捷菜单中设置屏幕视图为等视图,结果如图 4.151 所示。

2. 在前视图上绘制弯管轨迹线和回转形底座的截面

(1) 在状态栏中设置绘图平面为前视图,设定 Z 深度为 0,绘图模式为 2D。

(2) 切换到【线框】选项卡,单击工具栏中的【矩形】按钮 □,系统弹出【矩形】对话框,先取消选中【矩形中心点】复选框,基准点的位置即为左下角点,再在【宽度】文本框中输入"23"、【高度】文本框中输入"23",直接捕捉圆心点 P1(0, 0)(见图 4.151)作为矩形的基准点,然后单击【确定】按钮。

(3) 单击工具栏中的【矩形】下拉按钮,再单击【圆角矩形】按钮 □。在【矩形形状】对话框中设置矩形的宽为 20、高为 12,固定位置点为右上角点,然后捕捉直径为 14 的圆的中点 P2(-7, 0)(见图 4.151),单击【确定并创建新操作】按钮;修改矩形的宽度为 23、高度为 15,基准点的位置为右下角点,然后捕捉 20×12 矩形的右下角点(-7, -12),单击【确定并创建新操作】按钮;修改矩形的宽度为 8、高度为 3,基准点的位置为右下角点,然后捕捉 20×12 矩形的左下角点(-27, -12),单击【确定】按钮,结果如图 4.152 所示。

(4) 单击【修剪】工具栏中的【图素倒圆角】按钮 ⌐,系统弹出【图素倒圆角】对话框。在【半径】文本框中输入"15",选取直线于点 P1(见图 4.152),选取另一条直线于点 P2 进行倒圆角;选取直线于点 P3,选取另一条直线于点 P4 进行倒圆角,单击【确定并创建新操作】按钮。设置【半径】为"12",选取直线于点 P5,选取另一条直线于点 P6 进行倒圆角,单击【确定】按钮。

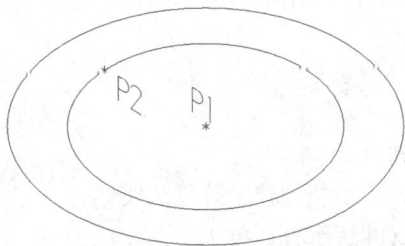

图 4.151 绘制两圆弧

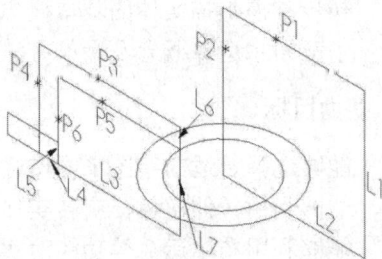

图 4.152 绘制回转形底座与轨迹线

(5) 在绘图区选取直线 L1~L7,按 Delete 键进行删除,结果如图 4.153 所示。

(6) 单击【分割】按钮 ✕,选取直线 L1、L2(见图 4.153)的多余部分进行裁剪。

(7) 单击工具栏中的【线端点】按钮 /,选择端点 P1、P2(见图 4.153)连接成直线,单击【确定】按钮，结果如图 4.154 所示。

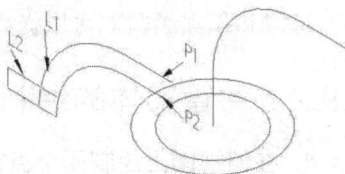

图 4.153 对图形进行修剪

3. 在侧视图上绘制管口、肋板的线形框架

(1) 在浮动快捷菜单中设置屏幕视图为等视图，在状态栏中设置绘图平面为右视图，设定 Z 深度为-14，绘图模式为 2D。

(2) 单击工具栏中的【矩形】下拉按钮，再单击【圆角矩形】按钮▢，在【矩形形状】对话框中设置矩形的宽为 4、高为 14，基准点的位置为下边中点，然后捕捉端点 P1(见图 4.154)，单击【确定】按钮。

(3) 设定 Z 深度为-15，绘图模式为 2D。

(4) 单击【圆心点画圆】按钮⊙，系统弹出【圆心点画圆】对话框，在绘图区捕捉端点 P2(见图 4.154)确定圆心点的位置，在【圆心点画圆】对话框中输入直径"10"，单击【确定并创建新操作】按钮。再设置直径为"16"，捕捉端点 P2 确定圆心点的位置，单击【确定并创建新操作】按钮。

(5) 切换绘图模式为 3D。

(6) 设置直径为"28"，捕捉端点 P2 确定圆心点的位置，单击【确定】按钮，结果如图 4.155 所示。

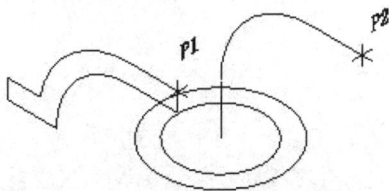

图 4.154　对图形进行编辑　　　　　图 4.155　绘制管口、肋板线形框架

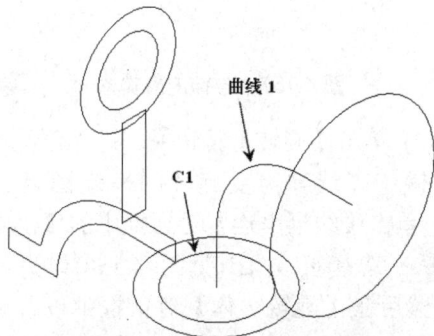

4. 用扫描实体绘制零件的内形实体

(1) 切换到操作管理器中的【层别】选项卡，单击【添加新层别】按钮➕，即可设置当前层为 2 号层。

(2) 单击【实体】选项卡中的【扫描】按钮，进入创建扫描实体的操作。首先，选取要扫描的截面图素，在弹出的【线框串连】对话框中单击【单体】按钮，选取圆 C1(见图 4.155)，单击【确定】按钮；然后选择扫描路径的串连图素，选取串连曲线 1，在弹出的对话框中，单击【确定】按钮，单击状态栏中的【显示线框】按钮，结果如图 4.156 所示。

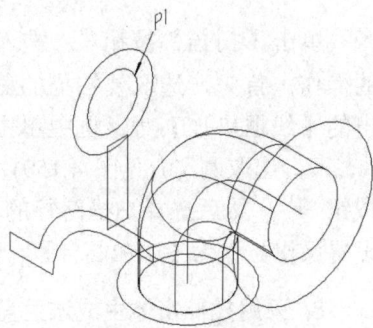

图 4.156　扫描内形实体

5. 用拉伸实体绘制零件的内形实体

切换到【实体】选项卡，单击【拉伸】按钮，系统弹出【线框串连】对话框，选取

小圆于点 P1(见图 4.156)，并单击【确定】按钮 。在【实体拉伸】对话框中设置操作类型为【添加凸台】，在【距离】文本框中设置距离值为 25，通过【全部反向】按钮 调整拉伸方向为向右拉伸，单击【确定】按钮 ，结果如图 4.157 所示。

6. 用旋转实体绘制回转底座

(1) 切换到操作管理器中的【层别】选项卡，单击【添加新层别】按钮 ，即可设置当前层为 3 号层。取消 2 号层的可见性，结果如图 4.158 所示。

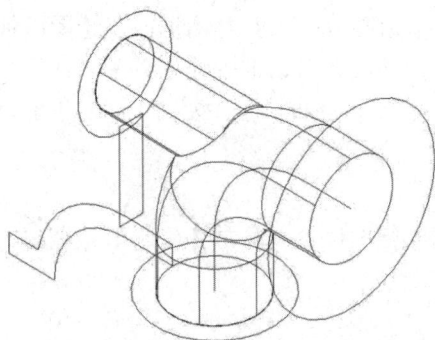

图 4.157　拉伸内形实体

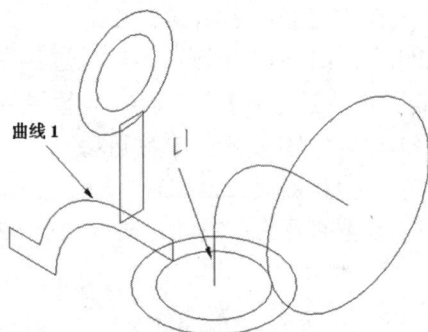

图 4.158　不显示内形实体

(2) 单击【旋转】按钮 ，进入创建旋转实体的操作。选择需要旋转的串连图素"曲线 1"，单击【线框串连】对话框中的【确定】按钮 ；选择直线 L1(见图 4.158)作为旋转轴线，然后在【旋转实体】对话框中设置旋转的起始角度为 0°，旋转的结束角度为 360°，单击【确定】按钮 ，结果如图 4.159 所示。

7. 采用扫描实体生成弯管

单击【扫描】按钮 ，进入创建扫描实体的操作。首先，选取要扫描的截面图素，在弹出的【线框串连】对话框中单击【单体】按钮 ，选取圆 C1(见图 4.159)，单击【确定】

图 4.159　绘制回转底座

按钮 ；然后选择扫描路径的串连图素，选取串连曲线 1，在弹出的【扫描】对话框中设置操作类型为【添加凸台】，单击【确定】按钮 ，结果如图 4.160 所示。

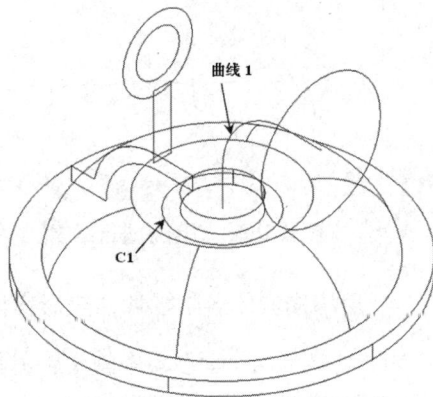

8. 采用拉伸实体生成法兰盘

单击【拉伸】按钮 ，系统弹出【线框串连】对话框，选取圆 C1(见图 4.160)，并单击【确定】按钮 。在【实体拉伸】对话框中设置操作类型为【添加凸台】，在【距离】文本框中输入距离值"3"，通过【全部反向】按钮 调整拉伸方向为向左拉伸，单击【确定】按钮 ，结果如图 4.161 所示。

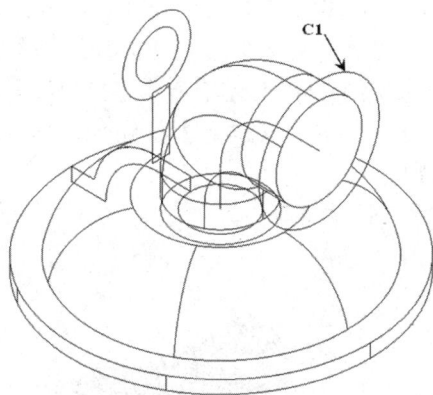

图 4.160 扫描弯管

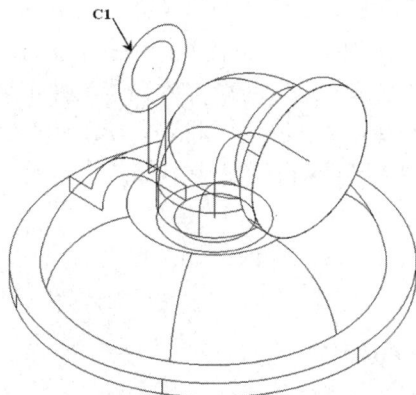

图 4.161 拉伸法兰盘

9. 采用拉伸实体生成直管

单击【拉伸】按钮，系统弹出【线框串连】对话框，选取圆 C1(见图 4.161)，并单击【确定】按钮。在【实体拉伸】对话框中设置操作类型为【添加凸台】，在【距离】文本框中输入距离值"25"，通过【全部反向】按钮调整拉伸方向为向右拉伸，单击【确定】按钮，结果如图 4.162 所示。

10. 采用拉伸实体生成加强筋

单击【拉伸】按钮，系统弹出【线框串连】对话框，选取矩形 1(见图 4.162)，并单击【确定】按钮。在【实体拉伸】对话框中设置操作类型为【添加凸台】，在【距离】文本框中输入距离值"14"，通过【全部反向】按钮调整拉伸方向为向右拉伸，单击【确定】按钮，结果如图 4.163 所示。

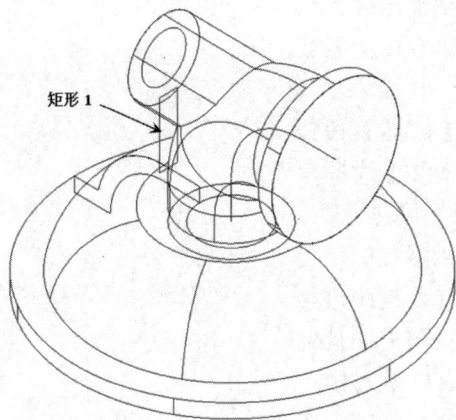

图 4.162 拉伸直管

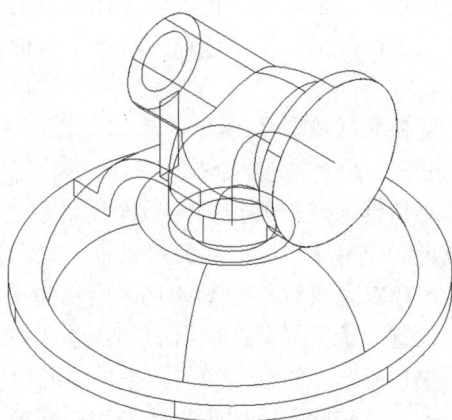

图 4.163 拉伸加强筋

11. 采用布尔运算从外形实体挖掉内形实体

(1) 切换到操作管理器中的【层别】选项卡，取消 1 号层的可见性并打开 2 号层的可见性，结果如图 4.164 所示。

(2) 单击工具栏中的【布尔运算】按钮 ⬛，设置布尔运算的类型为【切割】，选取外形实体为"目标主体"(见图 4.164)，单击【布尔运算】对话框中的【添加选择】按钮 ⬛，在绘图区选取内形实体为"工件主体"(如果无法选中，可通过单击【选择验证】按钮进行选择)，按 Enter 键确定，单击【布尔运算】对话框中的【确定】按钮 ⬛，再单击状态栏中的【图形着色】按钮 ⬛，结果如图 4.165 所示。

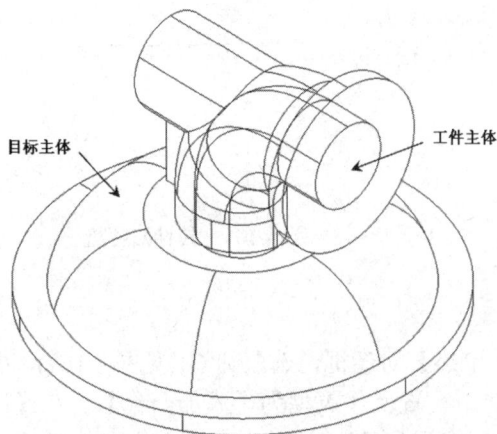

图 4.164　显示内形实体　　　　　图 4.165　弯管实体

4.9.3　知识链接：扫描实体及布尔运算

1. 扫描实体

扫描实体是将串连曲线(截面)沿选择的导引曲线(路径)平移或旋转而生成实体的一种操作方法。由扫描构建产生的实体可以是直接生成的，也可以是在已有的实体上增加或减去而生成的。在扫描操作中选取的每一个截面都必须是封闭的且要共面。

切换到【实体】选项卡，单击工具栏中的【扫描】按钮 ⬛，可进入创建扫描实体的操作。首先，系统弹出【线框串连】对话框，选择要扫描的截面后，单击【确定】按钮 ⬛；系统再次弹出【线框串连】对话框，提示选择扫描路径的串连图素，选取完成后在如图 4.166 所示的【扫描】对话框中进行参数设置。【类型】选项组中三个单选按钮的含义与前面拉伸操作中相应选项的含义相同。扫描曲面对齐方式有以下两种。

图 4.166　【扫描】对话框

- 【法向】：用于生成扫描截面始终与扫描引导方向的法线平行的扫描实体。它与扫描曲面中的【旋转】方式相同。

- 【平行】：用于生成扫描截面始终沿着引导方向平移的扫描实体。它与扫描曲面中的【转换】方式相同。

对【扫描】对话框进行相应的设置后再单击【确定】按钮 ⬛，系统即按所设定的参数

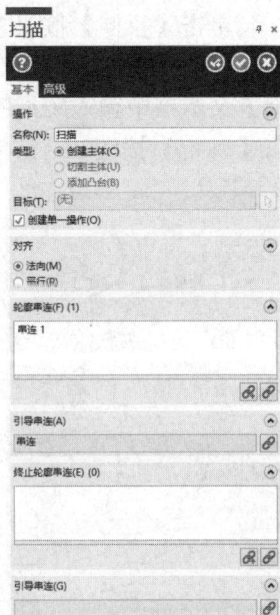

进行扫描操作并生成实体。

2. 布尔运算

通过布尔运算可以对两个或两个以上的三维实体进行结合、切割、交集等操作，从而得到一个新实体。在布尔运算中，第一个被选中的实体为目标主体，通过单击【工具主体】列表框下方的【添加选择】按钮（见图 4.167），可在绘图区选取工具主体进行操作。在【布尔运算】对话框中有三种类型的操作：【结合】、【切割】、【交集】，它们的含义如下。

- 【结合】单选按钮：将目标主体与工具主体相加，结果是目标主体与工具主体的公共部分和各自不同部分的总和。
- 【切割】单选按钮：将目标主体与工具主体相减，结果是目标主体与工具主体的公共部分从目标主体中去除后的部分。
- 【交集】单选按钮：求出目标主体与工具主体的公共部分，结果是目标主体与工具主体的公共部分。

对如图 4.168 所示的两个实体进行布尔运算，三种布尔运算方式如图 4.169 所示。其中，图 4.169(a)所示是布尔结合运算的结果，图 4.169(b)所示是布尔切割运算的结果，图 4.169(c)所示是布尔交集运算的结果。

另外，选中【非关联实体】复选框，运算结果生成的实体与目标主体和工具主体不再有任何联系。

图 4.167　【布尔运算】对话框

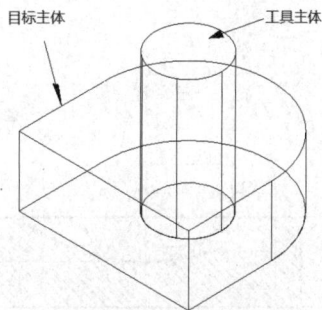

图 4.168　原始图形

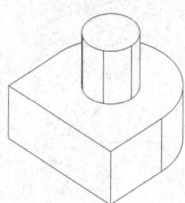

(a) 结合

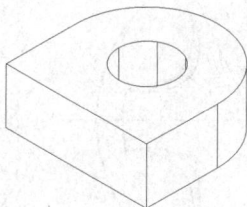

(b) 切割

(c) 交集

图 4.169　三种布尔运算方式

任务 4.10　绘制摩擦圆盘压铸模腔实体

4.10.1　任务描述

本次任务要求绘制如图 4.170 所示的摩擦圆盘压铸模腔实体。通过本次任务的学习，培养绘图者达到以下主要目标。

1. 知识目标

● 进一步掌握拉伸实体、旋转实体生成的方法。

● 熟练掌握布尔运算的操作。

● 熟练掌握恒倒圆角、旋转阵列等实体编辑操作。

2. 能力目标

● 能够选择合适的绘图平面进行图形的绘制。

● 能够利用拉伸实体、旋转实体、扫描实体等功能创建中等复杂实体。

● 能够利用旋转阵列、恒定倒圆角等功能对实体进行编辑并达到设计要求。

3. 素质目标

绘图者不仅需要具备较强的空间想象能力和扎实的专业知识，还需要熟练掌握绘图技能，才能有效提高绘图效率和质量。通过不断绘制复杂实体，这些能力都可以逐步得到提升和发展。

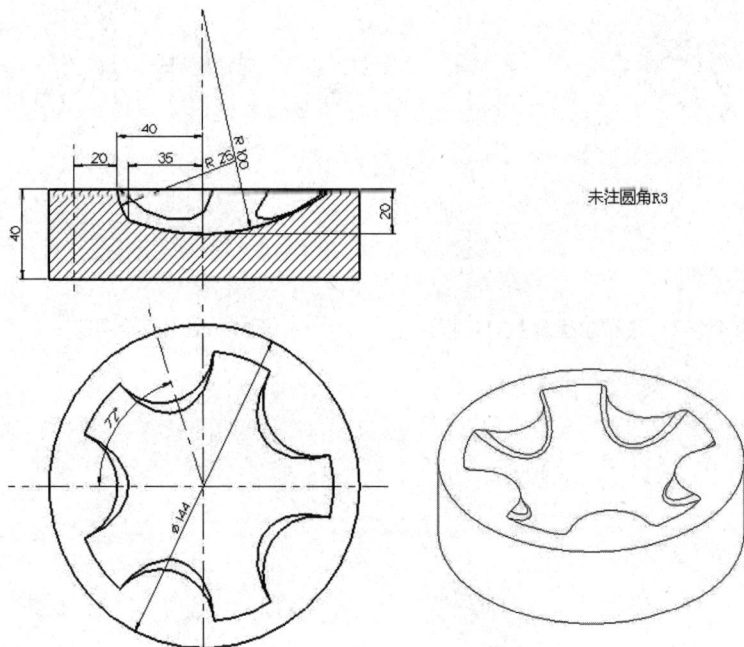

图 4.170　摩擦圆盘压铸模腔实体

4.10.2 摩擦圆盘压铸模腔实体的绘制

1. 在俯视图上绘制 $\phi 144$ 的圆

(1) 在浮动快捷菜单中设置屏幕视图为俯视图，在状态栏中设置绘图平面为俯视图，设定 Z 深度为 0。

(2) 切换到【线框】选项卡，单击【圆心点画圆】按钮⊙，系统弹出【圆心点画圆】对话框，在绘图区单击【原点】按钮，确认圆心点在原点，在【圆心点画圆】对话框中输入直径"144"，单击【确定】按钮。

2. 在前视图上绘制旋转实体所需的线架

(1) 在浮动快捷菜单中设置屏幕视图为前视图，在状态栏中设置绘图平面为前视图，设定 Z 深度为 0。

(2) 单击【线框】选项卡中的【线端点】按钮，设置直线类型为【水平线】，设置绘图方式为【两端点】，在绘图区拾取原点作为第一点，在水平大概位置处拾取一点作为第二点，在【轴向偏移】文本框中输入"0"，单击【确定并创建新操作】按钮，绘制直线 L1，如图 4.171 所示。

(3) 采用类似的方法绘制水平线 L2，在【轴向偏移】文本框中输入"-20"。

(4) 采用类似的方法绘制垂直线 L3，在【轴向偏移】文本框中输入"-40"。

(5) 采用类似的方法绘制垂直线 L4，在【轴向偏移】文本框中输入"0"。

(6) 单击【形状】组中的【圆角矩形】按钮，在弹出的【矩形形状】对话框中，设置矩形的宽、高均为 25，设置定位点的位置为"左上角点"，并输入坐标"-60, 0"，然后单击【确定并创建新操作】按钮。在浮动快捷菜单中设置屏幕视图为等视图。

(7) 单击【圆弧】组中的【切弧】按钮，在【切弧】对话框中选择【圆弧中心线】方式，设置半径值为 100，选择直线 L2 作为与圆弧相切的直线，选择直线 L4 作为圆心经过的直线，然后选择上面的圆弧作为需要保留的圆弧，单击【确定】按钮，结果如图 4.172 所示。

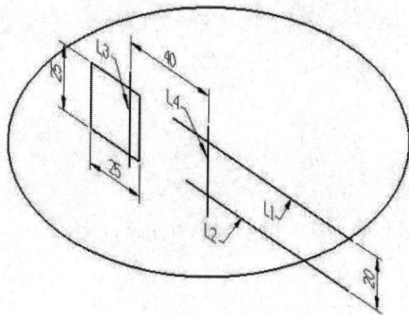

图 4.171 线架绘制(1)

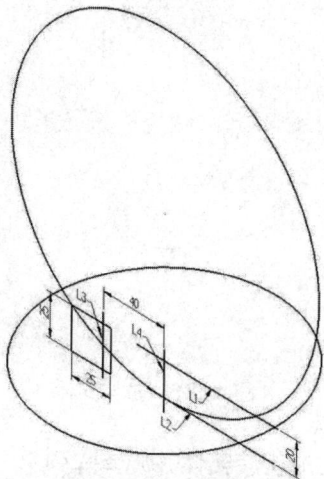

图 4.172 线架绘制(2)

(8) 切换到【线框】选项卡，单击【分割】按钮✕，在绘图区选取多余的图素进行修剪，结果如图 4.173 所示。

(9) 切换到【线框】选项卡，单击【端点画弧】按钮↷。捕捉端点 P1 和 P2(见图 4.173)，设置半径为 26，选取合适圆弧，单击【确定】按钮✅，结果如图 4.174 所示。

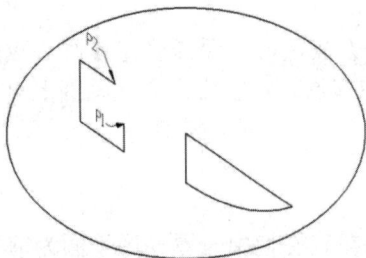

图 4.173　修剪线架

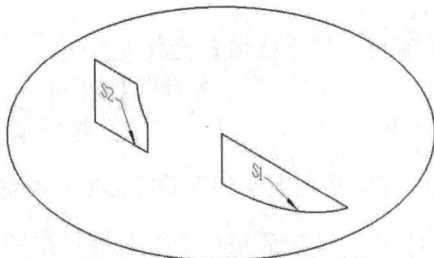

图 4.174　绘制圆弧

3. 用拉伸实体和旋转实体操作产生目标主体

(1) 切换到操作管理器中的【层别】选项卡，单击【添加新层别】按钮➕，即可设置当前层为 2 号层。

(2) 切换到【实体】选项卡，单击【拉伸】按钮🗐，系统弹出【线框串连】对话框，在绘图区选择 $\phi144$ 圆，并单击【确定】按钮✅。在【实体拉伸】对话框的【距离】文本框中设置距离值为 "40"，通过【全部反向】按钮↔调整拉伸方向为向下拉伸，单击【确定】按钮✅，单击状态栏中的【显示线框】按钮⊕，结果如图 4.175 所示。

(3) 单击【创建】组中的【旋转】按钮🗐，进入创建旋转实体的操作。选择需要旋转的串连图素时，选择图 4.175 中的串连图素 S1，单击【线框串连】对话框中的【确定】按钮✅；选择直线 L1 作为旋转轴线，然后在【旋转实体】对话框中设置操作类型为【切割实体】，设置旋转的起始角度为 0°、旋转的结束角度为 360°，单击【确定】按钮✅，结果如图 4.176 所示。

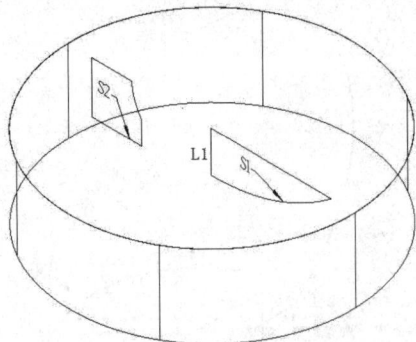

图 4.175　拉伸实体

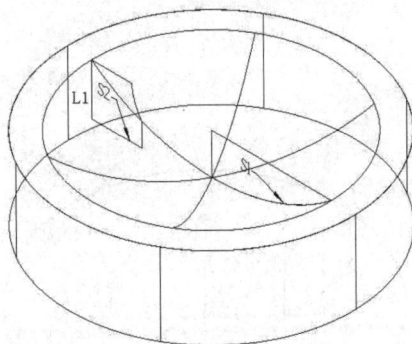

图 4.176　旋转(切除)实体

4. 生成旋转实体并旋转阵列

(1) 单击【旋转】按钮🗐，进入创建旋转实体的操作。选择需要旋转的串连图素时，选择图 4.176 中的串连图素 S2，单击【线框串连】对话框中的【确定】按钮 ；选择直线 L1 作为旋转轴线，然后在【旋转实体】对话框中设置操作类型为【添加凸台】、旋转的起始角度为-90°、旋转的结束角度为90°，单击【确定】按钮 。

(2) 切换到操作管理器中的【层别】选项卡，单击 1 号层的【高亮】栏，取消 1 号层图素的可见性，结果如图 4.177 所示。

(3) 在浮动快捷菜单中设置屏幕视图为俯视图，在状态栏中设置绘图平面为俯视图。

(4) 切换到【实体】选项卡，单击【旋转阵列】按钮，切换到操作管理器中的【实体】选项卡，单击【旋转凸台】操作(见图 4.178)，并按 Enter 键确认选取，再切换到操作管理器中的【旋转阵列】选项，在如图 4.179 所示的【旋转阵列】对话框中设置【阵列次数】为 4、中心点为原点、旋转角度为 72°，其他参数为默认值，单击【确定】按钮，结果如图 4.180 所示。

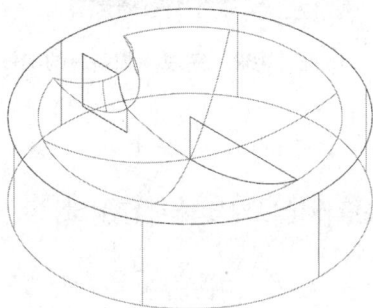

图 4.177　增加旋转凸台实体

图 4.178　选取旋转凸台

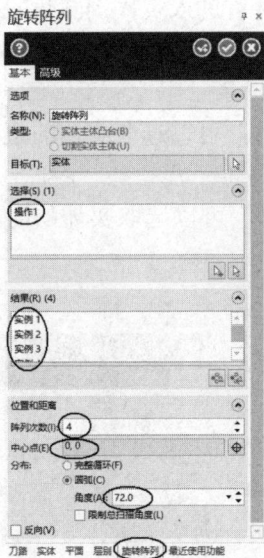

图 4.179　【旋转阵列】对话框

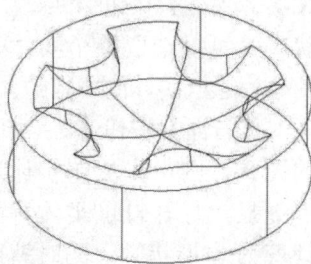

图 4.180　生成其他 4 个实体凸台

5. 对实体进行倒圆角处理

(1) 单击工具栏中的【恒定倒圆角】按钮，进入实体倒圆角的操作。此时系统提示选择要倒圆角的图素,移动光标依次选择 S1、S2、S3、S4、S5 共 5 条边(见图 4.181)并按 Enter 键确定。

(2) 在【固定圆角半径】对话框中设置圆角半径为 3,其他参数不变,单击【确定】按钮 。单击状态栏中的【图形着色】按钮 ,结果如图 4.182 所示。

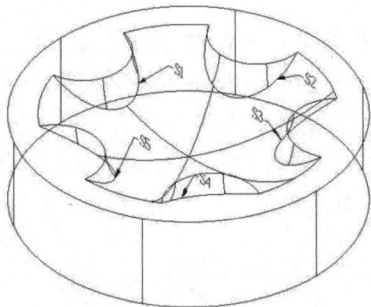

图 4.181 选择要倒圆角的实体边

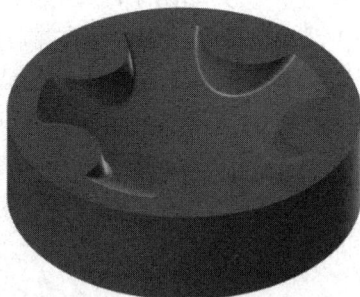

图 4.182 完成倒圆角后的实体

4.10.3   知识链接:实体的编辑

创建实体后,通过倒圆角、倒角、实体管理等操作可以对实体进行编辑。

1. 恒定倒圆角操作

倒圆角命令用来对实体的边进行倒圆角操作。倒圆角操作是将实体的边进行熔接,按设置的曲率半径生成实体的一个圆形表面,该表面与边的两个面相切。

切换到【实体】选项卡,单击【恒定倒圆角】按钮 可进入实体倒圆角的操作。此时系统提示选择要倒圆角的图素,移动鼠标,可根据光标的变化选择实体边界、实体面或实体主体进行倒圆角操作,具体说明如下。

- 【实体边界】按钮 :当鼠标指针变为 形状时,可以选取实体的边,系统对该实体的单边进行倒圆角操作。
- 【实体面】按钮 :当鼠标指针变为 形状时,可以选取实体的面,选取面后参与倒圆角操作的边为选取面的所有边。
- 【实体主体】按钮 :当鼠标指针变为 形状时,可以选取整个实体,参与倒圆角操作的边为选取实体的所有边。
- 【实体背面】按钮 :如果要选择实体背面的图素,则可先关闭实体边界、实体主体选择亮显,打开设置实体背面选项,当鼠标指针变为 形状时,同时背面实体面亮显,可对选取图素进行确认。

选择要倒圆角的图素后,按 Enter 键确认,系统弹出如图 4.183 所示的【固定圆角半径】对话框。该对话框中各选项的含义分别如下。

图 4.183   【固定圆角半径】对话框

- 【沿切线边界延伸】复选框：选中该复选框时，系统自动选取与选择的边相切的其他边。该复选框对倒圆角的影响如图 4.184 所示。其中，图 4.184(a)所示为立方体的 4 条边倒圆角后的图形；当选取棱边 L1 后，取消选中【沿切线边界延伸】复选框时，倒圆角操作的结果如图 4.184(b)所示；当选中【沿切线边界延伸】复选框时，倒圆角操作的结果如图 4.184(c)所示。设置完成后，单击【确定】按钮。
- 【角落斜接】复选框：只有采用"固定半径"时才能选中该复选框。该复选框用于设置对相交于一个角点的 3 条或 3 条以上的边进行倒圆角操作时，角点处倒圆角的方式。【角落斜接】复选框对倒圆角的影响如图 4.185 所示。选取立方体 3 条棱边 L1、L2、L3(见图 4.185(a))同时倒圆角，当取消选中【角落斜接】复选框时，生成一个光滑的表面，如图 4.185(b)所示；否则生成的结果为对各边分别进行倒圆角操作，如图 4.185(c)所示。
- 【半径】下拉列表框：用于输入倒圆角操作的半径。

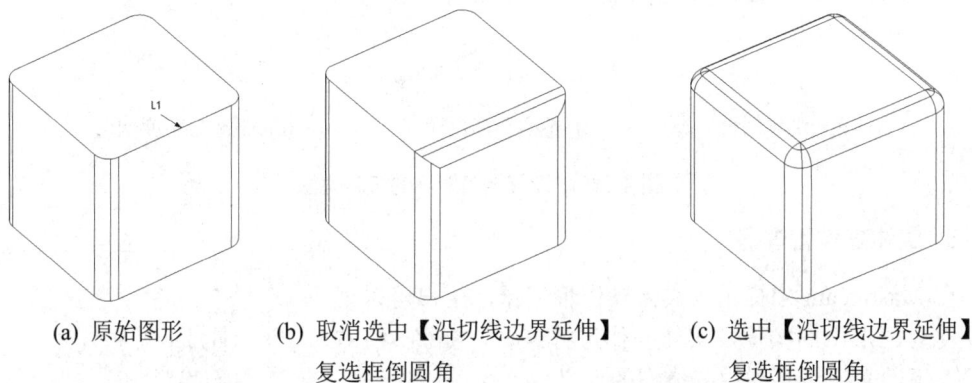

(a) 原始图形   (b) 取消选中【沿切线边界延伸】   (c) 选中【沿切线边界延伸】
复选框倒圆角   复选框倒圆角

图 4.184   【沿切线边界延伸】复选框对倒圆角的影响

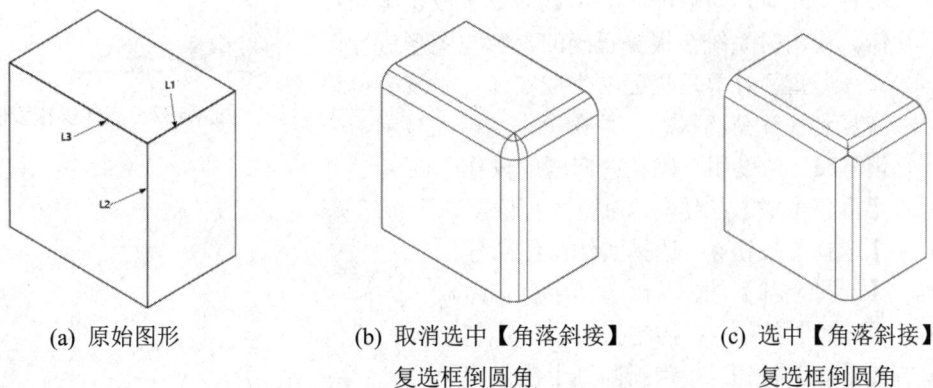

(a) 原始图形   (b) 取消选中【角落斜接】   (c) 选中【角落斜接】
复选框倒圆角   复选框倒圆角

图 4.185   【角落斜接】复选框对倒圆角的影响

2. 倒角操作

倒角操作命令可用来对实体的边进行倒角操作。该操作生成的实体表面到所选取边的距离等于设定值，并且该表面是采用线性熔接方式生成的。

在【实体】选项卡的工具栏中有三个倒角按钮,即【单一距离倒角】按钮、【不同距离倒角】按钮和【距离与角度倒角】按钮,具体说明如下。

- 【单一距离倒角】:用于设定倒角的两个距离相等,如图 4.186(a)所示。
- 【不同距离倒角】:用于设定倒角的两个距离不相等。在设定数值时需先选定距离 1 所在的参考平面,如图 4.186(b)所示。
- 【距离与角度倒角】:通过设定一个倒角距离和角度值进行倒角。在设定数值时先要选定参考平面,输入的距离值和角度值都是相对于参考面来确定的,如图 4.186(c)所示。

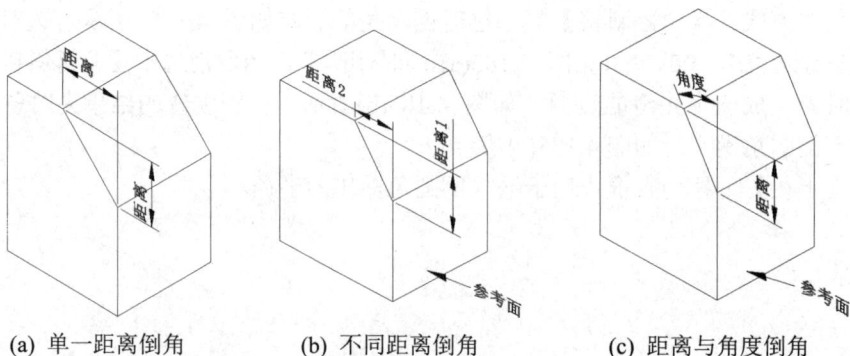

(a) 单一距离倒角　　(b) 不同距离倒角　　(c) 距离与角度倒角

图 4.186　设置倒角距离的三种方法

3. 实体操作管理器

在 Mastercam 中提供了实体操作管理器,用户可以很方便地对图形中的实体及实体操作进行编辑,如图 4.187 所示。下面介绍工具栏中各按钮的含义。

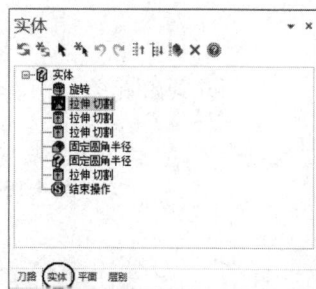

图 4.187　实体操作管理器

- 【重新生成选择】按钮:当操作中的参数或图形有变化时,可以随时利用该命令生成正确的实体。使用时系统会根据正确的参数与图形进行计算;若重新计算后仍无法生成实体,系统会自动恢复到计算前的状态,并在操作图标上显示一个记号,帮助用户确认有问题的操作。
- 【重新生成】按钮:对整个实体重新进行运算。
- 【选择】按钮:选择实体操作部分。
- 【选择全部】按钮:选择所有实体。
- 【撤销】按钮:撤销操作。
- 【重做】按钮:重新回到上次操作。
- 【折叠选择】按钮:使实体树折叠。
- 【展开选择】按钮:使实体树展开。
- 【自动高亮】按钮:使选中的实体部分高亮显示。
- 【删除】按钮×:删除实体或删除操作。
- 【帮助】按钮:打开系统帮助文件。

在实体操作管理器中有一些常见的符号，下面介绍这几个符号的含义。

- 🔺：表示一个未刷新的操作，单击【全部重建】按钮可刷新操作。
- ❓：表示一个无效的操作，需重新更正该操作的参数或几何图形。
- Ⓢ：表示一个实体操作的结束标志。

提 高 练 习

1. 绘制如图 4.188(a)所示的线形构架，曲面图形可以用举升曲面生成，如图 4.188(b)所示。

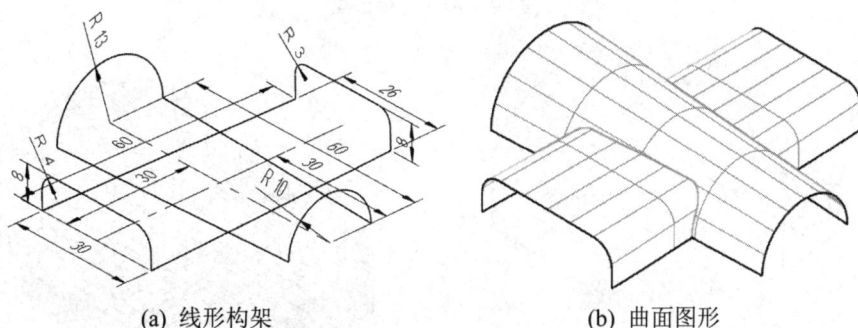

(a) 线形构架　　　　　　　　(b) 曲面图形

图 4.188　三维模型

2. 绘制如图 4.189(a)所示的线形构架，两圆柱曲面用举升曲面生成，如图 4.189(b)所示。

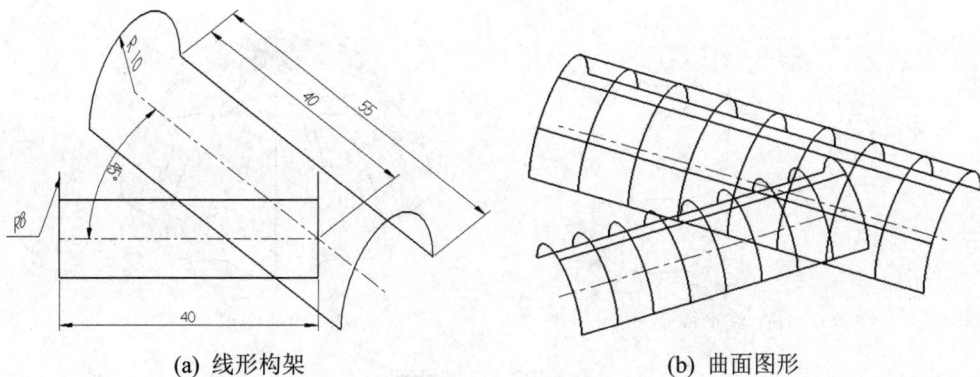

(a) 线形构架　　　　　　　　(b) 曲面图形

图 4.189　三维模型

3. 绘制如图 4.190(a)所示的线形构架，用举升曲面或者网格曲面生成如图 4.190(b)所示的曲面图形。

4. 绘制如图 4.191(a)所示的线形构架，底部和 4 个侧面用举升曲面或平面修剪生成，顶部用网格曲面生成，如图 4.191(b)所示。

5. 绘制如图 4.192(a)所示的线形构架，用网格曲面生成如图 4.192(b)所示的曲面图形。

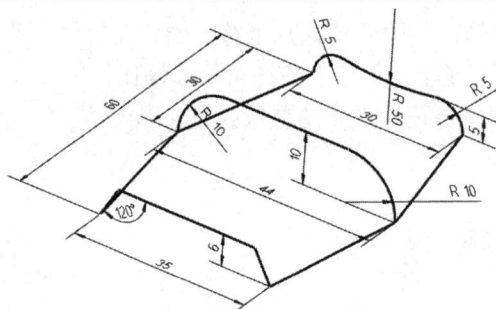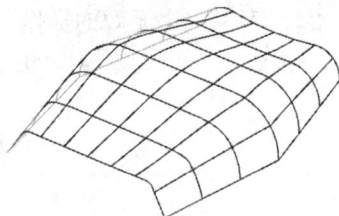

(a) 线形构架   (b) 曲面图形

图 4.190　三维模型

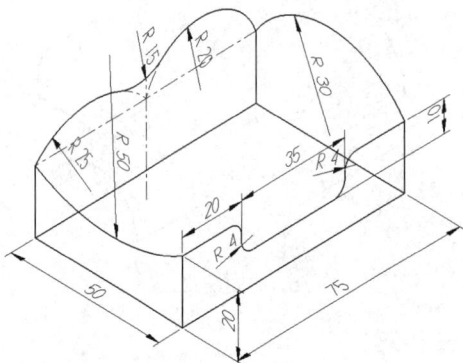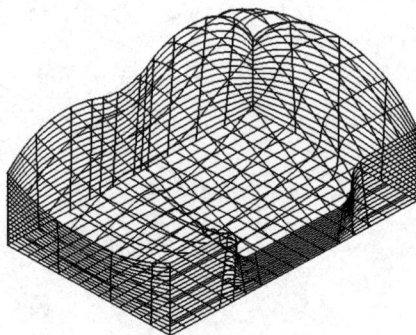

(a) 线形构架   (b) 曲面图形

图 4.191　三维模型

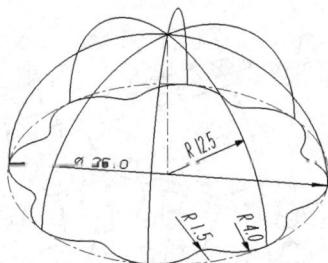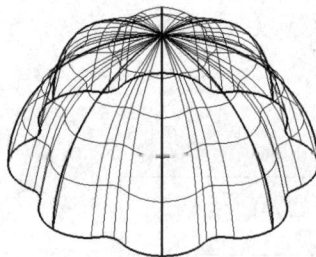

(a) 线形构架   (b) 曲面图形

图 4.192　三维模型

6. 绘制如图 4.193(a)所示的线形构架，用旋转曲面生成如图 4.193(b)所示的曲面图形。

7. 绘制如图 4.194(a)所示的线形构架，生成如图 4.194(b)所示的曲面图形。其中，底部用直纹曲面或平面修剪生成，侧面用举升或网格曲面生成，边缘用扫描曲面生成。

8. 绘制如图 4.195(a)所示的线形构架，用直纹曲面或平面修剪生成如图 4.195(b)所示的曲面图形。

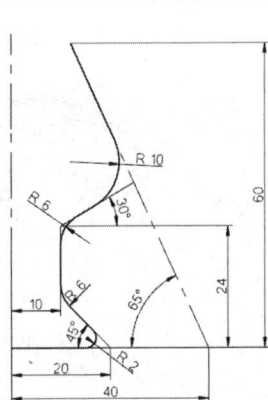

(a) 线形构架

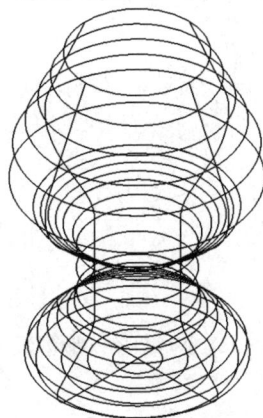

(b) 曲面图形

图 4.193   三维模型

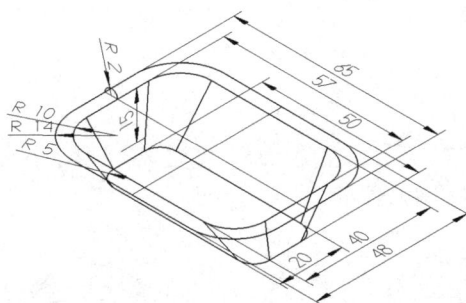

(a) 线形构架

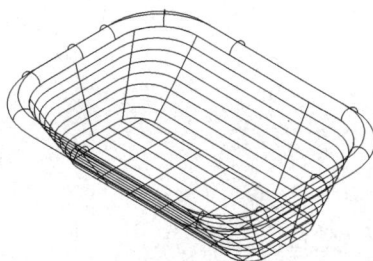

(b) 曲面图形

图 4.194   三维模型

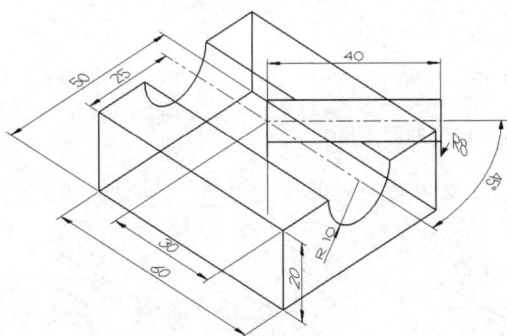

(a) 线形构架

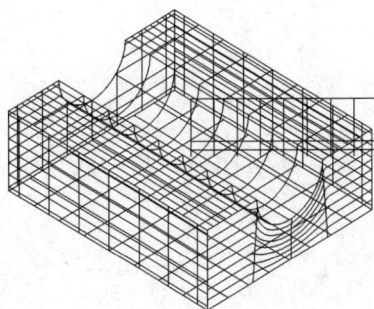

(b) 曲面图形

图 4.195   三维模型

9. 绘制如图 4.196(a)所示的吹风机的线形构架，出风口和把手用直纹曲面或网格曲面生成，顶部用平面修剪生成，本体用扫描曲面或旋转曲面生成，如图 4.196(b)所示。

10. 绘制如图 4.197(a)所示的线形构架，并生成直纹曲面、举升曲面(注意圆和倒圆角矩形组成的图素个数要一致)，也可以生成扫描曲面，试比较它们之间的不同。其结果如图 4.197(b)~(d)所示。

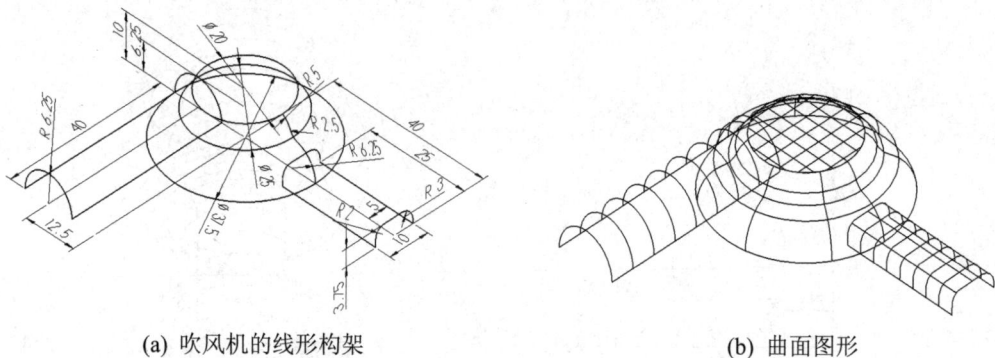

(a) 吹风机的线形构架   (b) 曲面图形

图 4.196   三维模型

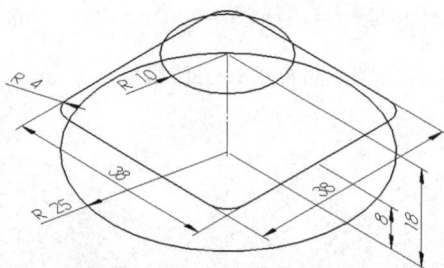

(a) 线形构架

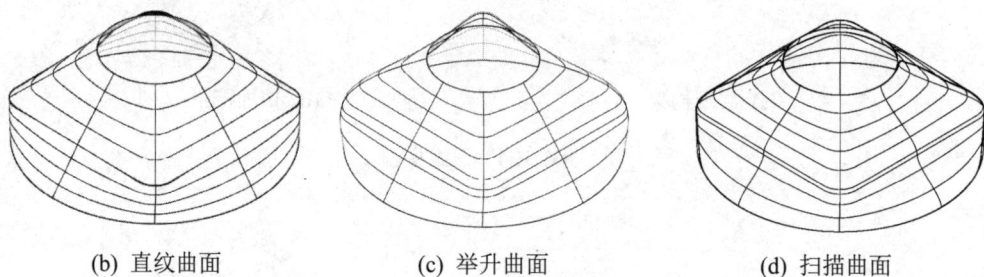

(b) 直纹曲面   (c) 举升曲面   (d) 扫描曲面

图 4.197   绘制曲面图形

11. 绘制如图 4.198 所示的线形构架，生成曲面并对其进行修剪，如图 4.198 所示。

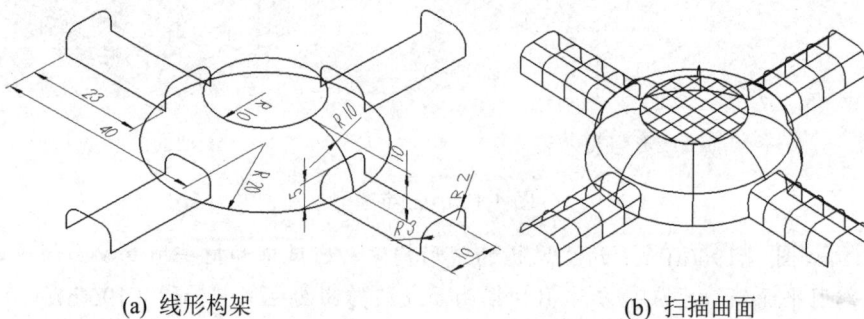

(a) 线形构架   (b) 扫描曲面

图 4.198   绘制曲面图形

12. 根据图 4.199 所示的零件图绘制相应的线架，并通过拉伸实体操作创建零件实体。

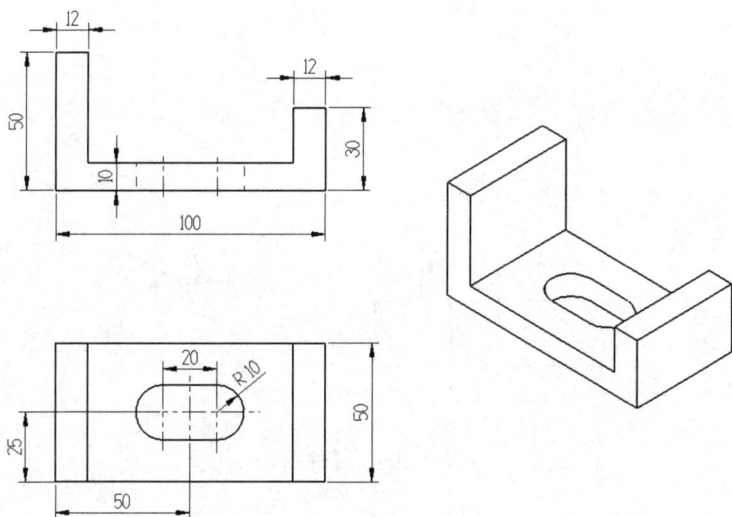

图 4.199　零件图

13. 根据图 4.200 所示的零件图绘制相应的线架，并通过举升实体操作创建零件实体。

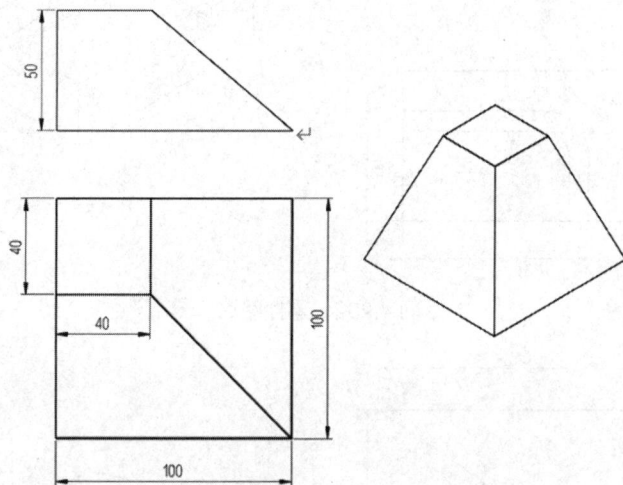

图 4.200　零件图

14. 根据图 4.201 所示的零件图绘制相应的线架，并通过旋转实体操作创建零件实体。

15. 根据图 4.202 所示的零件图绘制相应的线架，并通过扫描实体操作创建零件实体。

16. 根据图 4.203 所示的零件图绘制相应的线架，通过生成多个曲面组成封闭曲面，并通过曲面生成实体功能创建零件实体。

17. 根据图 4.204 所示的零件图绘制相应的线架，并通过拉伸实体操作创建零件实体。

18. 根据图 4.205 所示的支架零件图绘制零件线形构架，并生成实体。

19. 根据图 4.206 所示的底座零件图绘制零件线形构架，并生成实体。

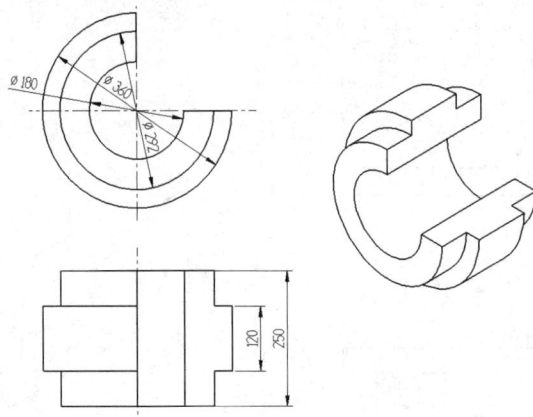

图 4.201　零件图

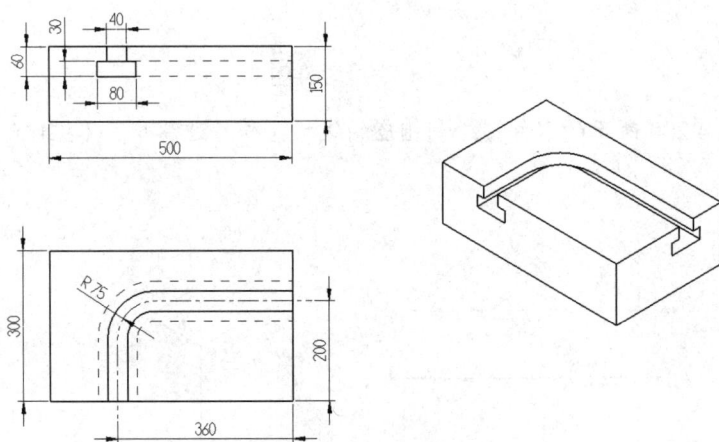

图 4.202　零件图

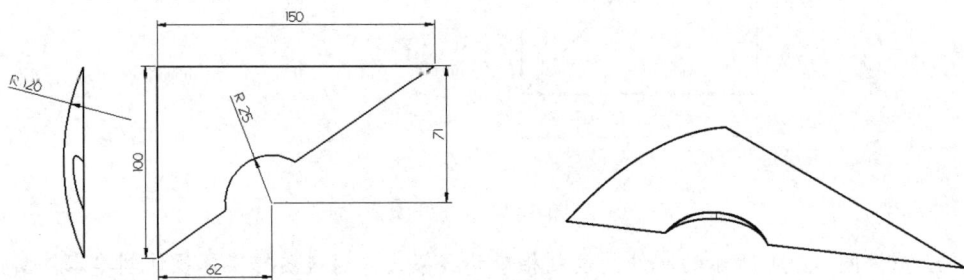

图 4.203　零件图

20. 根据图 4.207 所示的箱盖零件图绘制线形构架并生成实体。

21. 根据图 4.208 所示的零件图绘制零件线形构架，并通过拉伸实体、倒角等操作生成零件实体。

22. 根据图 4.209 所示的零件图绘制零件线形构架，并通过拉伸实体、倒圆角等操作生成零件实体。

23. 根据图 4.210 所示的花盆绘制线形构架，并用旋转实体及实体抽壳操作生成实体。

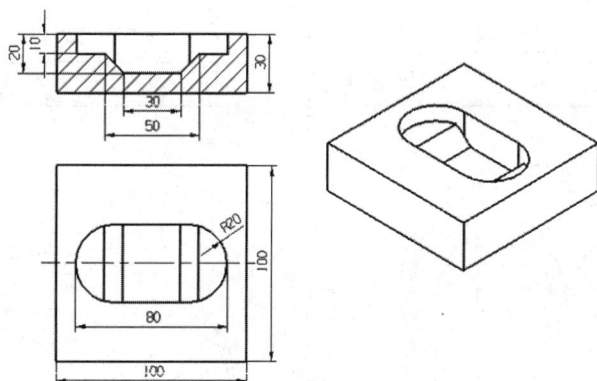

图 4.204　零件图

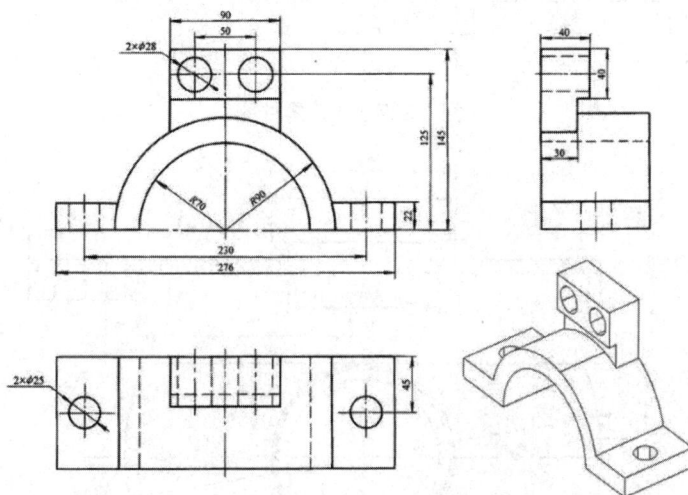

图 4.205　支架零件图

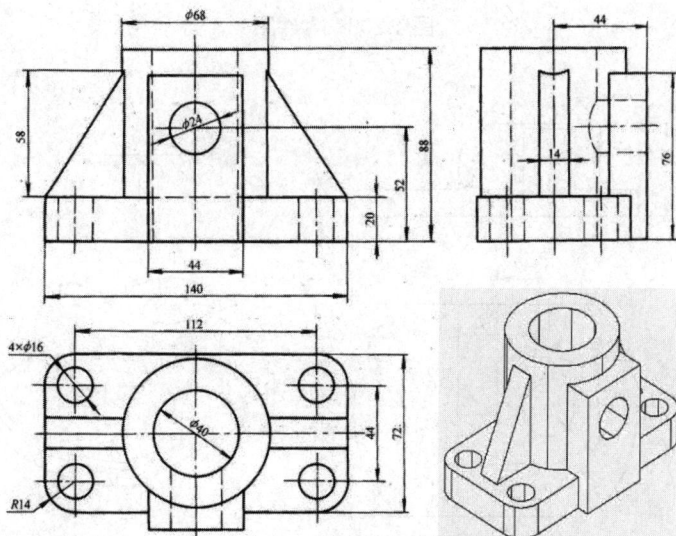

图 4.206　底座零件图

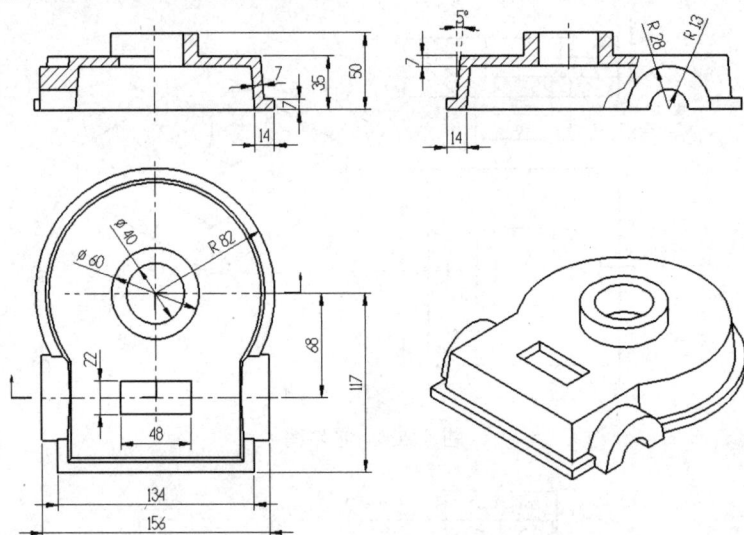

图 4.207　箱盖零件图

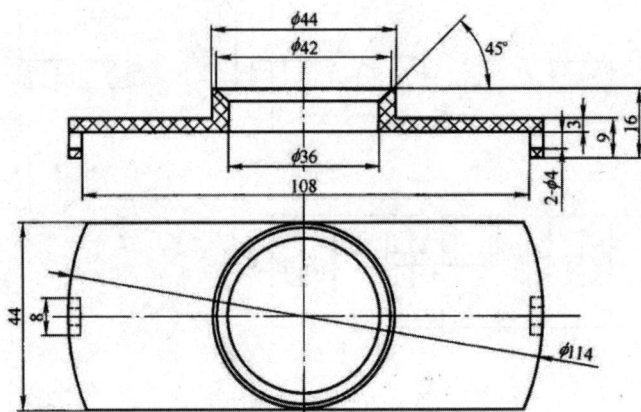

图 4.208　零件图

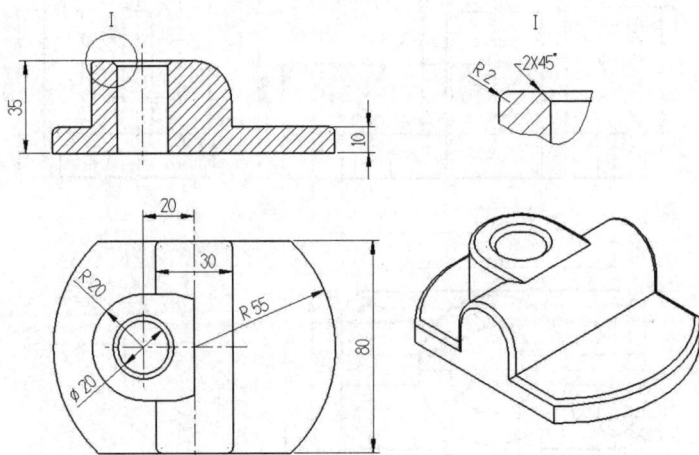

图 4.209　零件图

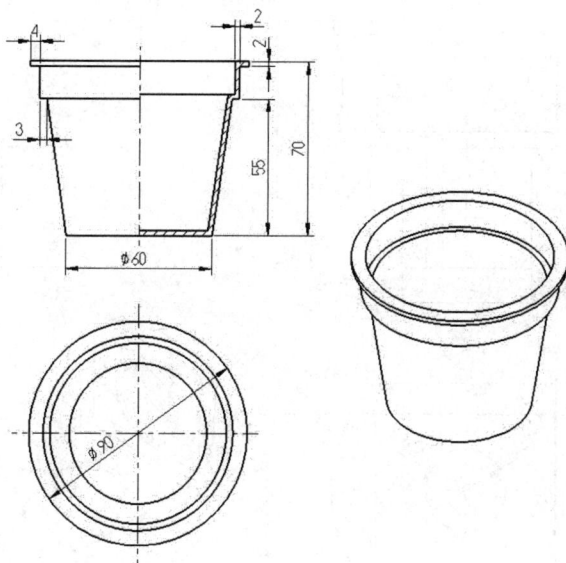

图 4.210　花盆

24. 根据图 4.211 所示的零件图绘制零件线形构架，并通过拉伸实体、倒角、实体抽壳等操作生成零件实体。

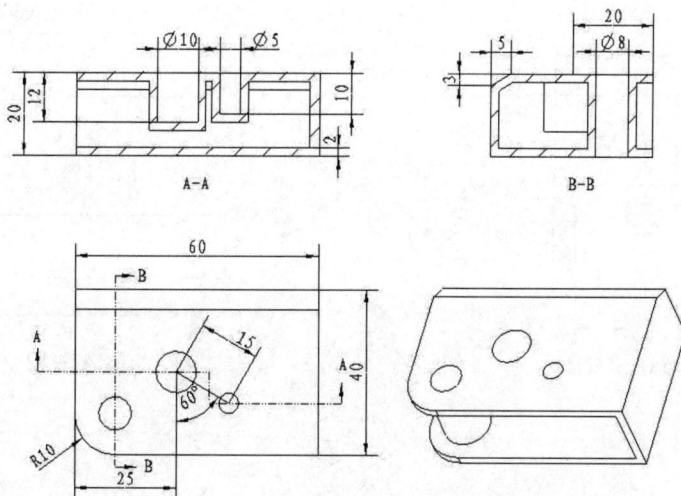

图 4.211　零件图

25. 根据图 4.212 所示的万向头模型零件图绘制线形构架，并通过旋转实体、拉伸实体、布尔运算和实体倒圆角等操作生成万向头模型实体。

提示：可参考图 4.213 所示的线架进行三维实体造型。

26. 根据图 4.214 所示的蝶形型腔零件图绘制线形构架，并通过拉伸实体、布尔运算和实体倒圆角、倒角等操作生成模型实体。

27. 根据图 4.215 所示的端盖零件图绘制线形构架，并通过拉伸实体、旋转实体和实体倒圆角等操作生成模型实体。

图 4.212　万向头模型零件图

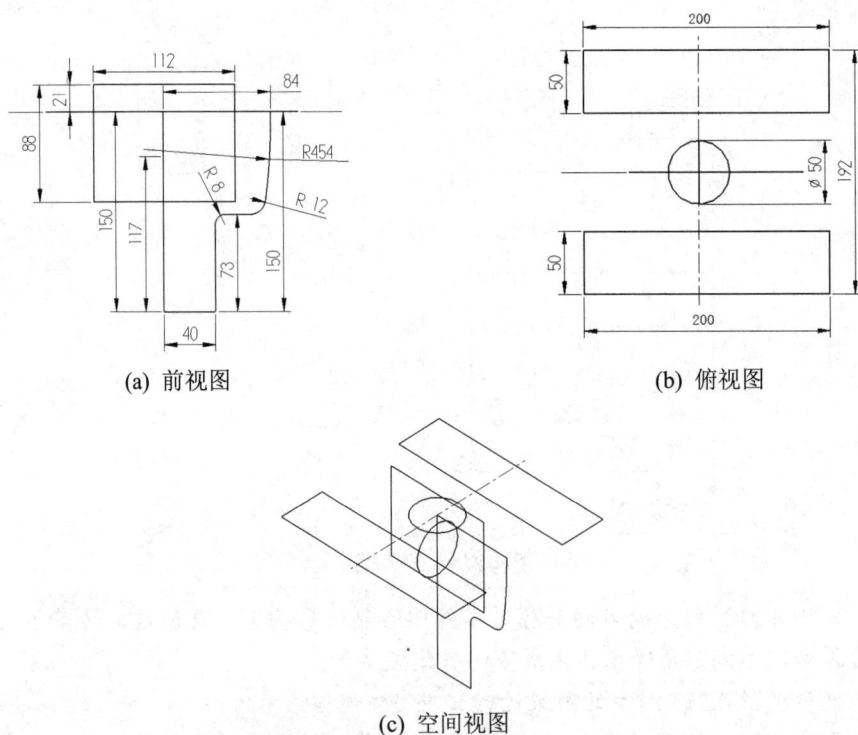

(a) 前视图

(b) 俯视图

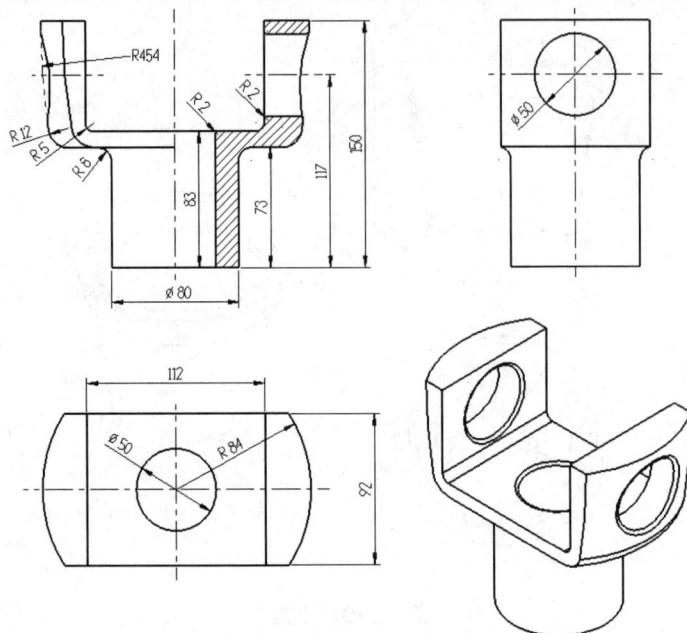

(c) 空间视图

图 4.213　线架

28. 根据图 4.216 所示的旋钮零件图绘制线形构架，并通过拉伸实体、旋转实体和实体倒圆角等操作生成模型实体。

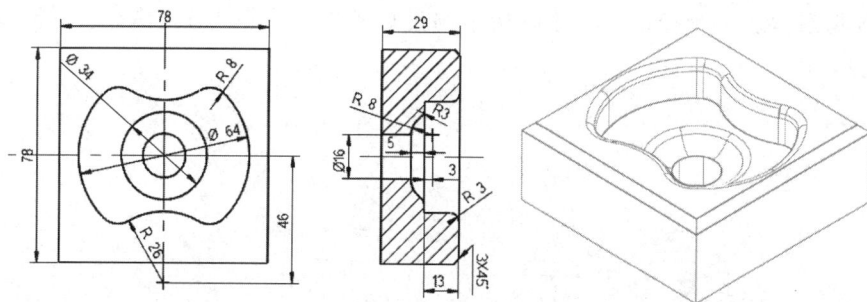

图 4.214 蝶形型腔零件图

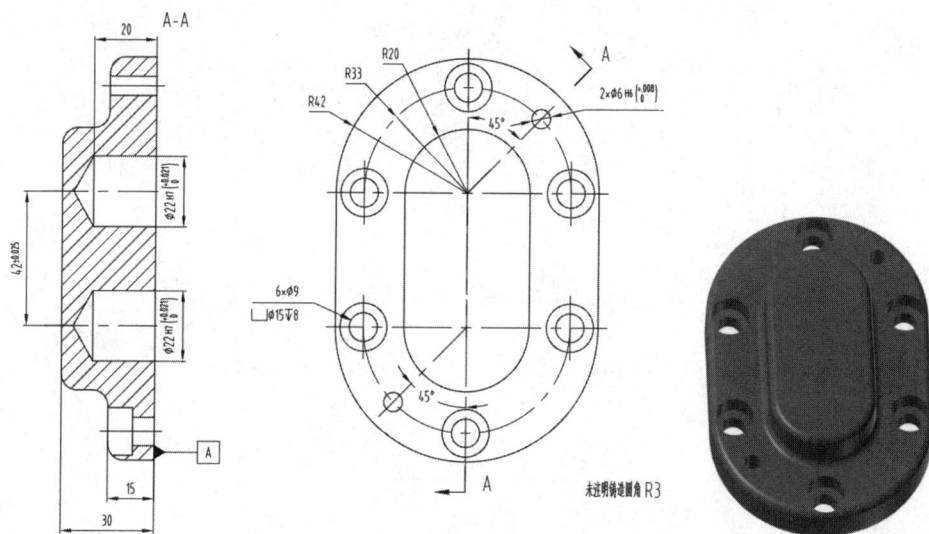

图 4.215 端盖零件图

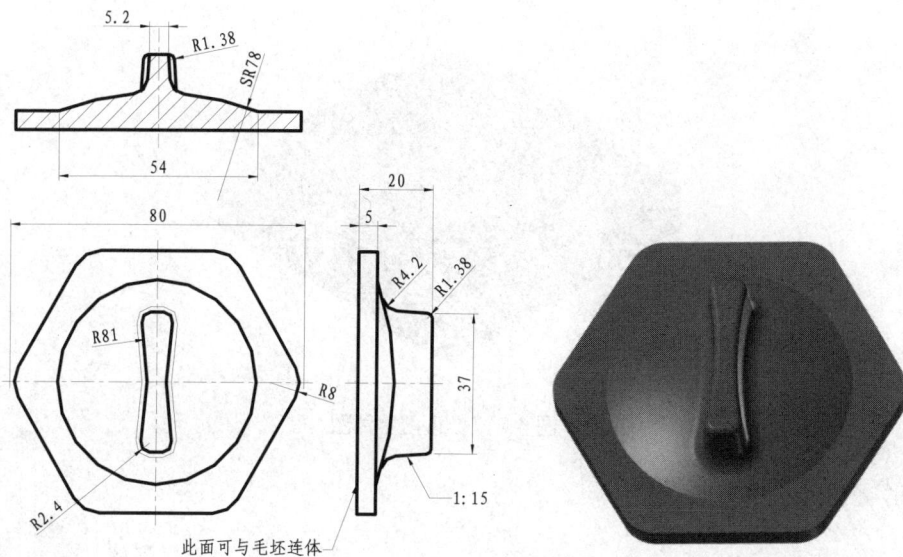

图 4.216 旋钮零件图

29. 根据图 4.217 所示的模型零件图绘制线形构架，并通过拉伸实体、旋转实体等操作生成模型实体。

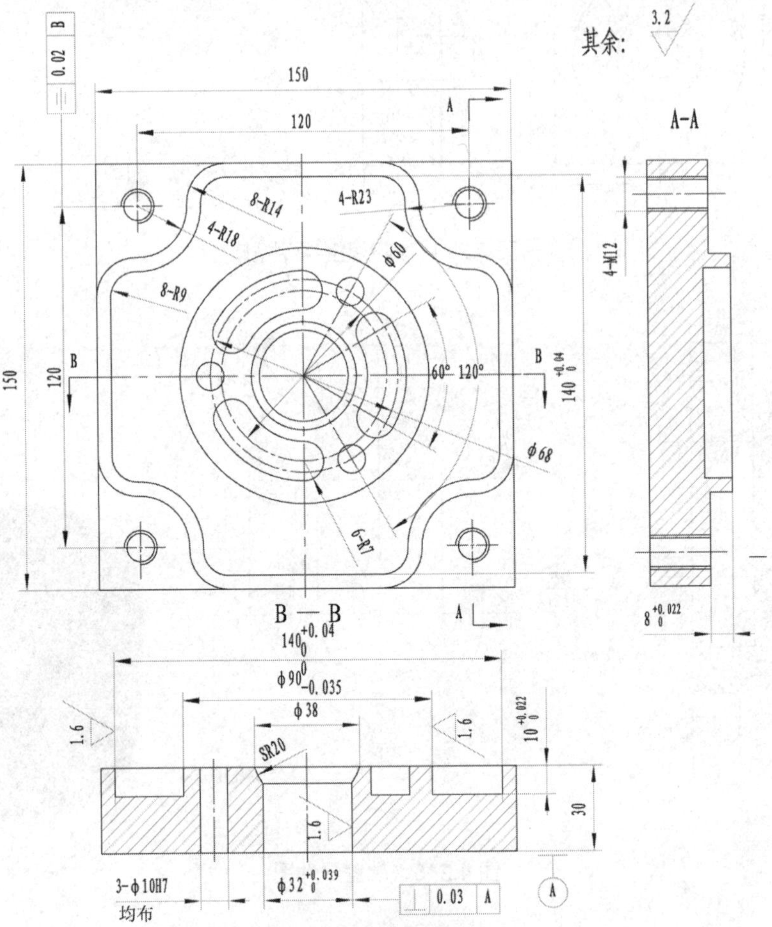

图 4.217　模型零件图

项目 5　3D 铣削加工

三维刀具路径中的加工概念与二维刀具路径中的加工概念基本相同，都是用于产生刀具相对于工件的运动轨迹，进而生成数控加工代码，然而，三维刀具路径的生成要复杂得多。产生三维刀具路径的方法有很多，在本项目中，着重介绍最为常用的两类三维刀具路径：粗加工刀具路径和精加工刀具路径。

粗加工提供了 7 种生成三维刀具路径的方法，其中，多曲面粗加工与挖槽粗加工中的参数设置较为相似，但多曲面粗加工主要适用于复杂形体的粗加工。因此，在本项目中不作详细介绍。

精加工提供了 14 种生成三维刀具路径的方法。其中，环绕精加工与等距环绕精加工中的参数设置较为相似，而熔接精加工和螺旋精加工主要针对一些特殊曲面加工，其适用范围相对较窄，因此在本项目中也不作详细介绍。

任务 5.1　加工天圆地方凸台

5.1.1　任务描述

本次任务要求加工如图 5.1 所示的天圆地方凸台零件，其中，图 5.1(a)所示为 50mm×50mm×60mm 的长方体毛坯材料，材质为 45#钢。该零件是异形件，在任务的实施过程中，不仅要对零件进行数控加工工艺分析，还要能够利用 Mastercam 软件三维刀路功能加工并仿真出如图 5.1(b)所示的零件。加工的零件图如图 5.1(c)所示。通过本次任务的学习，培养学生达到以下主要目标。

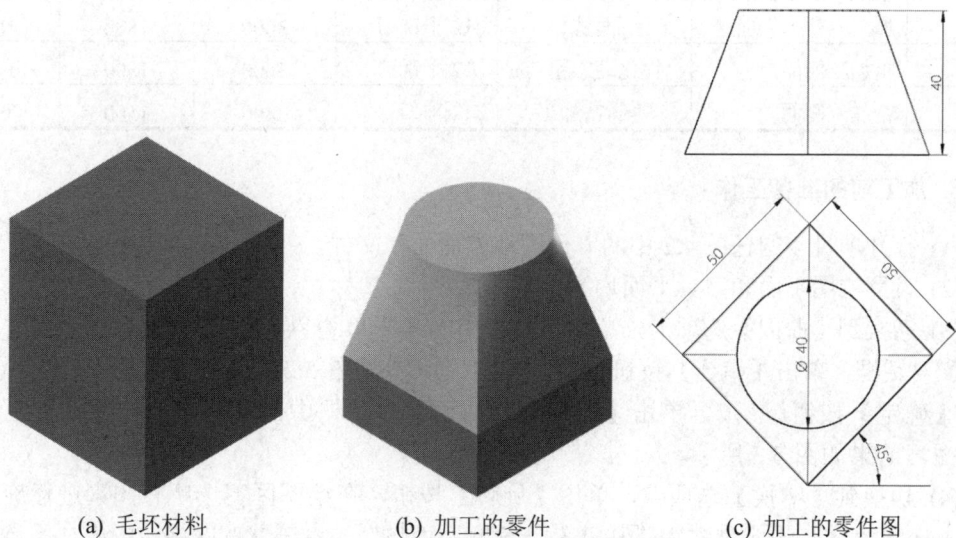

(a) 毛坯材料　　　　(b) 加工的零件　　　　(c) 加工的零件图

图 5.1　天圆地方凸台零件加工图形

1. 知识目标

● 初步了解 Mastercam 软件 3D 自动编程的一般步骤。

● 初步了解优化动态粗切、等高精加工等 3D 刀路策略中各参数的含义。

● 掌握通过平移功能将绘图原点与工件坐标原点重合的方法。

2. 能力目标

● 能够设置零件毛坯，选择合适的加工刀具。

● 能够学会分析加工对象、划分加工区域和规划加工路线。

● 能够使用优化动态粗切、等高精加工等 3D 刀路策略完成零件自动编程加工。

● 能够利用实体仿真操作对刀具路径进行验证。

3. 素质目标

通过分析零件图纸、确定加工路径、设置加工参数等步骤，学习者需要不断解决可能出现的问题，优化编程方案，从而提高加工效率和质量，这都有利于提升学习者的逻辑思维能力和问题解决能力。

5.1.2 天圆地方凸台零件加工

1. 制定加工工序表

天圆地方凸台零件加工各工步、加工策略、刀具名称、主轴转速、进给速率和余量如表 5.1 所示。

表 5.1　天圆地方凸台加工工序表

序　号	工步内容	加工策略	刀具名称	主轴转速 (r/min)	进给速率 (mm/min)	余量
1	加工零件上表面	面铣	ϕ12 平铣刀	3600	1800	0
2	粗加工侧面	优化动态粗切	ϕ12 平铣刀	3600	1800	0.3
3	精加工侧面	等高精加工	ϕ12 球刀	3800	1500	0

2. 加工前的准备工作

(1) 打开项目 4 的任务 4.2 中的"天圆地方曲面"文件。

(2) 设置绘图平面和刀具平面均为俯视图。

(3) 切换到【曲面】选项卡，单击工具栏中的【平坦边界】按钮 ，系统弹出【线框串连】对话框，单击【串连】按钮 ，选取圆 C1(见图 5.2)，单击【线框串连】对话框中的【确定】按钮 ，再单击【平坦边界曲面】对话框中的【确定】按钮 ，绘制顶部曲面，结果如图 5.3 所示。

(4) 切换到【转换】选项卡，单击【旋转】按钮，在绘图区窗选所有图素进行旋转，按 Enter 键确定。设定方式为【移动】，角度为"45"，系统默认的旋转中心在原点，单击【确定】按钮 。

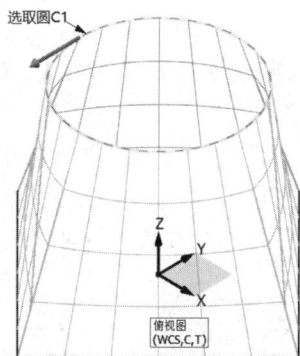

图 5.2　选取封闭线框　　　　图 5.3　生成顶部曲面

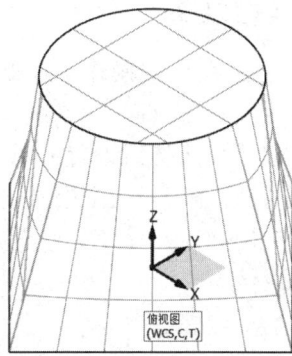

(5) 切换到【转换】选项卡，单击【平移】按钮，在绘图区窗选所有图素进行平移，单击【结束选择】按钮，设定方式为【移动】，Z 增量为"-40"，单击【确定】按钮◉，结束平移。(将图形的最高点移至 Z 轴零平面以下)结果如图 5.4 所示。

💡 注意：　数控铣床上通常将工件坐标原点设置在要加工材料的上表面，材料上表面的 Z 坐标值为 0，所以在进行刀路加工模拟时，为了使绘图原点与工件坐标原点重合，常常会将绘制的图形进行平移，将图形的最高点位置移至零平面位置处，而且绘图区图形的 XY 方向要与机床上零件放置的 XY 方向一致。为此本任务中预先将图形旋转 45°，使正方形的一条边与 X 方向平行，方便机床上零件的装夹。

(6) 设置绘图平面为俯视图，设定 Z 深度为 0，切换到【线框】选项卡，单击【矩形】按钮，绘制 50×50 的矩形，如图 5.5 所示。

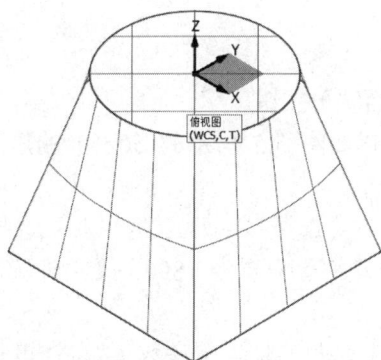

图 5.4　将所有图形旋转并向下平移　　　　图 5.5　绘制矩形边界

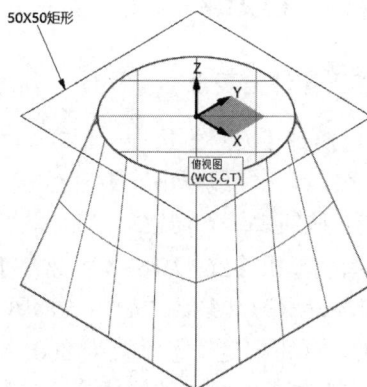

3. 选择机床

切换到【机床】选项卡，单击【铣床】按钮，在弹出的下拉菜单中选择【默认】命令。

4. 设置工件毛坯材料

(1) 在如图 5.6 所示的操作管理器的【刀路】选项卡中展开【属性】\【毛坯设置】选项。

(2) 系统弹出【机床群组设置】对话框，在【毛坯设置】选项设置界面中，单击【创建立方体毛坯】按钮⬛。在绘图区窗选所有图形(或按住键盘上的 Ctrl+A 组合键)，单击【结束选择】按钮⭕结束选择，在【毛坯设置】选项设置界面中的参数设置如图 5.7 所示。单击【确定】按钮✅。

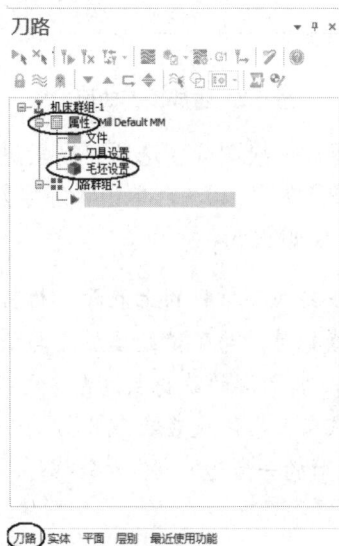

图 5.6　【刀路】选项卡

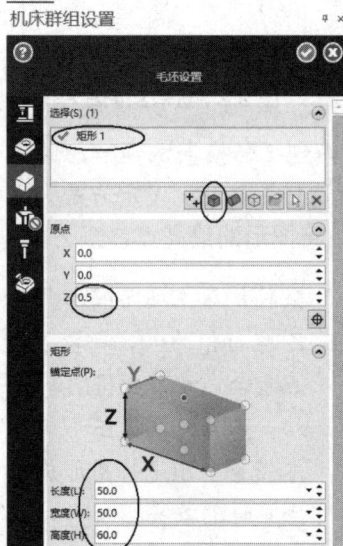

图 5.7　设置长方体毛坯参数

💡 **注意：** 将毛坯平面提高 0.5mm，是为面铣留下加工量。

5. 加工零件上表面

(1) 切换到【刀路】选项卡，在 2D 组中单击【面铣】按钮。

(2) 系统弹出【线框串连】对话框，在绘图区选择如图 5.5 所示的 50×50 的矩形，单击【确定】按钮✅，结束加工范围的选取。

(3) 系统弹出【2D 刀路-平面铣削】对话框，通过【选择刀库刀具】按钮🔧选择 $\phi 12$ 的平铣刀，设置刀具参数，如图 5.8 所示，将【进给速率】设置为 1800，【主轴转速】设置为 3600，【下刀速率】设置为 800。

(4) 在左侧列表框中选择【切削参数】选项，在对话框右侧设置参数，如图 5.9 所示。

(5) 在左侧列表框中选择【连接参数】选项，在对话框右侧设置参数，如图 5.10 所示，单击【确定】按钮✅，完成平面铣削所有参数的设置。

6. 启动优化动态粗切功能

(1) 切换到【刀路】选项卡，在 3D 组中单击【粗切】按钮，选择【优化动态粗切】命令，系统弹出【3D 高速曲面刀路-优化动态粗切】对话框。在【模型图形】选项设置界面中单击【加工图形】选项组中的【选取】按钮，在绘图区窗选所有曲面进行加工(见图 5.11)，单击【结束选择】按钮确认选取。设置【壁边预留量】为 0.3、【底面预留量】为 0，如图 5.12 所示。

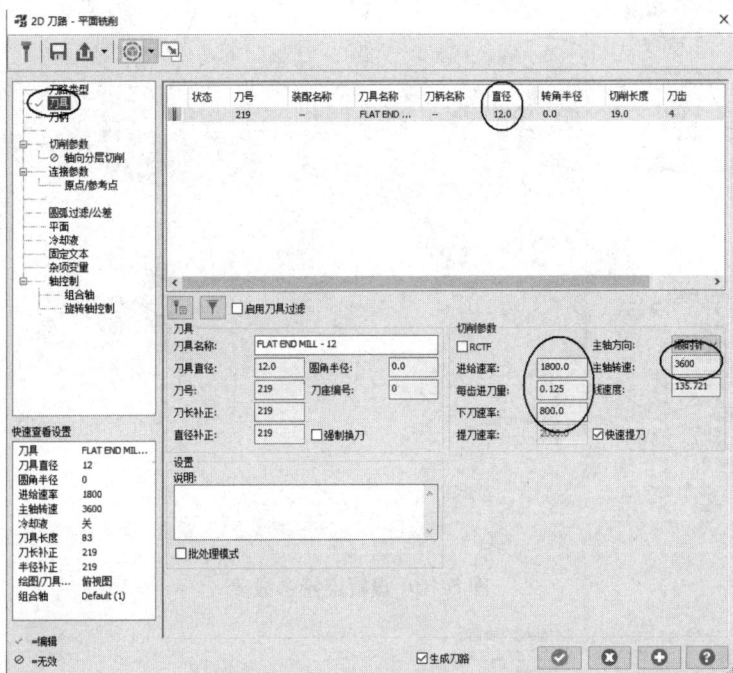

图 5.8 设置刀具参数

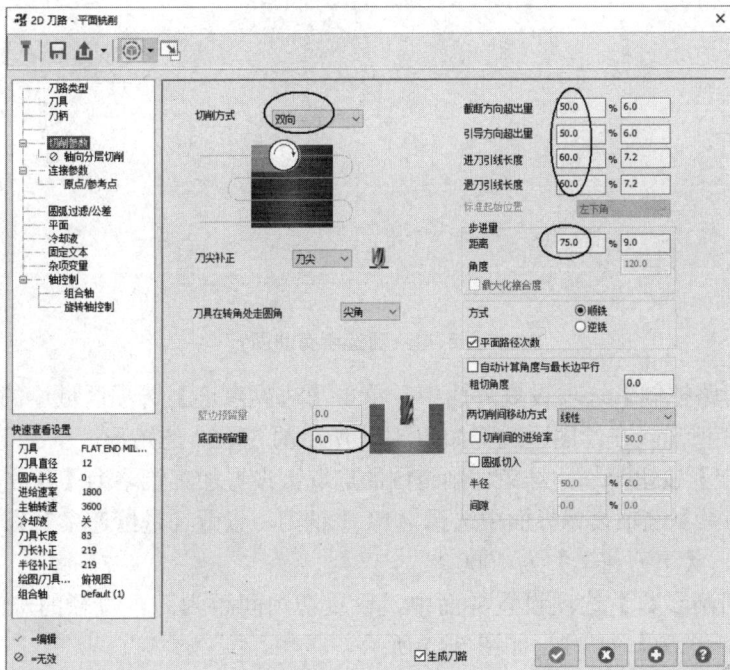

图 5.9 设置切削参数

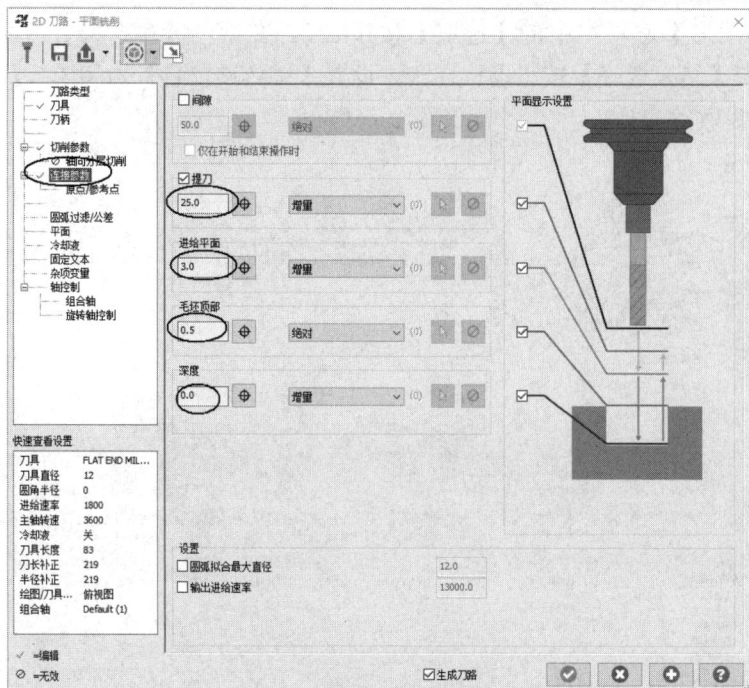

图 5.10　设置连接参数

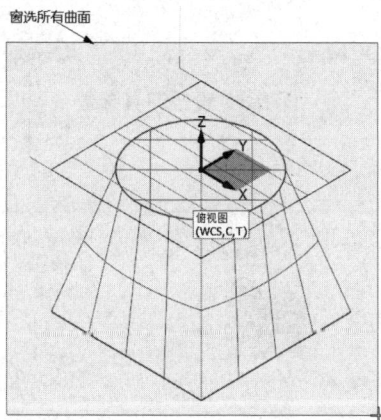

图 5.11　窗选所有曲面

(2) 在【刀路控制】选项设置界面中，单击【边界串连】选项区域中的【选取】按钮，如图 5.13 所示，在绘图区选择如图 5.14 所示的 50×50 的矩形，单击【线框串连】对话框中的【确定】按钮，结束切削范围的选取；设置加工策略为【开放】。

(3) 在【刀具】选项设置界面中选择 $\phi12$ 平铣刀，设置【进给速率】为 1800，【主轴转速】为 3600，【下刀速率】为 1000。

(4) 在【切削参数】选项设置界面中，设置切削间距为刀具直径的 25%，【分层深度】为 10，【步进量】为 1.2，如图 5.15 所示。

(5) 在【陡斜/浅滩】选项设置界面中，设置【Z 深度】选项组中的【最高位置】为 0，其他参数不再调整，如图 5.16 所示。

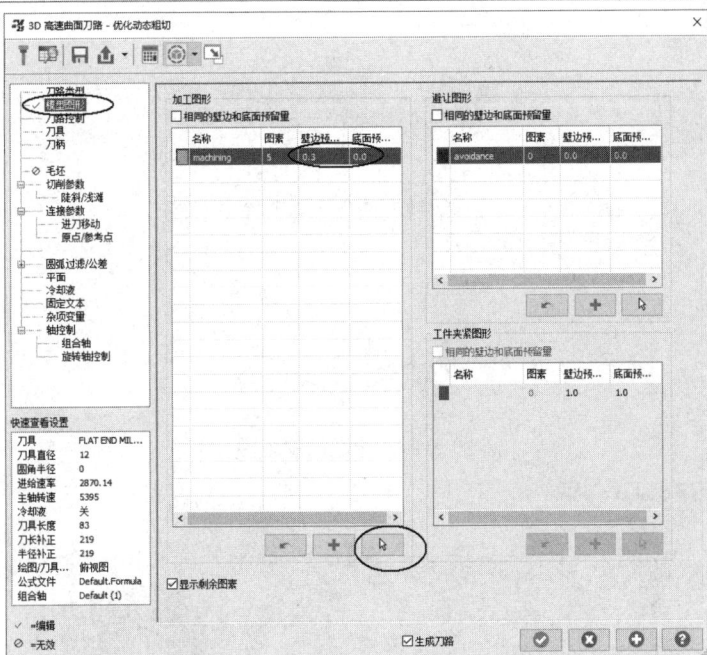

图 5.12　【模型图形】选项设置界面

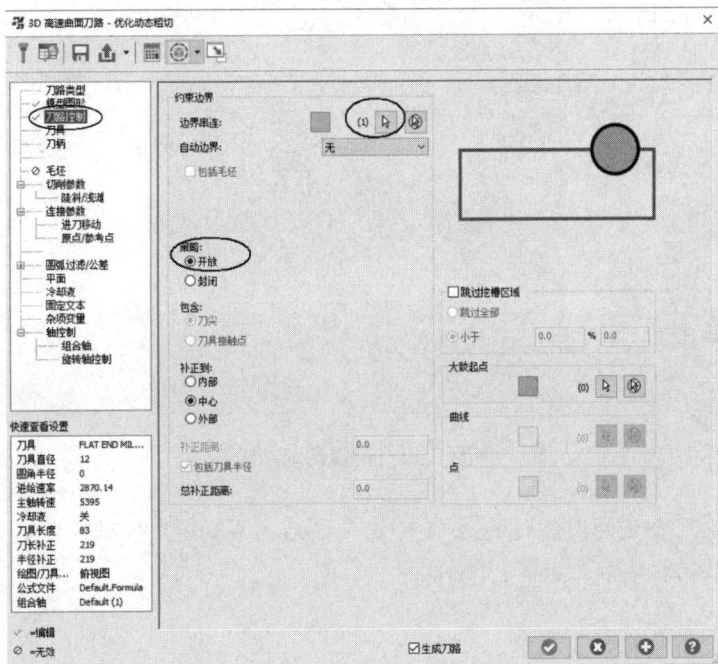

图 5.13　【刀路控制】选项设置界面

(6) 在【连接参数】选项设置界面中，设置提刀类型为【最小垂直提刀】，【零件间隙】为 3，其他参数不再调整，如图 5.17 所示。

(7) 在【圆弧过滤/公差】选项设置界面中，参数设置如图 5.18 所示。其他参数不再调整，按系统默认设置，单击【确定】按钮，完成优化动态粗切所有参数的设置。

选取加工范围

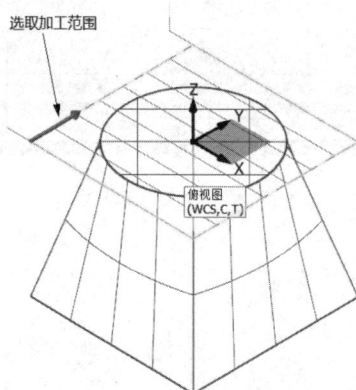

图 5.14　选取切削范围

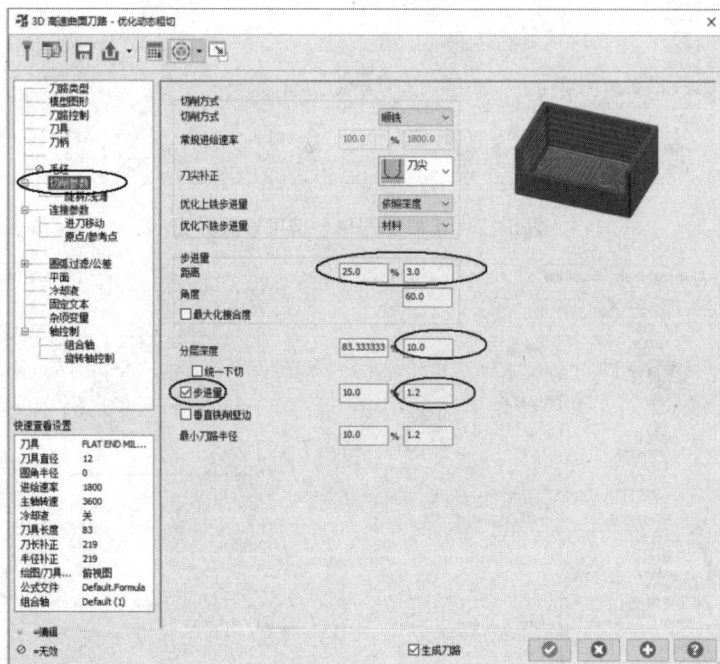

图 5.15　设置切削参数

💡 **注意:**　设置合适的圆弧过滤/公差可以使最后生成的 G 代码程序更为精简、优化,从而提高加工效率。

7. 启动 3D 等高精加工功能

(1) 切换到【刀路】选项卡,在 3D 组中单击【精切】按钮,选择【等高】命令。

(2) 系统弹出【3D 高速曲面刀路-等高】对话框,在【模型图形】选项设置界面中,单击【加工图形】选项组中的【选取】按钮,在绘图区窗选所有的曲面,单击【结束选择】按钮,确认选取。设置【壁边预留量】为 0,【底面预留量】为 0,其他参数设置如图 5.19 所示。

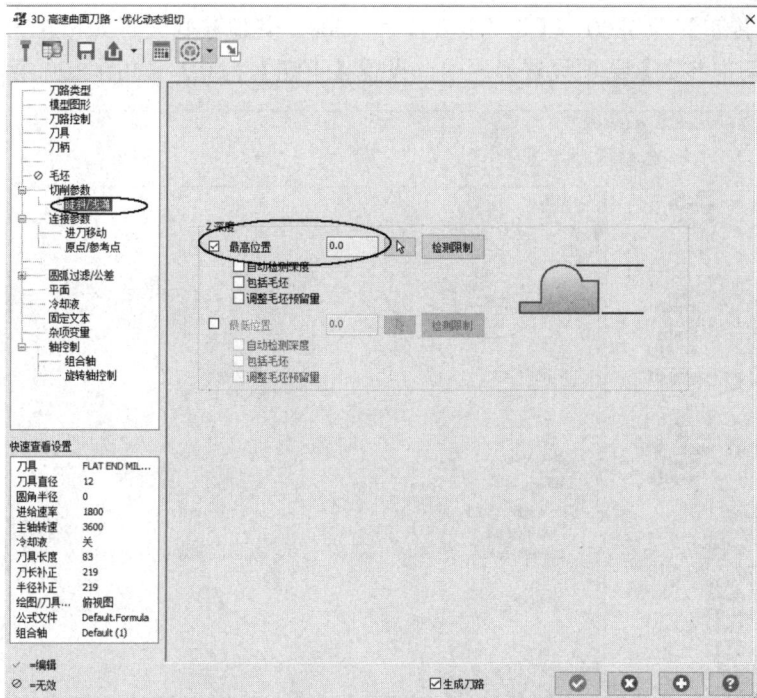

图 5.16　设置【陡斜/浅滩】参数

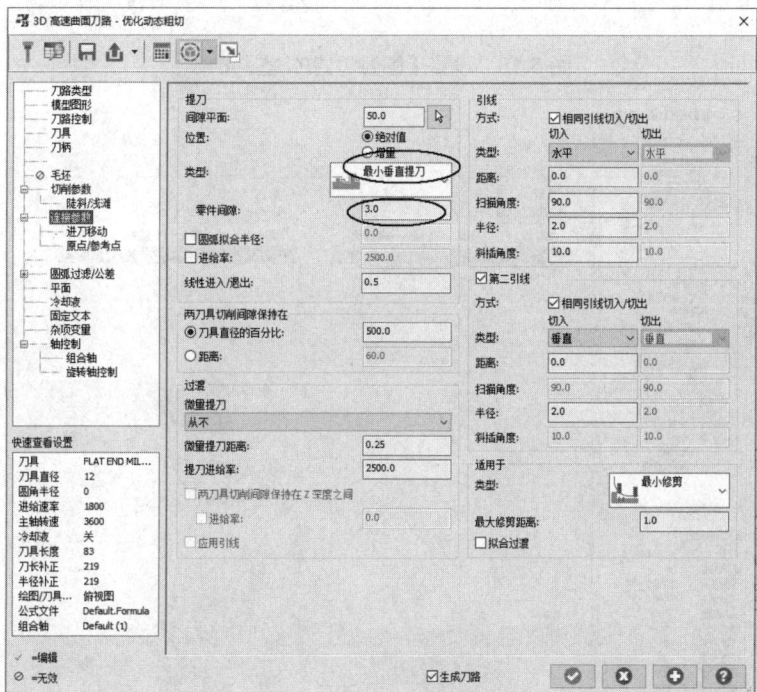

图 5.17　设置连接参数

(3) 切换到【刀具】选项设置界面，单击【选择刀库刀具】按钮，系统弹出【选择刀具】对话框，通过对话框右边的滑块查找所需的刀具，选择 $\phi 12$ 球刀，设置【进给速率】为

1500，【主轴转速】为3800，【下刀速率】为1000。其他参数设置如图5.20所示。

(4) 在【切削参数】选项设置界面中，设置【下切】为0.3，如图5.21所示。

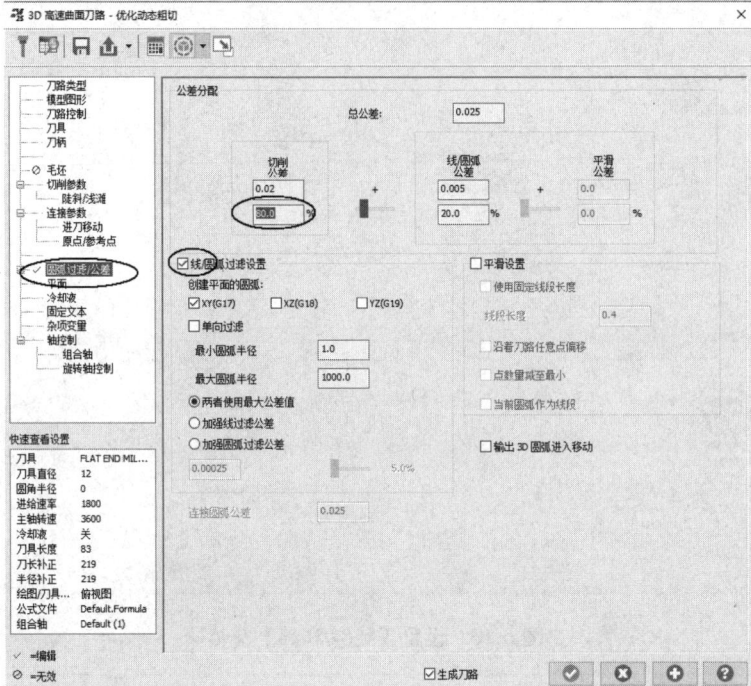

图 5.18　设置【圆弧过滤/公差】参数

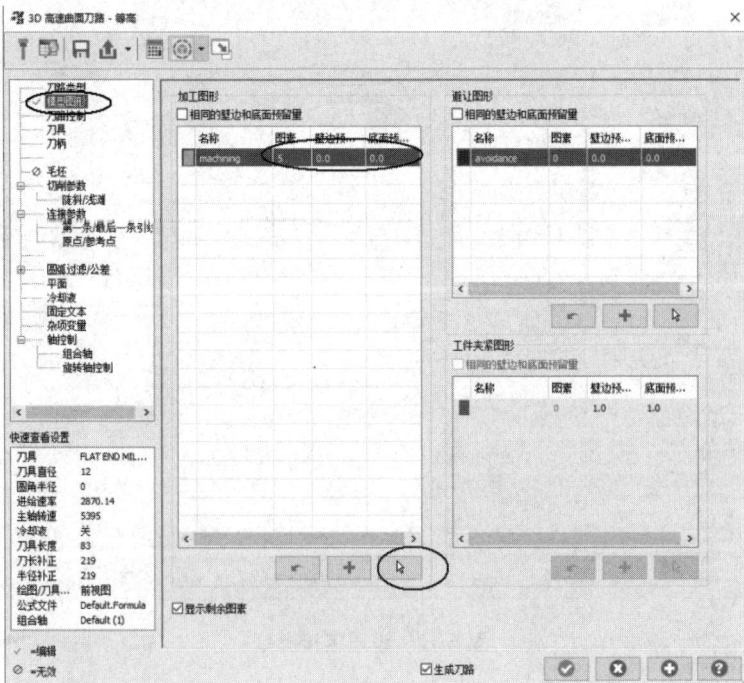

图 5.19　【模型图形】选项设置界面

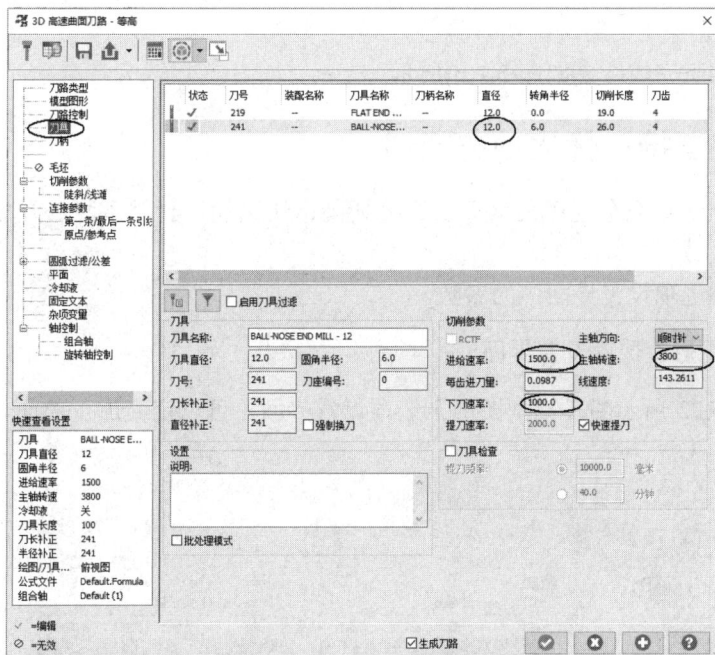

图 5.20　设置刀具参数

图 5.21　设置切削参数

(5) 在【连接参数】选项设置界面中的参数无须调整，按系统默认设置即可。

(6) 在【圆弧过滤/公差】选项设置界面中，选中【线\圆弧过滤设置】复选框，再设置切削公差为总公差的 80%，其他参数不再调整，单击【确定】按钮 ，完成等高精加工所有参数的设置。

(7) 全选所有加工刀路进行实体验证。

实体验证加工完成结果如图 5.1(b)所示。

5.1.3 知识链接：优化动态粗切

优化动态粗切是完全利用刀具刃长进行切削，快速加工封闭型腔、开放凸台或先前操作剩余的残料区域。

下面介绍各选项设置界面中的参数。

1. 【模型图形】选项设置界面

通过如图 5.22 所示的【模型图形】选项设置界面，可以定义加工曲面、避让曲面及其预留量。

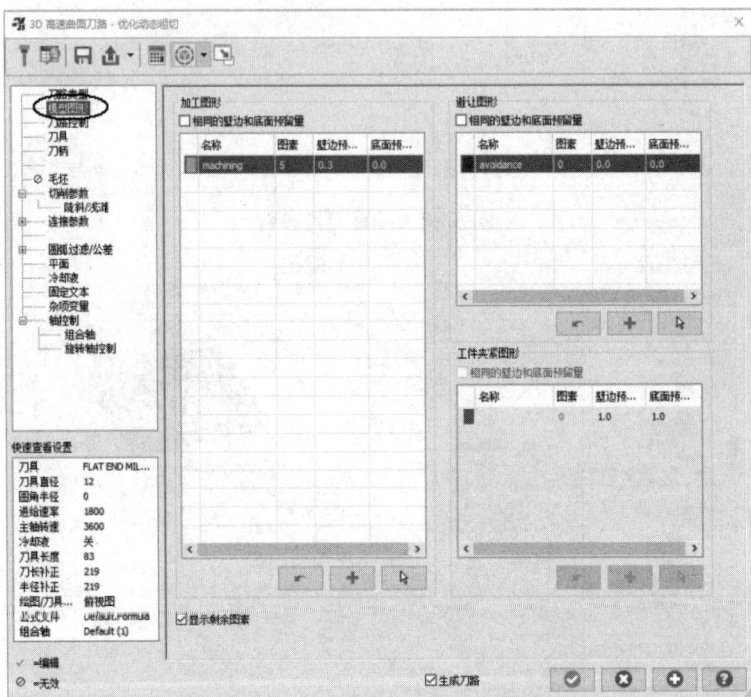

图 5.22 【模型图形】选项设置界面

1) 加工图形

加工图形用于选取要加工的图形，用户可以添加一个或多个加工图形组。

- 【选取】按钮：选取一个或多个实体面或曲面作为加工图素。
- 【添加新组】按钮：可增加一组或多组加工图形，并用不同颜色进行定义。
- 【重置毛坯值】按钮：对当前选择的加工图形组所有预留量清零。
- 【壁边预留量】文本框：指所选取的加工图形壁边预留量，用户可对每组加工图形的壁边根据需要设定不同的预留量。
- 【底面预留量】文本框：指所选取的加工图形底面预留量，用户可对每组加工图形的底面根据需要设定不同的预留量。

2) 避让图形

避让图形是指在加工过程中刀具需要避让的图形。用户可以添加一个或多个避让图形组，并且可以为每个避让图形组设定不同的颜色，同时还可以对每组避让图形的壁边和底面根据需要设定预留量。

3) 工件夹紧图形

工件夹紧图形是指在加工过程中刀具需要避让的夹具图形。用户可以添加一个或多个避让图形组，并且可以为每个避让图形组设定不同的颜色，同时用户还可以对每组避让图形的壁边和底面根据需要设定预留量。

2. 【刀路控制】选项设置界面

用户可以通过如图 5.23 所示的【刀路控制】选项设置界面中的参数来定义刀具的切削范围，但并不是所有的参数对所有的刀路都可用，比如【包含】选项组仅适用于精修策略。

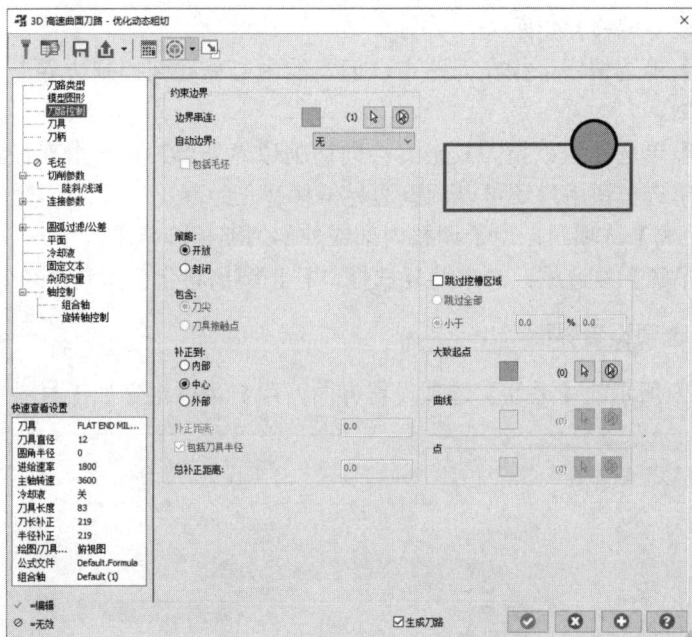

图 5.23　【刀路控制】选项设置界面

(1) 【边界串连】选项组：选取一个或多个限制刀具运动的封闭串连，定义刀路切削范围。比如，全选所有实体或曲面对其进行加工或局部加工时，需要通过【边界串连】参数限定刀路加工范围。

(2) 【策略】选项组：用于定义切削边界的形式。

● 【开放】单选按钮：定义开放的切削边界。

● 【封闭】单选按钮：定义封闭的切削边界。

(3) 【包含】选项组：当刀路类型切换为精修策略时，才会激活此选项组。

● 【刀尖】单选按钮：指切削按刀尖最高点位置计算刀路，将刀具中心限制在边界范围内，如图 5.24(a)所示。

● 【刀具接触点】单选按钮：指切削按刀具接触点边界计算刀路，将刀具接触点限制在边界范围内，而不是刀具中心内，如图 5.24(b)所示。

💡 **注意：** 选择刀尖可以让刀具在选定的边界外运行，但刀具接触点则不可以。

 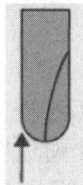

(a) 刀尖   (b) 刀具接触点

图 5.24 刀路包含选项

(4)【补正到】选项组。

- 【内部】单选按钮：指刀具始终在切削范围边界内。通过此单选按钮，用户还可以调整边界偏移补正距离。
- 【中心】单选按钮：指在刀路中，刀具的中心移动到控制边界上。用户不能调整补正距离。
- 【外部】单选按钮：指刀具最终会向切削边界外部补正一个直径距离后再加工。通过此单选按钮用户还可以调整边界偏移补正距离。

(5)【补正距离】选项组：用于调整内部或外部刀路控制范围。

【包括刀具半径】复选框：选中此复选框，补正距离将包含刀具半径值。

3.【毛坯】选项设置界面

通过如图 5.25 所示的【毛坯】选项设置界面，用户可以定义加工材料参数。

图 5.25 【毛坯】选项设置界面

(1)【计算剩余毛坯依照】选项组：用于设置粗加工中需清除的材料的方式。

● 【先前操作】单选按钮：将前面各加工模组不能切削的区域作为粗加工切削的区域。

● 【粗切刀具】单选按钮：根据刀具直径和刀角半径来计算粗加工需切削的区域。

● 【CAD 文件】单选按钮：对 CAD(STL 格式)文件进行粗加工计算。

● 【毛坯解析度】文本框：设置残料粗加工的误差值。

(2)【调整剩余毛坯】下拉列表框：用于放大或缩小定义的粗加工区域，包含以下几个选项。

● 【按计算使用】选项：不改变定义的材料的粗加工范围。

● 【忽略小块残料】选项：允许残余小的尖角材料通过后面的精加工来清除，相应减少剩余材料的范围，这种方式可以提高加工速度。

● 【铣削小块残料】选项：在粗加工中清除小的尖角材料，相应的也就增加了剩余材料的范围。

4.【切削参数】选项设置界面

切换到如图 5.26 所示的【切削参数】选项设置界面，其中各参数的含义如下。

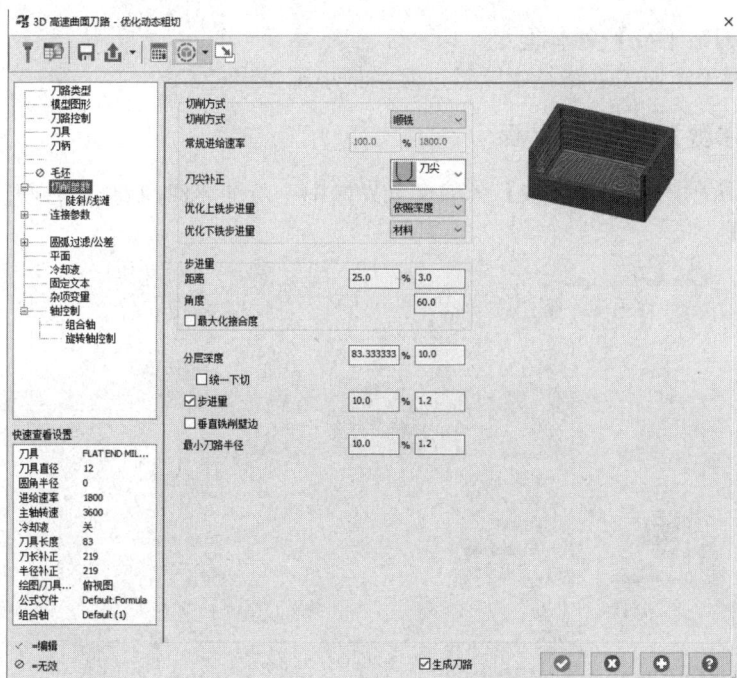

图 5.26 【切削参数】选项设置界面

1)【切削方式】选项组

(1)【优化上铣步进量】：用于定义刀具路径中不同区域的切削加工顺序，包括以下 3 个选项。

● 【依照深度】：所有区域切削通过 Z 深度切削顺序来创建刀具路径。

● 【接近下一个】：完成上一个区域切削后再移动到最近区域切削。使用最短的位移来确定切削顺序。

- 【依照区域】：首先在一个区域内加工完所有材料后再移动到另一个区域。该选项将按照最安全的切削顺序，依次加工每个区域内的残余毛坯。

(2) 【优化下铣步进量】：用于定义在加工区域中的切削顺序。当刀具完成一个区域加工，进入下一个区域必须选择一个起点来继续加工。起点有以下 3 种设置方式。

- 【无】：从离刀具最近位置处开始加工。
- 【材料】：从最接近的材料位置开始加工。
- 【空切】：从离材料有一定距离的地方开始加工。

2) 【步进量】选项组

(1) 【距离】文本框：用于定义加工时 XY 方向的刀间距，这个数值通常用刀具直径的百分比来表示。

(2) 【角度】文本框：刀具切入的角度，它与距离设置中的刀具直径百分比相关。

3) 【分层深度】文本框

该文本框用于定义加工时 Z 方向间距。通常用刀具直径的百分比来表示。

4) 【步进量】文本框

该文本框用于定义分层切削曲面中的每层 Z 的细分步进量，它通常也是用刀具直径的百分比来表示。

5) 【最小刀路半径】文本框

该文本框用于定义刀具路径中圆弧过渡中最小圆弧半径。

5. 【连接参数】选项设置界面

如图 5.27 所示的【连接参数】选项设置界面中，是高速曲面刀路共有的参数，其特有参数的含义如下。

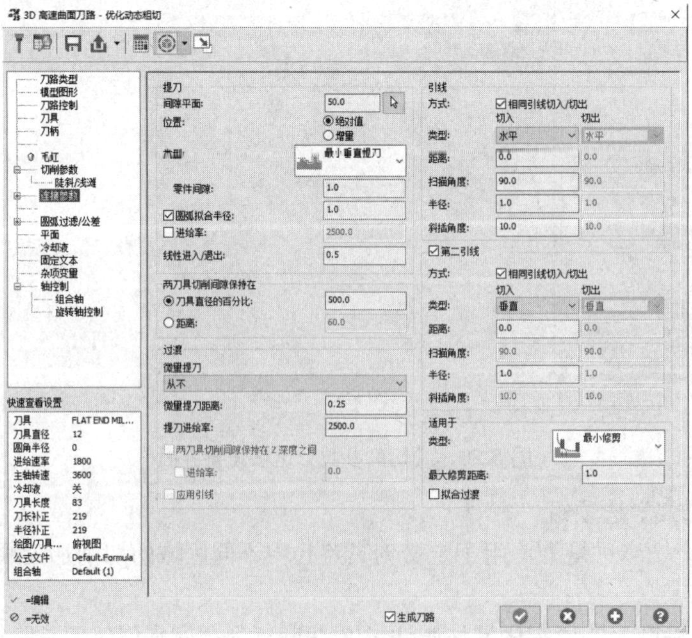

图 5.27　【连接参数】选项设置界面

- 【间隙平面】文本框：指刀路在开始或结束时，回退的最高安全距离。
- 【选取】按钮 🔓：单击该按钮，可捕捉一个选择点作为安全高度值。
- 【绝对值】单选按钮：指从原点(0, 0, 0)开始计算安全高度。
- 【增量】单选按钮：指相对选取图形的最高点计算安全高度。
- 【最小垂直提刀】选项：指刀具在零件表面高度按最小垂直距离提刀。
- 【完整垂直提刀】选项：指刀具按最高安全高度垂直提刀。
- 【最短距离】选项：指刀具按照表面高度最短距离移动。当距离超过表面高度参数时，软件会按照进/退刀圆弧、最大斜插角度和斜插高度计算刀路。
- 【零件间隙】文本框：指刀具在两个台阶面之间保持在零件表面以上的最小距离。

任务 5.2　加工肥皂盒型腔

5.2.1　任务描述

本次任务要求加工如图 5.28 所示的肥皂盒型腔零件，其中，图 5.28(a)所示为 120 mm× 90 mm×30 mm 的长方体毛坯材料，材质为 45#钢。该图形是型腔零件，在任务的实施过程中，不仅要对零件进行数控加工工艺分析，还要能够利用 Mastercam 软件三维刀路功能加工仿真出如图 5.28(b)所示的零件。加工的零件图如图 5.28(c)所示。通过本次任务的学习，培养学生达到以下主要目标。

(a) 长方体毛坯材料

(b) 加工的零件

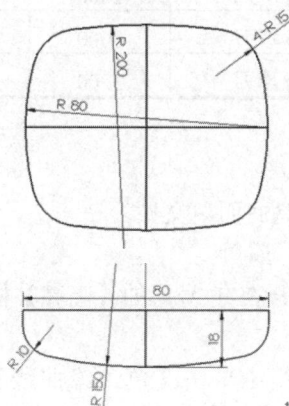

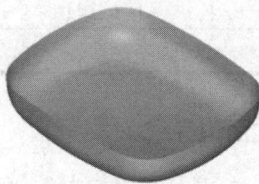

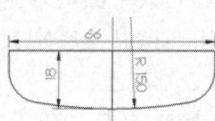

(c) 加工的零件图

图 5.28　肥皂盒型腔零件加工图形

1. 知识目标

- 进一步了解 Mastercam 软件 3D 自动编程的一般步骤。
- 初步了解区域粗切、区域粗切半精加工、等距环绕精加工等 3D 刀路策略中各参数的含义。
- 掌握由曲面生成曲面边界线的方法。
- 掌握等高精加工与等距环绕精加工各自适用的场合。

2. 能力目标

- 能够设置零件毛坯,选择合适的加工刀具。
- 能够学会分析加工对象、划分加工区域和规划加工路线。
- 能够利用区域粗切刀路进行零件粗加工、半精加工。
- 能够使用区域粗切、等距环绕精加工等 3D 刀路策略完成零件自动编程加工。

3. 素质目标

随着科技的不断进步,数控编程技术也在不断发展,只有努力探索新的编程方法,优化加工策略,才能应对日益复杂和多样的加工需求,这些都有助于学习者的技术创新能力提高。

5.2.2 肥皂盒型腔零件加工

1. 制定加工工序表

肥皂盒型腔零件加工各工步、加工策略、刀具名称、主轴转速、进给速率和余量如表 5.2 所示。

表 5.2 肥皂盒型腔加工工序表

序号	工步内容	加工策略	刀具名称	主轴转速(r/min)	进给速率(mm/min)	余量
1	粗加工曲面	区域粗切	φ16 平铣刀	2800	2000	0.3
2	半精加工曲面	区域粗切	φ16 球刀	3000	1500	0.3
3	精加工曲面	等距环绕精加工	φ16 球刀	3200	1200	0

2. 由曲面生成曲面边界线

(1) 在项目 4 中,打开任务 4.5 中的"肥皂盒曲面"文件。

(2) 设置绘图平面和刀具平面均为俯视图。

(3) 在操作管理器中切换到【层别】选项卡,在 1 号层的【高亮】栏单击,使 X 不可见,将当前图层放置在 2 号层上。

(4) 切换到【线框】选项卡,在【曲线】组中单击【单边缘曲线】按钮,系统弹出【单边缘曲线】对话框,在绘图区拾取曲面,将箭头移动到曲面边界位置处拾取边界,如图 5.29 所示。单击【确定】按钮◎。

3. 启动区域粗切加工功能

(1) 切换到【机床】选项卡，单击【铣床】按钮，选择【默认】命令。

(2) 切换到【刀路】选项卡，在 3D 组中单击【粗切】按钮，选择【区域粗切】命令，系统弹出【3D 高速曲面刀路-区域粗切】对话框。在【模型图形】选项设置界面中，单击【加工图形】选项组中的【选取】按钮，在绘图区选择如图 5.30 所示的曲面，单击【结束选择】按钮确认选取。设置【底面预留量】、【壁边预留量】都为 0.3，如图 5.31 所示。

图 5.29　生成曲面边界线

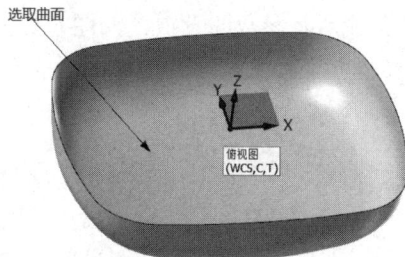

图 5.30　选取加工曲面

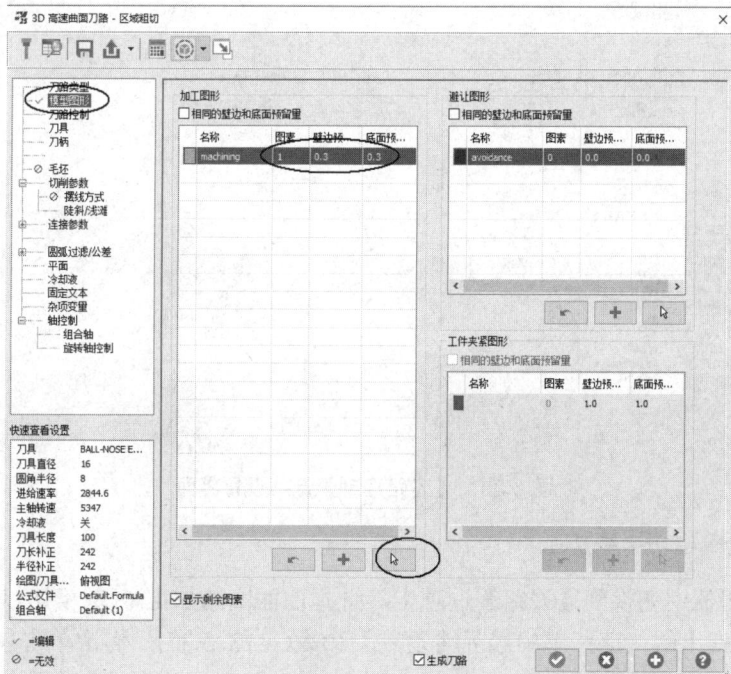

图 5.31　【模型图形】选项设置界面

(3) 切换到【刀路控制】选项设置界面，在【边界串连】选项组中单击【选取】按钮，在绘图区选择如图 5.32 所示的曲面边界，单击【线框串连】对话框中的【确定】按钮，结束切削范围的选取；设置加工策略为【封闭】，如图 5.33 所示。

(4) 切换到【刀具】选项设置界面，单击【选择刀库刀具】按钮，系统弹出【选择刀具】对话框，通过对话框右边的滑块可以查找所需要的刀具，选择 φ16 平铣刀，设置【进给速率】为 2000, 【主轴转速】为 2800, 【下刀速率】为 1000。

(5) 在【切削参数】选项设置界面中, 设置【深度分层切削】为 2, 并选中【添加切削】复选框, 设置【最大剖切深度】为 2, 如图 5.34 所示。

(6) 在【连接参数】选项设置界面中, 设置提刀类型为【最短距离】, 【零件间隙】为"1", 其他参数不再调整, 按系统默认设置, 单击【确定】按钮 ☑, 完成所有参数的设置, 如图 5.35 所示。

(7) 实体验证加工完成结果如图 5.36 所示。

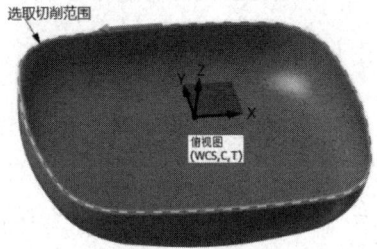

图 5.32　选取切削范围

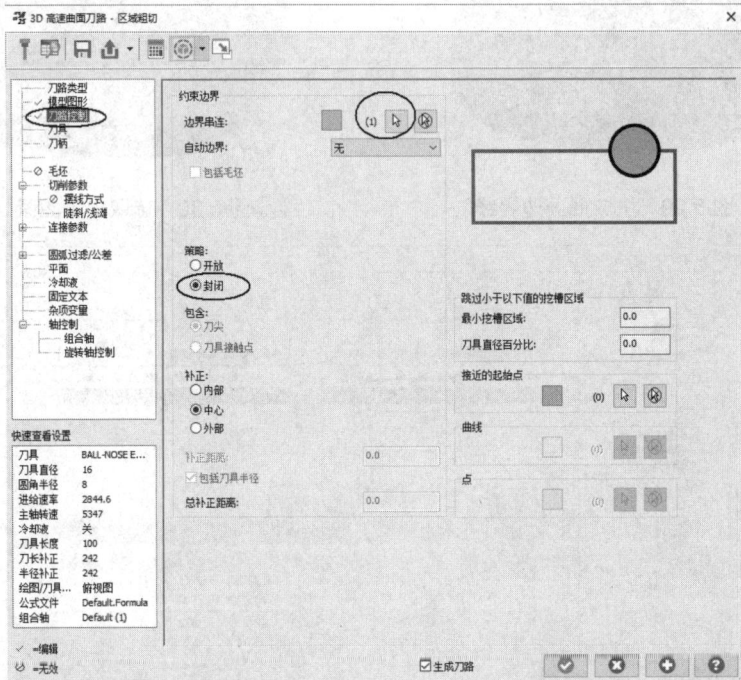

图 5.33　【刀路控制】选项设置界面

4. 进行区域粗切半精加工

(1) 在管理器中切换到【刀路】选项卡, 选择曲面高速加工(区域粗切)刀具路径, 单击鼠标右键, 在弹出的快捷菜单中选择【复制】命令(见图 5.37), 再次单击鼠标右键, 在弹出的快捷菜单中选择【粘贴】命令(见图 5.38)。【刀路】选项卡中会出现第二个曲面高速加工(区域粗切)刀具路径, 如图 5.39 所示。

(2) 单击第二个刀路中的【参数】选项, 如图 5.40 所示, 在弹出的【3D 高速曲面刀路-区域粗切】对话框中选择【刀具】选项, 单击【选择刀库刀具】按钮, 系统弹出【选择刀具】对话框, 通过对话框右边的滑块查找所需的刀具, 选择 $\phi16$ 球刀, 设置【进给速率】为 1500, 【主轴转速】为 3000, 【下刀速率】为 1000。

图 5.34 设置切削参数

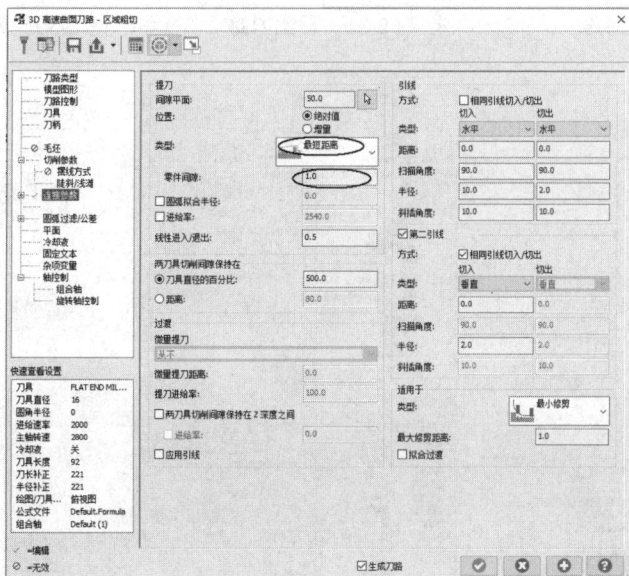

图 5.35 设置连接参数

(3) 在【毛坯】选项设置界面中，设置【剩余材料】为【先前操作】，即为上次的区域粗切，【调整剩余毛坯】为【铣削小块残料】，【调整距离】为 0.2，如图 5.41 所示。

(4) 在【切削参数】选项设置界面中，设置【深度分层切削】为"1"，【最大剖切深度】为"1"，如图 5.42 所示。单击【确定】按钮，完成所有参数的设置。

(5) 实体验证加工完成结果如图 5.43 所示。

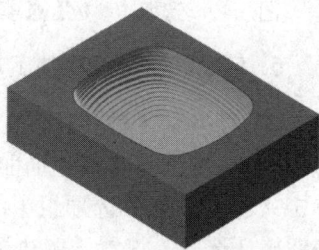

图 5.36 区域粗切实体验证加工

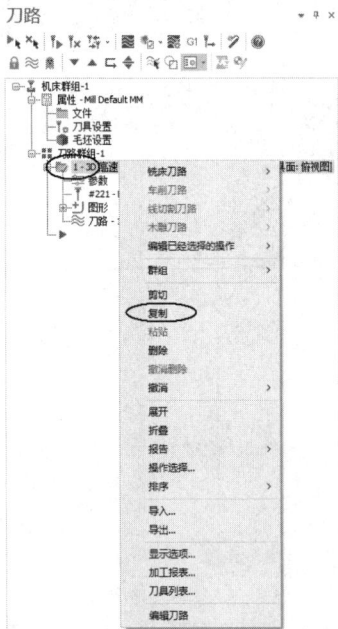

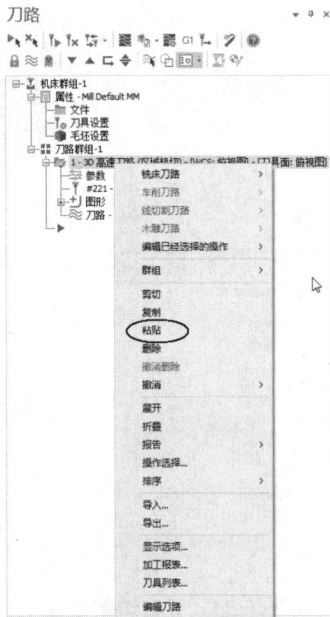

图 5.37　复制刀路　　　　　　图 5.38　粘贴刀路　　　　　　图 5.39　第二个区域粗切刀路

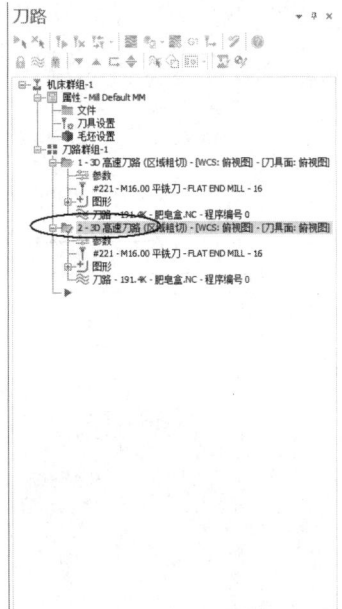

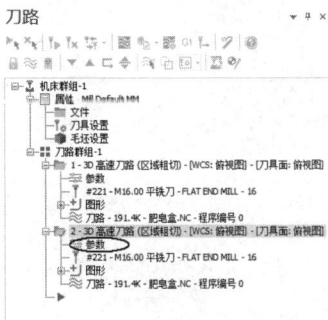

图 5.40　选取【参数】选项　　　　　　　　图 5.41　设置毛坯剩余材料

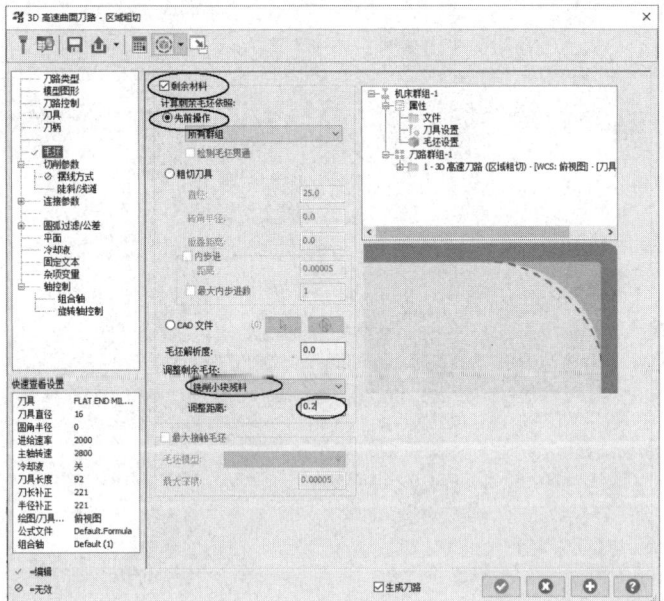

5. 启动等距环绕精加工功能

(1) 切换到【刀路】选项卡，在 3D 组中，单击【精切】按钮，选择【等距环绕】命令。

(2) 系统弹出【高速曲面刀路-等距环绕】对话框，在【模型图形】选项设置界面中，单击【加工图形】选项组中的【选取】按钮，在绘图区选择曲面，单击【结束选择】按钮确认选取。设置【壁边预留量】为 0、【底面预留量】为 0。

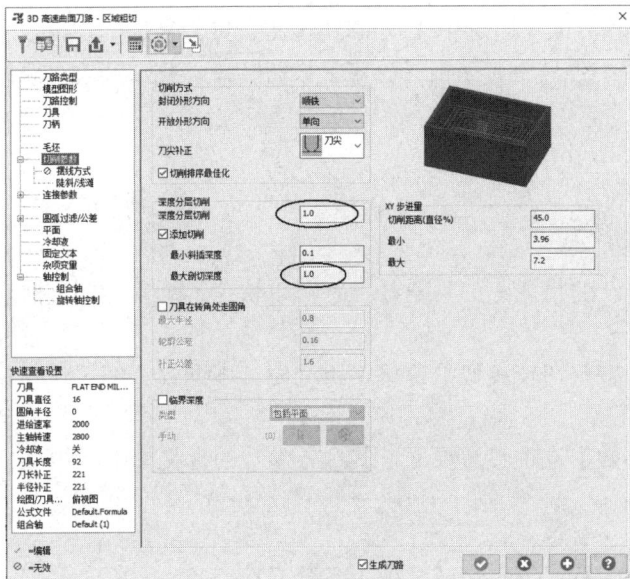

图 5.42　设置切削参数　　　　　　图 5.43　区域粗切半精加工实体验证

（3）在【刀路控制】选项设置界面中，单击【边界串连】选项组中的【选取】按钮，在绘图区选择如图 5.32 所示的边界，单击【确定】按钮 确认选取。

（4）切换到【刀具】选项设置界面，单击【选择刀库刀具】按钮，通过对话框右边的滑块可以查找所需要的刀具，选择 $\phi16$ 球刀，设置【进给速率】为 1200，【主轴转速】为 3200，【下刀速率】为 1000，【提刀速率】为 2000。

（5）在【切削参数】选项设置界面中，设置【径向切削间距】为 0.5，如图 5.44 所示，其他参数不再调整，按系统默认设置。

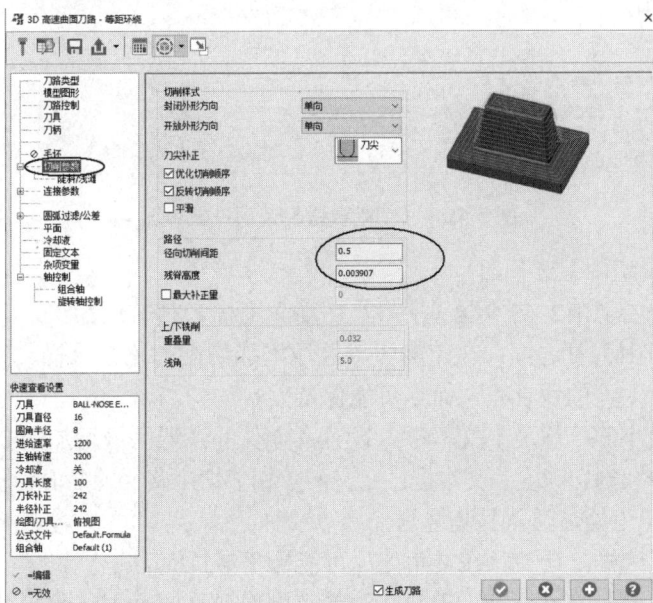

图 5.44　设置切削参数

(6) 在【圆弧过滤/公差】选项设置界面中，选中【线\圆弧过滤设置】复选框，再设置切削公差为总公差的 80%，其他参数不再调整，单击【确定】按钮 ☑，完成环绕等距精加工所有参数的设置。

(7) 实体验证加工完成结果如图 5.28(b)所示。

5.2.3　知识链接：区域粗切参数

区域粗切是一种使用范围比较广泛的粗加工刀具路径，它可以快速地加工封闭型腔、开放凸台或先前操作剩余的残料区域。

区域粗切中的许多参数与优化动态粗切较相似，这里不再介绍。下面仅介绍区域粗切中的【切削参数】选项设置。

切换到如图 5.45 所示的【切削参数】选项设置界面，其中各参数的含义如下。

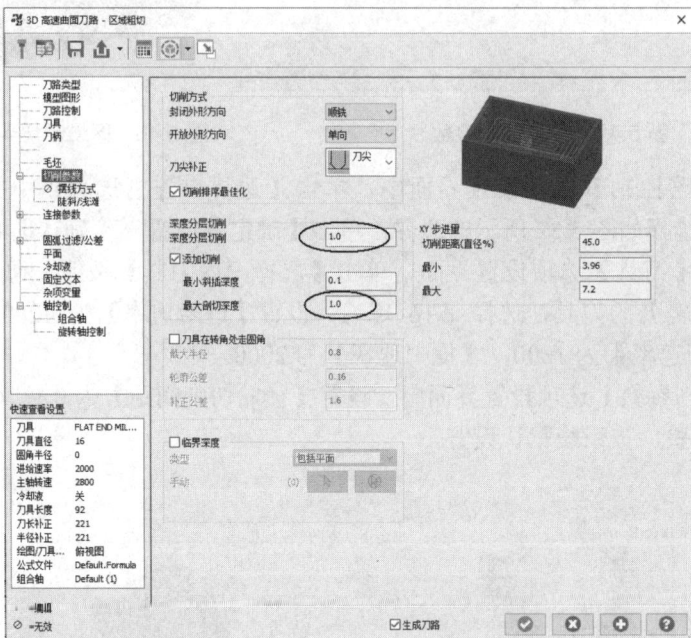

图 5.45　【切削参数】选项设置界面

1)　【深度分层切削】选项组
- 【深度分层切削】文本框：指刀具切削深度按 Z 值分层加工。
- 【添加切削】复选框：在轮廓浅滩区域增加切削刀路，这样，刀路在不同的区域就不会有太大的残脊差，而尽可能保持残料均匀。
  - 【最小斜插深度】文本框：设置在零件的浅滩区域增加的 Z 值最小距离。
  - 【最大剖切深度】文本框：定义两个相邻切削路径的曲面轮廓最大允许深度。

2)　【刀具在转角处走圆角】复选框
建议选中该复选框，让刀具在转角处尽可能地平滑过渡。
- 【最大半径】文本框：指刀具在边界范围内允许的最大转角半径(建议不要大于实际串连轮廓转角半径)。

- 【轮廓公差】文本框：指刀具在边界范围内最靠串连边界的那段刀路拐角半径。
- 【补正公差】文本框：指刀具在边界范围内所有刀路轮廓拐角半径(最靠边界的那段刀路轮廓除外)。

3) 【XY 步进量】选项组

- 【切削距离(直径%)】文本框：指定切削时的刀间距按刀具直径最大百分比(建议按刀具实际有效直径百分比)。
- 【最小】文本框：按照刀具直径百分比计算的最小切宽。
- 【最大】文本框：按照刀具直径百分比计算的最大切宽。

4) 【临界深度】选项组

- 【包括平面】选项：在每一个平面的深度建立刀路，使加工预留更精准。
- 【包括手动】选项：当系统没有检测出平面深度时，可以手动选择深度。

任务 5.3 加工马鞍曲面

5.3.1 任务描述

本次任务要求加工如图 5.46 所示的马鞍曲面零件，其中，图 5.46(a)所示为 $\phi 40mm \times 40\ mm$ 圆柱体毛坯材料，材质为 45#钢，该零件仅为马鞍曲面。在任务的实施过程中，不仅要对零件进行数控加工工艺分析，还要能够利用 Mastercam 软件的三维刀路功能加工仿真出如图 5.46(b)所示的零件，加工的零件尺寸图如图 5.46(c)所示，曲面形状如图 5.46(d)所示。通过本次任务的学习，培养学生达到以下主要目标。

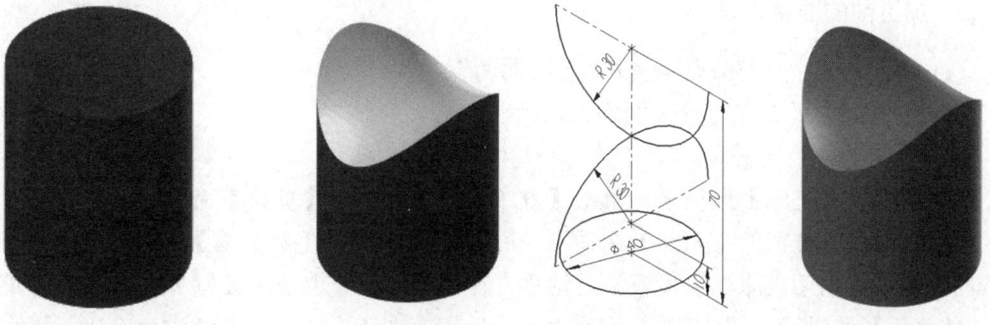

| (a) 毛坯材料 | (b) 加工的零件 | (c) 线架尺寸 | (d) 曲面图形 |

图 5.46 马鞍曲面零件加工图形

1. 知识目标

- 进一步掌握 Mastercam 软件 3D 自动编程的一般步骤。
- 初步了解挖槽、平行精加工等 3D 刀路策略中各参数的含义。
- 掌握通过毛坯设置功能找到图形的最高点坐标的方法。

2. 能力目标

- 能够设置零件毛坯，选择合适的加工刀具。

- 能够学会分析加工对象、划分加工区域和规划加工路线。
- 能够初步使用挖槽、平行精加工等 3D 刀路策略完成零件自动编程加工。
- 能够利用实体仿真操作对刀具路径进行验证。

3. 素质目标

在实际工作中，数控编程往往不是孤立的任务，而是需要与机械设计、工艺规划、生产管理等多个环节紧密配合。因此，学习数控自动编程还可以培养学习者的团队协作精神和沟通能力，使他们能够更好地与团队成员协作完成任务。

5.3.2 马鞍曲面零件加工

1. 制定加工工序表

马鞍曲面零件加工各工步、加工策略、刀具名称、主轴转速、进给速率和余量如表 5.3 所示。

表 5.3 马鞍曲面加工工序表

序 号	工步内容	加工策略	刀具名称	主轴转速 (r/min)	进给速率 (mm/min)	余量
1	粗加工曲面	曲面粗切挖槽	φ10 平铣刀	3600	1600	0.3
2	半精加工曲面	平行铣精加工	φ10 球刀	4000	2000	0.2
3	精加工曲面	平行铣精加工	φ10 球刀	4500	1500	0

2. 加工前的准备工作

(1) 在项目 4 中，打开任务 4.6"马鞍曲面"文件。

(2) 设置绘图平面和刀具平面均为俯视图。

(3) 设置工件毛坯材料。

① 切换到【机床】选项卡，单击【铣床】按钮，选择【默认】命令。

② 在操作管理器的【刀路】选项卡中展开【属性】\【毛坯设置】选项。

③ 系统弹出【机床群组设置】对话框，在【毛坯设置】选项设置界面中，单击【创建圆柱体毛坯】按钮，按住 Ctrl+A 组合键选取所有图素，按 Enter 键进行确认。其他参数设置如图 5.47 所示。在绘图区显示的毛坯图形如图 5.48 所示，单击【确定】按钮。

④ 在【转换】选项卡中单击【平移】按钮，在绘图区窗选所有图素进行平移，单击【结束选择】按钮，设定【方式】为【移动】，Z 增量为"-48"，单击【确定】按钮，结束平移。

注意： 将图形的最高点移至 Z 轴零平面以下。

⑤ 切换到【线框】选项卡，单击【圆心点画圆】按钮，系统弹出【圆心点画圆】对话框，在绘图区单击【原点】按钮，确认圆心点在原点，在【圆心点画圆】对话框中输入直径"40"，单击【确定】按钮。结果如图 5.49 所示。

图 5.47　设置圆柱体毛坯参数　　图 5.48　圆柱体毛坯　　图 5.49　将所有图形向下平移

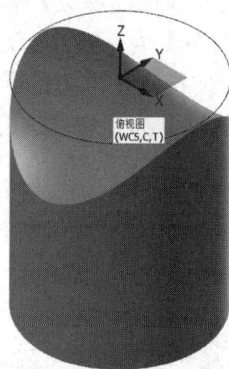

3. 启动三维挖槽粗加工功能

(1) 切换到【刀路】选项卡，在 3D 组中单击【粗切】按钮，选择【挖槽】命令。

(2) 在绘图区选择如图 5.50 所示要加工的曲面，单击【结束选择】按钮确认选取。

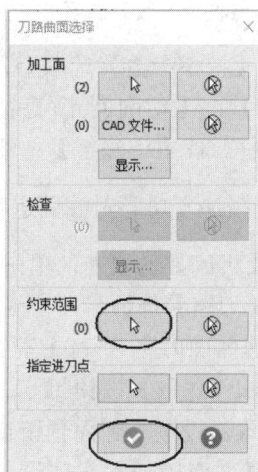

(3) 系统弹出如图 5.51 所示的【刀路曲面选择】对话框，单击【约束范围】选项组中的【选取】按钮，选取挖槽加工范围。

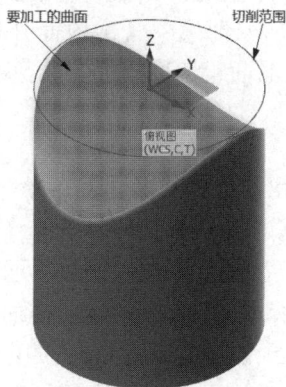

图 5.50　选取切削图形　　图 5.51　【刀路曲面选择】对话框

(4) 选择如图 5.50 所示的圆形边界作为切削范围，单击【线框串连】对话框中的【确定】按钮，结束切削范围的选取。

(5) 单击【刀路曲面选择】对话框中的【确定】按钮。

(6) 系统弹出【曲面粗切挖槽】对话框，单击【选择刀库刀具】按钮，系统弹出【选择刀具】对话框，通过对话框右边的滑块可以查找所需要的刀具，选择 $\phi 10$ 平铣刀，单击【确定】按钮。

(7) 在【曲面粗切挖槽】对话框的【刀具参数】选项卡中设置【进给速率】为 1600，【主轴转速】为3600，【下刀速率】为500，【提刀速率】为2000。

(8) 在【曲面参数】选项卡中设置【参考高度】为 10、【下刀位置】为 3、【加工面毛坯预留量】为0.3，【刀具位置】为【外】，如图 5.52 所示。

(9) 切换到【粗切参数】选项卡，设置【整体公差】为0.05、【Z 最大步进量】为1、【进刀选项】为【斜插进刀】，同时选中【在约束边界外下刀】复选框，如图 5.53 所示。

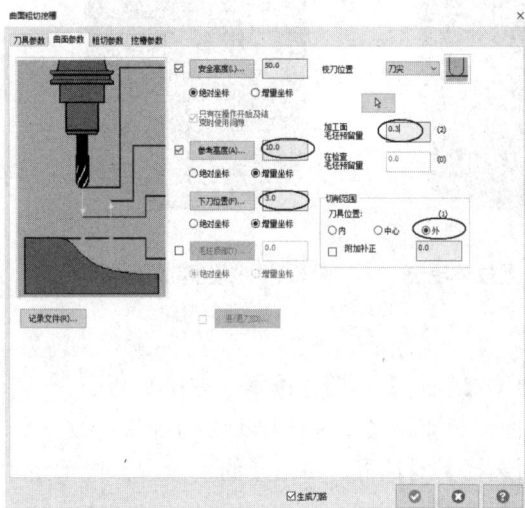

图 5.52　【曲面参数】选项卡　　　　　图 5.53　【粗切参数】选项卡

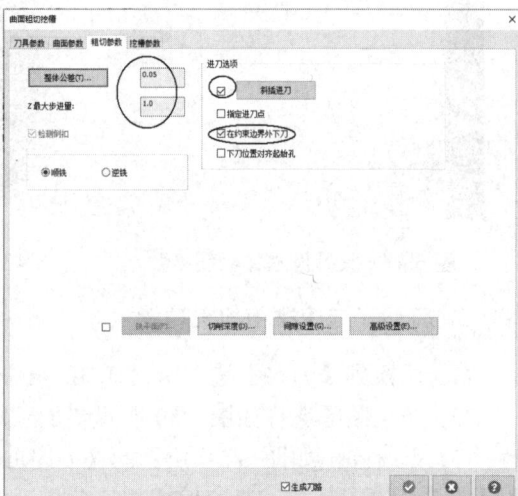

(10) 切换到【挖槽参数】选项卡，按图 5.54 所示设置曲面粗切挖槽参数。设置粗切方式为【等距环切】，【切削间距(直径%)】为 75，取消选中【由内而外环切】复选框和【精加工】复选框。单击【确定】按钮，结束曲面粗切挖槽加工参数的设置。

4. 启动平行精加工功能对曲面进行半精加工

(1) 切换到【机床】选项卡，单击【铣床】按钮，选择【默认】命令。

(2) 切换到【刀路】选项卡，在 3D 组中单击【精加工】按钮，选择【平行】命令，系统弹出【3D 高速曲面刀路–平行】对话框，在【模型图形】选项设置界面中，单击【加工图形】选项组中的【选取】按钮，在绘图区选择如图 5.55 所示的曲面，单击【结束选择】按钮确认选取。设置【底面预留量】、【壁边预留量】都为0.2，如图 5.56 所示。

(3) 切换到【刀路控制】选项设置界面中，在【边界串连】选项组中单击【选取】按钮，在绘图区选择如图 5.57 所示的曲面边界，单击【线框串连】对话框中的【确定】按钮，结束切削范围的选取，如图 5.58 所示。

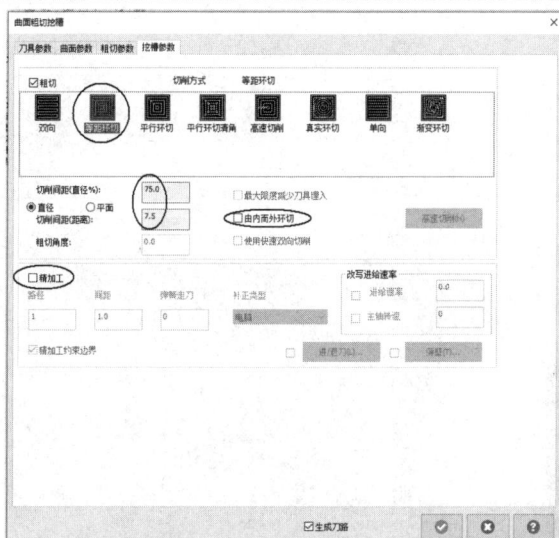

图 5.54　【挖槽参数】选项卡

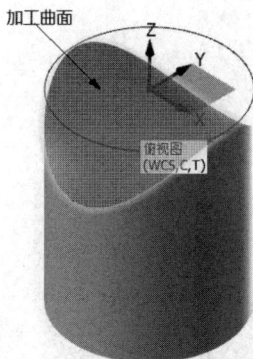

图 5.55　选取加工曲面　　　　　　图 5.56　【模型图形】选项设置界面

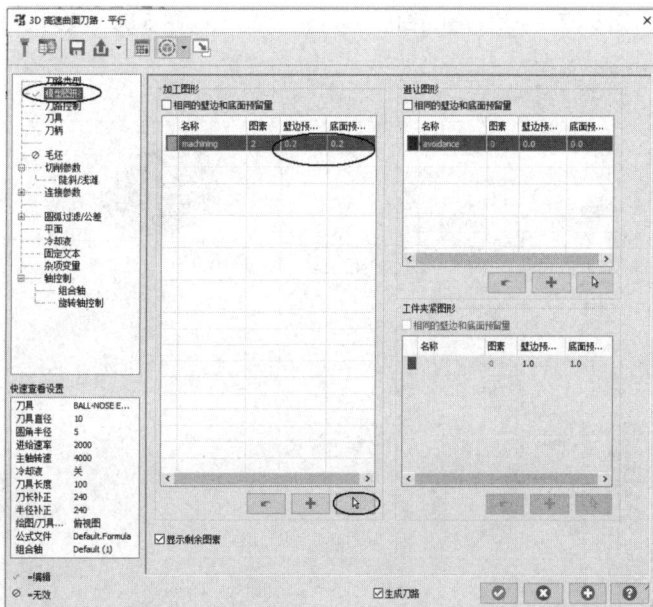

(4) 切换到【刀具】选项设置界面，单击【选择刀库刀具】按钮，系统弹出【选择刀具】对话框，通过对话框右边的滑块可以查找所需要的刀具，选择 $\phi 10$ 球刀，设置【进给速率】为 2000，【主轴转速】为 4000，【下刀速率】为 1000。

(5) 在【切削参数】选项设置界面中，设置【切削间距】为 1.5，如图 5.59 所示。

(6) 在【连接参数】选项设置界面中，设置提刀类型为【最短距离】，【零件间隙】为 1，其他参数不再调整，按系统默认设置，单击【确定】按钮，完成所有参数的设置。

(7) 实体验证加工完成结果如图 5.60 所示。

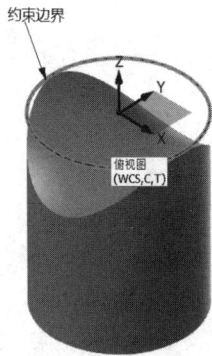

图 5.57　选取切削范围

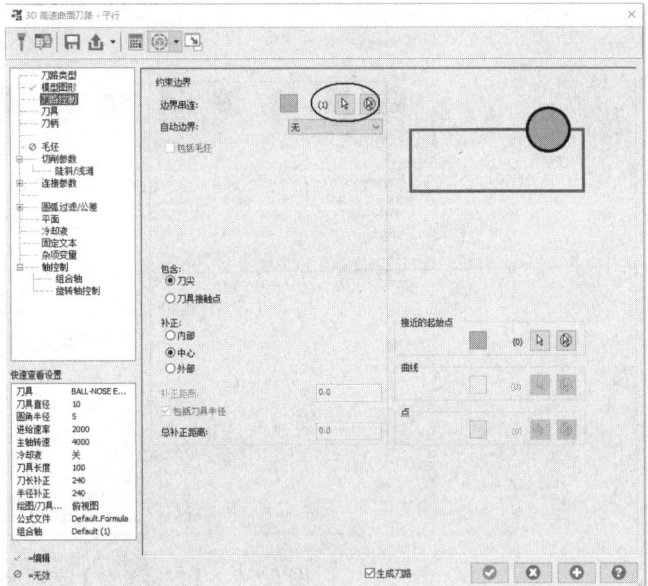

图 5.58　【刀路控制】选项设置界面

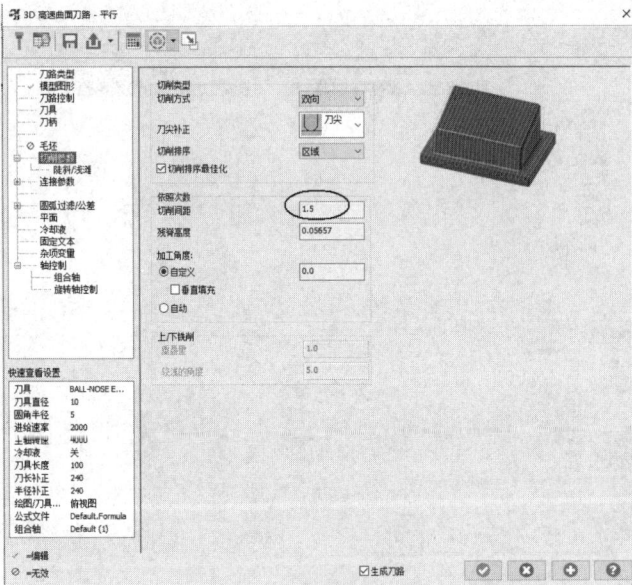

图 5.59　设置切削参数

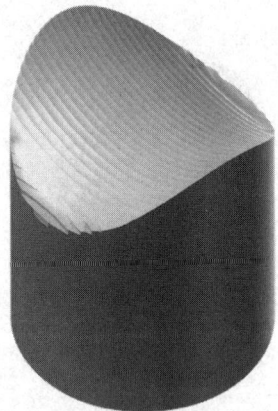

图 5.60　平行半精加工实体验证加工

5. 进行平行铣削精加工

(1) 在管理器中切换到【刀路】选项卡，选择曲面高速加工(平行加工)刀具路径，单击鼠标右键，在弹出的快捷菜单中选择【复制】命令，再次单击鼠标右键，在弹出的快捷菜单中选择【粘贴】命令。【刀路】选项卡中将会出现第二个曲面高速加工(平行加工)刀具路径。

(2) 单击第二个曲面高速加工(平行加工)刀具路径的【参数】选项，系统弹出【3D 高速曲面刀路-平行】对话框。

(3) 在【模型图形】选项设置界面中，设置【底面预留量】、【壁边预留量】都为 0。

（4）在【刀具】选项设置界面中，选择 $\phi 10$ 球刀，设置【进给速率】为 1500，【主轴转速】为 4500，【下刀速率】为 1000。

（5）切换到【刀路控制】选项设置界面，设置刀具补正到【外部】，如图 5.61 所示。

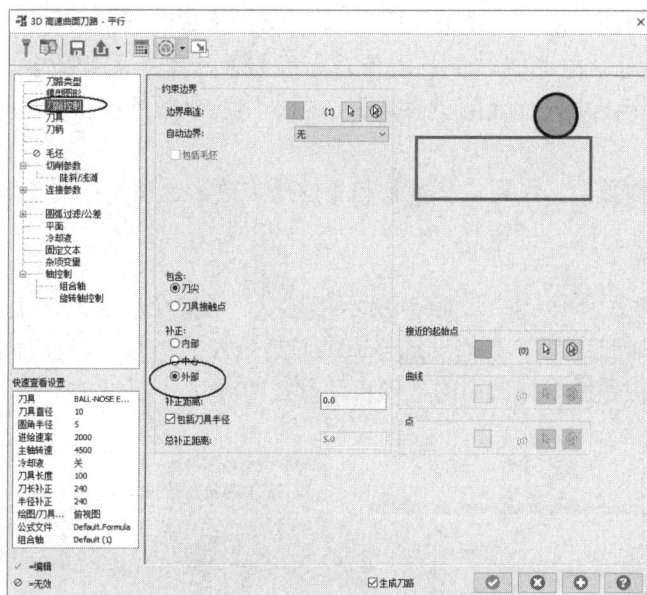

图 5.61　设置【刀路控制】参数

（6）在【切削参数】选项设置界面中，设置【切削间距】为 0.3，如图 5.62 所示。其他参数不再调整，按系统默认设置，单击【确定】按钮　，完成所有参数的设置。

（7）实体验证加工完成结果如图 5.63 所示。

图 5.62　设置切削参数

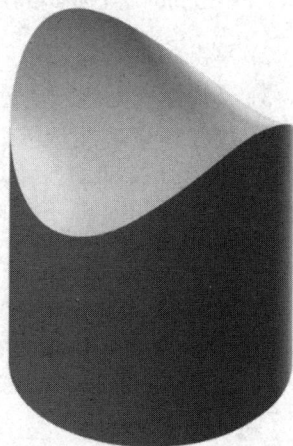

图 5.63　平行精加工实体验证加工

5.3.3　知识链接：挖槽粗加工

挖槽粗加工选项是以事先有的挖槽边界，生成加工介于曲面及工件边界间多余材料的刀具路径。【曲面粗切挖槽】对话框如图 5.64 所示，从该对话框中可以看出，它是一种传统的三维刀具路径对话框形式，主要由【刀具参数】、【曲面参数】、【粗切参数】和【挖槽参数】选项卡组成，而【刀具参数】选项卡中各参数的设置与高速刀路相似，这里就不再赘述了。

下面对【曲面参数】、【粗切参数】和【挖槽参数】选项卡中的参数含义进行介绍。

1. 曲面参数

(1)【曲面参数】选项卡如图 5.65 所示，其中，【安全高度】、【参考高度】、【下刀位置】、【毛坯顶部】等参数的设置与二维刀具路径的相同，但没有最后切深，这是因为最后切削深度是由系统根据曲面的外形自动设置的。

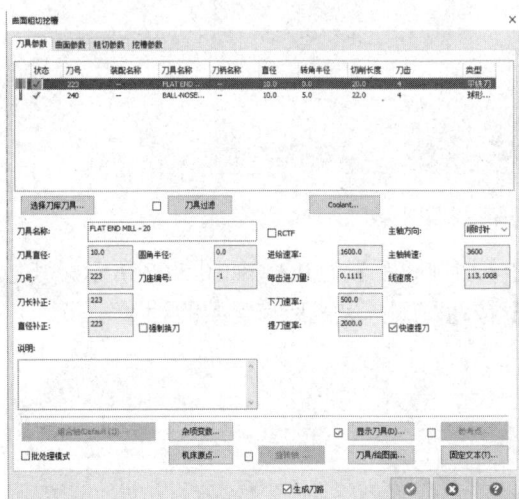

图 5.64　【曲面粗切挖槽】对话框　　　图 5.65　【曲面参数】选项卡

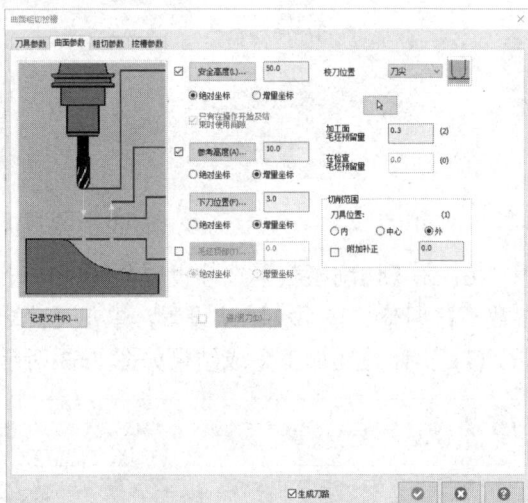

(2) 单击 按钮，可以重新选取加工面、干涉面、加工范围、指定下刀点等。

(3)【加工面毛坯预留量】文本框用于设置加工面的表面预留量。

(4)【在检查毛坯预留量】文本框用于设置干涉面的表面预留量，系统按设置的预留量使用选取的干涉曲面对刀具路径进行干涉检查。

(5)【刀具位置】选项组用于在加工时设置刀具的切削范围。系统采用封闭串连图素定义切削范围，刀具切削范围可以设置为选取封闭串连图素的内侧、外侧或中心。当刀具切削范围设置为选取封闭串连图素的内侧或外侧时，还可以通过【附加补正】文本框来设置切削范围与封闭串连图素的偏移值。

2. 粗切参数

【粗切参数】选项卡如图 5.66 所示。

图 5.66　【粗切参数】选项卡

1) 整体公差

【整体公差】按钮右侧的文本框用于输入刀具路径的切削误差与过滤误差的总误差。切削误差是指实际刀具路径偏离被加工曲面上曲线的程度，其决定了加工中插补的精度。切削误差越小，实际刀具路径越接近理论上需加工的曲线。加工精度越高，相应的程序量越大，加工时间更长。实际加工时一般设置切削误差为 0.025 mm。

2) Z 最大步进量

【Z 最大步进量】文本框用来设置两相近切削路径的最大 Z 方向距离。最大 Z 方向距离越大，生成的粗加工层次数目较少，加工结果比较粗糙；最大 Z 方向距离越小，则粗加工层次增加，粗加工表面比较平滑。

3) 斜插进刀

当单击【斜插进刀】按钮时，系统会弹出如图 5.67 所示的对话框，其中【斜插进刀】选项卡中各参数的含义如下。

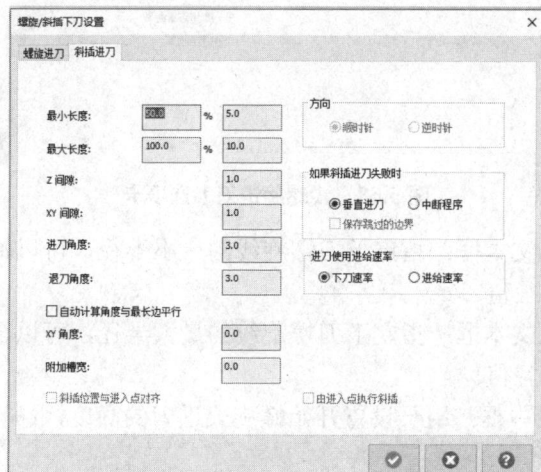

图 5.67　【斜插进刀】选项卡

- 【最小长度】文本框：指定进刀路径的最小长度。
- 【最大长度】文本框：指定进刀路径的最大长度。
- 【Z 间隙】文本框：用于设置开始斜插的进刀高度，即设置斜插进刀时距工件表面的高度。
- 【XY 间隙】文本框：用于设置在 XY 方向的预留间隙。
- 【进刀角度】文本框：指刀具切入的角度。
- 【退刀角度】文本框：指刀具切出的角度。
- 【自动计算角度与最长边平行】复选框和【XY 角度】文本框：当选中【自动计算角度与最长边平行】复选框时，斜插式下刀在 XY 平面上的角度由系统自动设置；当取消选中【自动计算角度与最长边平行】复选框时，斜插式下刀在 XY 平面上的角度由【XY 角度】文本框中的值决定。
- 【附加槽宽】文本框：设置刀具沿回形槽下降时，槽的宽度值。
- 【斜插位置与进入点对齐】复选框：选中该复选框时，进刀点与斜插式刀具路径对齐。
- 【由进入点执行斜插】复选框：选中该复选框时，下刀点即为斜插式下刀路径的起始点。

【螺旋进刀】选项卡如图 5.68 所示，各参数的含义如下。

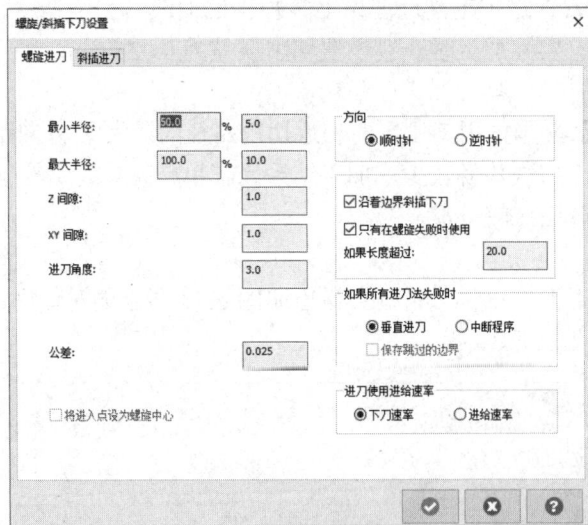

图 5.68 【螺旋进刀】选项卡

- 【最小半径】文本框：指定下刀螺旋线的最小半径，可以输入刀具直径的百分比或直接输入半径值。
- 【最大半径】文本框：指定下刀螺旋线的最大半径，可以输入刀具直径的百分比或直接输入半径值。
- 【Z 间隙】文本框：用于设置开始螺旋式进刀的高度，即设置螺旋进刀时距工件表面的高度。
- 【XY 间隙】文本框：指刀具和最后精切挖槽加工的预留间隙。

- 【进刀角度】文本框：指定螺旋式下刀刀具的下刀角度。进刀角度决定进刀刀具路径的长度，角度越小，进刀刀具路径就越长。
- 【将进入点设为螺旋中心】复选框：选中该复选框时，以串连的起点为螺旋刀具路径圆心点。
- 【沿着边界斜插下刀】复选框：选中该复选框而取消选中【只有在螺旋失败时使用】复选框，将设定刀具沿边界移动；选中【只有在螺旋失败时使用】复选框，仅当螺旋式下刀不成功时，设定刀具沿边界移动。
- 【方向】选项组：用于设定螺旋下刀的螺旋方向，可以选中【顺时针】或【逆时针】单选按钮。
- 【如果所有进刀法失败时】选项组：当所有螺旋式下刀尝试均失败后，设定系统为【垂直进刀】或【中断程序】。
- 【进刀使用进给速率】选项组：当选中【下刀速率】单选按钮时，采用刀具的 Z 向进刀量；当选中【进给速率】单选按钮时，采用刀具的水平切削进刀量。

3. 挖槽参数

【挖槽参数】选项卡如图 5.69 所示，其中各参数的含义如下。

图 5.69　【挖槽参数】选项卡

1) 粗切切削方式

Mastercam 提供了 8 种粗加工切削方式，即【双向】、【等距环切】、【平行环切】、【平行环切清角】、【高速切削】、【真实环切】、【单向】和【渐变环切】。

- 【双向】方式：产生一组平行切削路径并来回进行切削，切削路径的方向取决于其设置的角度。这种切削方式经济，节省时间，特别适用于加工粗铣面。
- 【等距环切】方式：产生一组螺旋式间距相等的切削路径。这种切削方式适合加工规则的或结构简单的单型腔，加工后的型腔底质量较好。

- 【平行环切】方式：产生一组平行螺旋式切削路径，与等距环切切削路径基本相同。这种切削方式加工时也许不能干净地清除残料。

- 【平行环切清角】方式：产生一组平行螺旋式且清角的切削路径。这种切削方式可以切除更多的残料，可用性强。

- 【高速切削】方式：以平滑圆弧方式生成高速加工的刀具路径。这种切削方式加工时间相对较长，但可清除转角或边界壁的余量。

- 【真实环切】方式：以圆形、螺旋方式产生挖槽刀具路径。这种切削方式对于周边余量不均匀的切削区域会产生较多的抬刀。

- 【单向】方式：与双向路径基本相同，只是单向切削，另一个方向用于提刀返回。这种切削方式用于切削参数设置较多的场合。

- 【渐变环切】方式：根据轮廓外形产生螺旋式切削路径，此方式应至少有一个岛屿，且生成的刀具路径比其他方式长。

2) 切削路径间的间距

切削路径间的间距由两个参数决定，具体如下。

- 【切削间距(直径%)】文本框：输入刀具直径百分比来指定切削间距。

- 【切削间距(距离)】文本框：输入数值可以指定切削间距。

当输入其中一个参数值后，系统会自动修改另一个参数值。

3) 粗切角度

【粗切角度】文本框用来控制切削路径的角度，只对双向路径和单向切削起作用。

4) 最大限度减少刀具埋入

选中【最大限度减少刀具埋入】复选框，可以优化切削刀具路径长度，使其最短化，以达到最佳挖槽铣削效果，该复选框只对双向路径起作用。

5) 由内而外环切

【由内而外环切】复选框可以确定螺旋切削路径进刀方向。若选中该复选框，则由内到外；若取消选中该复选框，则由外到内。

6) 使用快速双向切削

【使用快速双向切削】复选框只对双向路径起作用。

7) 高速切削

只有采用【高速切削】挖槽切削方式时，才可以进行参数设置。它用于设置高速切削时的应用区域、圆弧回圈半径、圆弧回圈间距和转角平滑的半径。

8) 精加工

- 【路径】文本框：用于设置挖槽精修的次数。

- 【间距】文本框：用于设置每次精修的切削间距。

- 【弹簧走刀】文本框：设置修光次数。修光是指完成精加工后，再在精加工完成的位置进行精修。

- 【补正类型】下拉列表框：在该下拉列表框中可选择刀具补正方式。

- 【改写进给速率】选项组：可以设置精修所使用的进给速率和主轴转速。

- 【精加工约束边界】复选框：对内腔壁和内腔岛屿进行精修。

- 【进/退刀】复选框：用于设置精加工时进/退刀参数。

- 【薄壁】复选框：选中该复选框，将启用薄壁精修程序。薄壁精修加工适用于挖槽铣削薄壁零件加工场合。

任务 5.4　加工摩擦圆盘压铸模腔零件

5.4.1　任务描述

本次任务要求加工如图 5.70 所示的摩擦圆盘压铸模腔零件，其中，图 5.70(a)所示为 $\phi 144$ mm×40 mm 的圆柱体毛坯材料，材质为 45#钢，该零件仅由一个型腔曲面组成。在任务的实施过程中，不仅要对零件进行数控加工工艺分析，还要能够利用 Mastercam 软件三维刀路功能加工仿真出如图 5.70(b)所示的零件，加工的零件尺寸图如图 5.70(c)所示。通过本次任务的学习，培养学生达到以下主要目标。

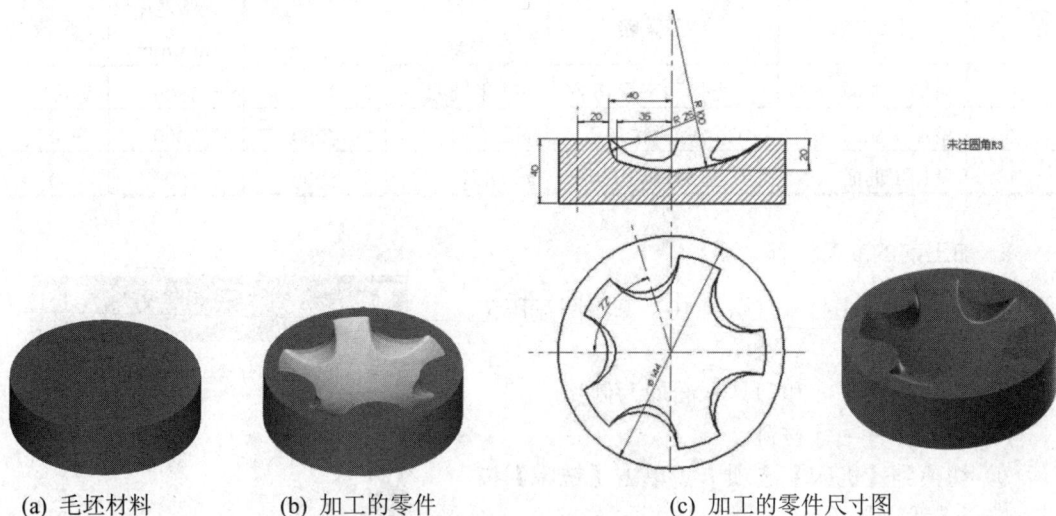

(a) 毛坯材料　　　　(b) 加工的零件　　　　(c) 加工的零件尺寸图

图 5.70　摩擦圆盘压铸模腔零件加工图形

1. 知识目标

- 进一步掌握 Mastercam 软件 3D 自动编程的一般步骤。
- 进一步掌握优化动态粗切、环绕等距精加工等刀路策略。
- 初步了解清角精加工 3D 刀路策略中各参数的含义。
- 进一步掌握圆柱体毛坯设置。

2. 能力目标

- 能够设置零件毛坯，选择合适的加工刀具。
- 能够学会分析加工对象、划分加工区域和规划加工路线。
- 能够灵活使用优化动态粗切、环绕等距精加工、清角精加工等 3D 刀路策略完成零件自动编程加工。
- 能够利用实体仿真操作对刀具路径进行验证。

3. 素质目标

数控自动编程技术发展迅速，新软件、新工艺层出不穷，学习者需要保持对新技术和新知识的敏感度和求知欲，不断学习新知识、掌握新技能，以适应行业发展的需要。这种持续学习与自我提升的能力对于个人职业发展具有重要意义。

5.4.2 摩擦圆盘压铸模腔零件加工

1. 制定加工工序表

摩擦圆盘压铸模腔零件加工各工步、加工策略、刀具名称、主轴转速、进给速率和余量如表 5.4 所示。

表 5.4 摩擦圆盘压铸模腔零件加工工序表

序 号	工步内容	加工策略	刀具名称	主轴转速 (r/min)	进给速率 (mm/min)	余量
1	粗加工曲面	优化动态粗切	ϕ12 平铣刀	3600	1800	0.3
2	精加工曲面	环绕等距精加工	ϕ12 球刀	4000	2000	0
3	精加工曲面	清角精加工	ϕ6 球刀	5000	1500	0

2. 加工前的准备工作

(1) 在项目 4 中打开任务 4.10 "摩擦圆盘压铸模腔"文件。

(2) 设置绘图平面和刀具平面均为俯视图。

(3) 设置工件毛坯材料。

① 切换到【机床】选项卡，单击【铣床】按钮，选择【默认】命令。

② 在操作管理器的【刀路】选项卡中展开【属性】\【毛坯设置】选项。

③ 系统弹出【机床群组设置】对话框，在【毛坯设置】选项设置界面中，单击【创建圆柱体毛坯】按钮，按住 Ctrl+A 组合键选取所有图素，按 Enter 键进行确认。【毛坯设置】选项设置界面中的参数设置如图 5.71 所示。在绘图区显示的毛坯图形如图 5.72 所示，单击【确定】按钮。

图 5.71 设置圆柱体毛坯参数

3. 启动优化动态粗切功能

(1) 切换到【刀路】选项卡，在 3D 组中单击【粗切】按钮，选择【优化动态粗切】命令，系统弹出【3D 高速曲面刀路-优化动态粗切】对话框。在【模型图形】选项设置界面的【加工图形】选项组中单击【选取】按钮，在绘图区窗选所有实体面进行加工，如

图 5.73 所示，单击【结束选择】按钮确认选取。设置【壁边预留量】为 0.3、【底面预留量】为 0.3。

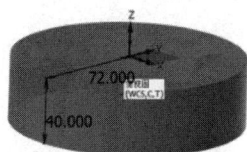

图 5.72   圆柱体毛坯

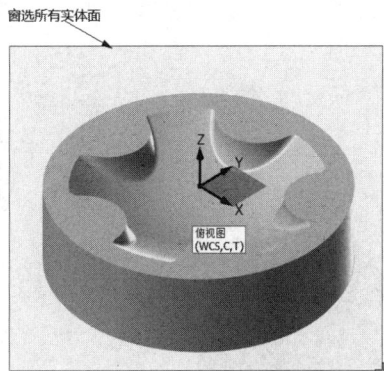

图 5.73   窗选所有实体面

(2) 在【刀路控制】选项设置界面的【边界串连】选项组中单击【选取】按钮，如图 5.74 所示，系统弹出如图 5.75 所示的【实体串连】对话框，单击【环】按钮，在绘图区选择如图 5.76 所示的边界图形，单击【线框串连】对话框中的【确定】按钮，结束切削范围的选取；设置加工策略为【封闭】。

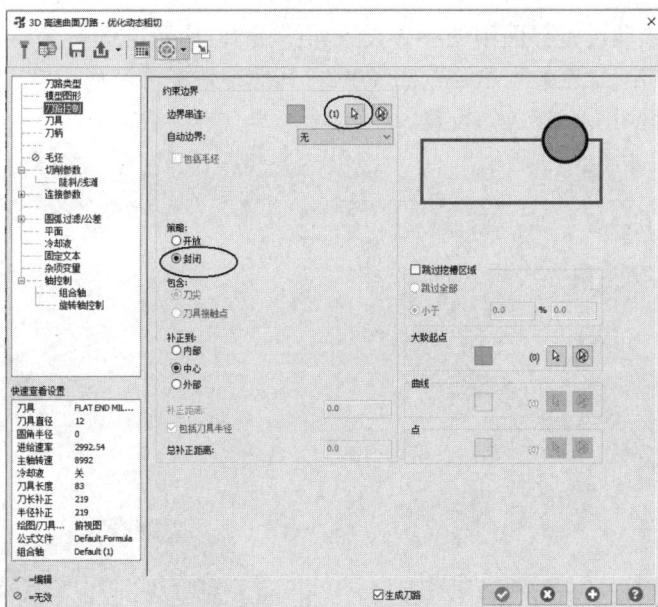

图 5.74   【刀路控制】选项设置界面

图 5.75   【实体串连】对话框

(3) 切换到【刀具】选项设置界面，选择 $\phi 12$ 平铣刀，设置【进给速率】为 1800，【主轴转速】为 3600，【下刀速率】为 1000。

(4) 在【切削参数】选项设置界面中，设置【切削间距】为刀具直径的 25%，【分层深度】为 10，【步进量】为 0.6，如图 5.77 所示。

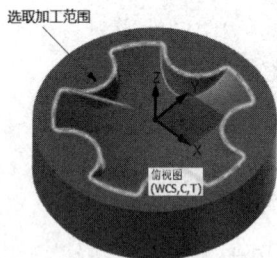

图 5.76　选取切削范围

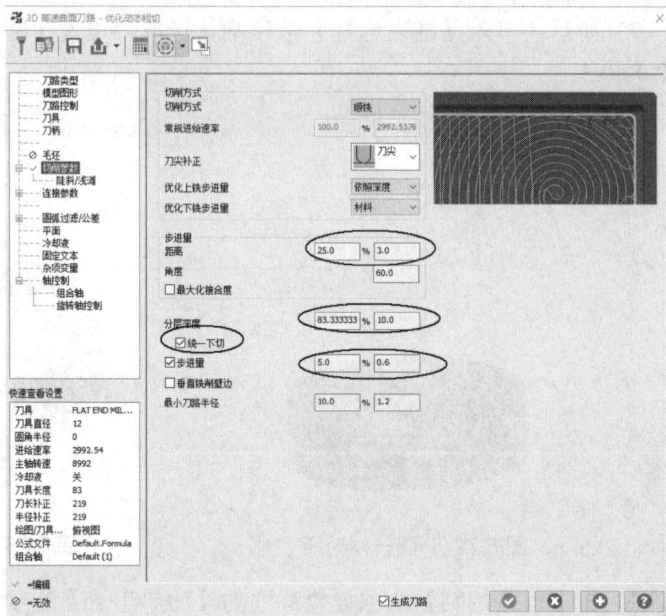

图 5.77　设置切削参数

(5) 在【连接参数】选项设置界面中，设置提刀类型为【最小垂直提刀】，【零件间隙】为1，其他参数不再调整。

(6) 在【圆弧过滤/公差】选项设置界面中的参数设置如图 5.78 所示，选中【线\圆弧过滤设置】复选框，再设置【切削公差】为总公差的 80%，其他参数不再调整，单击【确定】按钮，完成优化动态粗切所有参数的设置。

(7) 实体验证加工完成结果如图5.79所示。

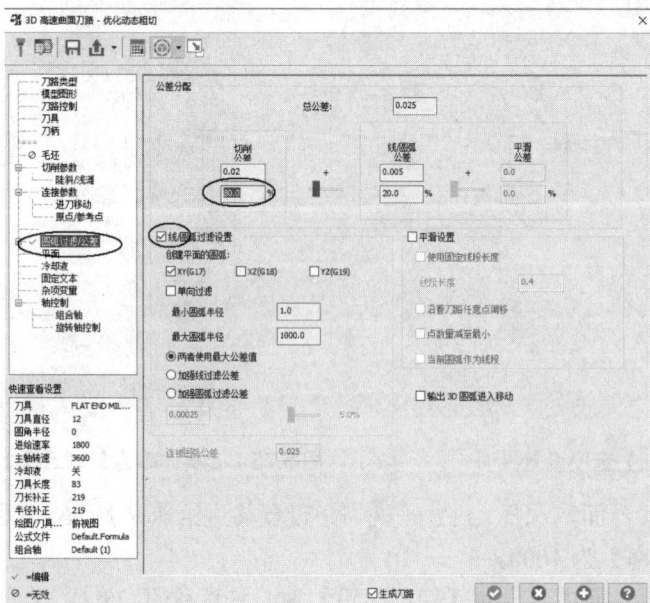

图 5.78　设置【圆弧过滤/公差】参数

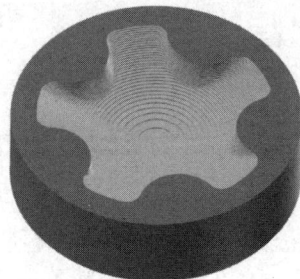

图 5.79　优化动态粗切加工实体验证

4. 启动等距环绕精加工功能

(1) 切换到【刀路】选项卡，在 3D 组中单击【精切】按钮，选择【等距环绕】命令。

(2) 系统弹出【3D 高速曲面刀路-等距环绕】对话框，在【模型图形】选项设置界面的【加工图形】选项组中单击【选取】按钮 ，在绘图区窗选所有实体面，单击【结束选择】按钮确认选取。设置【壁边预留量】为 0、【底面预留量】为 0。

(3) 在【刀路控制】选项设置界面的【边界串连】选项组中单击【选取】按钮 ，在绘图区选择如图 5.76 所示的边界，单击【确定】按钮 ，确认选取。

(4) 切换到【刀具】选项设置界面，单击【选择刀库刀具】按钮，通过对话框右边的滑块可以查找所需要的刀具，选择 $\phi12$ 球刀，设置【进给速率】为 2000，【主轴转速】为 4000，【下刀速率】为 1000。

(5) 在【切削参数】选项设置界面中，设置【径向切削间距】为 0.4，其他参数不再调整，按系统默认设置。

(6) 在【圆弧过滤/公差】选项设置界面中，选中【线\圆弧过滤设置】复选框，再设置切削公差为总公差的 80%，其他参数不再调整，单击【确定】按钮 ，完成环绕等距精加工所有参数的设置。

(7) 实体验证加工完成结果如图 5.80 所示。

5. 启动清角精加工功能

(1) 切换到【刀路】选项卡，在 3D 组中单击【精切】按钮，选择【清角】命令。

(2) 系统弹出【3D 高速曲面刀路-清角】对话框，在【模型图形】选项设置界面中单击【加工图形】选项组中的【选取】按钮 ，在绘图区窗选所有实体面，单击【结束选择】按钮确认选取。设置【壁边预留量】为 0、【底面预留量】为 0。

图 5.80 环绕等距精加工实体验证

(3) 在【刀路控制】选项设置界面中，单击【边界串连】选项组中的【选取】按钮 ，在绘图区选择如图 5.76 所示的边界，单击【确定】按钮 ，确认选取。

(4) 切换到【刀具】选项设置界面，单击【选择刀库刀具】按钮，通过对话框右边的滑块可以查找所需要的刀具，选择 $\phi6$ 球刀，设置【进给速率】为 1500，【主轴转速】为 5000，【下刀速率】为 1000。

(5) 【切削参数】选项设置界面中的数设置如图 5.81 所示，【切削间距】为 0.2，【参考刀具直径】为 12，其他参数不再调整，按系统默认设置。

(6) 在【圆弧过滤/公差】选项设置界面中，选中【线\圆弧过滤设置】复选框，再设置切削公差为总公差的 80%，其他参数不再调整，单击【确定】按钮 ，完成清角精加工所有参数的设置。

(7) 实体验证加工完成结果如图 5.82 所示。

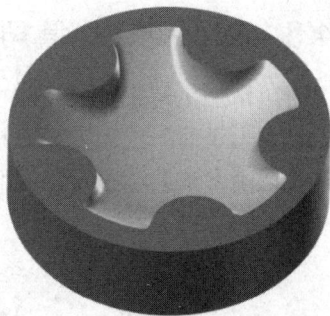

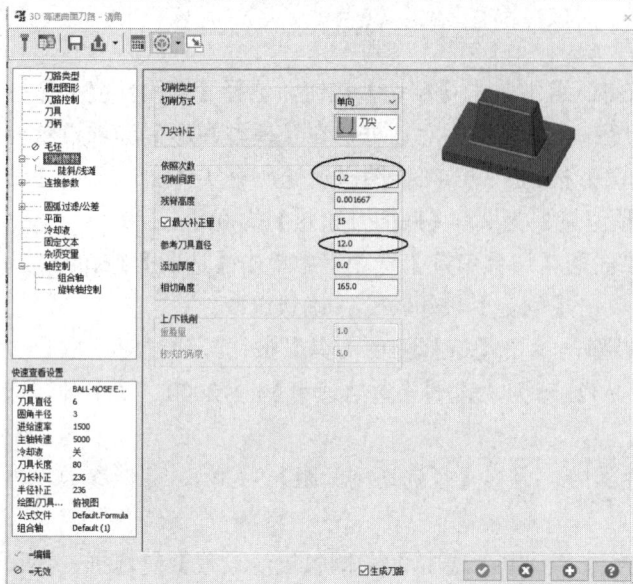

图 5.81　【切削参数】选项设置界面

图 5.82　清角精加工实体验证

5.4.3　知识链接：清角精加工

清角精加工用于生成清除曲面间的交角部分残留材料的精加工刀具路径，通常所使用的刀具要小于前一次加工的刀具。【3D 高速曲面刀路-清角】对话框如图 5.83 所示，可以通过【切削参数】选项设置界面设置其特有参数。

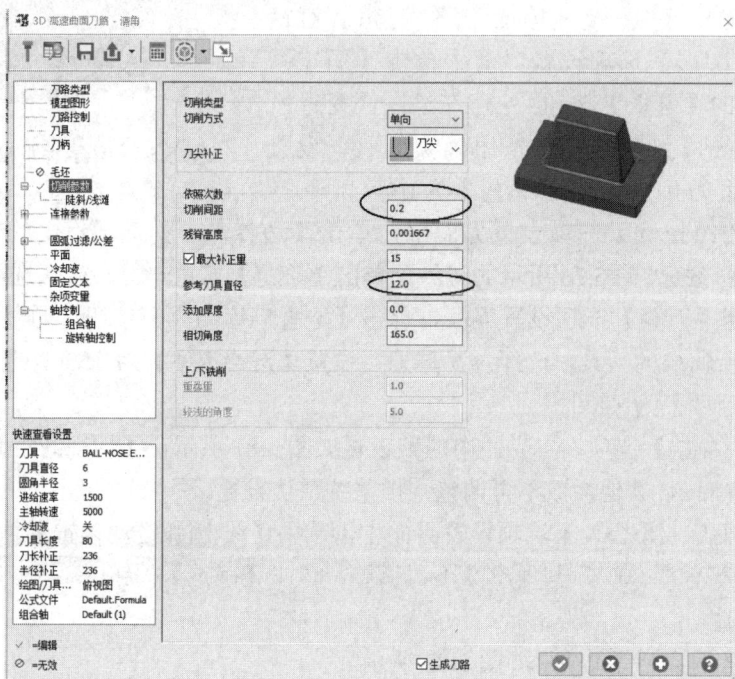

图 5.83　【3D 高速曲面刀路-清角】对话框

【切削参数】选项设置界面中有一个【依照次数】选项组，其中各选项的含义如下。

- 【切削间距】文本框：定义切削刀路的间距。这是一个平行于刀具平面的 2D 测量值。
- 【残脊高度】文本框：软件会根据切削间距自动计算残脊高度。
- 【最大补正量】文本框：指刀具接近曲面边界时的最大补正切削量。
- 【参考刀具直径】文本框：Mastercam 软件自动计算出来的刀具直径数值，如果用户使用不同的值手动覆盖计算的直径，系统将调整偏移量。
- 【添加厚度】文本框：使用此文本框可增加刀具的表观尺寸，以便在不能创建切削圆角时强制进行切削。当刀具的大小等于或非常接近圆角的大小时，添加厚度值有助于确保软件创建一个平滑的刀路。
- 【相切角度】文本框：指定两个表面之间的拐角值，以防止切削两个表面之间的过渡是平面或接近平面的地方。

任务 5.5　加工吹风机外壳曲面

5.5.1　任务描述

本次任务要求加工如图 5.84 所示的吹风机外壳曲面零件，其中，图 5.84(a)所示为 160 mm×80 mm×50 mm 的长方体毛坯材料，材质为 6061 铝合金，该零件由曲面和狼头曲线组成。在任务的实施过程中，不仅要对零件进行数控加工工艺分析，还要能够利用 Mastercam 软件的三维刀路功能加工仿真出如图 5.84(b)所示的零件，加工的零件尺寸如图 5.84(c)所示。通过本次任务的学习，培养学生达到以下主要目标。

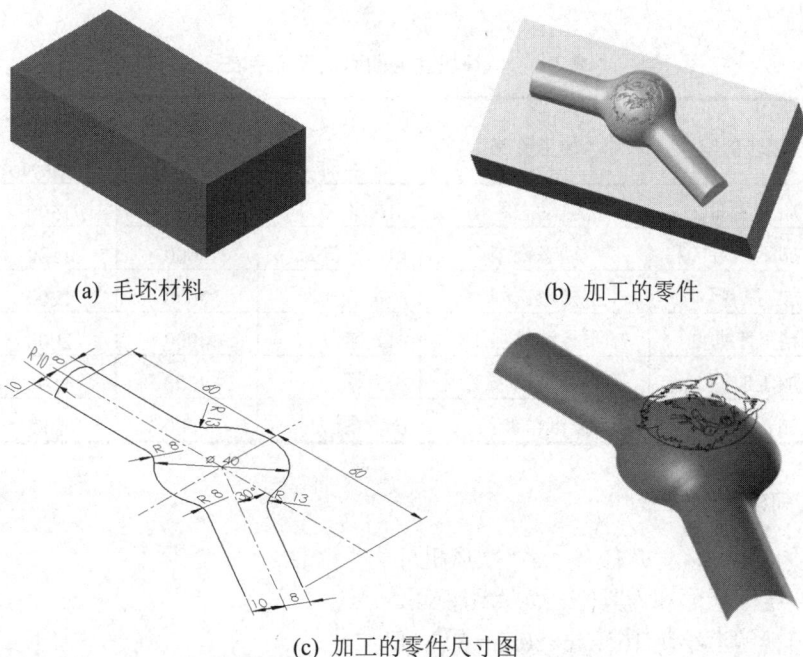

(a) 毛坯材料　　　(b) 加工的零件

(c) 加工的零件尺寸图

图 5.84　吹风机外壳曲面零件加工图形

1. 知识目标

- 进一步掌握 Mastercam 软件 3D 自动编程的一般步骤。
- 进一步掌握动态铣削、优化动态粗切、平行精加工等刀路策略。
- 初步了解投影精加工 3D 刀路策略中各参数的含义。
- 了解 Mastercam 软件中文件合并操作。

2. 能力目标

- 能够设置零件毛坯，选择合适的加工刀具。
- 能够学会分析加工对象、划分加工区域和规划加工路线。
- 能够灵活使用动态铣削、优化动态粗切、平行精加工、投影精加工等 3D 刀路策略完成零件自动编程加工。
- 能够利用实体仿真操作对刀具路径进行验证。

3. 素质目标

数控编程和机床操作具有一定的危险性。学习者在编程时要充分考虑避免可能出现的多种安全问题，同时还需要确保加工质量和效率达到预定标准。这种安全意识和责任心是从事数控编程工作不可或缺的基本素质。

5.5.2 吹风机外壳曲面零件加工

1. 制定加工工序表

吹风机外壳曲面零件加工各工步、加工策略、刀具名称、主轴转速、进给速率和余量如表 5.5 所示。

表 5.5 吹风机外壳曲面加工工序表

序　号	工步内容	加工策略	刀具名称	主轴转速(r/mln)	进给速率(mm/mln)	余量
1	粗加工曲面	优化动态粗切	ϕ16 平铣刀	3000	1500	0.3
2	粗加工凸台	动态铣削	ϕ16 平铣刀	3000	1500	0.3
3	精加工凸台	外形铣削	ϕ16 平铣刀	3000	1200	0
4	半精加工曲面	平行铣精加工	ϕ12 球刀	4000	2000	0.2
5	精加工曲面	平行铣精加工	ϕ12 球刀	4000	1500	0
6	精加工曲面	投影精加工	ϕ6 木雕刀	6000	500	0

2. 加工前的准备工作

(1) 在项目 4 中，打开任务 4.4 "吹风机外壳" 文件。
(2) 设置绘图平面和刀具平面均为俯视图。
(3) 在俯视图上绘制 160mm×80mm 的矩形。
① 在工作界面底部状态栏中设置绘图面为俯视图，设定 Z 深度为 0。

②　切换到操作管理器中的【层别】选项卡，在【号码】栏中选择 2，使 2 号层成为当前层。

③　切换到【线框】选项卡，单击【矩形】按钮，系统弹出【矩形形状】对话框，设置矩形的宽为 160、高为 80，捕捉原点作为矩形中心点坐标，单击【确定】按钮◎，绘制如图 5.85 所示的图形。

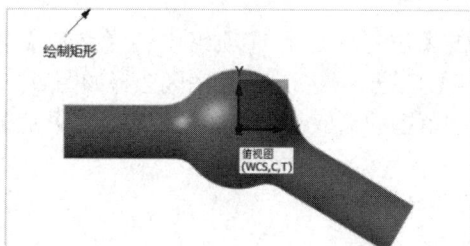

图 5.85　绘制矩形边界范围

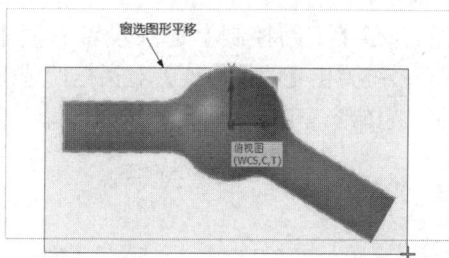

图 5.86　窗选图形平移

④　切换到【转换】选项卡，单击【平移】按钮，在绘图区窗选如图 5.86 所示图素进行平移，单击【结束选择】按钮，设定【方式】为【移动】，Y 增量为 10.5，Z 增量为-13，单击【确定】按钮◎结束平移，结果如图 5.87 所示。

(4)　设置工件毛坯材料。

①　切换到【机床】选项卡，单击【铣床】按钮，选择【默认】命令。

②　在操作管理器的【刀路】选项卡中展开【属性】\【毛坯设置】选项。

③　系统弹出【机床群组设置】对话框，在【毛坯设置】选项设置界面中，单击【创建立方体毛坯】按钮⬛，在绘图区窗选所有图形(或按住 Ctrl+A 组合键)，单击【结束选择】按钮，在【毛坯设置】选项设置界面中设置参数，如图 5.88 所示。单击【确定】按钮✓。

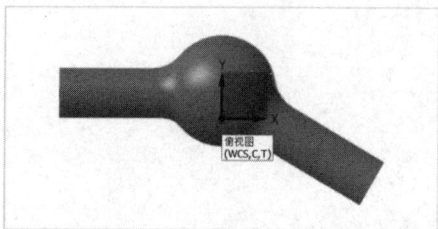

图 5.87　平移后的图形

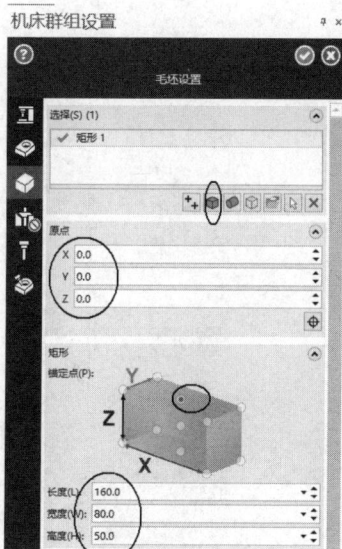

图 5.88　设置长方体毛坯参数

3. 启动优化动态粗切功能

(1) 切换到【刀路】选项卡，在 3D 组中单击【粗切】按钮，选择【优化动态粗切】命令，系统弹出【3D 高速曲面刀路-优化动态粗切】对话框。在【模型图形】选项设置界面中，单击【加工图形】选项组中的【选取】按钮 ![选取], 在绘图区选取曲面进行加工，如图 5.89 所示，单击【结束选择】按钮确认选取。设置【壁边预留量】为 0.3、【底面预留量】为 0.3。

(2) 在【刀路控制】选项设置界面中，单击【边界串连】选项组中的【选取】按钮 ![选取]，系统弹出【线框串连】对话框，单击【串连】按钮 ![串连]，在绘图区选择如图 5.89 所示的边界图形，单击【确定】按钮 ![确定]，结束切削范围的选取；设置加工策略为【开放】。

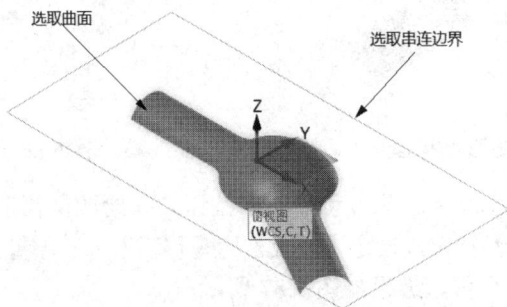

图 5.89　选取图形

(3) 切换到【刀具】选项设置界面，选择 $\phi16$ 平铣刀，设置【进给速率】为 1500，【主轴转速】为 3000，【下刀速率】为 1000。

(4) 在【切削参数】选项设置界面中，设置切削间距为刀具直径的 15%，【分层深度】为 13，【步进量】为 0.8，如图 5.90 所示。

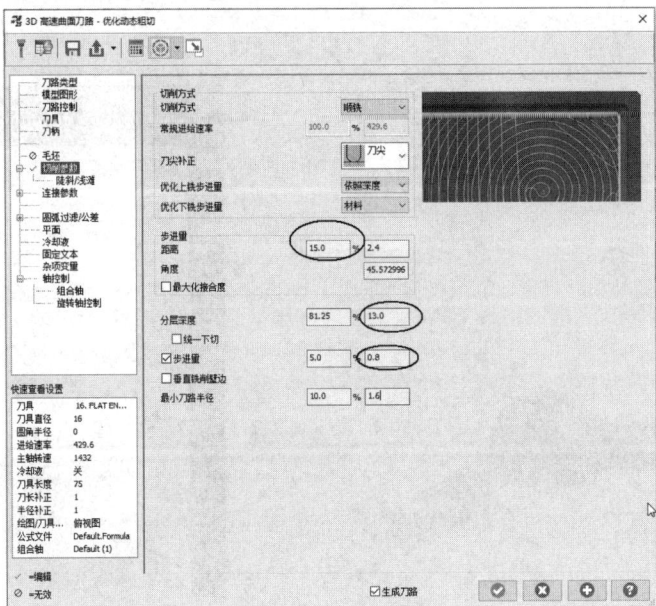

图 5.90　设置切削参数

(5) 在【连接参数】选项设置界面中，设置提刀类型为【最短距离】，【零件间隙】为 1，其他参数不再调整。

(6) 在【圆弧过滤/公差】选项设置界面中，选中【线\圆弧过滤设置】复选框，再设置切削公差为总公差的 80%，其他参数不再调整，单击【确定】按钮 ☑ ，完成优化动态粗切所有参数的设置。

(7) 实体验证加工完成结果如图 5.91 所示。

4. 绘制曲面边界

(1) 在状态栏中设置绘图平面为俯视图，设定 Z 深度为 0，设置绘图模式为 2D。

(2) 在操作管理器的【刀路】选项卡中单击【切换显示已选择的刀路操作】按钮 ≫ ，关闭优化动态粗切刀具路径在绘图区的显示。

(3) 在 1 号层【高亮】栏处单击，即可关闭 1 号层在绘图区的显示。

(4) 切换到【线框】选项卡，在【曲线】组中单击【所有曲线边缘】按钮，系统弹出【所有曲线边缘】对话框，在绘图区拾取曲面，单击【确定】按钮 ☑ ，绘制的曲线如图 5.92 所示。

图 5.91　优化动态粗切加工实体验证

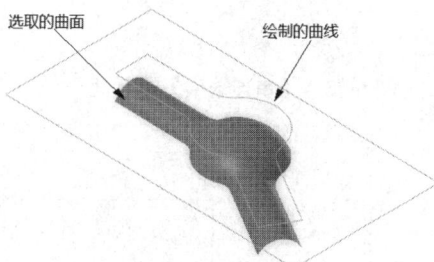

图 5.92　绘制边界曲线

5. 启动动态铣削功能

(1) 切换到【刀路】选项卡，在 2D 组中单击【动态铣削】按钮。

(2) 系统弹出如图 5.93 所示的【串连选项】对话框，单击【加工范围】选项组中的【选取】按钮 ，系统弹出【线框串连】对话框，在绘图区选择如图 5.94 所示的矩形，单击【确定】按钮 ☑ ，结束加工范围的选取。

(3) 在【加工区域策略】选项组中，选中【开放】单选按钮，再单击【避让范围】选项组中的【选取】按钮 ，系统弹出【线框串连】对话框，在绘图区选择如图 5.94 所示的曲线，单击【确定】按钮 ☑ ，结束避让范围的选取。

(4) 系统弹出【2D 高速刀路-动态铣削】对话框，选择【刀具】选项，选择 ϕ16 平铣刀，设置【进给速率】为 1500，【主轴转速】为 3000，【下刀速率】为 1000。

(5) 在【切削参数】选项设置界面中设置切削参数，如图 5.95 所示。

(6) 在【连接参数】选项设置界面中设置参数，如图 5.96 所示。其他参数不再调整，按系统默认设置。

(7) 在【圆弧过滤/公差】选项设置界面中，选中【线\圆弧过滤设置】复选框，再设置切削公差为总公差的 80%，其他参数不再调整，单击【确定】按钮 ☑ ，完成动态铣削所有参数的设置。

(8) 实体验证加工完成结果如图 5.97 所示。

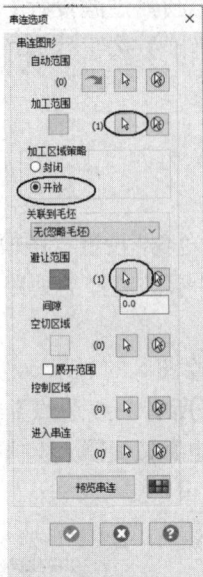

图 5.93　【串连选项】对话框

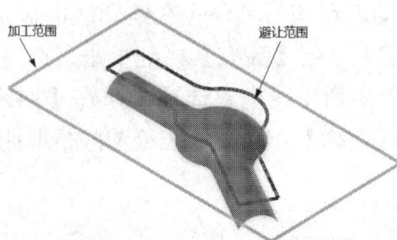

图 5.94　选取图形

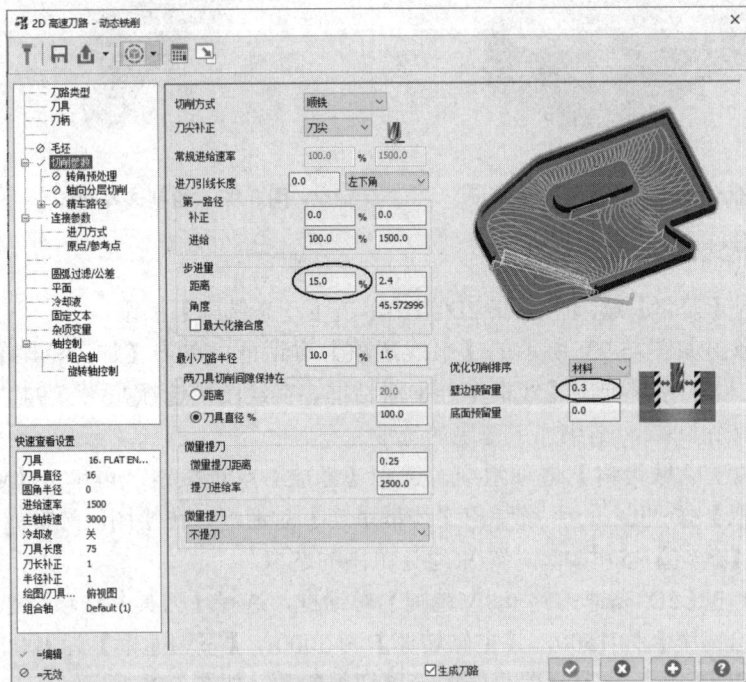

图 5.95　设置切削参数

6. 启动外形铣削功能

(1) 切换到【刀路】选项卡，在 2D 组中单击【外形】按钮。

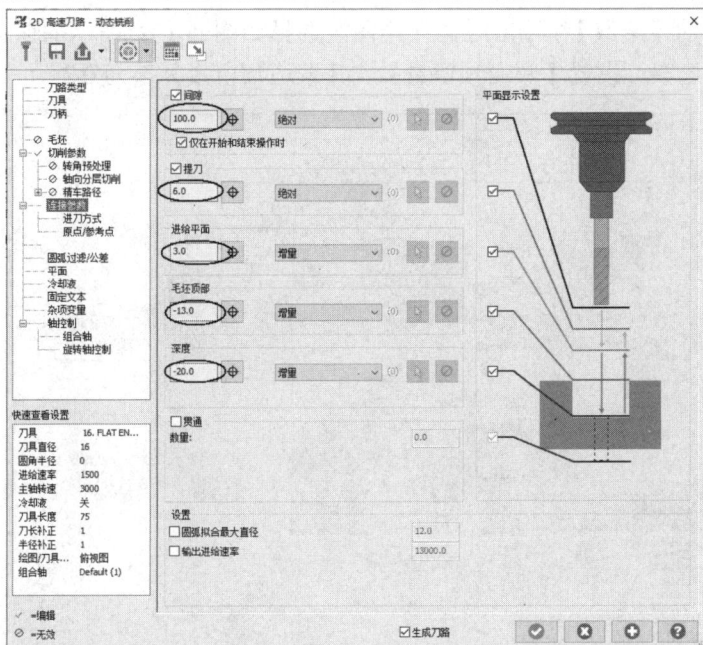

图 5.96　设置连接参数

(2) 系统弹出【串连选项】对话框，在绘图区顺时针选取曲线图形，如图 5.98 所示，单击【确定】按钮 ☑️，结束加工范围的选取。

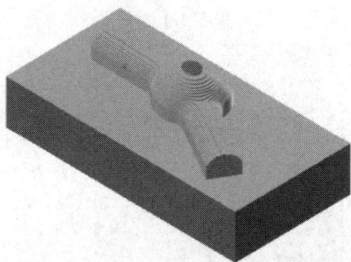

图 5.97　动态铣削加工实体验证

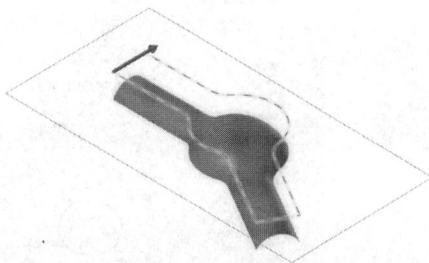

图 5.98　选取加工图素

(3) 系统弹出【2D 刀路–外形铣削】对话框，选择【刀具】选项，选择 $\phi16$ 平铣刀，设置【进给速率】为 1200，【主轴转速】为 3000，【下刀速率】为 1000。

(4) 在【切削参数】选项设置界面中设置切削参数，如图 5.99 所示。

(5) 在【切入/切出】选项设置界面中设置进/退刀参数，如图 5.100 所示。

(6) 在【连接参数】选项设置界面中设置参数，如图 5.101 所示。其他参数不再调整，按系统默认设置，单击【确定】按钮 ☑️，完成外形铣削所有参数的设置。

7. 启动平行精加工功能对曲面进行半精加工

(1) 切换到【机床】选项卡，单击【铣床】按钮，选择【默认】命令。

(2) 切换到【刀路】选项卡，在 3D 组中单击【精加工】按钮，选择【平行】命令，系统弹出【3D 高速曲面刀路–平行】对话框，在【模型图形】选项设置界面中，单击【加工图形】选项组中的【选取】按钮，在绘图区选择如图 5.102 所示的曲面，单击【结束选择】按钮确认选取。设置【底面预留量】、【壁边预留量】都为 0.2。

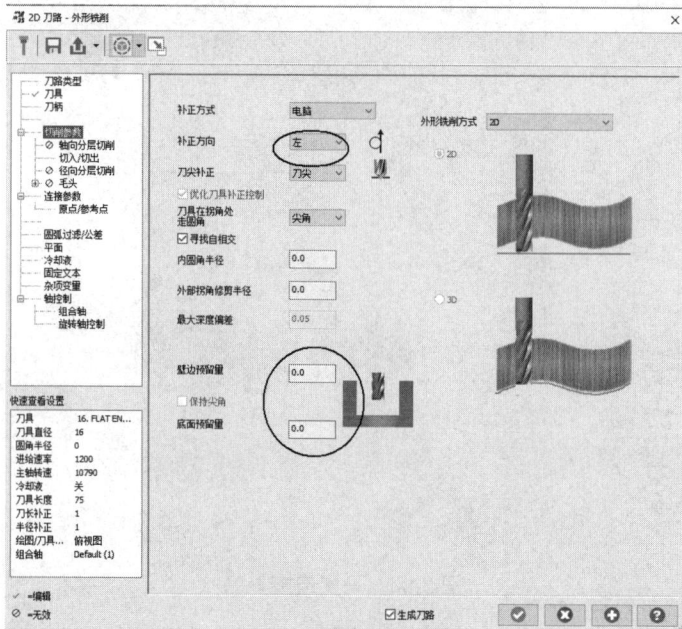

图 5.99　设置切削参数

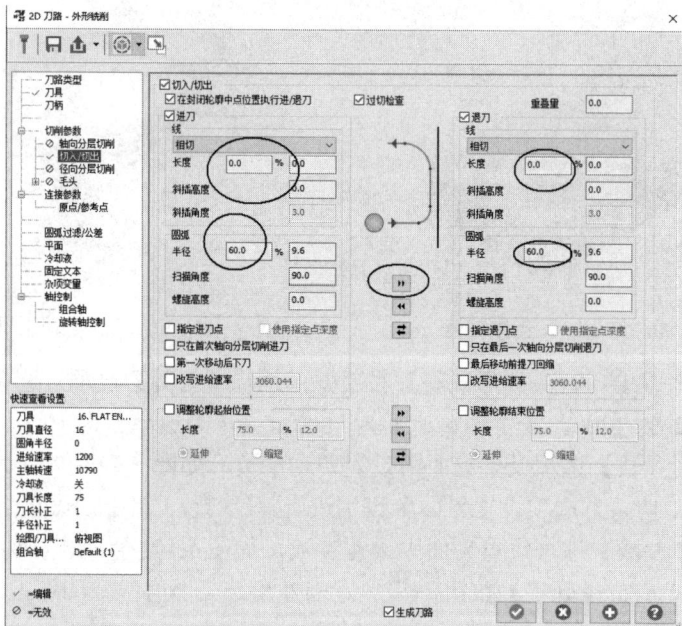

图 5.100　设置【切入/切出】参数

(3) 切换到【刀路控制】选项设置界面，在【边界串连】选项组中单击【选取】按钮，在绘图区选择如图 5.102 所示的曲面边界，单击【线框串连】对话框中的【确定】按钮，设置【补正】为【外部】，如图 5.103 所示，结束切削范围的选取。

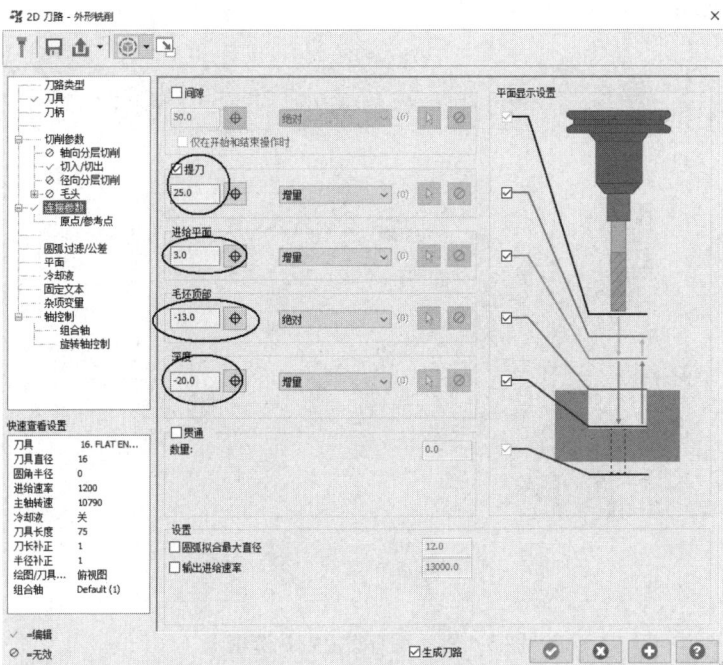

图 5.101　设置连接参数

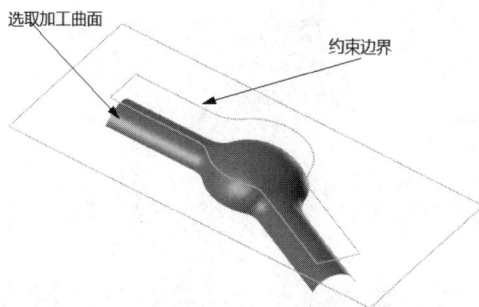

图 5.102　选取图形

(4) 切换到【刀具】选项设置界面，单击【选择刀库刀具】按钮，系统弹出【选择刀具】对话框，通过对话框右边的滑块可以查找所需要的刀具，选择 $\phi12$ 球刀，设置【进给速率】为 2000，【主轴转速】为 4000，【下刀速率】为 1000。

(5) 在【切削参数】选项设置界面中，设置【切削间距】为 1.5，如图 5.104 所示。

(6) 在【连接参数】选项设置界面中，设置提刀类型为【最短距离】，【零件间隙】为 1，其他参数不再调整，按系统默认设置，单击【确定】按钮 ✅，完成所有参数的设置。

(7) 实体验证加工完成结果，如图 5.105 所示。

8. 进行平行铣削精加工

(1) 在管理器中切换到【刀路】选项卡，选择曲面高速加工(平行加工)刀具路径，单击鼠标右键，在弹出的快捷菜单中选择【复制】命令，再次单击鼠标右键，在弹出的快捷菜单中选择【粘贴】命令。【刀路】选项卡中会出现第二个曲面高速加工(平行加工)刀具路径。

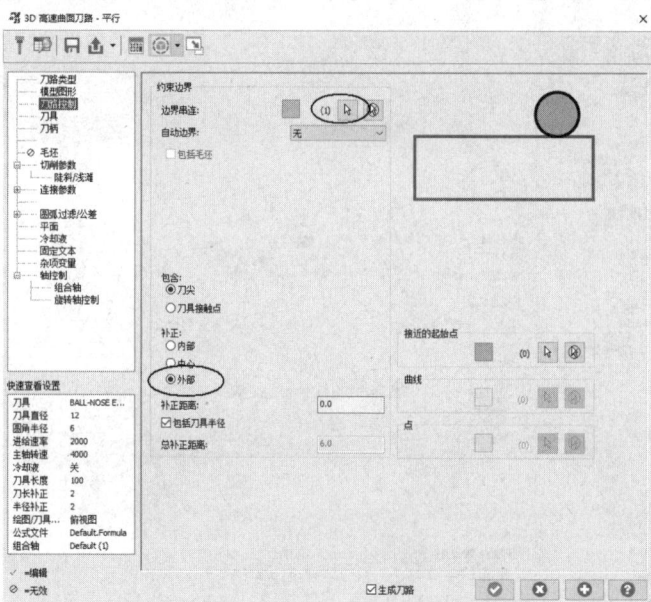

图 5.103 【刀路控制】选项卡

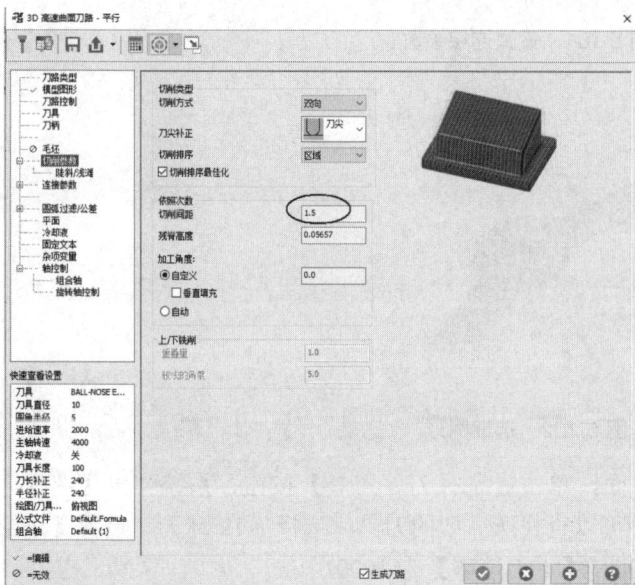

图 5.104 设置切削参数

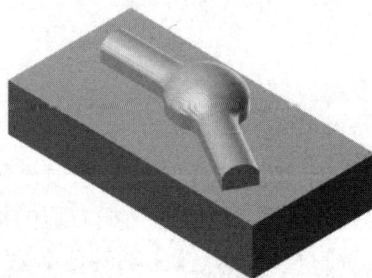

图 5.105 平行半精加工实体验证结果

(2) 单击第二个曲面高速加工(平行加工)刀具路径的【参数】选项,系统弹出【3D 高速曲面刀路-平行】对话框。

(3) 在【模型图形】选项设置界面中,设置【底面预留量】、【壁边预留量】都为 0。

(4) 在【刀具】选项设置界面中,选择 ϕ12 球刀,设置【进给速率】为 1500,【主轴转速】为 4000,【下刀速率】为 1000。

(5) 在【切削参数】选项设置界面中,设置【切削间距】为 0.3,如图 5.106 所示。其他参数不再调整,按系统默认设置。

图 5.106　设置切削参数

(6) 在【圆弧过滤/公差】选项设置界面中，选中【线\圆弧过滤设置】复选框，再设置切削公差为总公差的 80%，其他参数不再调整，单击【确定】按钮，完成所有参数的设置。

(7) 实体验证加工完成结果，如图 5.107 所示。

9. 合并文档

(1) 在状态栏中设置绘图平面为俯视图，设定 Z 深度为 0，设置绘图模式为 3D。

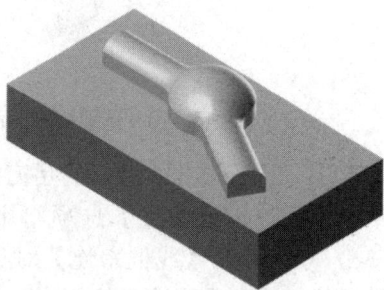

图 5.107　平行精加工实体验证

(2) 切换到【层别】选项卡，单击【添加新层别】按钮，即可设置当前层为 3 号层，将 3 号层的名称设置为"狼头"。

(3) 执行【文件】|【合并】命令。

(4) 在如图 5.108 所示的【打开】对话框中找到"狼头"文件，单击【打开】按钮，在如图 5.109 所示的【合并模型】对话框中，单击【动态】按钮，在绘图区捕捉原点放置，再靠近动态坐标 Y 轴，使其激活，输入偏移值"10.5"，如图 5.110 所示，单击【确定】按钮，完成文件合并，结果如图 5.111 所示，要确保狼头图形的中心点与球心曲面的中心点对齐。

10. 启动投影精加工功能

(1) 切换到【刀路】选项卡，在 3D 组中单击【精切】按钮，选择【投影】命令。

(2) 系统弹出【3D 高速曲面刀路-投影】对话框，在【模型图形】选项设置界面中，单击【加工图形】选项组中的【选取】按钮，在绘图区选择如图 5.112 所示的曲面，单击【结束选择】按钮确认选取。设置【壁边预留量】和【底面预留量】均为-0.5。

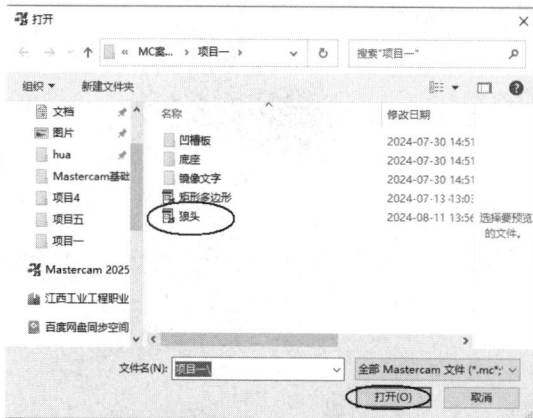

图 5.108　打开投影曲线文件

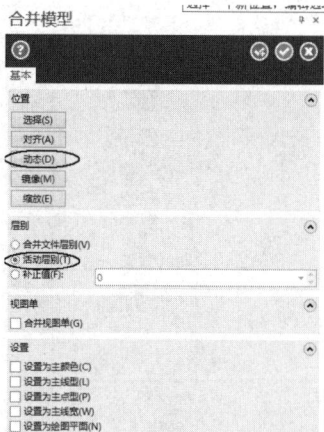

图 5.109　【合并模型】对话框

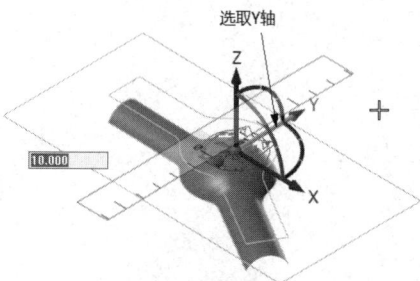

图 5.110　选取投影曲面图

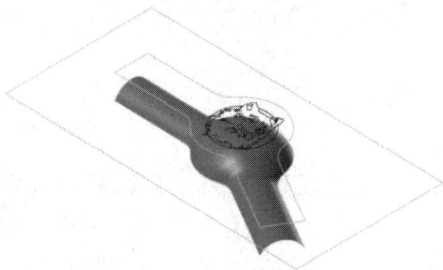

图 5.111　曲线与曲面合并

（3）在如图 5.113 所示的【刀路控制】选项设置界面中，单击【曲线】选项组中的【选取】按钮 ，系统弹出【线框串连】对话框，在目标选取工具条中单击【窗选】按钮 ，在绘图区窗选如图 5.114 所示的狼头曲线，在曲线中拾取一点作为输入草图起始点，单击【线框串连】对话框中的【确定】按钮 ，确认选取。

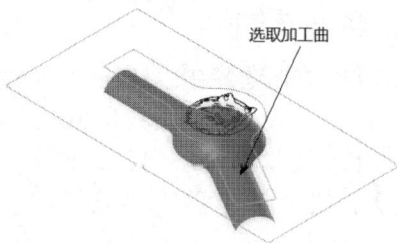

图 5.112　选取曲面

（4）切换到【刀具】选项设置界面，在空白位置处单击鼠标右键，在弹出的快捷菜单中选择【创建刀具】命令，在弹出的【定义刀具】对话框中选择【雕刻铣刀】选项，单击【下一步】按钮。在【定义刀具图形】选项设置界面中，设置刀具直径为 $\phi 6$、底部最小直径为 $\phi 0.2$ 的雕刻铣刀，设置【进给速率】为 500，【主轴转速】为 6000，【下刀速率】为 200，【提刀速率】为 2000。

（5）在【切削参数】选项设置界面中，设置【轴向分层切削次数】为 5，【步进量】为 0.1，【投影方式】为【曲线】，如图 5.115 所示。

（6）在【连接参数】选项设置界面中，设置抬刀方式为【最短距离】，其他参数调整如图 5.116 所示，单击【确定】按钮 ，完成所有参数的设置。

（7）实体验证加工完成结果，如图 5.84(b)所示。

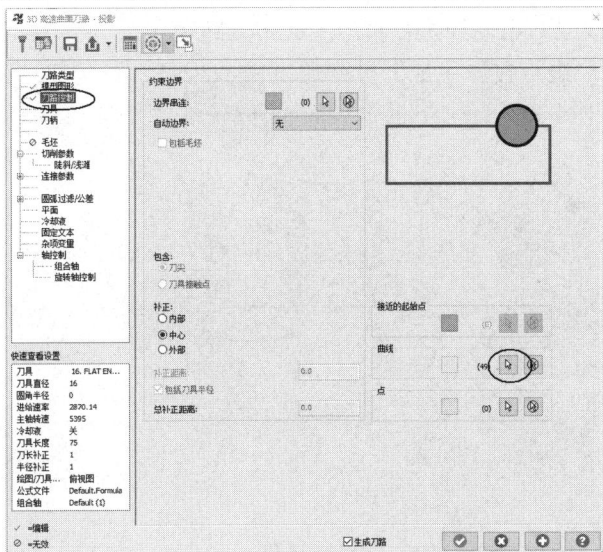

图 5.113　【刀路控制】选项设置界面

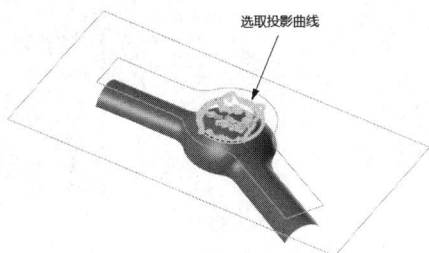

图 5.114　选取投影曲线

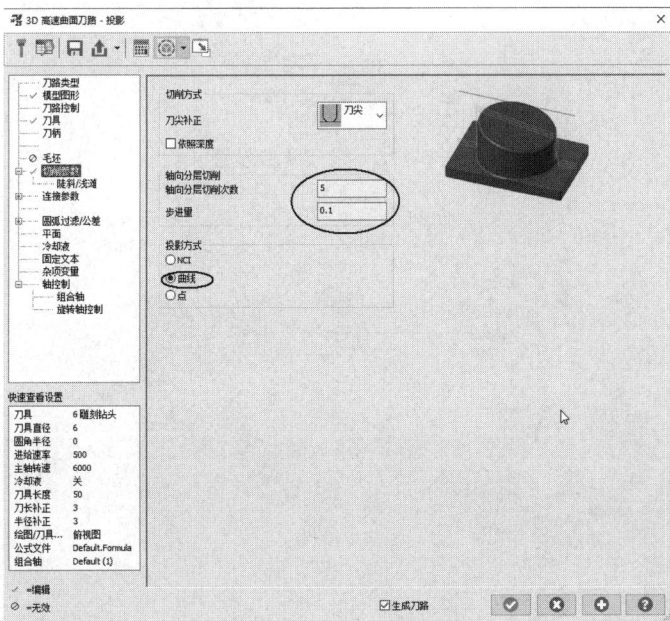

图 5.115　切削参数设置

5.5.3　知识链接：投影精加工

投影精加工可以将已有的刀具路径或曲线、点投影到选取的曲面上生成精加工刀具路径。打开【3D 高速曲面刀路-投影】对话框，可以通过如图 5.117 所示的【切削参数】选项设置界面设置其特有参数。

系统提供了 3 种投影方式。

● NCI 单选按钮：用已有的 NCI 文件进行投影生成刀具路径。

- 【曲线】单选按钮：用一条曲线或一组曲线进行投影生成刀具路径。
- 【点】单选按钮：用一个点或一组点投影生成刀具路径。

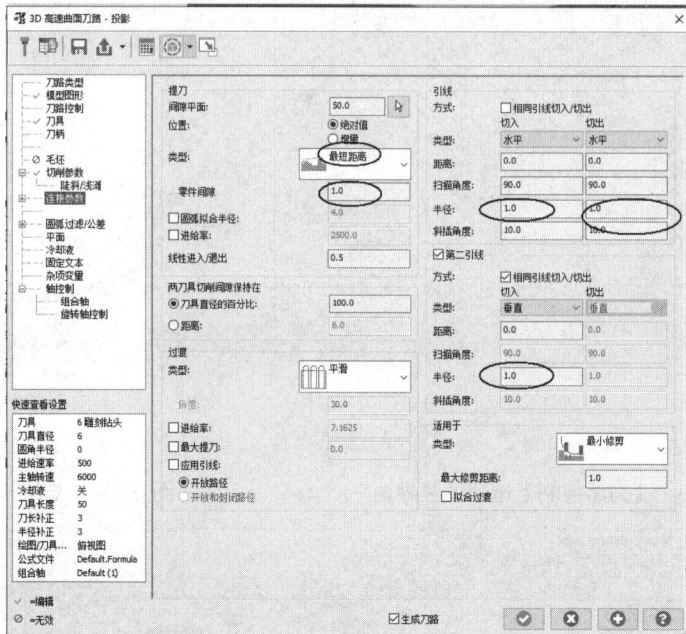

图 5.116　连接参数设置

图 5.117　【切削参数】选项卡

以上 3 种投影方式所用的对象应在投影精加工前制作完成。

任务 5.6　加工蝶形凸台实体

5.6.1　任务描述

本次任务要求加工如图 5.118 所示的蝶形凸台实体零件，其中，图 5.118(a)所示为 78 mm× 78 mm×30 mm 的长方体毛坯材料，材质为 45#钢，该零件由凸台和倒角实体组成。在任务的实施过程中，不仅要对零件进行数控加工工艺分析，还要能够利用 Mastercam 软件的三维刀路功能加工仿真出如图 5.118(b)所示的零件，加工的零件尺寸图如图 5.118(c)所示。通过本次任务的学习，培养学生达到以下主要目标。

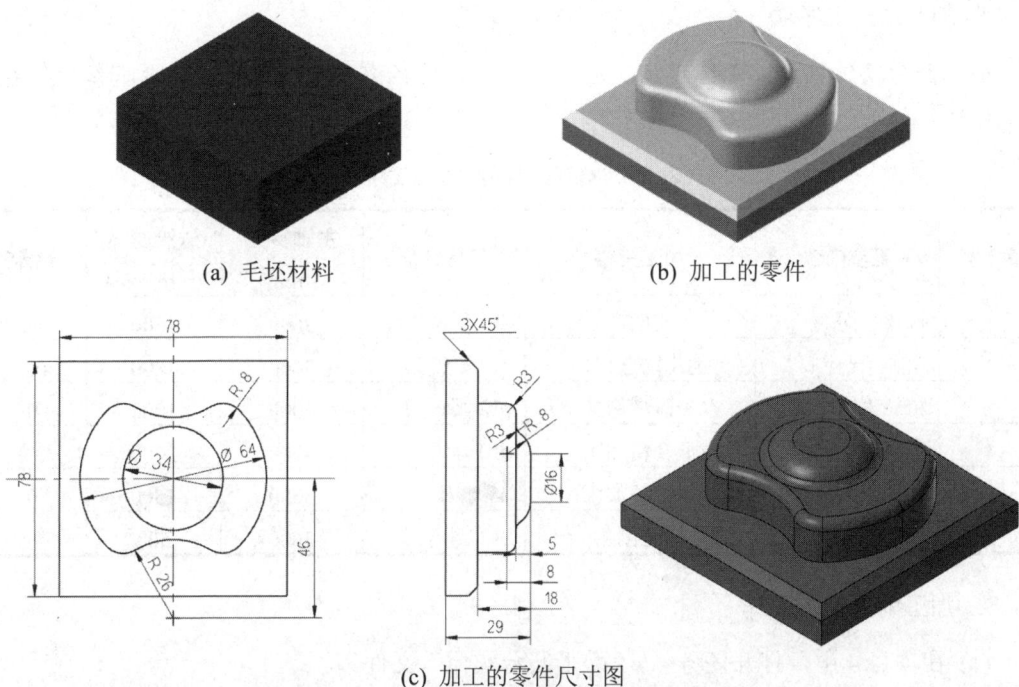

(a) 毛坯材料

(b) 加工的零件

(c) 加工的零件尺寸图

图 5.118　蝶形凸台实体零件加工图形

1. 知识目标

- 进一步掌握 Mastercam 软件 3D 自动编程的一般步骤。
- 熟练掌握平面铣、优化动态粗切等刀路策略。
- 初步了解水平区域精加工、混合精加工等 3D 刀路策略中各参数的含义。
- 初步了解模型倒角 2D 刀路策略中各参数的含义。

2. 能力目标

- 能够设置零件毛坯，选择合适的加工刀具。
- 能够学会分析加工对象、划分加工区域和规划加工路线。
- 能够灵活使用平面铣、优化动态粗切、水平区域精加工、混合精加工等 3D 刀路策略完成零件自动编程加工。

● 能够利用实体仿真操作对刀具路径进行验证。

3. 素质目标

在编制一些复杂零件时，编程者需要投入大量的时间和精力进行程序的编写、调试和优化等。这个过程中，编程者需要保持高度的专注力，耐心解决遇到的问题和困难。这种专注与耐心不仅提高了编程者的专业技能，也培养了他们在面对挑战时坚持不懈、持之以恒的精神品质，这正是工匠精神所倡导的。

5.6.2 蝶形凸台实体零件加工

1. 制定加工工序表

蝶形凸台实体零件加工各工步、加工策略、刀具名称、主轴转速、进给速率和余量如表 5.6 所示。

表 5.6 蝶形凸台实体加工工序表

序 号	工步内容	加工策略	刀具名称	主轴转速 (r/min)	进给速率 (mm/min)	余量
1	铣顶平面	平面铣	φ12 平铣刀	3600	1800	0
2	粗加工凸台	优化动态粗切	φ12 平铣刀	3600	1800	0.3
3	精加工水平面	水平区域精加工	φ12 平铣刀	4000	1200	0
4	半精加工曲面	混合精加工	φ10 球刀	4000	2000	0.2
5	精加工曲面	混合精加工	φ6 球刀	5000	1500	0
6	倒角	模型倒角	φ12 倒角刀	3600	500	0

2. 加工前的准备工作

(1) 在项目 4 中，打开任务 4.7"蝶形凸台实体"文件。

(2) 设置绘图平面和刀具平面均为俯视图。

(3) 切换到【机床】选项卡，单击【铣床】按钮，选择【默认】命令。

(4) 在操作管理器的【刀路】选项卡中展开【属性】\【毛坯设置】选项。

(5) 系统弹出【机床群组设置】对话框，在【毛坯设置】选项设置界面中，单击【创建立方体毛坯】按钮 ⬛，在绘图区窗选所有图形(或按 Ctrl+A 组合键)，单击【结束选择】按钮 ⬤结束选择，在【毛坯设置】选项设置界面中设置参数，如图 5.119 所示。单击【确定】按钮 ✓。

(6) 切换到【转换】选项卡，单击【平移】按钮，在绘图区窗选所有图素进行平移，单击【结束选择】按钮，设定【方式】为【移动】，Z 增量为-19，单击【确定】按钮 ⊘结束平移。

💡 注意：将图形的最高点移动至 Z 轴零平面以下-1 的位置。

(7) 设置绘图平面为俯视图，设定 Z 深度为 0，切换到【线框】选项卡，单击【矩形】按钮，绘制 78×78 的矩形，矩形的中心在原点，如图 5.120 所示。

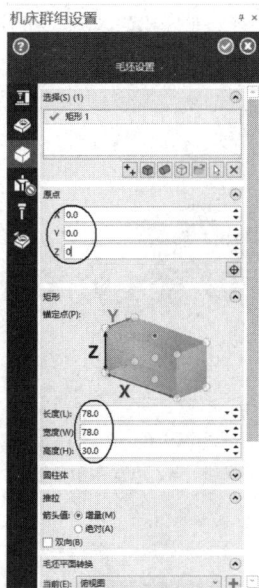

图 5.119　设置长方体毛坯参数

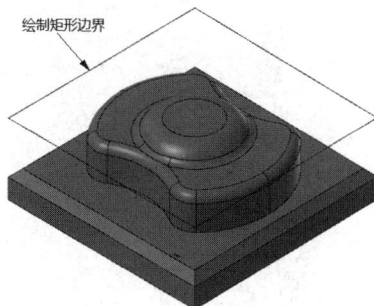

图 5.120　绘制加工范围矩形

3. 加工零件上表面

(1) 切换到【刀路】选项卡，在 2D 组中单击【面铣】按钮。

(2) 系统弹出【线框串连】对话框，在绘图区用串连方式选择如图 5.120 所示的 78×78 的矩形，单击【确定】按钮 ，结束加工范围的选取。

(3) 系统弹出【2D 刀路-平面铣削】对话框，通过【选择刀库刀具】按钮 ，选择 ϕ12 平铣刀，设置【进给速率】为 1800，【主轴转速】为 3600，【下刀速率】为 800。

(4) 在左侧列表框中选择【切削参数】选项，在对话框右侧设置参数，如图 5.121 所示。

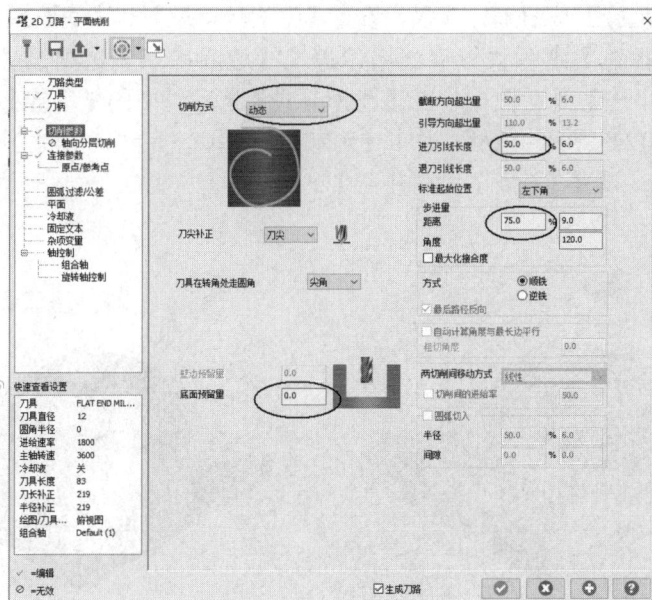

图 5.121　设置切削参数

(5) 在左侧列表框中选择【连接参数】选项，在对话框右侧设置参数，如图 5.122 所示，单击【确定】按钮 ，完成平面铣削所有参数的设置。

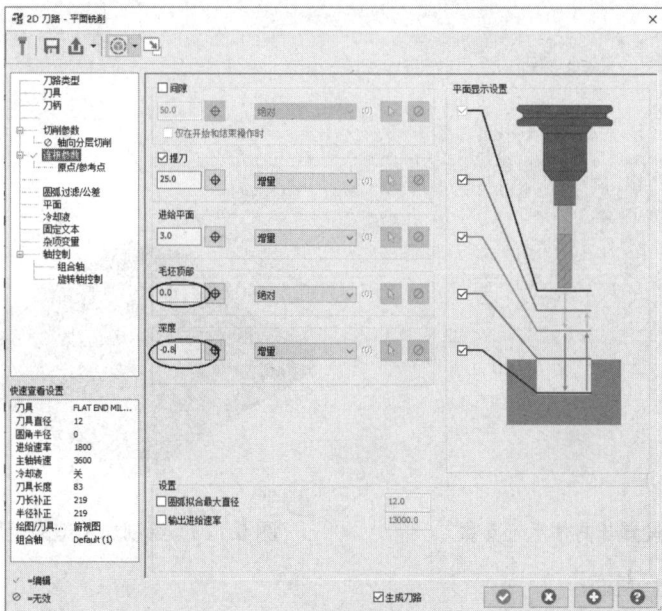

图 5.122　设置连接参数

4. 启动优化动态粗切功能

(1) 切换到【刀路】选项卡，在 3D 组中单击【粗切】按钮，选择【优化动态粗切】命令，系统弹出【3D 高速曲面刀路-优化动态粗切】对话框。在【模型图形】选项设置界面中，单击【加工图形】选项组中的【选取】按钮 ，在绘图区窗选所有的实体，如图 5.123 所示，单击【结束选择】按钮确认选取。设置【壁边预留量】和【底面预留量】均为 0.3。

(2) 在【刀路控制】选项设置界面中，单击【边界串连】选项组中的【选取】按钮 ，弹出【线框串连】对话框，单击【选择方式】选项组中的【串连】按钮 ，在绘图区中选择如图 5.124 所示的矩形，单击【确定】按钮 ，结束切削范围的选取；设置加工策略为【开放】；设置【补正】为【中心】。

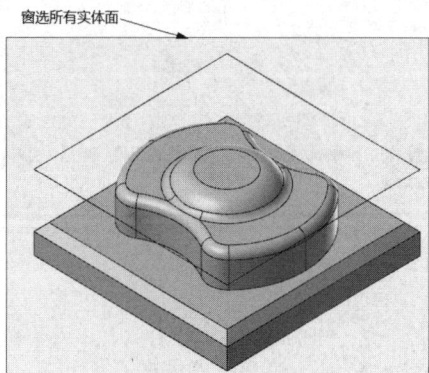

图 5.123　选取所有实体面

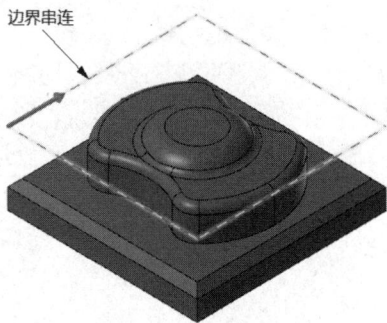

图 5.124　选取切削范围

(3) 切换到【刀具】选项设置界面，单击【选择刀库刀具】按钮，选择 $\phi 12$ 平铣刀，设置【进给速率】为 1800，【主轴转速】为 3600，【下刀速率】为 800。

(4) 设置切削参数，如图 5.125 所示。

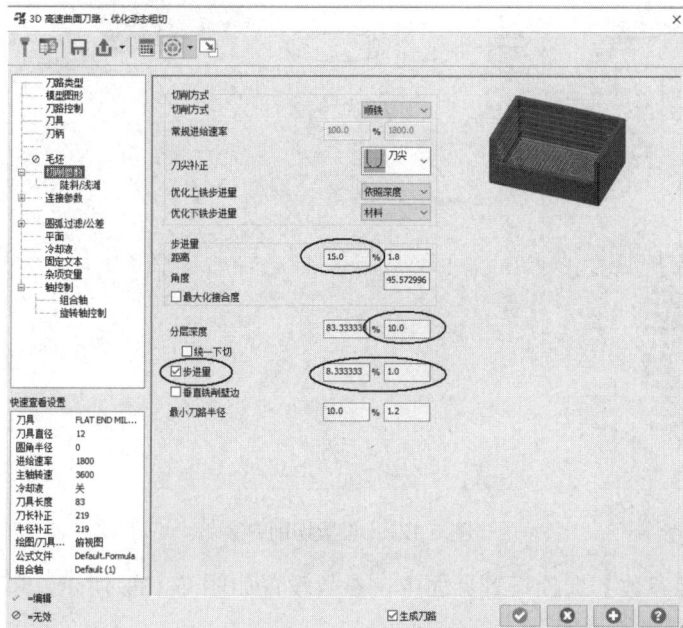

图 5.125　设置切削参数

(5) 在【连接参数】选项设置界面中，设置提刀类型为【最短距离】，【零件间隙】为 1，其他参数不再调整，按系统默认设置。

(6) 在【圆弧过滤/公差】选项设置界面中，选中【线\圆弧过滤设置】复选框，再设置切削公差为总公差的 80%，其他参数不再调整，单击【确定】按钮 ，完成所有参数的设置。

(7) 实体验证加工完成结果如图 5.126 所示。

5. 启动水平区域精加工功能

(1) 切换到【刀路】选项卡，在 3D 组中单击【精切】按钮，选择【水平区域】命令。

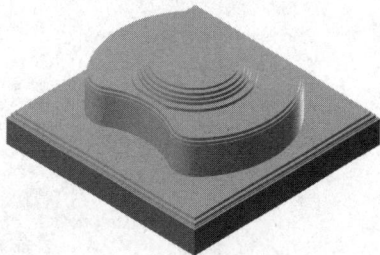

图 5.126　优化动态粗切实体验证

(2) 系统弹出【3D 高速曲面刀路-水平区域】对话框，在【模型图形】选项设置界面中，单击【加工图形】选项组中的【选取】按钮 ，在绘图区窗选所有图素，单击【结束选择】按钮确认选取。设置【壁边预留量】和【底面预留量】均为 0。

(3) 切换到【刀具】选项设置界面，选择 $\phi 12$ 平铣刀，设置【进给速率】为 1200，【主轴转速】为 4000，【下刀速率】为 600。

(4) 在【切削参数】选项设置界面中，设置【切削方式】为【顺铣】、【轴向分层切削次数】为 1、【切削距离】为刀具直径的 45%，如图 5.127 所示。

图 5.127　设置切削参数

(5) 在【连接参数】选项设置界面中，参数设置如图 5.128 所示，单击【确定】按钮 ✔，完成所有参数的设置。

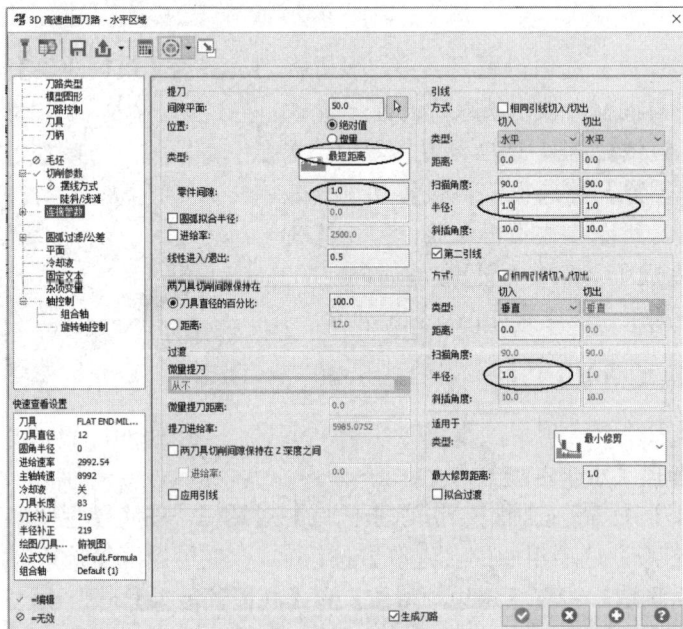

图 5.128　设置连接参数

6. 启动 3D 混合半精加工功能

(1) 切换到【刀路】选项卡，在 3D 组中单击【精切】按钮，选择【混合】命令。

(2) 系统弹出【3D 高速曲面刀路-混合】对话框,在【模型图形】选项设置界面中,单击【加工图形】选项组中的【选取】按钮 ,在绘图区窗选如图 5.129 所示要加工的面,单击【结束选择】按钮确认选取。设置【壁边预留量】和【底面预留量】均为 0.2。

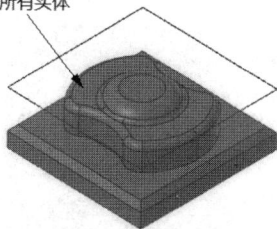

图 5.129　选取加工面

(3) 切换到【刀具】选项设置界面,单击【选择刀库刀具】按钮,系统弹出【选择刀具】对话框,通过对话框右边的滑块可以查找所需要的刀具,选择 $\phi 10$ 球刀,设置【进给速率】为 2000,【主轴转速】为 4000,【下刀速率】为 1000,【提刀速率】为 2000。

(4) 在【切削参数】选项设置界面中设置参数,如图 5.130 所示。

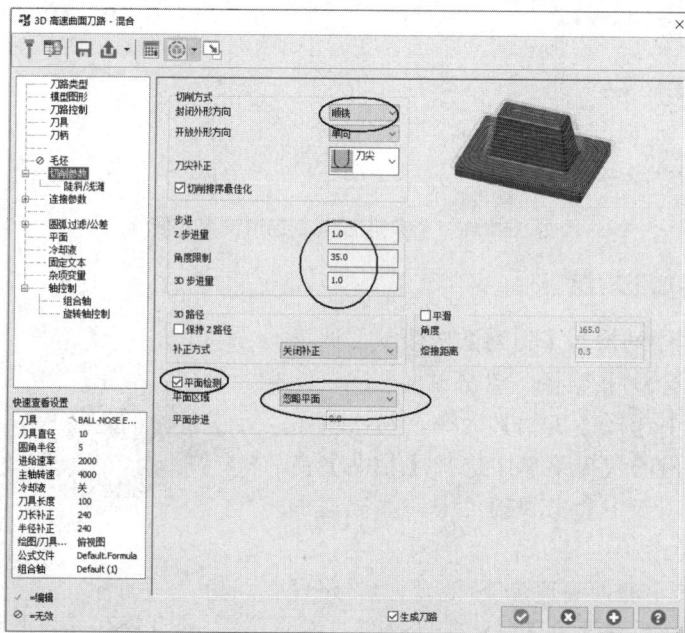

图 5.130　设置切削参数

(5) 在【陡斜/浅滩】选项设置界面中设置参数,如图 5.131 所示。

💡 **注意:** 要加工曲面最深深度为-9,为保证倒圆角曲面能完整加工,需将刀具再往下加一个刀具半径 5,故最低深度为-14。

(6) 在【连接参数】选项设置界面中,设置提刀类型为【最短距离】,【零件间隙】为 1,其他参数不再调整,按系统默认设置。

(7) 在【圆弧过滤/公差】选项设置界面中,选中【线\圆弧过滤设置】复选框,再设置切削公差为总公差的 80%,其他参数不再调整,单击【确定】按钮 ,完成所有参数的设置。

(8) 实体验证加工完成结果如图 5.132 所示。

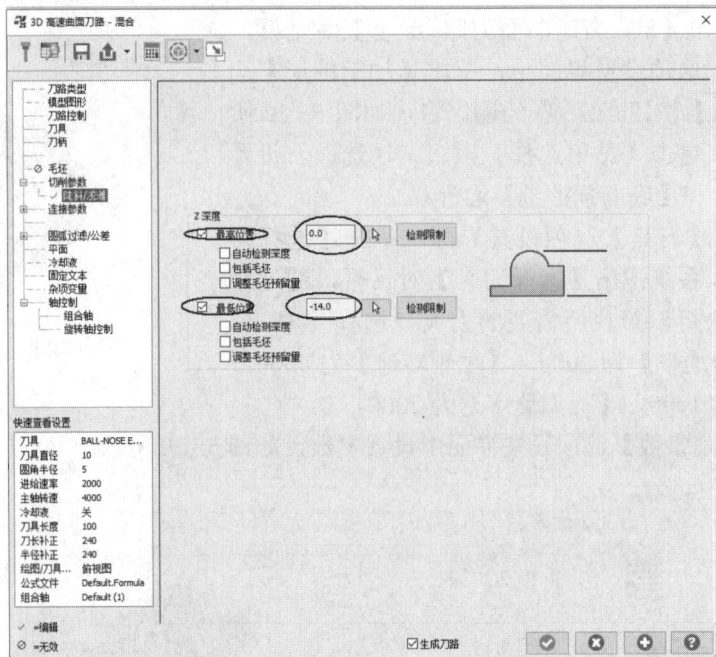

图 5.131 【陡斜/浅滩】选项设置界面

7. 3D 混合精加工功能

(1) 在管理器中切换到【刀路】选项卡，选择曲面高速加工(混合)刀具路径，单击鼠标右键，在弹出的快捷菜单中选择【复制】命令，再次单击鼠标右键，在弹出的快捷菜单中选择【粘贴】命令。【刀路】选项卡中会出现第二个曲面高速加工(混合)刀具路径。

(2) 单击第二个曲面高速加工(混合)刀具路径的【参数】选项，系统弹出【3D 高速曲面刀路-混合】对话框。

图 5.132 混合半精加工实体验证

(3) 在【模型图形】选项设置界面中，设置【底面预留量】和【壁边预留量】均为 0。

(4) 切换到【刀具】选项设置界面，单击【选择刀库刀具】按钮，系统弹出【选择刀具】对话框，通过对话框右边的滑块可以查找所需要的刀具，选择 $\phi 6$ 球刀，设置【进给速率】为 1500，【主轴转速】为 5000，【下刀速率】为 1000。

(5) 在【切削参数】选项设置界面中设置参数，如图 5.133 所示。

(6) 在【陡斜/浅滩】选项设置界面中设置参数，如图 5.134 所示。其他参数不再调整，单击【确定】按钮 ☑，完成所有参数的设置。

(7) 实体验证加工完成结果如图 5.135 所示。

8. 启动模型倒角功能

(1) 切换到【刀路】选项卡，在 2D 组中单击【模型倒角】按钮，系统弹出如图 5.136

所示的【2D 刀路-模型倒角】对话框，单击【串连图形】栏中的【选取】按钮 ⬛，弹出【实体串连】对话框，在绘图区顺时针选取实体面边界，如图 5.137 所示，单击【实体串连】对话框中的【确定】按钮 ✓，结束选取。

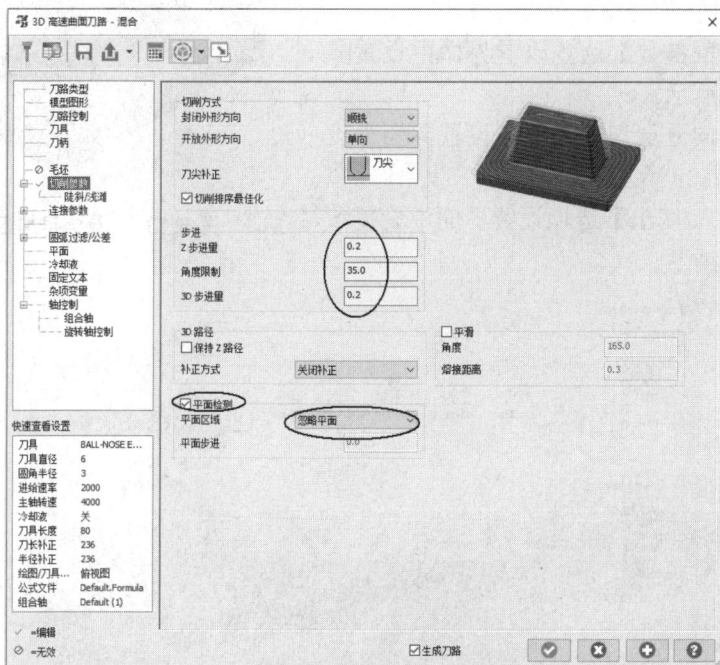

图 5.133　设置切削参数

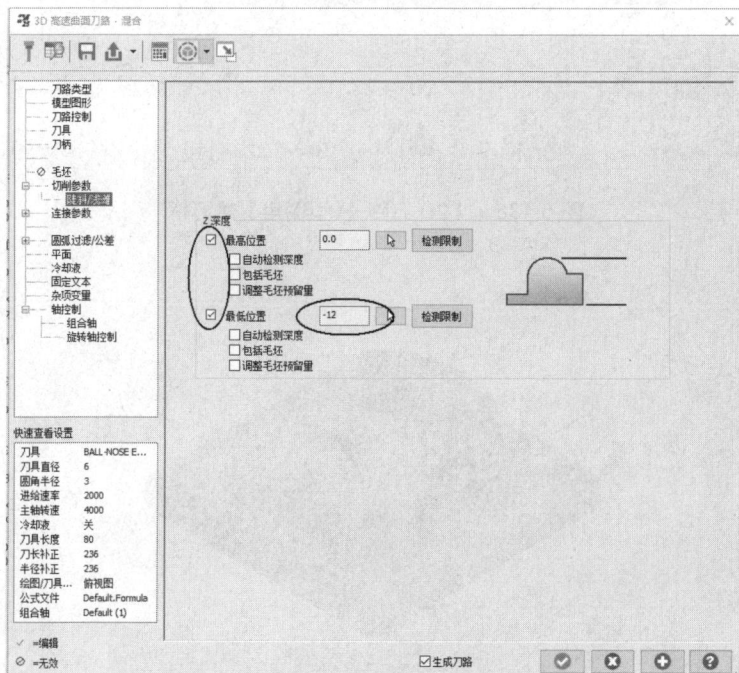

图 5.134　【陡斜/浅滩】选项设置界面

(2) 切换到【刀具】选项设置界面，在空白位置处单击鼠标右键，从刀库刀具中选择 $\phi 12$ 倒角刀，设置【进给速率】为 500，【主轴转速】为3600，【下刀速率】为250。

(3) 在【切削参数】选项设置界面中设置参数，如图 5.138 所示。

(4) 在【轴向分层切削】选项设置界面中设置参数，如图 5.139 所示。

(5) 在【切入/切出】选项设置界面中设置参数，如图 5.140 所示。

图 5.135　混合精加工实体验证

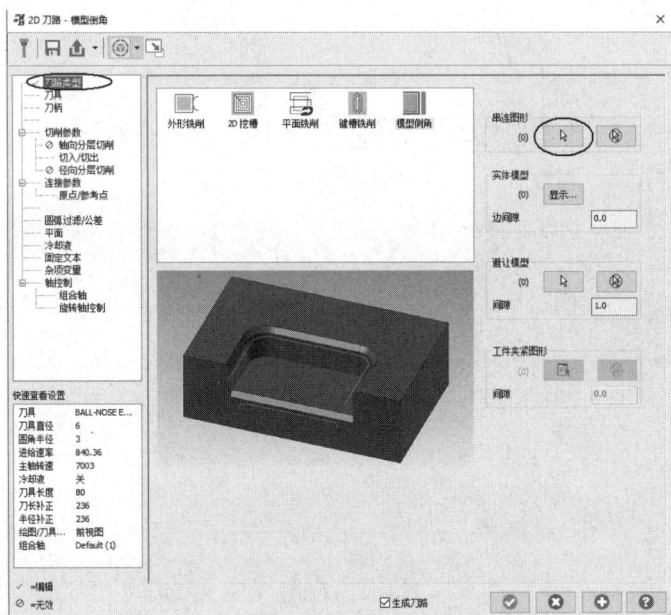

图 5.136　【2D 刀路-模型倒角】对话框

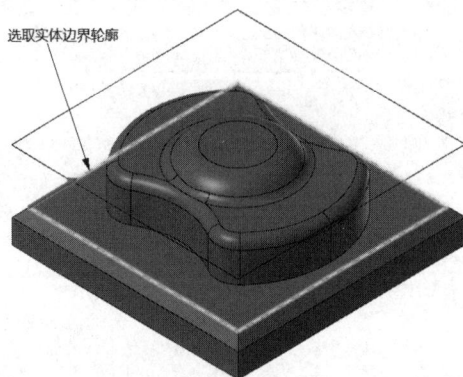

图 5.137　选取倒角实体面边界

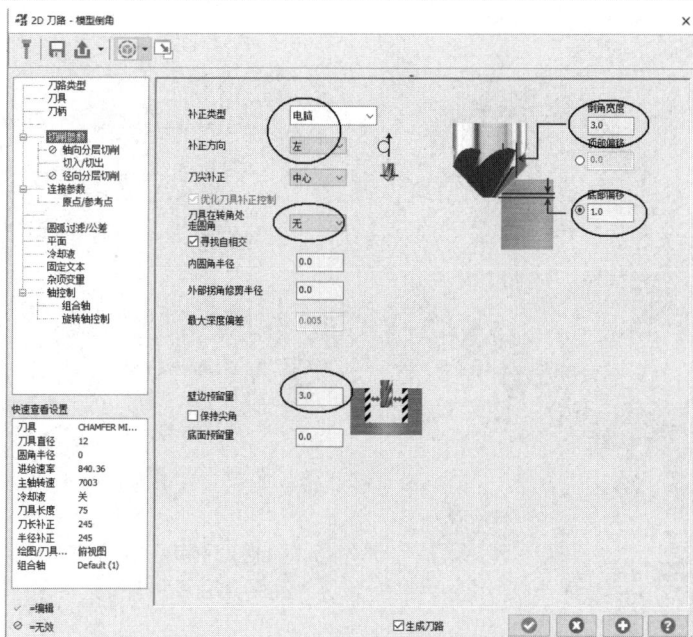

图 5.138　设置切削参数

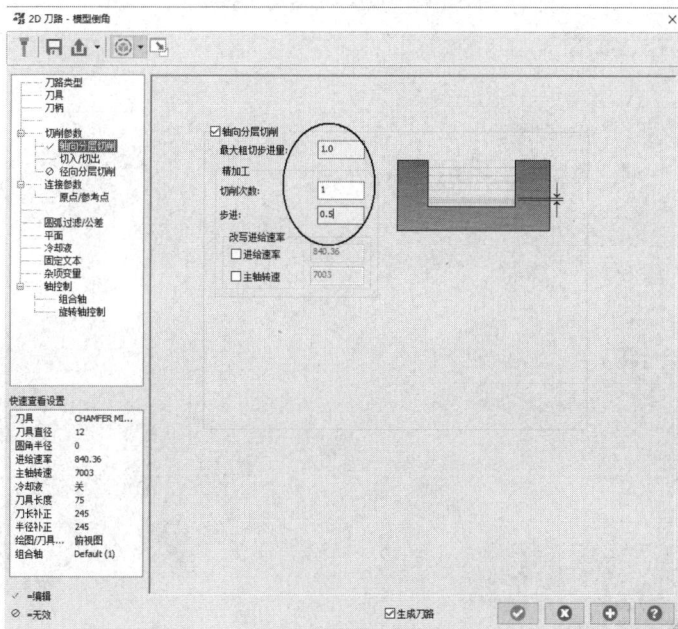

图 5.139　设置轴向分层切削参数

(6) 在【连接参数】选项设置界面中，按系统默认设置，如图 5.141 所示，单击【确定】按钮 ，完成所有参数的设置。

(7) 实体验证加工完成结果如图 5.118(b)所示。

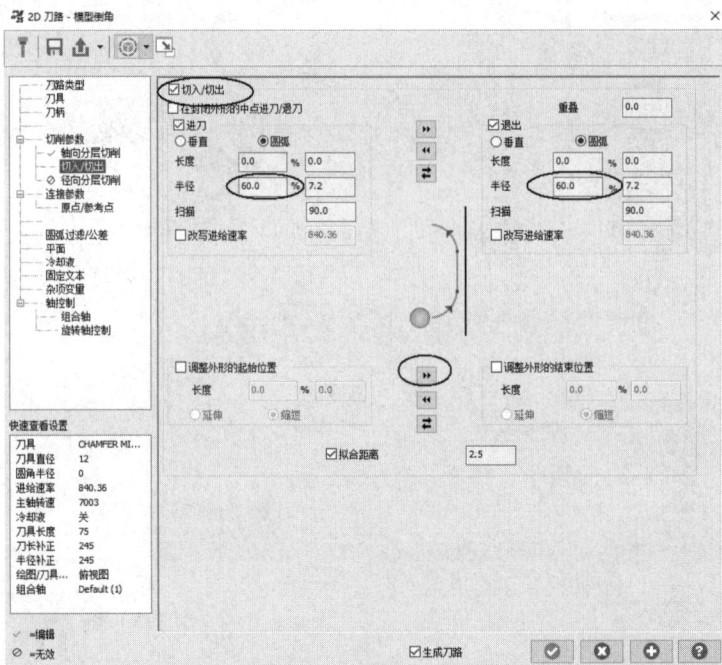

图 5.140　设置切入/切出参数

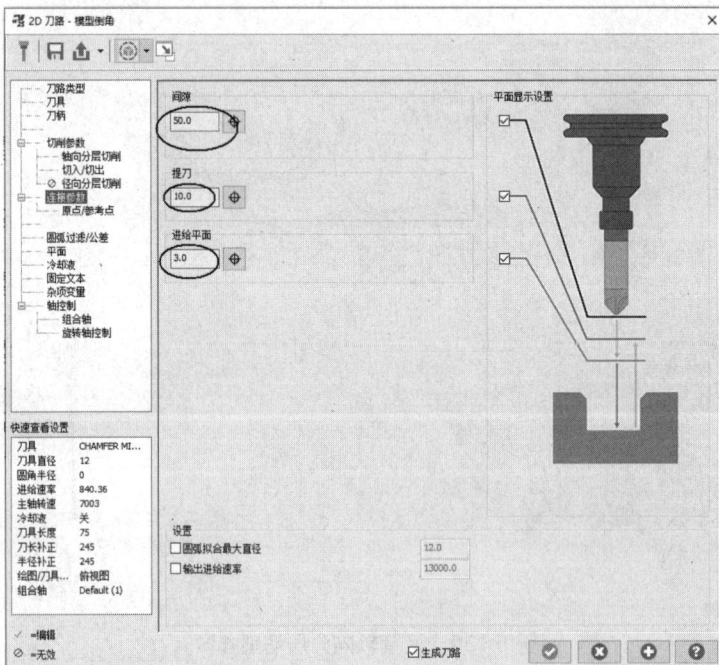

图 5.141　设置连接参数

5.6.3　知识链接：常见 3D 粗/精加工刀路适用的场合

常见 3D 粗/精加工刀路适用的场合如表 5.7 所示。

表 5.7　常见 3D 粗/精加工刀路适用的场合

分类	序号	刀具路径	特点及适用场合	案　例
粗加工	1	优化动态粗加工(高速刀路)	优化动态粗切是完全利用刀具刃长进行切削,快速加工封闭型腔、开放凸台或先前操作剩余的残料区域	
	2	挖槽粗加工	挖槽粗加工是以事先有的挖槽边界,生成加工介于曲面及工件边界间多余的材料刀具路径,适用于中小零件加工	
	3	投影粗加工	投影粗加工是将已有的刀路数据投影到曲面上进行加工。这种加工方法不改变原来 NC 文件中刀具路径的 X、Y 坐标,而仅改变其 Z 坐标。常用于文字、图案等的雕刻加工	
	4	平行粗加工	平行铣削是指沿着给定的方向生成刀具路径并且路径之间平行	
	5	钻削粗加工	钻铣也称为插铣,铣刀像钻头一样沿 Z 方向向下切削,可极快地进行区域清除材料加工,它尤其适合深型腔的粗加工	
	6	多曲面挖槽粗加工	多曲面挖槽粗加工是针对复杂曲面区域进行粗加工,其刀路简单,能快速切除大量材料,减少空刀路径,适合大型复杂零件加工,节省加工时间	

分类	序号	刀具路径	特点及适用场合	案　例
粗加工	7	区域粗切粗加工(高速刀路)	区域粗切是一种使用范围比较广泛的粗加工刀具路径，它可以快速加工封闭型腔、开放凸台或先前操作剩余的残料区域	
精加工	1	等高精加工(高速刀路)	等高精加工是依据曲面的轮廓逐层去除材料，每层切削深度相同而产生的精加工路径。用于复杂三维零件，兼顾陡峭与平坦区域，允许大轴向切深，快速去除材料，适合高转速机床	
	2	平行精加工(高速刀路)	平行精加工采用刀具沿设定的角度平行加工，是一种主要用于浅滩区域加工的精加工刀具路径	
	3	等距环绕精加工(高速刀路)	等距环绕精加工是系统根据零件外形自动计算步距，刀路平滑过渡，抬刀少的环绕切削，加工表面质量一致，适合精度要求较高的复杂曲面加工	
	4	混合精加工(高速刀路)	混合精加工用于较平坦的曲面和陡斜面，对于某些精加工方式(如等高外形加工)会在曲面的平坦部位产生刀具路径较稀的现象，此时就可以用混合精加工来保证该部位的加工精度	
	5	清角精加工(高速刀路)	清角精加工用于生成清除曲面间的交角部分残留材料的精加工刀具路径，通常所使用的刀具要小于前一次加工的刀具	

分类	序号	刀具路径	特点及适用场合	案　例
精加工	6	熔接精加工(高速刀路)	熔接精加工是在所选曲线之间，通过或沿着所选加工图形创建刀路	
	7	传统等高精加工	传统等高精加工是依据曲面的轮廓一层一层地切削而产生的精加工路径，它主要用于垂直侧壁，简单型腔，无须复杂路径优化，对机床动态性能要求较低	
	8	水平区域精加工(高速刀路)	水平区域精加工用于加工模型的平面区域，在模型的每个不同 Z 高度平面区域上创建精加工路径	
	9	环绕精加工(高速刀路)	环绕精加工是以恒定步距根据零件外形进行环绕切削，路径简单高效，陡峭区域质量不高，适合对称结构或快速加工	
	10	投影精加工(高速刀路)	投影精加工是将已有的刀具路径或几何图形、点投影到曲面上生成精加工刀具路径	

分类	序号	刀具路径	特点及适用场合	案　例
精加工	11	流线精加工	流线精加工是按曲面的流线方向切削一个或者一组连续曲面。由于能精确控制刀痕高度(球刀残余高度),因而得到精确而光滑的加工表面	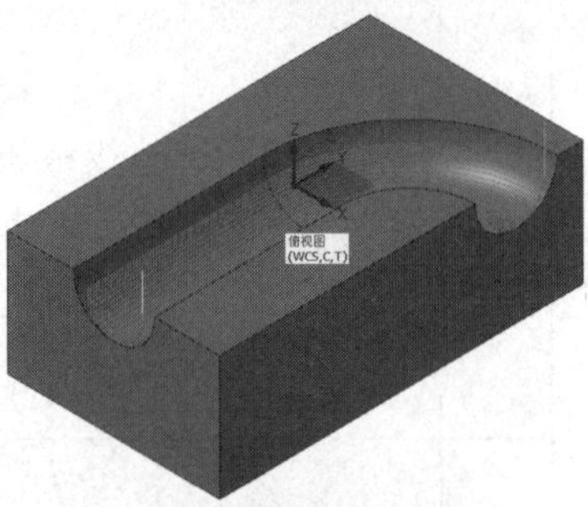
	12	螺旋精加工(高速刀路)	螺旋精加工是刀具沿螺旋轨迹连续运动,消除分层加工导致的阶梯状残留,避免频繁进退刀,其表面光洁度更高。尤其适合加工钛合金、淬火钢等难切削的材料	
	13	径向精加工(高速刀路)	径向精加工用于生成从中心点由外发射的精加工刀具路径	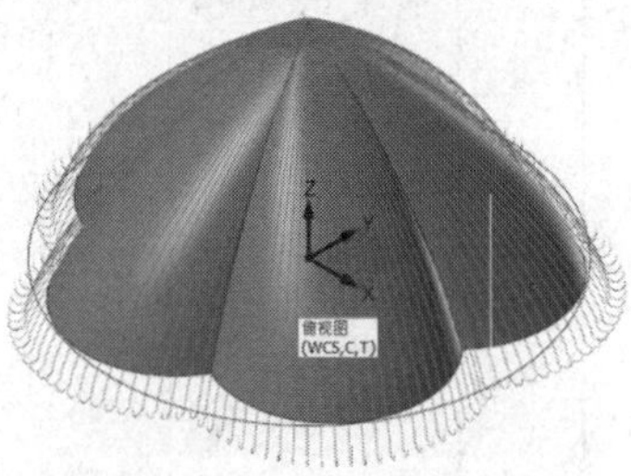
	14	3 轴去除毛刺精加工(高速刀路)	3 轴去除毛刺精加工是基于几何模型自动检测零件边缘(包括孔口、轮廓、倒角等),无须手动绘制边界。它能大幅减少编程时间,尤其适合复杂零件(如多孔结构、曲面交线)	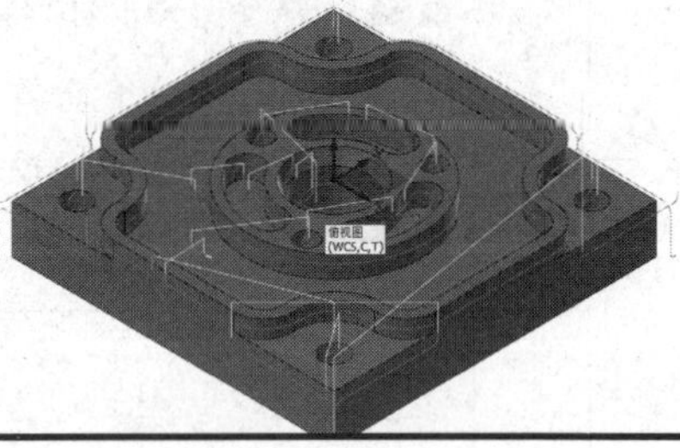

提 高 练 习

1. 如图 5.142 所示为零件加工图形。其中,图 5.142(a)所示为 100 mm×100 mm×70 mm 的长方体毛坯材料,材质为 45#钢,要求采用合适的加工刀具路径加工出如图 5.142(b)所示的零件,加工的零件的尺寸如图 5.142(c)所示。

2. 如图 5.143 所示为 3D 粗、精加工。其中,图 5.143(a)所示为 70 mm×90 mm×30 mm 的长方体毛坯材料,要求采用合适的加工刀具路径加工出如图 5.143(b)所示的零件,加工的曲面尺寸如图 5.143(c)所示。

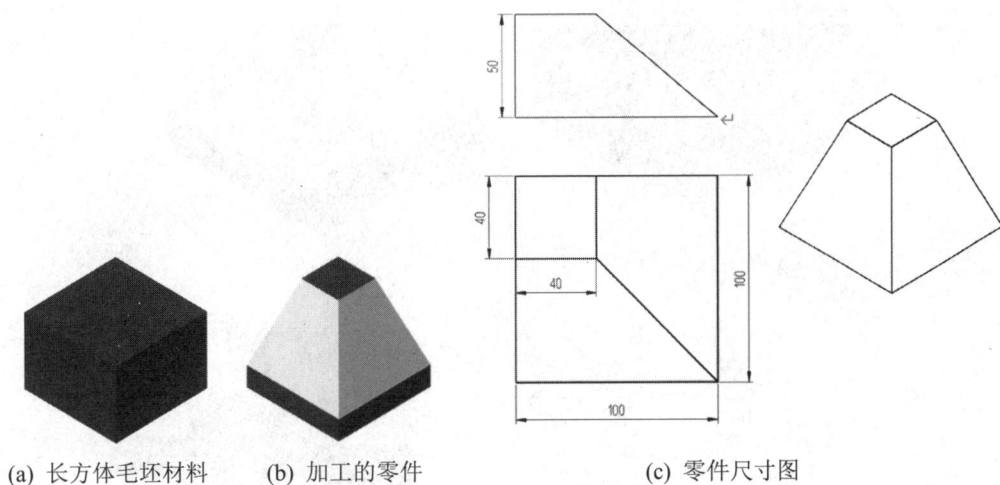

(a) 长方体毛坯材料　　　(b) 加工的零件　　　(c) 零件尺寸图

图 5.142　零件加工图形

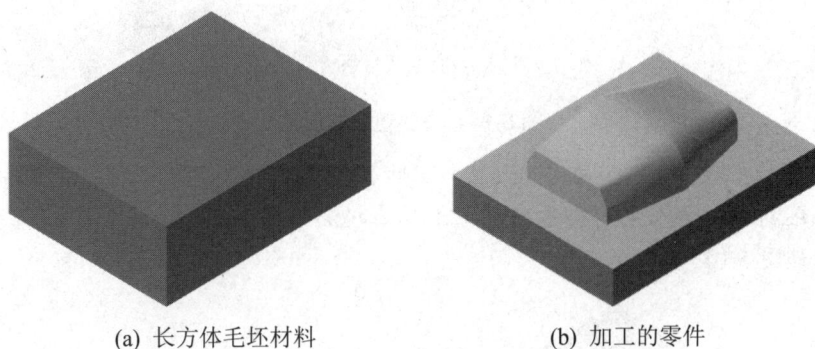

(a) 长方体毛坯材料　　　　　　　　(b) 加工的零件

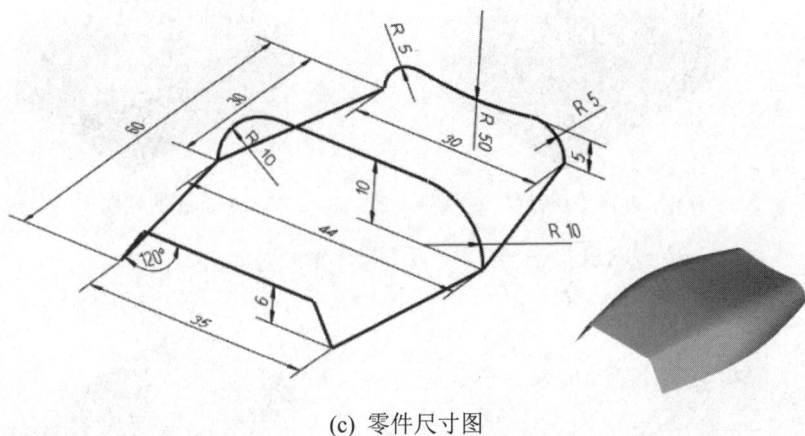

(c) 零件尺寸图

图 5.143　3D 粗、精加工

3. 如图 5.144 所示为 3D 粗、精加工。其中，图 5.144(a)所示为 100 mm×100 mm× 35 mm 的长方体毛坯材料，要求采用合适的加工刀具路径加工出如图 5.144(b)所示的零件，加工的曲面尺寸如图 5.144(c)所示。

(a) 长方体毛坯材料

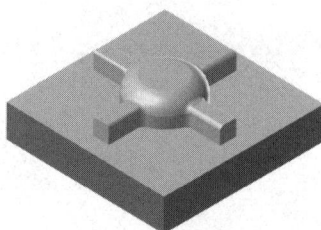

(b) 加工的零件

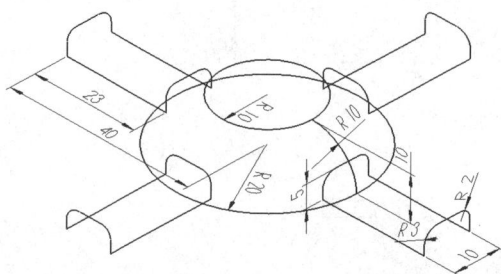

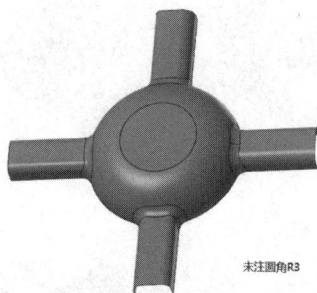

未注圆角R3

(c) 曲面尺寸图

图 5.144　3D 粗、精加工

4. 如图 5.145 所示为 3D 粗、精加工。其中，图 5.145(a)所示为 80 mm×60 mm×30 mm 的长方体毛坯材料，要求采用合适的加工刀具路径加工出如图 5.145(b)所示的零件，加工的曲面尺寸如图 5.145(c)所示。

(a) 长方体毛坯材料

(b) 加工的零件

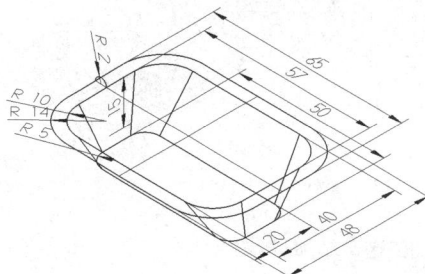

(c) 曲面尺寸图

图 5.145　零件加工图形

5. 如图 5.146 所示为零件加工图形。其中，图 5.146(a)所示为 70 mm×120 mm×40 mm 的长方体毛坯材料，材质为 45#钢，要求采用合适的加工刀具路径加工出如图 5.146(b)所示的零件，加工的零件尺寸如图 5.146(c)所示。

(a) 长方体毛坯材料

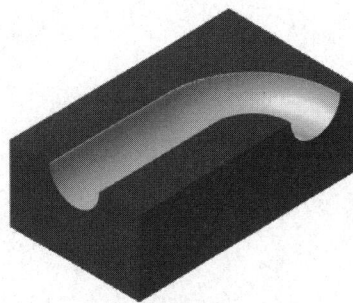

(b) 加工的零件

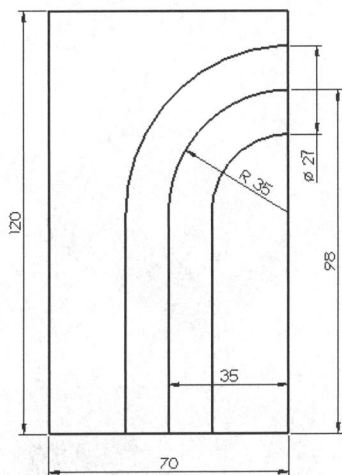

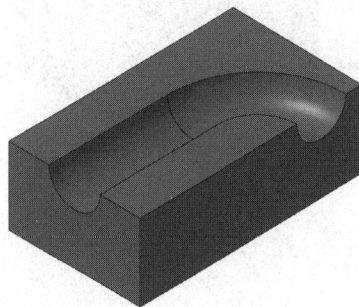

(c) 零件尺寸图

图 5.146　零件加工图形

6. 如图 5.147 所示为零件加工图形。其中，图 5.147(a)所示为 ϕ130 mm×100mm 的圆柱体毛坯，材质为黄铜，要求采用合适的加工刀具路径加工出如图 5.147(b)所示的零件，加工的零件尺寸如图 5.147(c)所示。

(a) 放射精加工工件

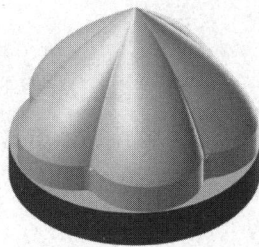

(b) 清角精加工刀具路径

图 5.147　零件加工图形

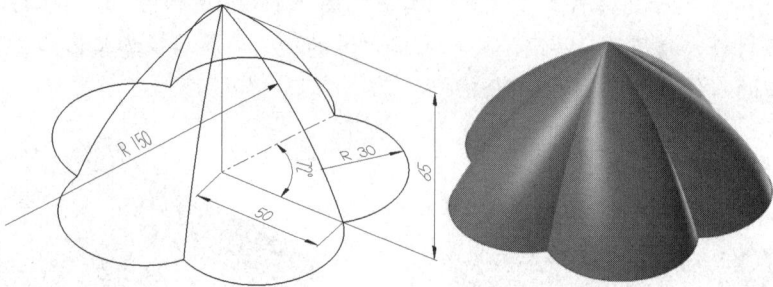

(c) 零件尺寸图

图 5.147　零件加工图形(续)

7. 如图 5.148 所示为零件加工图形。其中，图 5.148(a)所示为 50 mm×75 mm×37 mm 的长方体毛坯材料，要求采用合适的加工刀具路径加工出如图 5.148(b)所示的零件，加工的零件尺寸如图 5.148(c)所示。

(a) 长方体毛坯材料

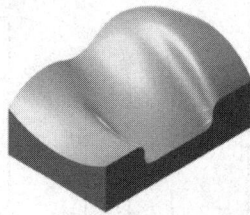

(b) 加工的零件

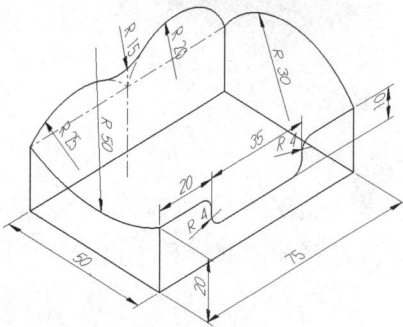

(c) 零件尺寸图

图 5.148　零件加工图形

8. 如图 5.149 所示为零件加工图形。其中，图 5.149(a)所示为 60 mm×50 mm×35 mm 的长方体毛坯材料，要求采用合适的加工刀具路径加工出如图 5.149(b)所示的零件，加工的零件尺寸如图 5.149(c)所示。

9. 如图 5.150 所示为零件加工图形。其中，图 5.150(a)所示为 128 mm×80 mm×30 mm 的长方体毛坯材料，要求采用合适的加工刀具路径加工出如图 5.150(b)所示的零件，加工的零件尺寸如图 5.150(c)所示。

(a) 长方体毛坯材料

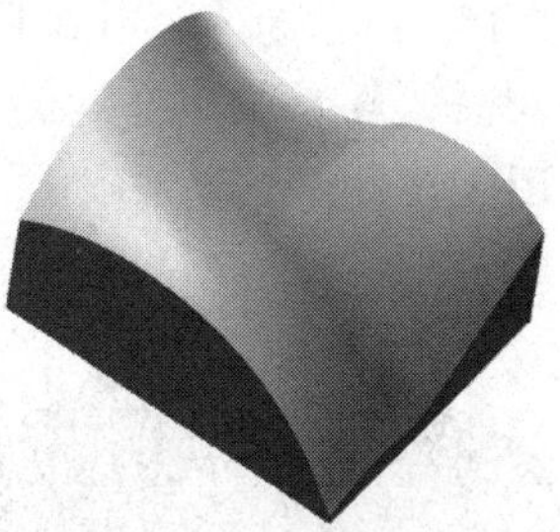

(b) 加工的零件

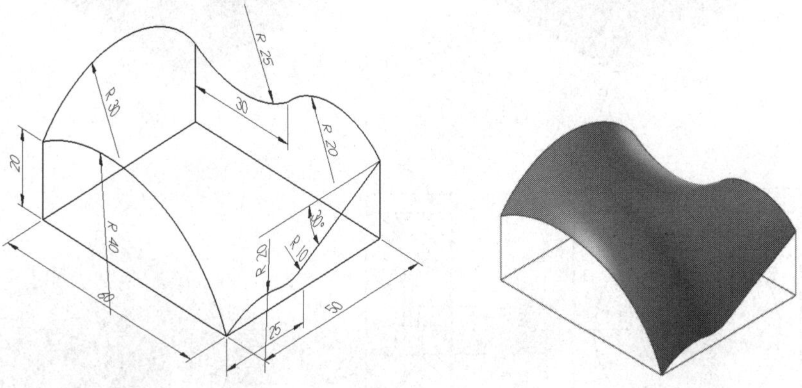

(c) 零件尺寸图

图 5.149　零件加工图形

(a) 长方体毛坯材料

(b) 加工的零件

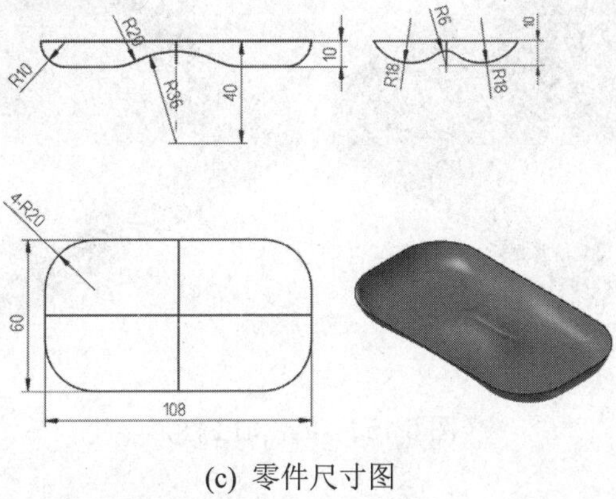

(c) 零件尺寸图

图 5.150　零件加工图形

10. 如图 5.151 所示为零件加工图形。其中，图 5.151(a)所示为 78 mm×78 mm×30 mm 的长方体毛坯材料，要求采用合适的加工刀具路径加工出如图 5.151(b)所示的零件，加工的零件尺寸如图 5.151(c)所示。

(a) 长方体毛坯材料   (b) 加工的零件

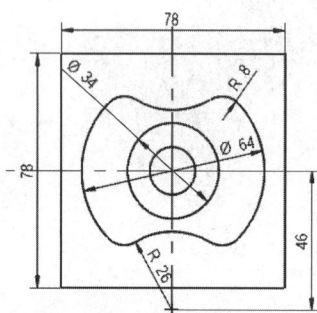
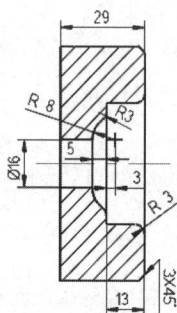
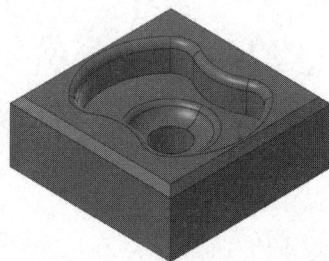

(c) 零件尺寸图

图 5.151　零件加工图形

11. 如图 5.152 所示为零件加工图形。其中，图 5.152(a)所示为 150 mm×150 mm× 31 mm 的长方体毛坯材料，要求采用合适的加工刀具路径加工出如图 5.152(b)所示的零件，加工的零件尺寸如图 5.152(c)所示。(要求去除零件毛刺)

(a) 长方体毛坯材料   (b) 加工的零件

图 5.152　零件加工图形

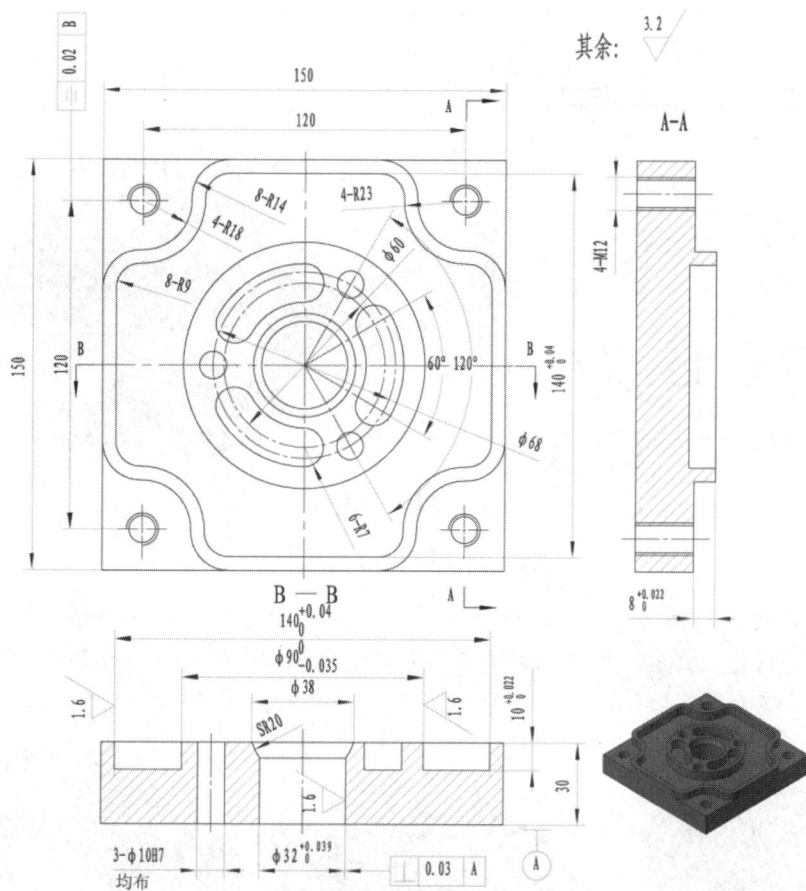

其余: 3.2

(c) 零件尺寸图

图 5.152 零件加工图形(续)

12. 如图 5.153 所示为零件加工图形。其中，图 5.153(a)所示为 $\phi 80$ mm×40mm 的圆柱体毛坯材料，要求采用合适的加工刀具路径加工出如图 5.153(b)所示的零件，加工的零件尺寸如图 5.153(c)所示。

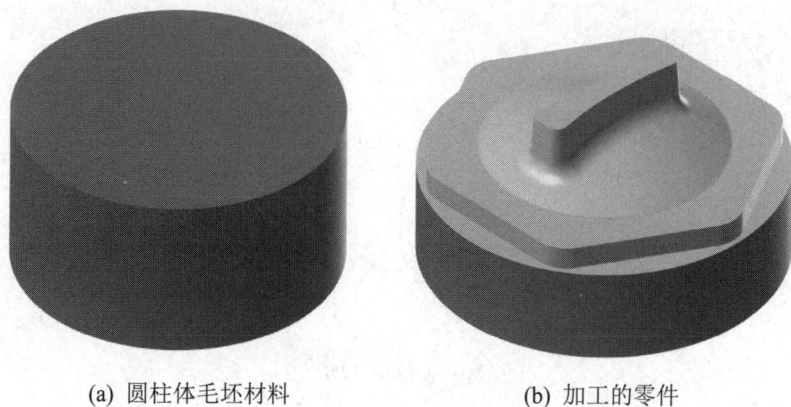

(a) 圆柱体毛坯材料

(b) 加工的零件

图 5.153 零件加工图形

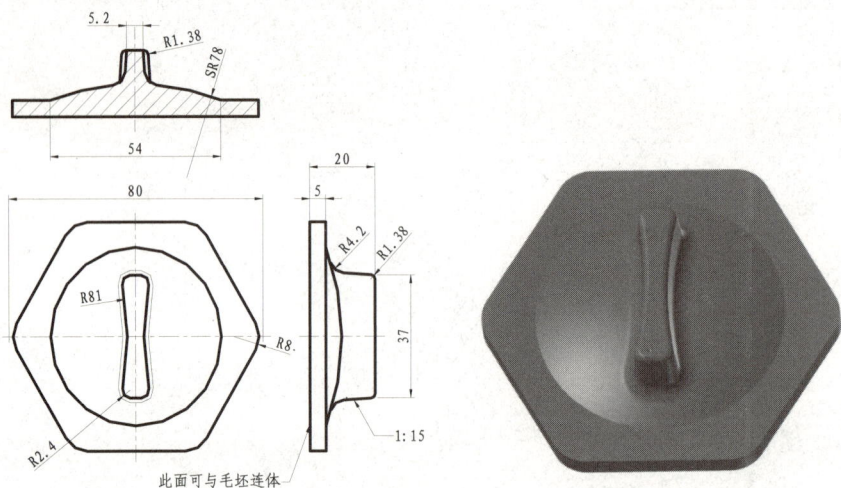

(c) 零件尺寸图

图 5.153　零件加工图形(续)

13. 如图 5.154 所示为零件加工图形。其中，图 5.154(a)所示为 90 mm×130 mm×40 mm 的长方体毛坯材料，要求采用合适的加工刀具路径加工出如图 5.154(b)和(c)所示的零件，加工的零件尺寸如图 5.154(d)所示。

(a) 长方体毛坯材料　　　(b) 加工的零件正面　　　(c) 加工的零件反面

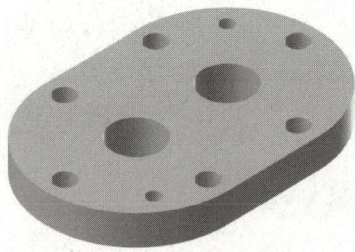

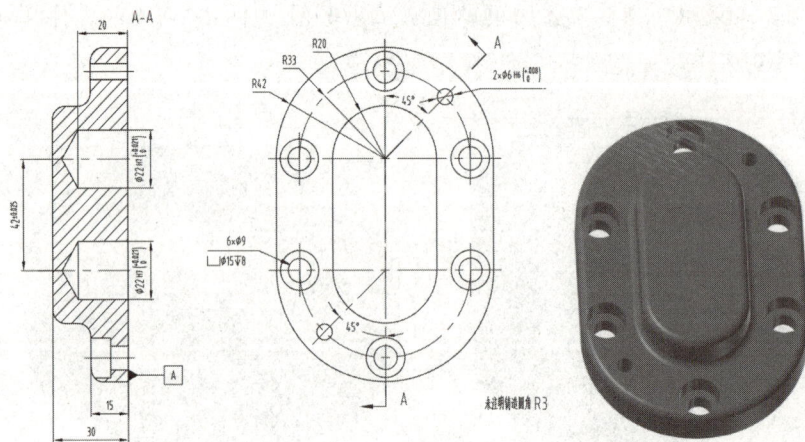

(d) 零件尺寸图

图 5.154　零件加工图形